U0332898

现代农业气象业务服务丛书

现代农业气象业务服务实践

陈怀亮　王建国　主编

内容简介

本书通过系统总结河南省现代农业气象业务服务试点实践，以现有农业气象基本理论和技术方法为基础，以河南省现代农业气象业务服务组织体系、业务体系、服务体系、科技支撑体系等试点成果为主，同时适当引入了全国其他地区的现代农业气象最新研究成果，旨在较为全面介绍现代农业气象业务服务体系的构建、功能、流程、运行及效果，从而为开展现代农业气象业务服务提供借鉴。

本书不仅适合各级农业气象业务、服务和科研工作者使用，也适于相关农业工作者、管理者使用，同时也可供大专院校、培训机构教学参考。

图书在版编目(CIP)数据

现代农业气象业务服务实践/陈怀亮，王建国主编.
北京：气象出版社，2014.12
(现代农业气象业务服务丛书)
ISBN 978-7-5029-6062-9

Ⅰ.①现… Ⅱ.①陈… ②王… Ⅲ.①农业气象-气象服务 Ⅳ.①S165

中国版本图书馆 CIP 数据核字(2014)第 279450 号

出版发行：气象出版社
地　　址：北京市海淀区中关村南大街 46 号　　**邮政编码**：100081
总 编 室：010-68407112　　**发 行 部**：010-68409198
网　　址：http://www.qxcbs.com　　**E-mail**：qxcbs@cma.gov.cn
责任编辑：崔晓军　何晓欢　　**终　　审**：周诗健
封面设计：易普锐创意　　**责任技编**：吴庭芳
印　　刷：北京中新伟业印刷有限公司
开　　本：787 mm×1092 mm　1/16　　**印　　张**：20.25
字　　数：518 千字
版　　次：2014 年 12 月第 1 版　　**印　　次**：2014 年 12 月第 1 次印刷
定　　价：85.00 元

本书编写组

主　编:陈怀亮　王建国

副主编:余卫东　赵国强　刘荣花　邹春辉

编　委:(按姓氏笔画排列)

方文松　白　宇　成　林　朱自玺　刘伟昌

刘忠阳　杜子璇　李　飞　李军玲　李树岩

杨光仙　张　弘　张广周　张红卫　张志红

范保松　胡程达　侯英雨　薛龙琴　薛昌颖

穆晓涛

序

现代农业是继原始农业、传统农业之后的一个农业发展新阶段。伴随着科学技术的发展，农业生产技术已经由经验探索逐步转向科学实践，农业生产也逐步呈现出科学化、集约化、产业化、商品化等趋势。现代农业的发展对气象为农服务工作提出了新的要求，2010年中央一号文件明确提出要“健全农业气象服务体系和农村气象灾害防御体系”（即“两个体系”）的要求。为贯彻落实中央一号文件精神，中国气象局制定并下发了《中国气象局关于加强农业气象服务体系建设的指导意见》（气发〔2010〕92号）和《中国气象局关于加强农村气象灾害防御体系建设的指导意见》（气发〔2010〕93号），其中，明确**将建设专业化的农业气象监测预报预警技术系统、开展富有地方特色的现代农业气象服务、强化保障粮食安全的气象防灾减灾服务和加强农业适应气候变化的决策服务等作为新时期气象为现代农业发展服务的主要任务。**从2009年开始，中国气象局在部分省级气象部门开展了农业气象服务体系建设的试点，探索气象为现代农业发展服务的新途径，通过以点带面，推动了全国范围气象为现代农业服务工作的广泛开展和农业气象服务能力的显著提升。

河南省是中国气象局现代农业气象服务体系建设的第一个试点省。经过三年多的试点建设，河南省气象部门强化以科研支撑农业气象业务服务发展，从业务组织、综合观测、专业技术、信息服务、科技支撑和人才保障等六个方面推进现代农业气象服务体系建设，探索形成了“三级业务、五级服务、六大体系支撑、服务业务科研一体化发展”的农业气象业务服务布局，以观测自动化、预报精细化、评估定量化、服务专业化等为主要特征的现代农业气象业务服务体系在河南初步形成，气象为农服务的科技内涵日益丰富，业务能力和服务水平明显提升，极大地促进了传统农业气象服务向现代农业气象服务的转变，为河南省的现代农业发展，以及粮食产量连年增产和连创新高提供了准确、及时、富有成效的气象保障。

河南省的农业气象科研具有多年形成的良好基础，也有一支高素质的农业气象专家队伍。近年来，在现代农业气象服务体系建设的试点中，河南的农业气象专家和科技骨干进一步加强面向需求的农业气象应用研发，积极推进科研成果向业务应用的转化，积累形成了一批应用研究和技术开发成果。以此为基础，河南省气象局总结凝练，编撰了《现代农业气象业务服务丛书》，包括《现代农业气象业务服务实践》、《现代农业气象服务手册》、《现代农业气象观测技术方法》等系列图书，这是河南省气象部门实施中国气象局现代农业气象业务服务试点工作结出的硕果。

该系列图书内容涵盖了河南省现代农业气象的新技术、新业务，以及面向多领域的农业气象服务实践，既可作为基层农业气象技术人员日常开展农业气象服务的实践指导手册，也可作为科研、业务管理，以及教育培训人员了解现代农业气象服务发展的参考书。

我衷心希望河南省的现代农业气象服务体系建设能持之以恒，不断发展。

矫梅燕

（中国气象局副局长　矫梅燕）

前　言

经过三年多的现代农业气象业务服务试点建设，河南省气象局探索形成了“三级业务、五级服务、六大体系支撑、服务业务科研一体化发展”的现代农业气象“河南实践”。以“观测自动化、预报精细化、评估定量化、服务社会化、流程科学化、管理规范化、科研集约化、队伍专业化”为主要特征的现代农业气象业务服务体系在河南初步形成，气象为农服务的科技内涵日益丰富，业务能力和服务水平明显提升，基本实现由传统农业气象业务服务向现代农业气象业务服务转变。

通过系统总结河南省现代农业气象业务服务试点实践，我们组织编写了这本《现代农业气象业务服务实践》，从现代农业气象观测、情报、预报、评估、试验、气候变化与气候资源利用、农业气象平台开发、基层农业气象服务以及未来发展展望等多个方面出发，介绍了河南省现代农业气象业务服务体系。全书在编写过程中，以现有的农业气象基本理论和技术方法为基础，以河南省现代农业气象业务服务组织体系、业务体系、服务体系、科技支撑体系等试点成果为主，同时适当引入了全国其他地区的现代农业气象最新研究成果，旨在较为全面介绍现代农业气象业务服务体系的构建、功能、流程、运行及效果，从而为开展现代农业气象业务服务提供借鉴。

本书共分 11 章，第 1 章为绪论，主要阐述现代农业气象业务服务的概念、特点、主要任务、存在问题，以及河南省现代农业气象业务服务试点建设概况，由陈怀亮、朱自玺执笔；第 2 章为现代农业气象业务服务体系与流程，主要介绍河南省现代农业气象业务服务体系的构建思路、建设目标和建设内容，由陈怀亮、成林执笔；第 3 章为现代农业气象观测，主要概述传统农业气象观测现状、存在问题，阐述现代农业气象观测体系的构建思路、自动化观测、遥感观测、移动观测与应急调查以及现代农业气象立体观测方法，由邹春辉、杨光仙、薛龙琴、胡程达、余卫东、侯英雨执笔；第 4 章为现代农业气象预报，主要概述农用天气预报、农业气象产量动态预报、作物物候期预报、作物病虫害气象等级预报、土壤墒情及需水量预报、特色农业与设施农业预报、农业气象灾害预报技术方法等内容，由方文松、余卫东、刘伟昌、杜子璇执笔；第 5 章为现代农业气象情报，概述了我国及河南省农业气象情报现状，详细介绍了农业气象周报和农业气象日报制作方法，由薛昌颖执笔；第 6 章为现代农业气象评估技术，主要概述农业气象灾害风险评估、农业气象灾害损失评估、作物长势综合评估以及气象条件对作物生长影响评估技术，由李树岩、成林、薛昌颖、余卫东执笔；第7章为现代农业气象试验，概述了我国农业气象试验站现状及存在问题，介绍了农业气象试验站功能定位、主要任务及管理方式的探索，由杨光仙、张志红执笔；第8章为气候变化对作物影响及农业气候资源开发利用，主要概述气候变化对河南省小麦、玉米、水稻的影响，介绍了气候资源开发利用和精细化农业气候区划方法，由成林、余卫东、薛昌颖、邹春辉执笔；第9章为现代农业气象业务服务平台，概述了现代农业气象业务服务平台功能及现代农业气象服务信息的发布途径，由张弘、张广周执笔；第10章为基层农业气象服务探索，概述了基层农业气象服务的基本内容、信息传播途径和农业气象科技示范园建设，由白宇、张红卫、范保松、方文松执笔；第11章为现代农业气象业务服务展望，概述了现代农业气象发展趋势、业务服务建设重点及科技支撑项目，由刘荣花、成林执笔。全书由王建国、赵国强策划，陈怀亮、余卫东统稿。

《现代农业气象业务服务实践》不仅适合各级农业气象业务、服务和科研工作者使用，也适于相关农业工作者、管理者使用，同时也可供大专院校、培训机构教学参考。

本书在编写过程中，参考了中国气象局《现代农业气象业务发展专项规划(2009—2015年)》编写组提供的许多素材，特向该编写组的孙涵、毛留喜、沈国权、李春强、王建林、杜尧东、马树庆、黄淑娥、陆楠、彭国照、谈建国、伏洋、易亮、李刚、杨太明，以及彭广、霍治国、杨霏云、朱玉洁等专家、领导表示感谢。同时，在河南现代农业气象业务服务试点过程中，中国气象局领导和相关职能司、业务单位也给予了许多指导和大力支持，在此一并致谢。此外，本书编写还得到王建林、毛留喜、郭建平、陈振林等专家、领导的大力指导和认真审改，在此也表示衷心的感谢。

由于编者水平有限，本书难免有不足之处，敬请读者和同行专家批评指正。

编著者

目　　录

第1章 绪 论

具有中国特色的气象事业最重要的特征就是坚持把气象服务放在气象工作首位，农业气象业务发展的历程也始终贯穿这一指导思想。1953年中央气象局转建，就是为了使气象工作能够适应大规模经济建设的服务需要，从而开展了大规模站网建设和广泛的服务，并应运而生了农业气象业务，开展了县级基本物候等观测和气象为农服务工作，特别是在橡胶引种等方面发挥了重要作用；20世纪60年代初期，又提出了“以服务为纲，以农业服务为重点”的方针，开展了农业气候区划、山地气候资源考察、杂交稻制种和干热风、冷害等的研究与服务，取得了显著成效；80年代中期，在全国粮食产量预报和气象卫星农业遥感及情报预报系统建设项目支持下，从省级起步，开展了具有气象业务化特征的农业气象情报、预报和农业气象灾害监测预警等服务，推动并初步形成了国家、省、市、县四级布局的农业气象业务服务体系，成为我国开展最早、发展最成熟的专业气象业务，在为农服务中，逐步显现出农业气象业务的不可替代性，开始显露出其与天气、气候、防灾减灾决策服务等同等重要的作用。

随着现代农业的发展和社会主义新农村建设进程的深入，面对农村改革发展新形势和发展现代农业对气象提出的新需求，农业气象业务面临的需求和任务发生了很大变化，要求面向传统农业的农业气象情报预报的基本气象服务必须向适应现代农业发展要求的多元化、全方位的农业气象服务转变，加快发展现代农业气象业务，促进农业气象业务服务从研究型向业务型跨越。针对“高产、优质、高效、生态、安全”的现代农业发展需求，依托现代多学科融合的理论基础和先进的技术装备，规范并完善与现代气象业务体系和谐接轨、布局合理、运行高效、协调发展的现代化、专业化、实体化的农业气象业务服务体系，实现农业气象监测自动化、农业气象预测精准化、灾害影响评估定量化、农业气候分析精细化、信息传输网络化、服务技术现代化、服务领域多元化和服务产品标准化，为现代农业的科学化、商品化、集约化及产业化发展提供科学支撑与保障服务。

根据《中国气象局关于贯彻落实〈中共中央关于推进农村改革发展若干重大问题的决定〉的指导意见》[气发〔2008〕457号]、《中国气象事业发展战略研究》，结合2008年全国农业气象业务发展研讨会和第五次全国气象服务工作会议精神，中国气象局出台了《现代农业气象业务发展专项规划(2009—2015年)》(气发〔2009〕350号)。针对农业气象业务在发展中面临的新形势、新需求、新任务，坚持继承和创新，从社会需求和行业优势出发，本着“需求牵引、服务引领，因地制宜、科学布局，突出重点、集约发展，统筹规划、稳步推进”的原则，通过现状、需求和差距分析，提出了新形势下现代农业气象业务发展的指导思想、目标及任务，特别是明确现代农业气象业务服务以“三农”服务为中心，明确农业气象是公共气象服务的重要组成部分，明确农业气象与一般意义上气象为农业服务的区别，突出现代农业气象业务特点，突出气象部门现代化监测技术、预报技术、信息分析处理和应用服务技术的行业优势与特点，突出国家、省、市、县四级农业气象业务工作的重点及今后业务建设与科技支撑方向，并为今后一段时间发展现代农业气象业务服务工作起到了前瞻性作用，标志着我国农业气象业务服务进入“第二个春天”。

从河南省来看，河南是全国人口第一大省和粮食生产大省，粮食总产占全国的1/10，小麦产量占全国1/4以上，用占全国6%的耕地生产了占全国12.1%的粮食。由于河南省在粮食生产方面地位的举足轻重，党中央、国务院对搞好河南的粮食生产、特别是小麦生产十分重视。河南省委、省政府领导也要求气象工作为各级党委和政府当好参谋，针对农业生产服务，特别要求打造河南数字化气象、信息化气象、现代化气象，要建成全国一流水平，实现为防灾减灾服务、为经济发展服务、为百姓服务、为社会服务、为大局服务的目标。多年来，河南省气象局一直把为农业服务作为气象服务工作的一项重点内容，紧紧围绕河南粮食生产，加强农业气象服务保障工作，依靠科技进步，充分发挥气象为农业生产服务的职能和作用，为河南粮食稳定增产、确保粮仓安全做出了贡献，也走出了一条适合河南的农业气象发展道路，得到了河南各级党委、政府领导和广大农民朋友的普遍好评，时任省委书记徐光春高度称赞气象部门是“农民的好参谋，农业的保护神”，时任省长郭庚茂称赞气象部门是“耳目”和“尖兵”。

鉴于河南省农业的重要基础地位和多年来形成的良好农业气象科研基础与专业队伍，2009年4月，中国气象局决定在河南省进行现代农业气象业务服务试点(气发〔2009〕127号)，旨在通过试点实践，为全国发展现代农业气象业务服务探索路子、积累经验，全面提升现代农业气象业务能力和服务水平，实现传统农业气象向现代农业气象的转变。作为中国气象局现代农业气象服务体系建设的第一个试点省，通过三年试点建设，河南省气象部门探索形成“三级业务五级服务布局、六大体系支撑、服务业务科研一体化发展”的现代农业气象“河南实践”，其核心是：完善省、市、县三级农业气象业务布局，拓展形成省、市、县、乡、村五级农业气象服务布局；构建适应三级业务、五级服务布局的组织体系，创建“农业气象实验室—农业气象试验站—现代农业气象科技示范园”多层次科技支撑体系，创新系列化产品、平台、规程、标准、方法等技术体系，建立自动化、现代化综合观测体系，探索重长效、广覆盖、直通式农村气象信息服务体系，强化专业化、懂农需、高素质的人才支撑体系；实行服务、业务、科研一体化、集约式发展与运行机制，达到充分整合资源、便于成果转化、提升科技内涵的目的。目前，河南省现代农业气象业务服务体系初步建立，农业气象业务服务能力、水平和效益明显提升，气象为农服务的职能和作用得以充分发挥。

1.1 现代农业气象业务服务概述

现代农业气象与传统农业气象既有区别也有联系，二者均是研究农业与气象相互关系及其规律的科学，所研究与服务的对象、所运用的基本原理与方法、所开展的业务服务内容等有许多相同或部分近似之处，但对于现代农业气象业务服务而言，其主要特点、主要任务、主要特征、主要内容以及手段方式等，与传统农业气象相比又有很大的区别与发展。

1.1.1 现代农业气象业务服务的概念

(1)现代农业的概念

通常认为，现代农业就是指在现代、在世界范围内处于先进水平的农业形态。相对于传统农业，现代农业是“高产、优质、高效、生态、安全”的农业，其核心是科学化，特征是商品化，方向是集约化，目标是产业化。其具体内涵是：用现代工业力量装备的、用现代科学技术武装的、以现代管理理论和方法经营的，生产效率达到现代世界先进水平的农业。

现代农业体现在：用现代物质条件装备农业，用现代科学技术改造农业，用现代产业体系提升农业,用现代经营方式推进农业,用现代发展理念引领农业,用培养新型农民发展农业。

与传统农业相比现代农业具有四大显著特点:一是突破了传统农业仅仅或主要从事初级农产品原料生产的局限性,实现了种养加、产供销、贸工农一体化生产,使得农工商的结合更加紧密;二是突破了传统农业远离城市或城乡界限明显的局限性,实现了城乡经济社会一元化发展、城市中有农业、农村中有工业的协调布局,科学合理地进行资源的优势互补,有利于城乡生产要素的合理流动和组合;三是突破了传统农业部门分割、管理交叉、服务落后的局限性,实现了按照市场经济体制和农村生产力发展要求,建立一个全方位的、权责一致、上下贯通的管理和服务体系;四是突破了传统农业封闭低效、自给半自给的局限性,发挥资源优势和区位优势,实现了农产品优势区域布局、农产品贸易国内外流通。

(2)农业气象学与现代农业气象业务

农业气象学是研究农业生产与气象条件的相互关系及其规律的科学。它是根据农业生产需要,应用农学和气象科学技术来不断揭示和解决农业生产中存在的农业气象问题,以谋求合理地利用气候资源,战胜不利气象因素,促进农业发展的实用性科学。

2008年9月在河北涿州召开的全国农业气象业务发展研讨会上,中国气象局正式提出大力发展"现代农业气象业务"。目前,有关现代农业气象尚未有统一、公认的定义。简单地说,现代农业气象就是现代农业需求与现代气象技术的结合。具体来讲,现代农业气象是指适应现代农业发展需求的、功能先进的农业气象体系,它是依托先进的科学技术和装备,布局合理、运行高效、规范完善,并与现代气象业务体系其他部分和谐接轨、协调发展,为现代农业的科学化、商品化、集约化、产业化发展提供有效的气象科技支撑与保障的专业气象服务。

1.1.2 现代农业气象业务服务的主要特点

现代农业气象业务服务具有六个显著特点:

一是为现代农业生产服务。它不仅要为传统种植业提供农业气象业务服务产品,也要为特色农业、设施农业、畜牧业、水产养殖业、林(果)业及储运、加工等环节提供农业气象业务服务产品

二是具有现代化的观测手段与技术。它不仅要求观测布局合理,还要求观测内容全面、针对性强、适应现代农业生产的需求,观测技术设备先进、观测方法规范科学。

三是具有坚实的农业气象学理论和现代化的业务技术支撑。它要求业务技术不仅要有科学性,更要有先进性。

四是具有现代化的业务平台与基础设施的支持。它要求业务平台不仅要功能齐全,更要规范化、集约化。

五是具有现代化的产品服务形式与手段。它要求充分利用现代化的通信手段和传媒,及时迅速地将业务服务产品提供给用户。

六是具有完善的业务布局和体系流程。业务层级之间责任明确,分工不同,各具特色,优势互补,上下协同,有效服务。

1.1.3 现代农业气象业务服务的主要任务与主要特征

(1)主要任务

现代农业气象工作的主要任务是为发展现代农业、保障国家粮食安全、应对气候变化、强化农业防灾减灾、建设社会主义新农村和小康社会等提供优质服务。为此,必须全面提升现代

农业气象预报水平，着力提高现代农业气象情报质量，大力推进现代农业气象灾害监测预警与评估，深入开展农业气候区划与农业适应气候变化业务，不断夯实现代农业气象观测与试验基础、强力发展现代农业气象信息服务等。具体讲，主要有以下七个方面的任务：

1)国家粮食安全气象保障业务服务

① 增强高产优质粮食生产气象保障能力：加强粮食作物气象条件分析与评价，加强粮食作物气候生产潜力分析，主要粮食作物高产优质高效的农业气象保障，加强现代农业气象预报（包括：加强粮食作物产量预报、开展农用天气预报、开展物候期预测、加强土壤墒情和灌溉量预报、加强农林病虫害发生发展气象条件预报等）。

② 强化重大农业气象灾害及病虫害监测与风险评估能力：加强农业气象灾害监测、预测与影响评估，加强农业气象灾害风险评估与风险管理。

③ 开展粮食流通与贸易农业气象业务服务：开展与我国粮食贸易关系密切的国外主要产粮区的粮食作物监测与产量预报业务，加强国内粮食生产与贸易气象业务，开展粮食仓储和食品加工等气象业务。

2)特色农业与设施农业气象业务服务

① 加强特色农业气象保障业务服务：开展特色农业产业带和优势区合理布局气象业务，加强特色农业气象保障业务，加强棉花、茶叶、烤烟和果树等农业气象业务等。

② 发展设施农业气象业务服务：针对日光温室、塑料大棚等设施农业生产需要，开展设施农业气象区划和农业气象灾害风险区划，开展气象条件监测、预报和气象灾害预警与防御等服务。

③ 开展观光农业气象业务服务：开展观光物候期预报、花期调控等农业气象服务，开展乡村旅游农业气象服务。

3)非粮食作物农业气象业务服务

① 加强畜牧业农业气象业务服务；

② 强化家禽家畜养殖农业气象业务服务；

③ 增强水产养殖业农业气象业务服务；

④ 做强油料和木本粮油农业气象业务服务。

4)农业及生态环境应对气候变化业务服务

① 开展农业适应气候变化业务服务：开展农业气候资源开发利用评价，提出产地优化布局建议，加强气候变化对农业影响的评估和适应性分析。

② 加强生态环境监测评价气象业务服务：发展并完善生态环境质量的气象监测与评估业务服务，开展农业种植区、生态功能区、环境脆弱区遥感动态监测业务服务，开展林业生态环境监测气象业务服务，加强湖泊、湿地、草地监测气象业务服务等（戈登，2009）。

5)新农村与小康社会建设农业气象业务服务

① 开展农村农业气象知识与技术培训；

② 强化农村专业气象业务服务；

③ 开展气象灾害应急准备认证与农业保险气象业务服务；

④ 推行农村气象信息化建设。

6)现代农业气象服务业务服务

① 强化农业气象决策服务；

② 加强面向农村、农民的农业气象服务；

③ 发展面向专业大户和合作社的农业气象服务。

7)现代农业气象业务基础建设

① 现代农业气象观测能力建设:包括观测站网调整、观测项目调整、观测规范修订、自动化观测设备布设、移动观测系统与规范建设及遥感观测能力建设等。

② 现代农业气象试验能力建设:包括农业气象试验站网调整、现代化试验分析仪器设备配置、田间试验条件改善、试验任务管理、适用技术研发及示范推广能力提升等。

③ 现代农业气象业务平台建设:发展集约化的省、市、县现代农业气象业务平台。

④ 现代农业气象信息服务平台建设:发展面向基层用户的省、市、县一体化现代农业气象业务平台,同时进行必要的服务手段、服务基础条件建设。

⑤ 现代农业气象业务服务技术与装备研发:开展现代农业气象业务服务所需要的技术、方法、标准、模型、指标、装备与技术的研发,用于支撑现代农业气象业务服务发展。

(2)主要特征

现代农业气象业务服务的主要特征表现为:观测自动化、传输网络化、预报精准化、评估定量化、服务多元化、流程科学化、管理规范化、科研集约化及队伍专业化等。

1)现代农业气象观测

现代农业气象观测以自动化、现代化观测仪器设备为主,以固定、移动、遥感遥测观测方式为主,减少定性观测和人工观测,增强观测的时效性、准确性和精细化。

2)现代农业气象信息传输

观测信息、业务服务信息要充分利用现代通信技术,实现及时、快速、高效传输,减少纸质材料传递。

3)现代农业气象预报

现代农业气象预报预警首先要提高准确率,同时还要逐步精细到乡镇、到格点,要充分利用数值天气预报产品、遥感信息。

4)现代农业气象预估评估

要充分应用作物模型、数值天气预报产品和农业气象指标,针对农业气象条件、农业气象灾害的影响,开展定量化、动态化预估和评估。

5)现代农业气象信息服务

要针对不同用户的具体需求,开展多元化、标准化的信息服务,避免以业务产品代替服务产品、以决策服务产品代替公众服务产品。特别是要针对广大农民、种养大户、合作社等不同对象开展广覆盖、直通式服务。

6)现代农业气象业务服务流程

要针对省、市、县乡村不同层级的业务、服务职责和实际状况,制定科学合理的业务布局和业务流程,充分发挥上级单位的技术指导、平台研发和人员培训等职能,减轻基层单位的工作负担以及技术、人员不足的压力,基层单位将工作重点放在直通式、多元化和特色化的信息服务上。

7)现代农业气象业务服务管理

进一步规范农业气象业务服务工作,重点根据观测内容与手段变化,修订现代农业气象观测规范、信息传输方式,制定移动观测与调查规范;完善农业气象业务、服务考核办法;规范产品发布流程、内容、格式、时效等;强化农业气象标准、规程。

8)现代农业气象试验研究

发挥科研所、重点实验室、农业气象试验站（以下简称“农试站”）的试验研究职能，针对现代农业气象业务服务中存在的关键科学和技术问题，集约开展试验研究与技术攻关，避免低水平重复。

9)现代农业气象技术队伍

通过招聘引进、短期培训、学历教育、上挂下派、交流访问等方式，培养专业化的农业气象及相关专业技术人才，特别要注重对基层农业气象技术人员的培训、培养，提升整个队伍的素质。

1.1.4　现代农业气象业务服务的主要内容

现代农业气象业务服务是面向现代农业和大农业开展的，主要内容包括农业气象观测与试验、农业气象情报、农业气象预报、农业气象灾害监测预报评估与防御、农业气候资源开发利用与农业适应气候变化、农业气象适用技术示范推广、生态气象监测评价及农业气象信息服务等内容（王建林，2010）。

(1)农业气象观测与试验

在农业气象观测地段或普通大田，利用观测设备，通过遥感遥测方式或人工方式，对农业生产对象的生长发育状况、小气候条件、土壤条件等进行连续或不连续观测、移动观测，为农业气象业务服务提供基础资料。

在农业气象试验田，按一定的设计方案，通过人工控制，进行农业对象不同表现、防灾减灾措施效果、增产措施效果和农业气象条件鉴定等的观测与分析，为农业气象业务服务提供技术支撑。

(2)农业气象情报

对过去一段时间的农业气象条件及其对农业生产对象的影响进行分析、鉴定，对未来气象条件及其影响进行预估，并提出切实可行的生产建议。常见的农业气象情报主要有农业气象年报、季报、月报、旬报和周报。为进一步提高服务时效，今后要大力发展农业气象日报业务服务。

(3)农业气象预报

在对未来气象条件预报基础上，对未来农业生产对象的状况或可能受到的影响进行定量预报，以便提前采取行之有效的对策。目前的农业气象预报主要有农用天气预报、产量与品质预报、物候期预报、土壤墒情与灌溉量预报、病虫害发生气象等级预报、农业气象灾害预报等。采取的方法多为统计方法、农学方法、遥感方法、作物模拟方法、统计-动力方法等。预报从以往的定时预报逐渐向动态预报发展，从定性预报向定量预报发展。

(4)农业气象灾害监测预报预警评估与防御

利用观测资料或监测模型对可能影响、危害农业生产对象的气象条件进行分析判断，利用数学方法对其发生发展状况进行预报预警，利用灾害风险理论对其风险进行区划、预估，对其影响危害进行评估，并采取相应的农业技术措施进行预防或防治，以减轻农业气象可能造成的损失。农业气象灾害监测预报预警评估的核心是建立农业气象灾害指标、灾损评估指标、预报预警方法与模型，农业气象灾害防御的核心是通过试验总结完善出行之有效的综合调控措施。

(5)农业气候资源开发利用与农业适应气候变化

主要是针对种植制度、作物布局调整、重大农业技术措施引入和设施农业工程建设等需求，开展精细化农业气候区划、农业气象灾害风险区划、农业气候可行性论证及农业适应气候变化等工作。在精细化农业气候区划工作中,遥感资料的引入、GIS技术的广泛应用和气象要素推算机理模型的应用是该领域的发展方向。针对气候变化对农业生产对象的影响,开展诊断分析、事实评估、影响预估和适应对策研究也是当前值得关注的工作。

(6)农业气象适用技术示范推广

针对现代农业发展需求,开展农业气象适用技术实验获取、总结完善、示范推广、辐射带动等工作,为高产优质、减灾稳产等提供服务。在农业气象适用技术示范推广中,要特别明确技术方法和指标、适宜推广的范围和条件,所推广的技术一定要有科学性、针对性和可操作性。

(7)生态气象监测评价

利用气象、土壤、水文、植被、自然灾害和经济等资料,运用遥感、数学模型等方法,从研究技术的角度出发,对农田、草地、森林、湿地等生态环境质量进行动态分析评价,为生态治理和环境保护提供科学依据,为"生态文明"建设服务。

(8)农业气象信息服务

对于制作而成的农业气象服务产品,通过信函、报纸、网站、电视、短信、微博、电话、显示屏、大喇叭、当面汇报等方式,开展决策服务、公众服务和专业专项服务。在服务中,要特别注重现代通信技术和网络技术的应用,不断扩大服务的覆盖面和时效性,注重面向农业生产者的直通式、贴身式服务,以及区分不同对象的针对性服务和多元化服务等。

1.2　我国农业气象业务服务发展状况

中国气象事业的发展史始终贯穿了农业气象业务发展的历程和成就,从某种意义上讲,气象学的发展最初主要就是为农业生产服务的。回顾我国农业气象发展历程和农业气象业务服务现状,认真总结经验和教训,对发展现代农业气象业务服务具有重要的借鉴意义。

1.2.1　我国农业气象发展历程

农业气象学是研究农业生产对象和过程与气象条件之间相互关系的一门学科。经过百余年发展,已成为一门具有一定理论基础和较完整体系的应用学科。它具有边缘学科的性质,既是应用气象学的一个分支,又是农业科学中的一门基础学科。在科学技术和经济飞速发展的今天,农业气象学发挥着日益重要的作用。但是由于人们面临着粮食安全生产和气候变化所带来的双重压力,其给农业的持续发展造成了严重威胁,这是当前农业气象学面临的严峻挑战。为此,认真回顾一下农业气象学的发展历程,思考未来农业气象学的发展方向和应对机制,不仅是形势的需要,也是学科本身的发展需求。

(1)我国农业气象学的发展历史

中国是世界文明古国之一,并且是一个古老的农业大国。对于农业和环境关系的认识,有着悠久的历史。朴素的农业气象知识在人们的认知中逐步积累和发展。中国商代已有关于季节和天气现象的象形文字。在2 000多年前,人们就懂得"凡耕之本,在于趋时",要"顺天时,量地利",不"任情返道"。到西汉时期就已形成了二十四节气,并在农业生产中广泛应用。公元6世纪《齐民要术》中就有关于霜冻防御的记载。在历代农业知识古籍中,包含着极为丰富的农业气象知识和经验。不过,作为一门科学,它形成于20世纪上半叶。1912年直隶农事试验总场设立了农业测候所。中国农业气象学的奠基者,地理气候学家竺可桢于1922年发表了《气象学与农业之关系》一文,揭开了农业气象学的序幕(竺可桢,1979)。20世纪30—40年代，蒋丙然、涂长望等我国气象学家陆续发表了一批有关农业气象的论文，1935 年天文学家陈遵妫编著我国第一本《农业气象学》，主要为农业院校介绍一些气象知识。其间，么枕生先后在西北农学院和浙江大学农学院讲授农业气象课程(么枕生，1954)。涂长望在 1944 年发表了题为《华中之重要作物与气候》的论文，研究了湖南、湖北、安徽和江西四省水稻、小麦、棉花产量和气候条件的关系。1945 年涂长望发表了《农业气象之内容及其研究途径述要》一文，较详细地论述了农业气象学研究的意义、内容、任务和方法(涂长望，1945)。不过，由于中国时处战乱，农业气象等没有得到很好的发展。

新中国成立以后，给农业气象的发展带来了蓬勃生机。1953 年 3 月由竺可桢先生倡议，中国科学院地球物理研究所和农业部华北农业科学研究所共同组建了华北农业科学研究所农业气象研究组，吕炯任主任。3 月下旬召开农业气象组成立座谈会，会上吕炯先生做了主题发言，简单地介绍了当时农业气象学研究情况和问题，竺可桢强调农业气象的重要性，赵九章先生提出要填补学科空白，戴松恩先生指出农业科学需要农业气象学。1955 年中央气象局台站管理处设立农业气象科，是我国第一个农业气象台站管理机构，相继制定了农业气象业务管理办法和农业气象观测规范等(程纯枢，1994)。至此，我国现代农业气象台站网开始形成，系统的农业气象观测、服务和试验研究等业务工作也相继开始。

在农业气象研究和机构建立的同时，新中国农业气象教育事业也在逐步形成。在 1953 年 3 月召开的农业气象组座谈会上，竺可桢强调了农业气象人才培养的重要性，涂长望主张在农业院校设立农业气象专业，为气象部门培养业务和研究人才。会上形成了两项议题，一是由农业部和中央气象局共同举办农业气象学习班，从农业院校和气象部门抽调人员学习农业气象基础知识；二是在北京农业大学成立农业气象专业(北京农业大学气候教研组，1987)。经过三年的筹备，1956 年北京农业大学农业气象专业正式招生，9 月迎来了新中国第一批农业气象专业学生，他们后来成为我国农业气象事业发展的新生力量。之后，相继在广西农学院、安徽农学院、沈阳农学院建立了农业气象专业，1960 年成立南京气象学院，并随之建立农业气象系。与此同时，在华中农学院、西南农学院、河南农学院、河北农业大学和吉林农业大学等院校也建立农业气象专业。这些院校为我国培养了大批农业气象专业人才，为我国农业和气象事业的发展做出了重要贡献。在国民经济和科学技术发展中，是一支不可或缺的力量(崔读昌，2006)。

概括起来，新中国农业气象学的发展基本上可以分为四个阶段。

1)创建和初步发展阶段(1953—1965 年)：在此期间，主要是筹建我国农业气象研究和业务结构，建立农业气象观测网，并在部分农业院校设立农业气象专业。与此同时，我国农业气象观测、物候观测、情报预报服务及气候资源调查和区划工作，也取得了较快的发展。在 20 世纪 50 年代，农业气象研究主要集中于橡胶树寒害防御和小麦的霜冻灾害指标及防御；而 60 年代，主要集中于作物气象研究、农业气象指标鉴定以及气象灾害和防御技术研究，如北方干热风、南方寒露风和东北低温冷害灾害指标和防御技术等研究。1964 年竺可桢发表了《论我国气候的几个特点及其与粮食作物生产的关系》一文，从气候角度指出了我国粮食生产的潜力，在全国引起了极大关注，对进一步认识农业气象在国民经济中的作用，起到了重要作用。农业气象教育事业取得了明显发展，培养了一大批农业气象骨干力量。

2)停滞时期(1966—1976 年)：在此阶段我国农业气象事业遭到严重破坏。农业气象站被撤销，观测、服务和实验研究被迫停止。之前十几年建立起来的业务基础，几乎破坏殆尽。尽管如此，一些基层台站仍坚持做好为农业生产服务，科研和教学单位也根据条件，做些力所能及的研究工作。

3)恢复和发展时期(1977—2007年):1973年10月,中央气象局召开农业气象工作座谈会,讨论并提出恢复农业气象工作的问题。1977年我国农业气象工作开始恢复。1978年7月,在全国气象局长会议上,中国气象局下达了《为高速度发展农业,尽快把农业气象工作搞上去》的文件。从此,我国的农业气象走向了蓬勃发展的道路。

4)兴盛繁荣时期(2008至今):2008年9月,中国气象局在河北省涿州市召开了全国农业气象业务发展研讨会,正式提出大力发展"现代农业气象业务"。此后,陆续出台《现代农业气象业务发展专项规划》,编制《新增千亿斤粮食农业气象保障工程可行性研究报告》,提出农业气象服务体系和农村气象灾害防御体系(简称"两个体系")建设任务,列入2010年中央一号文件,在全国各地迅速实施并取得良好效果。各地面向需求、面向"三农"一线的现代农业气象服务工作各具特色,创造出许多经验模式,极大地推动并繁荣了农业气象工作。

在中国农业气象形成和发展的同时,其他国家的农业气象也在兴起。1884年俄国Воейков建立了第一个农业气象站,并制定了第一个农业气象观测计划。1887年俄国Броунов创立了平行观测方法。1918年美国Hopkins提出生物气候律,1920年Garner等,首先发现植物的光周期现象。1913年国际气象组织(International Meteorological Organization,IMO)设立了农业气象委员会(Commission for Agricultural Meteorology,CAgM),在该委员会的倡导下,于1964年创刊《农业气象》,1984年更名为《农业与林业气象》。20世纪中期,农业气象在定量研究方面向前迈进了一大步——从能量平衡的角度,研究地表和植物冠层的水热状况。其中,苏联的Будыко,美国的Bowen,Fritschen,Shaw和英国的Penman,Monteith等做出了重要贡献。标志着农业气象研究从定性向定量的飞跃。1948—1950年是农田水分定量研究最为辉煌的时期,其间Penman提出了自由水面蒸发量的计算公式,经世界粮农组织(Food and Agriculture Organization,FAO)多次修正和Monteith的发展,Penman-Monteith(彭曼-蒙蒂思)公式成为当今全球农学家、农业气象学家和农田灌溉工程师估算农田灌溉量和评价气候条件的重要依据(中国农业百科全书农业气象卷编委会,1986)。

(2)近60年来我国农业气象研究取得的进展

虽然在发展的道路上历经坎坷,但近60年来我国农业气象事业取得了长足进步,形成了比较健全的国家、省(区、市)、市(地)、县四级农业气象站网和业务服务体系;形成了一支强大的农业气象技术队伍;农业气象试验研究水平空前提高;农业气象观测、情报、预报、服务工作不断发展并逐步提高;农业气象业务服务领域不断拓展;农业气象防灾减灾技术水平和能力不断增强;农业气候资源利用和农业适应气候变化逐渐深入;生态气象监测评估陆续开展,并取得了初步成效。

20世纪50年代末至70年代中期,主要是针对我国主要农作物如小麦、水稻、玉米和棉花等,开展不同发育期农业气象条件的研究,确定光、温、水各项农业气象指标,并先后出版了《小麦气象》、《水稻气象》、《棉花气象》等。此间,第一次在部分省(区、市)开展了农业气候普查,编制了粗线条的农业气候区划。70年代中至80年代初,针对全国重大的农业气象灾害,如北方小麦干热风、南方水稻寒露风、东北低温冷害和南方柑橘冻害等,进行了跨省(区、市)的联合试验研究;为了充分利用气候资源、合理调整作物布局,在此期间还进行了气候生产潜力、种植制度改革和作物气候生态适应性的研究;先后完成了国家、省和部分县级农业气候区划,同时还完成了许多专题农业气候区划,如种植制度气候区划、畜牧气候区划及低温冷害区划等。在1983和1987年,又分别对我国亚热带东部山区和西部山区,进行了农业气候资源调查和开发利用研究。与此同时,我国粮食产量预测预报研究、作物水分胁迫和农田优化灌溉技术研究、冬小麦卫星遥感监测和综合测产研究、农田生态系统水热平衡和物质能量传输研究、作物生长模拟与模式研究，均取得了重大进展，不仅在理论上有所突破，而且在生产上得到了广泛应用(刘昌明，1995)。自 20 世纪 90 年代以来，在干旱监测、预警和农业干旱综合应变防御技术研究，农业气象情报信息服务研究，以及信息技术在农业气象上的应用和农业气象服务系统研究等，均取得了重大进展。60 年来，许多农业气象研究成果，不仅在理论上达到国际先进水平，而且在生产上广泛应用，取得了显著的经济效益和社会效益。本时期所取得的科研成果及发表的论文和专著，不仅在数量上，而且在质量上，达到了历史空前水平。

(3)21 世纪农业气象面临的机遇和挑战

农业气象学在经过了一百多年的发展之后，已经从一个描述性学科，发展成为一门独立的学科。它的发展与社会经济条件、自然与社会环境和科学技术水平息息相关。在人类跨入 21 世纪的时候，全球正面临着人口增加、资源短缺和环境恶化等问题，严重威胁着农业的持续发展和社会进步，农业气象学也面临着一场新的挑战。20 世纪 90 年代，由天气气候异常而引起的全球经济损失为 80 年代的 6 倍，仅 90 年代上半期，全球经济损失达 1620 亿美元，而整个 80 年代才损失 540 亿美元。其中农业损失占很大比例。在世界 150 多个国家和地区中，有 2/3 的国家和地区受到干旱和沙漠化的威胁，这些地区的粮食生产受到严重影响。

全球气候变暖，将对各地已形成的农业生态系统造成重大影响。据推测，在 21 世纪末，全球平均温度将提高 1.5～3.0 ℃。那时候我国冬小麦种植界线，将会北移西扩。种植制度、复种指数和农业结构将会发生重大变化；而由此产生的热量资源和水资源的矛盾，将会进一步加剧(王石立，1999)。

我国是一个农业大国，拥有世界 23％的人口，而地表水拥有量不足世界的 6％。人均水资源占有量只有世界平均水平的 1/4，亩* 均水资源占有量也只有世界平均水平的 3/4。华北地区人均水资源占有量不及全国平均水平的 1/4，亩均占有量不及江南的 1/10。因此，节约水资源，提高农业水分利用效率，是农业可持续发展的关键因素之一。

在影响农业可持续发展的诸多环境因素中，最不稳定的当属农业生态环境中的气象因子，它是实现 21 世纪 16 亿人口粮食安全保障的最关键的基础之一。也就是说，当前大力促进和加强农业气象研究，既可以保障农业生产趋利避害、持续发展，最合理地开发利用气候资源；更可进一步发挥各项农业高新科技的生产潜力和科技优势，促进农业生产与国民经济发展同人口增长和环境保护协调持续稳定发展。

(4)未来农业气象学发展的思考

20 世纪 70 年代以来，随着改革开放和现代化经济建设的到来，我国农业气象学得到快速发展，在农业生产中的地位日益加强。充分展示了它的不可替代性和旺盛的生命力。为了迎接新的挑战，促进学科自身的发展，应从以下几个方面深入开展研究。

1)加强基础理论研究

近年来，我国农业气象学在基础理论研究方面，虽然取得了很大进展，但与发达国家相比，还有不小差距。从当前的情况看，应用技术研究多，基础理论研究少；经验总结多，机理分析少。这在一定程度上影响了农业气象学水平的进一步提高。在研究方法上，应重视试验研究。农业气象是一门实验科学，只有通过试验，才能发现规律，探索土壤-植物-大气系统的内在联系。如彭曼(Penman)公式就是在罗桑斯特德(Rothamsted)农业试验站，经过多年的试验才建

---

* 1 亩＝1/15 hm^2，下同

立起来的。

2)改进农业气象研究和监测手段

我国拥有一大批农业气象试验站和分散在各部门的农业气象研究机构,这是其他国家所不能比拟的;但研究手段(包括试验设施、仪器设备、数据采集和分析方法)远比发达国家落后。科学手段是获取科学数据的必要条件,也是进行科学分析的前提。改善研究条件,加大在这方面的投入,是十分必要的。

3)突出农业气象研究的重点

从国民经济和学科本身发展的需要出发,未来农业气象研究应重点强调以下几个方面:

① 农业可持续发展:农业可持续发展的核心在于资源的合理开发利用。重点在于提高利用效率,改善生态环境。目前,我国资源利用效率很低。以水资源为例,以色列作物水分利用效率为 2.32 kg/m^3,而我国只有 1.0 kg/m^3 左右。如果节水灌溉技术在我国农业上得以普遍应用,并配合干旱综合防御技术的实施,我国农田水分利用效率提高到 1.50～1.70 kg/m^3,应该是没有问题的。

② 气象灾害和防御技术:气候异常和极端气象事件是影响农业持续发展和 13 亿人口粮食安全的重要因素之一。灾害预测、评估和防御技术的研究,不仅可以减少损失,还可以使得研究人员进一步认识灾变机理,促使农业气象学在应变中发展。

③ 气候变化和生态环境:气候变化和人类活动会对生态环境造成很大的影响,反过来,生态环境的变化,又可作用于气候环境。农业气象学的任务之一,在于探索它们之间的互动响应机制,尝试建立新的生态平衡,减缓环境进一步恶化。

④ 农业气象模型:对农业气象模型的研究被认为是农业气象学从定性走向定量的标志之一。它的建立,有助于更深刻地揭示土壤-植物-大气系统间的内在规律,更好地理解作物与环境之间的关系,同时有利于资源的合理利用,促进生产管理的科学化。

⑤ 信息技术的应用:随着知识经济的兴起,信息技术在农业气象现代化和服务工作中将得到广泛应用。通过"3S"技术[遥感技术(Remote Sensing, RS)、地理信息系统(Geographical Information System, GIS)、全球定位系统(Global Positioning System, GPS)]和网络技术的应用,可以实现农业气象信息、自然地理信息和社会信息的综合分析和空间决策,提高信息传递速度,从而快速开展服务。

4)加强国际交流与合作

从总体发展水平上来看,我国农业气象科学走向世界的时机已经成熟。我国农业气象科学研究取得了丰硕的成果,但在国际学术舞台上展示不够。今后,应积极开展多种形式的国际交流与合作,让世界了解中国,同时也使我国的农业气象,在交流与合作中获得更快的发展。

1.2.2 我国农业气象业务服务现状

(1)农业气象业务基础状况

我国的农业气象业务创立于 1953 年,经过 60 多年的发展,取得了长足进展,既奠定了较为坚实的业务基础,也积累了宝贵的发展经验,成为我国开展最早、规模最大和发展最成熟的专业气象业务。目前我国已初步形成国家、省、市、县四级农业气象业务体系。到 2007 年底,全国已建成 631 个农业气象观测站、68 个农业气象试验站,开展了农作物生长状况、农田土壤水分、农业气象灾害、畜牧、农业小气候、自然物候及生态环境等观测,初步建立了农业气象监测站网;全国农业气象在岗人员 1052 人,其中具有高级职称人员超过 200 人,形成了一支初具规模的农业气象专业技术队伍，成为农业气象业务持续发展的人才保障。

(2)农业气象情报预报业务

经过改革开放后30多年的发展，我国的农业气象情报预报业务已初步形成体系，已经形成定期的农业气象旬报、月报和作物产量气象预报等业务，并且有相应的考核、评分办法，且已经在各地普遍开展，业务发展比较成熟，成为公共气象服务的重要组成部分。

近年来，各地的主要粮棉油作物产量预报时效性好，准确率较高，受到普遍关注，成为各级政府指导农业生产和农产品流通的重要参考信息。对世界粮食产量预报也进行了研究探索。随着经济社会的发展，农业气象情报和预报业务的领域已经从传统的大宗粮食作物拓展到棉花、油料等经济作物，部分省(区、市)还开展了针对畜牧业、设施农业和特色农业的农业气象情报服务；各地农业气象情报、预报业务技术水平有了较大提高，开发的农业气象情报预报业务系统已在业务服务系统中发挥了重要作用，部分实现了产品制作的自动化或半自动化以及评价和预报产品的定量化、客观化。利用GIS和卫星遥感等现代高科技手段开展了重大农业气象灾害的监测，开展了区域农业气候资源分析和区划及农业生态环境监测与评估，部分省市还应用GIS开展气候资源利用可行性论证等。

(3)农业气象防灾减灾业务

农业防灾减灾历来是农业气象服务的主要内容。针对我国农业气象灾害发生频繁、对农业生产影响较大的特点，各级气象部门相应地强化农业气象灾害监测和预警业务，根据当地实际情况开展了农业旱、涝、冷害、霜(冻)害、热害、雪害及寒害等农业气象灾害的监测、预警和评估业务服务，业务覆盖面较广、发展较快，目前已形成了一定的业务能力。国家和多数省(区、市)的业务部门还与农业、林业部门合作，开展气象干旱监测预警、农业干旱遥感监测和农业病虫害气象等级、森林草原火险气象等级预报服务等。

(4)农业气候资源利用和农业适应气候变化业务

1970—1990年，全国系统地开展了亚热带东西部山区气候资源调查，并进行了农业气候区划工作，并发挥了十分重要的作用。一些省(区、市)气象局有针对性地开展了特色农业气候区划服务和作物引种的气候可行性论证等服务。20世纪90年代末，中国气象局组织了精细化农业气象气候区划试点工作，江西、河北、北京、广西、河南等省(区、市)相应开展了此项工作。近年来，各省农业气象业务、科研部门有针对性地开展了气候变化对农业生产和作物生长的影响研究，开展了气候变化背景下农业生产布局调整、农业气候资源利用、作物引种、区域农业生产力水平预估等研究与应对服务(张厚瑄，2000)。为应对气候变化对农业的影响，多数省份已经完成了气候变化对农业影响评估和应对策略报告。

(5)生态气象监测评价业务

为适应国家生态环境保护的要求，中国气象局在全国7省建立了农、牧、林等七个典型生态系统的生态气象试验站(固城、锦州、南昌、海北、武汉、五营、武威)；青海、辽宁和内蒙古等省(区)根据当地经济发展的需要，建立了具有地方特色的生态环境观测站，已经开展了相应的生态环境状况监测评估服务；一些省(区、市)气象局还开展了退耕还林还草等重大生态工程的效果监测评估服务，并取得了初步成效；国家气象中心等单位还定期发布全国草地、陆地生态质量监测评估报告等(王连喜 等，2010)。在此基础上，初步形成了生态质量气象评价规范和行业标准，大部分省(区、市)已经开展了这项业务，逐步实现由过去传统意义上的农业气象业务向农业与生态气象综合性业务的方向进行发展和转变(中国气象局，2005)。

1.2.3　我国农业气象业务服务的薄弱环节

从全球看，各国农业气象业务发展不平衡。国外发达国家的农业气象服务工作开展较早。目前美国、英国、荷兰和以色列等国以自动化的现代农业气象监测网络和信息处理系统为基础，充分运用作物生长动力模型和高分辨率的卫星遥感技术等现代科学技术，可以逐日开展农业气象业务服务。国外的农业气象服务除了为政府有关部门提供相应业务服务外，还尤其侧重针对农场主等农业生产实体开展专项专业农业气象业务服务。与世界先进国家比较，由于我国农业气象业务发展历史较短，对需求研究与分析不足，特别是对服务主体定位不准，对服务产品与形式必须适应用户需求变化的意识不强等多种原因，从而导致了业务创新能力不足，产品针对性不强，服务领域不宽，不能适应党和政府决策、经济社会发展和现代农业发展等多种需求，进而致使农业气象业务的投入不足，人才流失、队伍不稳，自身发展缓慢。主要表现在以下几个大的方面。

(1)农业气象业务需求不清、针对性不强，服务能力不足

尽管我国的农业气象业务已开展多年，但是对用户需求的动态变化分析和研究不足，对农业气象服务效果缺乏科学的评估和深入了解，直接制约了农业气象业务的发展，加上农业气象灾害影响的定量化评估能力不足，导致农业气象服务在防灾减灾和保障国家粮食安全中未能起到必要的作用，实效不明显。现阶段农业气象的情报预报业务缺乏定量化的分析评估，产品不够丰富，面向决策服务产品多，面向种养殖大户、专业合作社及普通农户的产品少，针对性不强；未能健全面向农林牧渔的大农业气象业务的现代农业气象业务体系，服务能力十分有限。由于技术水平和应用系统的限制，农业气象情报、预报、预警、评估水平有限，科技含量不足，目前主要针对大宗作物的生产过程，而对加工、流通、贸易等的服务非常有限，空白区很多；农业气象灾害预测和评估、作物发育期预报、农用天气预报、作物病虫害发生发展气象条件预报和特色农业、设施农业的农业气象服务等工作基础薄弱。缺乏针对林业、牧业、渔业、经济作物、果树、园艺、蔬菜和其他特色作物的农业气象服务技术和服务系统的研究，大农业气象格局尚未形成。为社会主义新农村建设的农业气象服务体系尚不完善，服务领域亟待拓展。

(2)农业气象观测与试验基础落后，信息化程度低

我国现行的农业气象观测体系始建于20世纪60年代初期，随着现代农业的发展，农业气象观测与试验站网已远不能满足当前农业气象业务的需求。主要表现四个方面：站点布局与现代农业的核心产区、后备产区和优势农产品产业带的划分一致性不强，不适应农业产业结构调整的新需求；农业气象观测仪器陈旧落后，观测项目、精度、频次和时效不适应现代农业发展对科学化、精准化的新需求；农业气象试验站的定位不明，缺乏对经济作物、设施农业、特色农业及生态农业等有针对性的业务观测和试验项目，业务支撑能力不强，缺乏可推广应用的适用技术，功能萎缩；农业气象观测与试验数据多数没有经过信息化处理，农业气象服务所需的基础信息不足，难以适应现代农业气象业务的发展需求。

(3)农业气象预报评估技术落后，定量化程度低

目前我国农业气象预报业务所使用的方法仍以数理统计方法为主，作物生长动态模拟等先进方法应用较少；农业气象评估以定性为主，缺少定量评估所需的方法、指标和模型，特别是以作物生长模型为主的定量化预估、评估较少。整体上农业气象预报评估技术落后，存在着定性多定量少、针对性不强和时效性不高等问题，难以适应现代农业气象业务发展的需求。

(4)农业气象业务体制不顺，管理薄弱

由于长期以来各地的政策导向、重视程度、资金投入的不平衡，导致了农业气象人才流失、队伍不稳、业务服务水平很不平衡。主要表现在五个方面：国家、省、市、县四级业务发展很不平衡，省级起步较早，国家级发展较快，市级尚可维持，县级严重萎缩；地方各级业务发展不平衡，越到基层，这种不平衡的差距越大；有些省(区、市)农业气象业务服务呈现大起大落的态势；农业气象业务机构分散，岗位设置不合理或不健全；农业气象业务管理薄弱，考核办法已显陈旧，特别是服务产品的考核未能体现与时俱进，明显不适应现代农业发展的新要求。

1.3 河南省农业气象业务服务发展状况

从新中国成立至2008年，在中国气象局和河南省各级党委、政府的正确领导与大力支持下，河南农业气象业务服务工作得到了长足的发展，农业气象灾害和农业气象信息监测预警防御网络体系不断完善，覆盖粮食产前、产中、产后全过程的系列化服务流程和大纲逐步形成，项目带动、科技支撑的发展机制基本确立，省、市、县三级农业气象系列化服务体系初步形成，农业气象科研业务服务队伍日益壮大，为河南粮食持续稳定增产和不断跨上新台阶起到了重要支撑作用。

1.3.1 河南农业气象工作状况及取得的主要成效

(1)农业气象组织机构与队伍状况

河南省气象局十分重视农业气象机构和人才队伍的建设。目前全省气象部门拥有一支稳定的农业气象管理和专业队伍，组织管理机构健全，管理体制完善，逐步形成省、市、县三级相互协调，上下连动、通力合作的农业气象队伍，为做好为农业生产服务提供了保证。

1)管理机构与队伍

河南省气象局监测网络处和科技减灾处均聘请1位具有农业气象专业高级职称的专职人员分别对全省农业气象观测和情报预报服务等进行管理，各市气象局也配备农业气象专职或兼职管理人员。

2)业务机构与队伍

省级：河南省气象科学研究所是省级农业气象业务、服务和科研的主要承担单位。科研所现有农业气象服务中心、卫星遥感中心、农业气象试验研究室三个农业气象业务、科研、服务机构。现有农业气象专职人员24人，其中正研级高级工程师2人，高级工程师7人，工程师8人，助理工程师7人；按学位可分为：博士4人，硕士5人，学士15人。

市级：全省现有农业气象基本观测站30个，有8个站分布在市级气象局。目前市局农业气象业务服务人员42人，其中高级工程师9人，工程师20人，助理工程师11人。

县级：有22个农业气象观测站分布在县局。农业气象基本观测站现有46人，其中高级工程师2人，工程师16人，助理工程师20人，技术员8人。

(2)农业气象业务服务状况

目前开展的农业气象业务主要有以下几类：作物产量预报、作物主要发育期预报、农业气象灾害预报、病虫害发生气象等级预报和特色农业气象预报；定期发布农业气象周报、旬报、月报，土壤水分监测公报，冬小麦苗情长势及农业干旱等遥感监测评估报告。

针对河南农业生产需求，结合实际，重点开展并形成了如下具有河南特色的农业气象服务项目：土壤墒情与灌溉预报、冬小麦苗情和农业干旱遥感监测、农业气象周报、“三夏、三秋”及农事关键期专题服务材料等，并注重“贴身无缝隙”服务，为领导决策及田间管理提供了科学依据。

1)农业气象及卫星遥感监测

① 干旱监测。全省118个台站自1980年以来开始承担土壤水分观测，每旬逢8测定10～50 cm土壤湿度，30个农业气象基本站每旬逢3加测墒情。2005年以来安装了9台自主研发并获得专利的自动土壤水分监测仪。目前全省基于遥感、土壤水分人工观测、自动监测的干旱立体监测网建设已初具规模，可以发布定期不定期服务产品。

② 遥感监测。全省建立了比较齐全的气象卫星资料接收处理系统。经过多年研究逐步形成了以植被订正和土壤类型订正的热惯量、缺水指数、温度条件指数、单时相等系列模式和实测墒情订正等方法的遥感干旱监测业务系统，实现了对土壤墒情和干旱的宏观动态监测。基于归一化差分植被指数(Normalized Difference Vegetation Index，NDVI)，采用分区与发育期等方法，实现了小麦苗情长势宏观动态监测。同时，常年开展森林火灾等卫星遥感监测。同时十分重视遥感技术的推广应用，许多地方领导都可以说出“绿度值、NDVI”这样的遥感专业术语。

③ 作物、物候监测。全省30个台站承担了作物和物候观测，对主要粮食、经济作物发育期、生长量、密度、病虫害、农业气象灾害及大田发育状况等进行定量测定。根据特色农业的需求，还开展了怀药、金银花、杜仲、牡丹、菊花和桃花的主要发育期监测。

2)农业气象情报、预报及服务

近年来，随着农业气象观测内容的增加、手段的提高以及科研成果在业务服务工作中的不断应用，促进了全省农业气象服务质量和水平的提高，社会效果也日益显著，有多期农业气象服务材料得到省委、省政府主要领导批示。

① 率先开展土壤墒情与灌溉预报，科学指导防旱抗旱。2001年在全国率先开展河南省土壤墒情与灌溉预报，被中国气象局评为年度创新项目。可以发布全省未来1～30天的土壤墒情预报，特别是在单点土壤墒情预测方面已经比较成熟，同时结合遥感监测、数值预报模式的格点化土壤墒情预报也正在试做。系列化的农业干旱综合防御措施也在豫、鲁、苏、皖四省大面积推广，成为指挥农业生产和防旱抗旱的重要依据。

② 坚持普查、调查与会商制度，产量预报准确率不断提高。针对产量预报需求，在全省设立30个高、中、低产监测点，制定统一的观测规范和报表，每种作物定点、定时统一观测5～8次，为产量预报提供第一手资料；每年5月和8月上旬，河南省农气中心都会对全省夏粮、秋粮长势进行实地抽样调查；5和8月中旬，都会由河南省气象局科技减灾处牵头，定期召开两次全省性产量预报会商会，并邀请农业厅、统计局及植物保护站等单位的专家参与会商，并逐渐形成会商机制。2005年以来全省每年发布的粮食产量预报准确率均在97%以上。目前产量预报已成为省领导决策的重要依据，近两年省主要领导连续在产量预报服务材料上做出重要批示。

③ 率先开展农业气象周报业务，服务的针对性和时效性明显增强

结合各级领导指挥农业生产及周工作制的需求，自2003年以来，在农业气象旬报的基础上，增加了农业气象周报业务，并制定了相应的规范、电码，开发了配套软件，将这项业务在省、市、县同时开展。每周一及时将材料送达各级管理部门和相关单位，并在气象网站上公开发布，便于各级管理部门及时掌握农业气象信息、指挥农业生产，受到广泛好评。

④ 根据生产需求，适时开展农业气象专题服务。“三夏”、“三秋”期间，适时发布适宜收获期、适宜播种期预报。及时发布墒情分析和预报及农事建议，通过传真、手机短信、电视、广播电台、报纸、网站、12121、专人送达等方式及时向农民朋友传递农用天气信息。农事关键期适时编写苗情、墒情、病虫害、干旱、农业气象灾害等专题服务材料。这些材料大多由河南省气象

局领导及时进行汇报和送达省政府领导手中，进行“贴身无缝隙”服务，在省政府指挥农业生产中发挥了重要作用。

⑤ 根据防灾减灾需求，开展多种农业遥感监测服务。自20世纪80年代末期，全省便开始进行冬小麦苗情遥感监测服务，并在全国较早建立了极轨气象卫星接收处理系统，相继开展了干旱、洪涝、冻害、林火等遥感监测业务。目前冬小麦苗情、土壤墒情等遥感监测产品，已成为各级领导指挥生产的重要依据。

为了配合全省秸秆禁烧工作，从2002年夏季起，率先开展了卫星遥感秸秆焚烧火点监测业务，在麦收、秋收期间每天发布多期卫星遥感火点监测产品。全省各地政府已经把卫星遥感秸秆焚烧火点监测产品作为秸秆禁烧工作不可缺少的重要依据之一。

根据业务服务的需要，还开展了全省大中型水库水域面积的动态监测、退耕还林、土地沙化、土地利用/植被覆盖变化等遥感监测与服务。

⑥ 积极探索农业气象灾害定量监测评估服务。基于多种农业气象模型、指标，利用卫星遥感、GIS、GPS等技术方法，积极开展农业气象灾害监测评估，取得了较好的服务效果。

在2007年防御淮河流域洪水灾害时，河南省气象科学研究所首次利用卫星遥感技术、结合多次实地考察，开展了淮河流域洪涝灾害对农作物的影响评估。时任河南省副省长刘新民在总结抗灾夺丰收工作时说“通过卫星遥感，清楚地查明了淮河洪水的受灾情况，为指挥抗灾夺丰收、确保今年全省‘秋粮受灾不减产’的目标，提供了科学的决策参考依据”。

2008年初，我国南方出现了雨雪冰冻灾害，河南省南部地区也受到了一定影响。针对本次气象灾害对农业影响情况，2008年2月河南省气象局制作了《前期雨雪天气对我省农业影响评估》，时任省委书记和省长分别在上报材料上做了批示，并被省政府《政务要闻》全文转发。

⑦ 加强农业气象特色预报。为了满足特色农业发展的需要，开展了花卉(牡丹、菊花和桃花等)花期预报、药材(怀药、金银花、杜仲等)生育期气象条件分析等，及时为全省特色农业提供农业气象预报服务，效果显著。

(3)河南省农业气象科研状况

2000年以来，围绕河南粮食生产中存在的干旱、洪涝、晚霜冻害等气象灾害和农业气候资源利用不平衡等问题，开展了土壤水分预报、自动土壤水分监测仪、灾害评估、作物气象、农业气象适用技术、农业气候区划等研究，并且多项成果已经投入业务应用。全省气象部门共主持承担国家级项目5项，其中农业气象类项目4项，占80%；主持省部级项目15项，农业气象类项目7项，占46%。2000年以来全省气象部门获得省部级二等以上奖励4项，其中农业气象类项目2项。2006—2008年全省气象部门共发表在核心期刊以上论文97篇，其中农业气象论文51篇，占52%，被EI收录10余篇。

1.3.2 河南农业气象工作的主要经验

(1) 领导重视，认识到位

河南是农业大省，各级地方领导十分关心和重视气象工作。河南省委、省政府领导多次到气象部门调研和指导工作，对气象部门预报准确、服务及时，为农业生产提供准确的气象信息服务，为农民增收、农业增效和农村发展做出的贡献给予了充分的肯定。省委省政府领导每次下基层调研农业生产工作，都要求省气象局的领导一同前往。2008年“三夏”期间，省政府组织开展“三夏”督导工作，专门安排省气象局作为组长单位，体现了对气象工作的高度重视。气象部门各级领导始终把为农业服务作为气象服务工作的重点，摆上重要位置，对农业气象业务和服务工作常抓不懈，并提供了强有力的人力、物力和财力保障，气象对农业生产的支撑保障作用日益增强。

（2）机构健全，队伍稳定

河南省气象局和各地（市）局均有专（兼）职农业气象管理人员，组织管理机构健全；省级科研业务牵头单位拥有一支稳定的农业气象科研业务服务的专业队伍，全面引领、指导全省农业气象科研和业务服务工作。在全省逐步形成的省、地、县三级相互协调、上下联动、通力合作的农业气象队伍，为河南省农业气象事业的蓬勃发展提供了保证。

（3）体制稳定，结合紧密

多年来，河南省气象局农业气象工作本着"科研-业务-服务"一体化的原则，走出了一条具有河南特色的农业气象发展道路：从业务发展和地方需求中凝练科学问题，到针对性研究与技术开发，再到业务服务应用，最终在业务服务实践中得到发展和提高。同时省级农业气象工作的牵头单位本身是集科研业务服务于一体的实体，为全省执行业务服务与科研开发紧密结合的原则起到了示范作用。稳定的体制为农业气象各项工作的协调发展和取得突出成绩提供了制度保证。

（4）需求牵引，项目带动

发展源于需求，需求促进发展。河南省农业气象事业的蓬勃发展首先来自于农业生产与业务需求的牵引，更离不开课题项目的支持与带动。全省农业气象科研长期坚持需求引领、软硬结合的原则，围绕农业气象工作重心和服务的瓶颈问题，面向需求、面向业务，从生产实际中发现问题，凝练项目，尤其是近几年来，根据业务发展和农业减灾防灾需求凝练了多个研究开发项目，其中有四项得到国家级资金支持，七项得到省部级支持，农业气象研究项目的实施及科研成果在业务服务工作中的及时应用，有力地带动了全省农业气象事业的全面发展。

（5）加强指导，共同提高

省农业气象业务牵头单位——河南省气象科学研究所，通过业务软件推广、资料数据共享、服务产品网络发布、每周天气会商制度以及基层业务人员进修和实习等方式，对市、县级农业气象业务服务工作进行全面指导。通过举办农业气象工作培训班、研讨会和学术交流会等形式，提高了农业气象人员业务素质。

（6）试验示范，支撑业务

河南省共有郑州、信阳和黄泛区三个农业气象试验站，近年来农业气象试验站建设取得了显著成效。特别是郑州农业气象试验站通过与河南省气象科学研究所的科研合作，试验示范能力不断提升，所取得的成果也对河南省气象科学研究所的农业气象业务服务提供了科技支撑，形成了良性互动局面。2007—2008年中国气象局投资70万元，河南省气象局自筹10多万元进行实验室改造及郑州农业气象试验站基础条件建设，先后购置了涡度系统、梯度系统、智能人工气候箱、万分之一电子分析天平、土壤肥力测定仪、叶面积仪、冠层分析仪和CO_2/H_2O分析仪等。

1.3.3　存在问题与不足

河南省虽然初步建立了较为完善的农业气象监测、预报预测和评估业务服务系统，农业气象服务也取得了一些成绩，但还难以完全满足全省现代农业、防灾减灾的需求，大的方面主要表现在：

（1）农业气象观测手段落后，自动化程度低传统农业气象观测手段主要是人工观测,信息传递以报表寄送和纸质存档为主,观测技术方法也比较落后。随着农业科技的快速发展、气候的不断变化和各地农业生产格局的不断调整,农业气象观测已经远不能满足农业生产的需求,亟待改善和加强。主要表现在:一是站点布局不尽合理,不适应农业生产格局的新变化;二是城市化发展和作物结构的变化导致观测站点农业环境代表性不强,造成观测资料缺乏代表性;三是农业气象观测仪器陈旧落后,多数农业气象观测任务需人工操作,工作量大,观测工作费时、费力,而且观测效果十分有限;四是观测项目多为作物生长外在表象,无法对农田生态系统中能量传递、转换及作物生长量进行精确监测;五是观测频率和时效不适应为农业防灾减灾服务的需求,农业气象服务所需的基础信息量不足;六是现有的自行开发的遥感处理软件中光谱分析功能非常薄弱,缺乏专业遥感软硬件设备,没有建立河南省的作物光谱库,严重制约遥感定量监测能力与水平的提升。

(2)农业气象试验站试验条件较差,功能没有充分发挥

现有的农业气象试验站是1986年按照分级分区规划和农业生产结构类型布局建设的,主要承担试验研究、适用技术示范推广、为农服务及作物观测等工作。但是,面对现代农业发展的新形势和新需求,农业气象试验站在功能、管理及建设等方面还存在很多不适应、不协调的问题,主要体现在:一是试验条件较差:部分农业气象试验站没有试验场地,多数农试站没有实验室;且普遍存在办公室紧张、试验设施老化、试验仪器短缺等问题,制约了农业气象试验和业务服务的正常开展。二是经费投入不足:农业气象试验工作缺少稳定的经费支持,无法围绕业务和服务需求持续稳定地开展试验研究,多数站仅开展农业气象观测和当地需要的农业气象服务,辐射带动及示范作用明显不足。近年来,虽然在农试站建设方面也加大了投入,但由于相应的配套设施不到位,效益不明显。三是人员队伍严重不足:农业气象试验站普遍存在人员不足的问题,有的站甚至连编制也没有,目前绝大多数台站的人员仅能维持日常观测,领军人才更是稀缺。四是管理体制没有理顺:个别农业气象试验站为挂靠管理,运行管理不统一,挂靠单位差别较大,支持力度不一,存在管理不到位、体制不顺畅的现象,已成为农业气象试验站发展的重要问题。

(3)农业气象灾害预报预警水平不能满足乡镇级精细化服务需求

目前农业气象预测方法多以常规统计方法为主,统计模型中因子的物理概念和生物物理机理还不十分明晰,数学模型和资料处理方法还存在不足。受数值预报模式时空分辨率、精确度、预报时效、同化的资料种类和资料量的限制,尚不能提供农业气象预测所需的高时空分辨率的精细化数值天气预报和区域气候模式预测产品,从而使得农业气象灾害预报预警水平不能满足乡镇级精细化服务需求。

(4)农业气象移动观测与野外调查能力不足

随着全球气候变暖,极端天气事件逐渐增多,灾害性天气频发,这些事件对河南省粮食产量影响巨大。但目前农业气象移动观测与野外调查缺乏必要的专业设备,也没有形成规范化的移动观测与野外调查内容、技术方法或规范,调查多以目视和定性评价为主。由于缺少必要的移动观测、野外调查与应急服务装备,无法在灾害性天气发生时及时赶赴现场,调查灾害性天气对作物的影响程度,这些严重制约了农业气象灾害调查评估效果和现场应急服务能力。

(5)农业气象灾害定量化预估评估能力不足

由于试验条件和研究条件所限,目前还缺乏系统的农业气象灾害影响的评估指标、评估模型等,难于进行定量预估评估,无法向决策部门提供客观定量预估评估服务产品,动态评估和作物模拟方法更未涉及。因此急需提高试验能力、利用成熟的作物模型,开展农业气象灾害的

定量化动态预估评估技术试验研究，整体提高农业气象灾害的预估评估能力。

(6)服务覆盖面存在不足，服务基层薄弱

农业气象服务的手段和方式简单，覆盖面不足，“最后一公里”问题依然存在，服务产品尚不能在第一时间送到农民手中。此外，农业气象业务服务领域存在空白，特色农业、设施农业的农业气象服务滞后。

1.4　现代农业气象业务服务需求分析

现代农业及“三农”工作的快速发展，对现代农业气象业务服务工作提出了许多新的、更高的需求，只有真正了解各级党委政府决策、现代农业发展、社会主义新农村和小康社会建设、农业防灾减灾、国家粮食安全保障、农业适应气候变化和生态文明建设和现代农业气象学科发展等诸多方面的切实需求，才能更好地推进现代农业气象业务服务发展。

1.4.1　党中央国务院及地方党委政府决策需求

党中央、国务院历来高度重视农业发展问题。《中共中央国务院关于切实加强农业基础建设进一步促进农业发展农民增收的若干意见》(中发〔2008〕1号文件)明确提出，要充分发挥气象为农业生产服务的职能和作用。在2008年6月27日中共中央政治局第六次集体学习时，胡锦涛总书记强调要加大对农村气象灾害监测网络的投入力度，提高应对极端气象灾害的综合监测预警能力、抵御能力、减灾能力。《国家粮食安全中长期规划纲要(2008—2020年)》中也明确提出，要“健全农业气象灾害监测预警服务体系，提高农业气象灾害预测和监测水平”、“增加农业气象灾害监测预警设施的投入”。特别是《中共中央关于推进农村改革发展若干重大问题的决定》2008年对加强农村防灾减灾能力建设、加强灾害性天气监测预警等又提出了新任务和新要求。这些都充分表明党中央、国务院十分重视气象科技对农业生产的支撑和保障作用，气象部门必须做好农业气象服务工作，为各级政府制定农业发展战略、进行农业结构调整和组织农业防灾减灾等重大决策提供优质的农业气象服务。

1.4.2　现代农业发展需求

近年来，各地的特色农业、设施农业、创汇农业、观光农业及都市农业等新兴农业产业呈现出强劲的发展态势，已成为农民增产增收、保障城市“菜篮子”工程和发展高效农业的主要途径。随着我国经济社会的发展，人民群众的物质生活需求不断提高，具有地方特色的名特优农产品和绿色、生态、安全农产品的市场需求量越来越大，传统农业气象已经不能满足现代农业发展的需求。现代农业要求用现代科学技术，针对粮、棉、油料等大宗和优势农产品生产开展产前、产中和产后全程农业气象服务，开展面向农林牧渔的“大农业”气象服务业务；以增产增收、提高效益为目标，针对现代农业的商品生产和产业化以县级为基本单元的重要特征，县级气象部门要面向本地特色农业和优势农产品，重点开展全方位、全程化的农业气象信息和实用技术服务，以满足现代农业和新型农业现代化发展的新需求。

1.4.3　社会主义新农村和小康社会建设需求

农业、农村和农民问题始终是关系我国经济和社会发展全局的重大问题。《中共中央国务院关于推进社会主义新农村建设的若干意见》(中发〔2006〕1号文件)明确提出：“加强气象为农业服务，保障农业生产和农民生命财产安全”。《中共中央关于推进农村改革发展若干重大问题的决定》也明确指出“农村基础依然薄弱，最需要加强；农村发展依然滞后，最需要扶持；农民增收依然困难，最需要加快”。农业靠天吃饭是我国的基本国情，农业仍然是最易受气象条件影响的脆弱行业，农村仍然是气象灾害防御的薄弱区域，农民仍然是最需要提供专业气象服务保障的弱势群体，加强对“三农”的气象服务，全面提高农村综合生产力，需要进一步加强农村气象信息化和乡村专业气象服务，开展农业气象知识与技术培训、将农业气象工作纳入新型农村气象灾害防御体系，为我国社会主义新农村建设和新型城镇化发展提供优质的农业气象科技支撑。

1.4.4 农业防灾减灾需求

中国是世界上气象灾害最严重的国家之一，农业旱、涝、低温、冻害、冰雹、干热风、雪灾等灾害影响巨大。中国每年因各种气象灾害造成的农作物受灾面积平均达 5000 万 hm^2，因灾导致的单品种粮食产量波动可达 20%左右。加强农业气象防灾减灾服务，可以显著减轻灾害损失。现代农业发展、农业防灾减灾规划的实施和农业灾害政策性保险等工作，也迫切需要开展农业气象灾害风险评估并提供定量化的分析产品，实现重大农业气象灾害的灾前及时预警、灾中跟踪服务、灾后影响评估，不断提高农业气象防灾减灾能力。

1.4.5 国家粮食安全保障需求

从中长期发展趋势来看，我国粮食供需将长期处于紧平衡状态，粮食安全问题面临严峻挑战，因此，国务院在《国家粮食安全中长期发展规划纲要》中提出粮食稳产高产及保障粮食等重要食物基本自给的发展目标。商品粮基地建设、核心产区粮食产量的稳步提高、后备产区生产潜力的挖掘等都离不开农业气象服务技术的支撑。《国务院关于加快气象事业发展的若干意见》(国发〔2006〕3 号)明确指出：“粮食产量、品质和种植结构与天气、气候条件密切相关。要依靠科学，充分利用有利的气候条件，指导农业生产，提高农产品产量和质量，为发展高产、优质、高效农业服务”。在国家粮食战略工程中，需要农业气象围绕农业生产的播种、灌溉、施肥、防治病虫、收获、储运和加工等环节开展全程化的服务；围绕增产和减灾两大目标，提供有针对性的农业气象服务，为保障国家粮食安全献计献策。此外，在粮食国际贸易快速发展的今天，及时了解世界粮油主产国的生产情况，对我国采取适当的国际粮油贸易策略及强化国际粮油合作也提出了重大需求。

1.4.6 农业适应气候变化和生态文明建设需求

全球气候变暖已是不争的事实。农业是对气候变化最敏感和最脆弱的领域之一，气候变化对农业和生态环境的影响地域性极强。《中国应对气候变化的政策与行动(2011)》(白皮书)指出：在全球气候变化的背景下，我国部分地区作物的生育期发生改变，种植地带向北移动的趋向明显，产量波动加大。我国极端天气气候事件和农业气象灾害、农作物病虫害呈现增多、并发和加重的趋势，气候变化对水资源的影响也将加剧农业用水的供需矛盾，同时还带来土地沙化、荒漠化等严重危害，农业生产面临更大的自然风险。农业适应气候变化的需求主要体现在四个方面：需要全面分析气候变化对我国农业生产的影响，开展农业气候资源变化趋势分析，科学应对我国农业生产的长期气候风险，趋利避害，促进我国农业气候生产潜力的挖掘与气候资源的持续高效利用；需要分析气候变化的有利方面，开展气候变化背景下的农业规划与区划，及时调整作物及其品种布局，提高农业生产力；需要针对气候变化的农业决策气象服务，调整农业生产布局和农业种植结构,促进农业生产,保障粮食安全;开展气候变化对生态环境影响的监测与分析评估,提出合理性应对措施,为"生态文明"建设提供气象保障(王江山,2005)。

1.4.7 现代农业气象学科发展需求

作为公共气象服务体系重要组成部分的农业气象业务服务,近年来发展滞缓,既滞后于综合观测体系的发展,也滞后于预测预报体系的发展;与欧、美等发达国家相比,在遥感技术和作物生长模拟技术的应用方面,更有较大差距,因此,迫切需要大力发展现代农业气象业务,实现农业气象观测仪器的现代化和自动化、农业气象预测预报的精准化、农业气象评估的定量化,服务产品的标准化和服务领域的多元化。

1.5 现代农业气象业务服务试点概况

河南是农业大省,农业生产是河南社会经济的基础,一方面它是全国小麦、玉米等粮食作物主要生产区,另一方面,随着现代农业的发展,它也在调整农业结构,走持续发展和特色农业之路。这些都对农业气象服务提出了不同的需求和更新更高的要求。

为满足现代农业发展和小康社会建设的需求,充分发挥气象为农业生产和农村改革发展服务的职能和作用,尽快建立适应现代农业发展需求的功能先进的农业气象业务体系势在必行。2009年,中国气象局做出了发展现代农业气象的重大决策,并决定在河南省气象部门进行为期三年的现代农业气象业务服务试点,希望通过河南的试点,为发展现代农业气象业务服务探索路子、积累经验,全面提升现代农业气象业务能力和服务水平,实现传统农业气象向现代农业气象转变。

按照中国气象局的部署和对试点工作提出的"要立足于现代农业对气象服务的需求,突出重点、形成亮点,面向决策服务、面向农民,提高农业气象服务能力"的要求,试点之初,河南省气象局研究确立了以现代农业气象业务服务试点作为统领各项工作的"总抓手",与"两个体系"建设相结合,坚持"政府主导、部门联动、社会参与"的原则,积极转变发展方式,着力建设现代农业气象业务服务体系和科技创新体系,全面提升现代气象业务服务能力、科技创新能力及人才与创新团队培养能力。

经过三年试点建设,以服务现代农业需求为牵引,确立了现代农业气象新理念,实现了七个转变:在服务理念上,从"我有什么就提供什么"向"社会需要什么就尽力提供什么"转变;在观测手段上,从"一把尺子、一杆秤"向"自动化、数字化、信息化、可视化"转变;在科技支撑上,从"科研业务结合不甚紧密"向"科研业务服务一体化"转变;在服务产品上,由"主观、定性、随意"向"客观、定量、规范"转变;在传递载体上,由"纸质材料、邮寄为主"向"多媒体、多渠道"转变;在工作机制上,由"部门推动"向"气象为农工作政府化、服务社会化"转变;在考核机制上,由"单纯注重业务考核"向"兼顾服务对象和社会公众满意度考核"转变(见图1.1)。

目前,以"观测自动化、传输网络化、预报精准化、评估定量化、服务多元化、流程科学化、管理规范化、科研集约化、队伍专业化"为主要特征的现代农业气象业务服务体系在河南初步建立,探索形成"三级业务五级服务组织架构、六大体系支撑、服务业务科研一体化"的现代农业气象"河南实践",实现了传统农业气象向现代农业气象转变,农业生产由靠天吃饭向看天管理转变。特别是在完善省—市—县三级农业气象业务、拓展形成省—市—县—乡—村五级农业气象服务布局,在构建适应三级业务、五级服务布局的组织体系,创建"一个农业气象重点实验室—四个农业气象试验站—百个现代农业气象科技示范园”多层次科技支撑体系，创新系列化产品、平台、规程、标准、方法等技术体系，建立自动化、现代化综合观测体系，探索重长效、广覆盖、直通式农村气象信息服务体系，以及夯实专业化、懂农需、高素质的人才支撑体系，在实行服务-业务-科研一体化、集约式发展与运行机制等方面探索积累了10多项经验，取得20多项可供推广或借鉴等的成果，农业气象业务服务产品的针对性、时效性、精确性有了明显提高。现代农业气象业务服务体系的“河南实践”，使得现代农业气象的科技内涵日益丰富，业务能力和服务水平明显提升，为保障河南粮食连续十年增产、连续八年超千亿斤*做出了积极贡献，同时也为全国全面开展现代农业气象业务服务探索了路子、积累了经验。

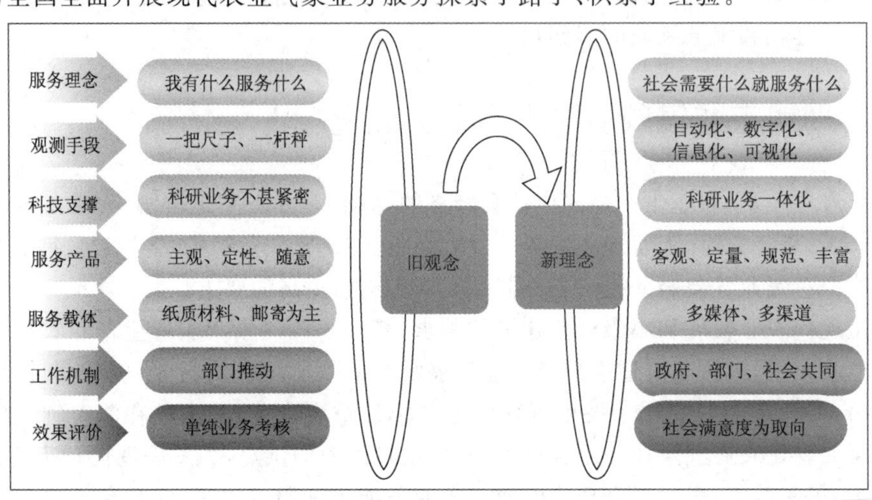

图1.1 传统农业气象与现代农业气象的理念转变

参考文献

北京农业大学气候教研组.1987.农业气候学[M].北京:农业出版社:5-15.
伯南G B(Gordon B Bonan).2009.生态气候学:概念与应用[M].延晓东,毛留喜,李朝生,等,译.北京:气象出版社.
程纯枢.1994.中国农业气象工作四十年(1951—1990)[M].北京:气象出版社:1-107.
崔读昌.2006.中国农业气象教育50年回顾[C]//中国农学会农业气象分会2006年学术年会论文集.
刘昌明,龚元石.1995.节水农业应用基础研究进展[M].北京:中国农业出版社:7-17.
涂长望.1945.农业气象之内容及其研究途径述要[J].农报,**10**(1-9):19-31.
王建林.2010.现代农业气象业务[M].北京:气象出版社.
王江山.2005.生态与农业气象[M].北京:气象出版社.
王连喜,毛留喜,李琪,等.2010.生态气象学导论[M].北京:气象出版社.
王石立.1999.世界气象组织农业气象委员会第12届会议简介[J].气象,**25**(6):56-57.
么枕生.1954.农业气象学原理[M].北京:科学出版社:2-5.
张厚瑄.2000.中国种植制度对全球气候变化响应的有关问题[J].中国农业气象,**21**(1):9-12.
中国农业百科全书农业气象卷编委会.1986.中国农业百科全书:农业气象卷[M].北京:农业出版社:1-525.
中国气象局.2005.生态气象观测规范[M].北京:气象出版社.
中国气象局.2009.关于印发《现代农业气象业务发展专项规划(2009—2015年)》的通知(气发〔2009〕350号).
中华人民共和国国务院.2011.中国应对气候变化的政策与行动(2011).
竺可桢.1979.气象与农业的关系[C]//竺可桢文集.北京:科学出版社.

* 1斤=0.5 kg,下同

第 2 章　现代农业气象业务服务体系与流程

现代农业气象业务服务的发展和推进，必须依赖一套相对完善、有机融合、协同发展的业务服务体系，配合环环相扣、有机结合且联动促进的业务服务流程共同实现。依据现代农业气象业务服务的特点、任务、特征与主要内容，针对传统农业气象业务服务中的问题，现代农业气象业务服务体系与流程要充分体现现代农业的需求，充分体现现代农业与现代气象技术的充分结合，并在现代农业气象业务服务发展中发挥着最基础、最重要的指导作用。

2.1　现代农业气象业务服务体系

现代农业气象业务服务涵盖方方面面的内容，现代农业气象业务服务体系是现代农业气象业务服务各项内容的有机融合。在现代农业气象业务服务过程中，各项业务服务内容不是相互孤立、单独发展的，而是在各级农业气象业务服务部门精心设计、积极推进和完善修订等各项工作的大力推动下，逐步建设完成，成为现代农业气象业务服务发展的纲领性内容。

2.1.1　构建思路

现代农业气象业务服务要依托于完善的业务服务组织体系、现代化的综合观测体系、先进的业务技术体系、强大的信息服务体系，以及坚实的科技支撑体系与专业的人才保障体系，为现代农业的合理布局、防灾减灾、应对气候变化和实现"高产、稳产、优质、高效、安全、生态"农业等提供有效的气象科技支撑与保障服务。因此，现代农业气象业务服务体系应由业务服务组织体系、综合观测体系、业务技术体系、信息服务体系、科技支撑体系和人才保障体系六部分构成，"河南实践"中也是从这六大体系着手进行设计和建设的。

2.1.2　建设目标

建设现代农业气象业务服务体系，就是要建成："内外结合、专兼并用"的现代农业气象组织体系，"观测精确、技术先进"的现代农业气象观测体系，"精细定量、方法先进"的现代农业气象业务技术体系，"管理规范、手段先进"的现代农业气象信息服务体系，"项目带动、装备先进"的现代农业气象科技支撑体系，"结构优化、素质优良"的现代农业气象人才保障体系，实现农业气象观测自动化、预报精确化、评估定量化、服务社会化、流程科学化、管理规范化、科研集约化和队伍专业化；各层级间责任明确、分工不同、各具特色、优势互补、上下协同、有效服务；与现代气象业务体系其他部分有机融合、协调发展，从而构成完整的现代农业气象业务服务体系（王建国 等，2012）（见图 2.1）。

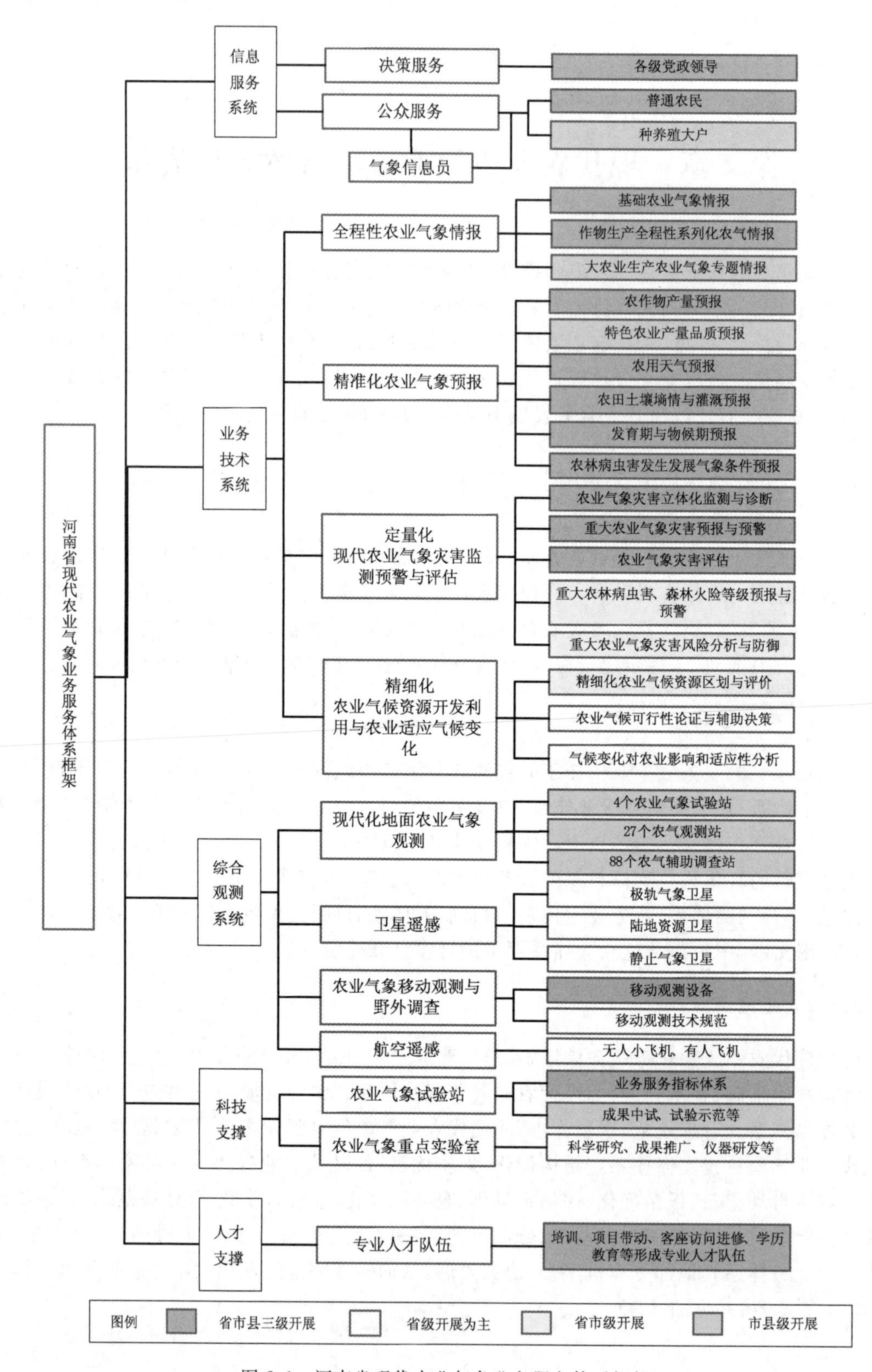

图 2.1　河南省现代农业气象业务服务体系框架

2.1.3　制度设计和推进措施

(1)制度设计

1)加强现代农业气象业务服务体系建设顶层设计与指导

为顺利推进现代农业气象业务服务发展，必须加强顶层设计与技术指导。根据中国气象局《现代农业气象业务发展专项规划(2009—2015年)》，河南省气象局制定下发了一系列管理制度和指导方案，包括《关于做好河南省现代农业气象业务服务试点建设工作的通知》、《河南省气象局现代农业气象业务服务试点建设实施方案》、《现代农业气象业务发展专项规划河南省实施方案》、《河南省气象局关于发展现代农业气象业务的实施意见》、《河南省气象局加强农业气象服务体系建设实施方案》、《河南省气象局加强农村气象灾害防御体系建设实施方案》、《现代农业气象业务服务试点建设验收标准》、《河南省气象局2011年气象为农服务工作要点》、《2011年河南省粮食稳定增产气象服务行动方案》、《关于下发河南省农业气象会商业务规定的通知》及《河南省县级现代农业气象服务试点方案》等一系列管理规定、实施意见、建设规范，对业务服务体系的建设进行了系统设计和规范运作，从而为现代农业气象业务服务体系的构建奠定了基础。

2)加强现代农业气象业务能力与服务水平提高

制定下发了《河南省现代农业气象观测方法》、《河南省气象灾害预警发布办法》、《河南省气象灾害预警信号发布与传播实施细则》、《格点化土壤水分预报制作发布流程》、《2010年河南省秋收秋种气象服服务方案》、《河南省农用天气预报业务方案》、《河南省农用天气预报业务服务工作细则》、《冬小麦干旱动态定量评估业务服务细则》、《河南省现代农业气象业务服务体系与流程》、《河南现代农业气象周年服务大纲》、《农业气象科技示范园区建设技术指导方案》、《河南省自动土壤水分监测网建设方案》、《河南省现代农业气象业务服务流程》和《2010年河南省气象局决策气象服务周年方案》等一系列技术指导方案或技术细则，从而为现代农业气象业务能力与服务水平的提高奠定了基础。

3)加强重点实验室、农业气象试验站发展管理和现代农业气象科技示范园建设

印发了《中国气象局/河南省农业气象保障与应用技术重点开放实验室管理办法》、《关于推进农业气象试验站发展的指导意见》、《关于开展农业气象科技示范园区建设的通知》、《关于调整郑州农业气象试验站管理体制的通知》和《农业气象试验站科技副站长管理办法(试行)》等文件，促进了省部共建农业气象重点实验室、农业气象试验站和现代农业气象科技示范园建设与发展，为形成"一个农业气象重点实验室—四个农业气象试验站—百个现代农业气象科技示范园"的现代农业气象科技支撑链条奠定了基础。

4)加强气象信息员发展与培训

下发了《河南省气象局信息员管理办法》、《关于加强气象信息员培训的通知》、《关于加强乡镇气象信息服务站信息服务工作的通知》等，创造了"邮政模式"、"大学生村官模式"、"治安哨亭模式"、"农村超市"及"农村六大员"(农民技术员、社会治安综合治理协管员、计划生育管理员、国土资源和规划建设环保协管员、乡村医生和文化体育协管员)等行之有效的发展气象信息员"河南模式"，制定了气象信息员参加中央财政和地方财政共同支持的"阳光工程"培训的相关规定，开展了气象信息员岗位技能竞赛和表彰，为推进基层农业气象信息服务奠定了基础。

(2)推进措施

1)抓典型,树榜样,由点带面

一是精心培育典型:选择现代农业发展基础较好的鹤壁、漯河、商丘等地,给予资金、技术、设备和人才扶持,先行先试,快走一步,走好一步,积累经验;二是加强面上指导:不局限于个别台站,充分调动全省积极性,多点竞发、全面开花;三是交流观摩推广:先后在鹤壁、漯河、许昌、开封、安阳、新乡及南阳等地组织了多次现场观摩、交流研讨活动,各省辖市局也多次自发到省内外参观学习,通过典型引导、示范带动、相互对照,推进单点深入发展,多点共同推进。

2)抓标准,建体系,规范运作

一是建立平台:形成了省级和市县级现代农业气象业务、服务等平台,省级已投入业务应用,市县级已在全省推广应用并开展使用情况通报和技能竞赛;二是完善流程:制定完善了涵盖现代农业气象观测、预报、预警、评估及卫星遥感监测等10余个业务服务流程和技术指导方案;三是完善业务制度:制定下发了《河南省现代农业气象观测方法》及对应的观测薄、年报表,开发了相应的观测资料传输软件,逐步建立了规范化、业务化运行的一系列制度;四是丰富指标体系:编写了《河南省现代农业气象指标体系》,完成了喷药、施肥、灌溉、夏收夏种、秋收秋种、储藏及晾晒等农用天气预报等指标制定,发布了河南省农用天气预报业务技术方案,制定了河南省小麦干旱、晚霜冻害和干热风等主要农业气象灾害预警指标并投入业务应用,修订完善了《河南省现代农业气象服务手册》,最终完善形成了《现代农业气象观测技术方法》和《现代农业气象服务指南》等专著。

3)抓培训,强素质,全面推进

一是组织开展培训:根据试点建设推进情况,适时聘请河南农业大学、河南省农业科学院、河南省农业厅的农业专家及中国气象局和河南省气象局的农业气象学专家,开展全省性现代农业气象基础理论及现代农业生产技术培训,对现代农业气象观测方法、业务服务平台应用、农用天气预报技术和农学知识进行培训;二是交流培养:加强领军人才和学科带头人培养,组织农业气象创新团队;通过到省农气中心学习一个月、上挂下派、技术指导、一对一帮扶、带访问学者和研究生等多种形式,培养基层科技业务骨干人才;三是编印教材及指导手册:拍摄制作了两套农业气象多媒体教程,编印了三本农业气象业务服务教材和其他技术资料专辑供基层学习。另外,还通过网站开辟专栏,利用视频系统进行指导等,及时答疑解惑;与地方组织部、农业局等联合开展气象信息员培训,特别是将气象信息员纳入“阳光工程”培训项目,极大地提高了培训效果。

4)抓督查,重内涵,突出实效

一是分阶段提出验收目标:年初提出硬目标、硬任务,制定具体验收标准,列入年度综合考评;二是定期督查通报:编印了《现代气象业务科技动态》、《现代农业气象试点建设工作督查》及工作参考,每月对建设情况进行通报;三是注重内涵式发展:以重点实验室为依托,不断强化科技支撑,在现代农业气象科技示范园、农村信息服务站等项目建设中不搞“空壳”和“形象工程”,真正把落脚点放在提高为农服务水平和农村防灾减灾水平上;四是突出可推广性:凝练出了可在全国和区域范围内推广的24项技术和规程,部分已经推广或在工作中被采纳(见表2.1)。

5)抓机制,促发展,强调长效

一是形成气象为农服务发展的长效机制。河南省各级气象部门积极争取各级政府加强对气象为农服务的组织领导,提出“四纳入”、“四列入”的工作思路,具体分别是把气象为农服务纳入各级政府公共服务体系,纳入政府目标考核,纳入各级财政投入,纳入经济社会发展规划;

表2.1　可以推广的现代农业气象技术、规程和平台

序号	可在全国范围推广的成果名称	可在华北等区域推广的成果名称
1	GStar-I(DZN2)自动土壤水分观测仪、标定方法、业务服务平台及报表系统	干旱、小麦晚霜冻与干热风及玉米渍害预警标准和评估方法
2	省级现代农业气象业务服务平台	农用天气预报技术体系与平台
3	市、县级现代农业气象业务服务平台	现代农业气象指标体系
4	农业气象周报技术规定及业务系统	基于作物模式的小麦、玉米动态产量预报系统
5	现代农业气象信息服务平台	小麦、玉米农业干旱综合防御适用技术体系
6	卫星遥感业务服务平台	夏玉米“旱涝阴倒”综合防御适用技术体系
7	“三级业务体系、五级服务体系”组织体系及职责	小麦干热风与青枯影响评估服务系统
8	多种气象信息员发展模式	冬小麦干旱风险动态评估业务服务系统
9	农业气象试验站创新集约联动发展新机制	农业干旱遥感监测评估指标及平台
10	省部共建重点实验室及管理模式	格点化土壤墒情及灌溉量预报系统
11	现代农业气象科技示范园建设与管理模式	主要作物病虫害气象等级预报系统
12	专著:《河南省现代农业气象观测技术方法》、《河南省现代农业气象业务服务手册》、《河南省现代农业气象业务服务实践》	
13	光盘:《作物观测多媒体教程(小麦篇、玉米篇)》、《土壤水分观测多媒体教程》	

* 注:现代农业气象试验点研发的成果更适用于华北小麦—玉米两熟区

把相关重点工作列入政府重要议事日程,列入政府推进计划,列入督查督办要点,列入重点建设工程。河南省16个省辖市58个县通过当地政府下文建立了稳定的气象为农服务投入保障机制,例如漯河市把乡镇气象信息服务站管理维护纳入当地政府职责,明确一名站长,政府负责管理,解决维持费用;鹤壁市政府为鹤壁农业气象试验站,每年拨款100万元用于鹤壁农试站的建设和科研工作开展;各地人工影响天气作业人员由政府财政予以补贴,部分市、县政府将气象为农服务纳入政府目标考核体系。

二是完善气象信息员队伍管理机制。各级气象部门充分利用社会资源,把气象信息员队伍建设纳入地方政府防灾减灾建设体系和考核体系中,从而发展壮大信息员队伍。与组织、邮政、供销和公安等部门协同,对气象信息员进行年度考核、评先评优、工作奖励或补助,在争取地方编制和机构比较困难的情况下,积极建立长效发挥气象信息员作用的“河南模式”。

2.1.4　建设内容

(1)业务服务组织体系

1)三级业务组织体系

针对省、市、县农业气象业务的不同特点,提出了省、市、县三级组成的现代农业气象业务组织体制。以省级农业气象中心为龙头、市级农业气象中心为骨干、县级专职或固定农业气象人员为主体,各层级有明确的业务职责和分工(见表2.2)。

河南省农业气象中心工作内容包括区域农业气象决策服务业务和为农民提供农业气象技术服务的双重任务,以种植业决策服务和宏观性指导服务为主,同时承担指导市、县级的基层农业气象服务和提供技术支持的职责,牵头研发相应的省、市、县级一体化业务服务系统,并负责对国家级业务单位的信息上传;市级农业气象中心工作内容包括市辖区内农业气象信息决策服务业务和为农民提供农业气象技术服务的双重任务,以信息上传下达为主,负责本辖区的农业气象决策服务和针对性较强的特色农业气象服务,参与研发市、县级业务服务系统,并负

责对县气象局的指导工作;县级有专职或固定的农业气象业务服务人员,主要承担现代农业气象观测任务,同时工作内容包括农业气象信息决策服务业务和为农民提供农业气象技术服务的双重任务,但应以面向一线的农业气象服务为主,负责对乡、村领导的决策服务和对种养殖大户、专业合作社和普通农户开展针对性很强的特色、设施农业气象服务,并负责信息收集反馈工作。

2)五级服务组织体系

在省、市、县三级农业气象服务组织体系基础上,建立以省、市农业气象专家为骨干,由市县农业气象人员、农业科学院院所技术员、农业专家、种田能手和乡村气象信息员共同组成的农业气象服务专家联盟,充分依靠乡村气象协理员和信息员,利用乡镇气象工作站、村气象信息服务站、省市农业气象信息网、中原惠农网视频平台、电子显示屏和气象大喇叭等手段,将农业气象服务信息及气象预警信息延伸到乡镇、村庄,形成省、市、县、乡、村五级现代农业气象服务组织体系,其中县级是服务的关键环节,直接面向农户开展服务,乡、村两级的工作以部门外聘和兼职人员参与为主,充分体现工作政府化和服务社会化(见表 2.2)。

表 2.2　现代农业气象业务服务组织体系

单位	省级	市级	县(市)级	乡镇	村庄
业务服务实体或人员	省农业气象中心	市级农业气象中心	专职或固定农业气象人员	建立气象工作站,发展气象协理员	建立气象信息服务站,发展气象信息员
业务分工	培训、指导市、县业务;制作分发业务指导产品,研究技术方法,牵头组织研发系统平台,组织全省业务会商;向国家级业务单位上传信息等	释用并订正上级业务产品,上传下达信息,提出平台改进意见,组织本市会商和培训,指导县级业务等	负责县级决策和直通式业务,释用上级业务产品,开展农业气象观测并上传信息,反馈基层需求和产品应用意见等		
服务分工	制作全省情报、预报、农用天气预报服务产品及各类不定期服务产品,通过各渠道服务于全省各级用户;指导市县级开展服务等	制作全市情报、预报、农用天气预报服务产品及各类不定期服务产品,服务于全市各级用户;指导县级开展服务等	开展特色农业服务;面向乡镇、合作社并深入田间地头开展"直通式"农业气象服务等	调用上级服务产品,上传下达信息,管理并指导村级气象信息服务站和信息员开展服务等	调用上级服务产品并分发和反馈农情、灾情等调查信息,指导村民开展农业生产

(2)技术体系

现代农业气象业务技术体系是指规范化、标准化的农业气象业务指标、标准、流程、方案,以及功能齐全的现代化农业气象业务服务平台。现代农业气象业务技术体系的建立能够逐步实现农业气象服务产品加工制作的规范化、标准化,信息管理与共享的自动化、集约化。

农业气象指标和标准是开展农业气象监测、预报预警以及评估等业务的根本,包括各种作物不同时期长势评价指标、农业气象灾害监测指标、农业气象灾害预报预警指标、农业气象灾害灾损评估指标、农业气象灾害等级标准和病虫害发生发展气象等级评价指标等。农业气象指标和标准的建立应根据农业产品的布局,分区域建立,以便推广;一些局地特色或设施作物应根据其特定的生长环境分别建立指标。

农业气象业务流程和技术方案是省、市、县三级业务组织针对各自承担的具体业务制定的规范化的业务流程和技术方案，如农业气象情报(日、周、旬、月、季、年)、农业气象预报(动态产量预报、作物发育期预报、土壤墒情预报、农业气象灾害预报等)、农用天气预报(灌溉、施肥、喷药、夏收、夏种、秋收、秋种、收获和储藏等)、作物苗情长势遥感监测、农业气象灾害遥感监测、农业气象灾害评估、精细化农业气候区划及灾害风险区划等业务。

农业气象业务平台的功能是按照集约化、科学化、规范化的要求进行设计，对农业气象业务产品制作、精加工、标准化进行集成，实现农业气象业务产品形式多样化，为农业气象信息实时交换与共享奠定基础，以满足粮食生产对气象服务的特殊需求。根据省、市、县三级业务组织承担业务的不同和技术水平差异，使得农业气象业务平台同样以省、市、县三级建立和管理，但统一设计、信息共享且集约化运行。业务平台采用 C/S 框架架构设计，数据服务器由省气象局统一管理。

省级业务平台主要用于实现国家级农业气象业务服务指导产品和本省农业气象信息的调取与释用，制作发布全省范围内的粮食作物的精细化农业气象服务产品，主要包括农业气象灾害监测预警和评估、农业病虫害气象等级预报、土壤水分监测预报、作物生长条件气象评价、农用天气预报、作物产量预报、农业气候资源利用与区划等业务服务产品，发布针对本省内市、县级的农业气象服务指导产品(见图 2.2)。

图 2.2　河南省省级现代农业气象业务服务系统

市级业务平台主要是实现对国家级和省级农业气象服务信息的调取和订正，根据当地气候与农业生产特点，围绕粮食作物产前、产中和产后全程性的服务需求，制作有针对性的本市区域精细化农业气象服务产品，开展主要农业气象灾害监测预警、农用天气预报、农业气象评价以及作物产量预报等服务，并向所辖县提供农业气象服务产品。

县级服务平台是在市级平台基础上的简化版本，操作更加简便，同时 GIS 信息包括乡镇边界。主要功能包括对省级和市级农业气象服务信息的调取和订正，围绕当地农业生产特点，制作有针对性的、乡镇级的精细化农业气象服务产品，开展本县主要农业气象灾害监测预警、农用天气预报和农业气象评价等服务(见图 2.3)。

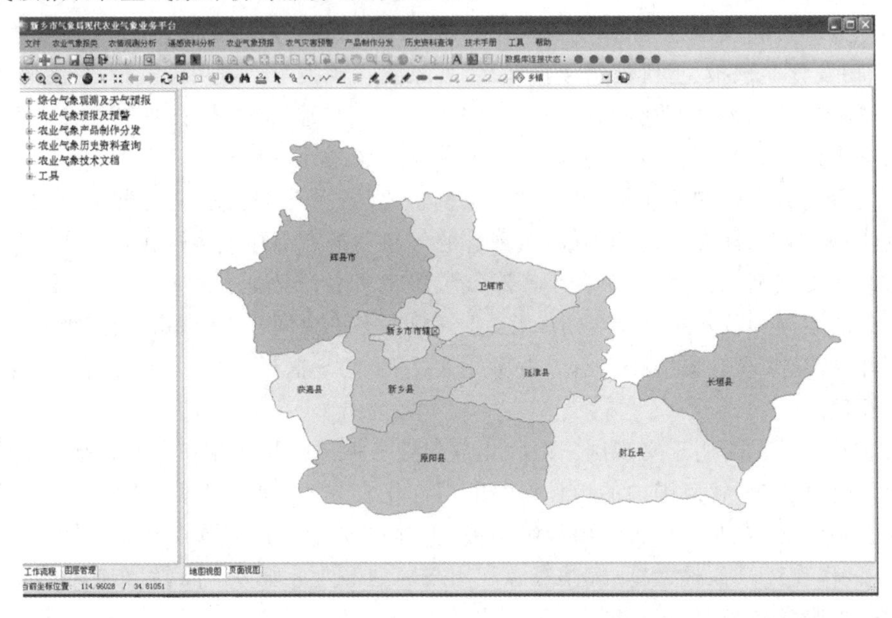

图 2.3　河南省市、县级现代农业气象业务服务平台

服务平台为省、市、县一体化平台，基于 WebGIS 和互联网技术设计，采用 B/S 架构设计，数据服务器、应用服务器由省气象局统一管理。服务平台主要面向农业气象服务人员使用，不同用户有不同的使用权限，所有用户均可浏览、下载农业气象服务产品，授权用户还可以上传信息、提出问题、查询具体的气象资料等(见图 2.4)。

图 2.4　河南省现代农业气象服务平台

(3)综合观测体系

农业气象观测是农业气象业务、服务和科研的基础,是粮食生产气象保障的“排头兵”。与粮食生产密切相关的农业气象观测包括农作物生长、田间小气候、土壤水分、主要农业气象灾害及农业病虫害等观测,农业气象观测资料在农业防灾减灾及粮食生产气象保障服务中发挥着重要作用。因此,建立完善的农业气象综合观测体系是现代农业气象业务服务体系中不可或缺的一部分。根据现代农业气象业务服务的需求,农业气象观测体系应包含布局合理的农业气象观测站网、自动化土壤水分观测网、自动化农田小气候观测网、粮食自动化作物长势观测网、卫星遥感观测网、移动观测调查网和农业气象观测保障系统等。

农业气象观测站为现代农业气象业务服务积累了第一手观测资料;自动土壤水分观测网、农田小气候观测网、作物长势观测网以及卫星遥感观测网可提供全国或各区域粮食产区作物种植地段实时、动态、连续的作物长势,以及农田小气候演变、灾害发生发展等农业生产全过程的农业气象业务服务信息;移动调查观测网为灾害性天气发生时或发生后对灾情的影响范围,作物受灾程度等农业气象应急服务调查,获取作物长势、高度、密度、病虫害发生情况音频和视频及图片信息、灾害范围、灾害程度和土壤特性(水分、温度、养分等)等第一手资料,第一时间做出灾损评估;农业气象观测保障系统是自动化农业气象观测的基础,是保证观测系统正常运行和数据准确的关键,因此要逐步完善国家级农业气象仪器测试分系统、省级维修分系统和市级备品备件分系统,以及县级对观测系统的日常维护保障能力。

(4)信息服务体系

信息发布渠道和传播手段是现代农业气象信息服务体系的重要内容。现代农业气象信息服务体系信息传播手段包括各类农业气象信息服务网站(中国天气网、兴农网、农业信息网)、农业气象短信发布系统、乡镇农业气象信息服务站、农业气象信息接收客户端(专用手机短信系统终端、电子显示屏、气象预警大喇叭、新农网多媒体信息交互系统、基于 GPRS 的多媒体电视预警信息接收终端等)。

气象信息员成为现代农业气象信息服务体系的新亮点。气象信息员主要以乡、镇、村领导、生产大户和大学生村官等为主,同时还发展“村邮站”工作人员、乡村供销网点人员、乡村治安巡防人员和“农村六大员”等为气象信息员。气象信息员队伍的壮大、完善,显著提升了基层现代农业气象公共服务能力,因此是现代农业气象信息服务体系的重要组成部分。

(5)科技支撑体系

专业化的农业气象科技支撑能力是开展粮食增产气象服务的重要保障,因此,现代农业气象业务服务需要有坚实的科技支撑体系作为后盾。现代农业气象科技支撑体系由一个农业气象重点实验室、四个农业气象试验站和百个现代农业气象科技示范园组成。

河南省省级农业气象业务单位针对现代农业气象业务服务发展急需解决的关键科技问题,凝练科研课题,积极申请相关科研项目资助,依托中国气象局农业气象保障与应用技术重点实验室的科研基础条件,开展科技研发;同时农业气象重点实验室面向全国支持农业气象领域科研立项,为农业气象领域开展科学研究、成果推广及仪器研发等工作提供很好的平台。“共建农业气象重点实验室,提高为农服务科技内涵”被评为中国气象局 2010 年创新项目。

郑州、鹤壁、信阳和黄泛区农场四个农业气象试验站面向区域,充分发挥试验、研究、示范、辐射带动作用,开展现代农业气象新技术、新方法、新指标、新标准的中试、示范、推广和业务转化应用,以业务转化促进相关农业气象科研项目的凝练和技术的完善与成熟,同时鼓励周边市局农业气象业务技术人员带着问题来,带着成果走。召开了河南省农业气象试验站发展工作会议，下发了《关于农业气象试验站发展的指导意见》；农业气象试验站与省科研所成立合作联盟，下派科技副站长，建立起农业气象试验站集约联动发展管理新体制；多方筹资，为各农业气象试验站配置现代化观测和实验仪器；发挥农业气象试验站在科研项目申报、试验研究、观测调查等方面的辐射带动作用。针对农业气象试验站设立建设标准、考核指标，制定发展规划。

河南省102个现代农业气象科技示范园紧密面向县域特色，将观测、试验、示范、培训、服务集于一体，紧紧围绕县域气候特点、农业产业结构调整中心任务和特色农业生产需要，通过需求调研、观测分析、试验研究、建立指标和构建业务平台，实现提供针对性和可操作性强的特色气象信息服务产品。

(6)人才支撑体系

现代农业气象业务发展迫切需要人才队伍的保障。省市县各级气象部门需加强农业气象业务科技队伍建设，大力充实基层现代农业气象业务机构骨干人才。通过专项培训、项目带动、客座访问交流、学历教育等方式，培养专业化、懂农需、高素质的农业气象专业人才队伍，为现代农业气象业务服务提供人才支撑。省级业务单位需同时承担农业气象业务和科研工作，业务人才队伍既需要学科带头人、领军人才，也需要科技骨干和专业人员，其中学科带头人和科技骨干是现代农业气象业务服务的中坚力量；市级农业气象人才队伍以经验丰富的科技骨干和专业技术人员为主；县级以懂农需、善服务的专业人员为主。

省、市、县、乡、村五级农业气象服务人才队伍以省、市农业气象专家为骨干，同时也包含市县农业气象人员、农业科学研究院所技术员、农业专家、种田能手、乡镇气象协理员和村气象信息员。乡村气象协理员和信息员以部门外聘、兼职人员为主，通过日常培训、“阳光工程”专项培训和岗位技能竞赛等方式，不断提高其素质。

2.2 现代农业气象业务服务流程

任何一项业务服务工作的顺利开展，均离不开一套有序流程的指导促进。河南省现代农业气象业务服务体系中的各个环节相互支持、相互作用，共同构成一个完整的现代农业气象业务服务流程，从而确保现代农业气象业务服务工作的顺利开展。现代农业气象业务服务流程不仅是现代农业气象业务服务中各项工作流程的汇集，更是各项工作流程的提炼和升华，并能很好地反映出各个环节之间的交互作用，是整个现代农业气象业务服务系统有机运作的基础。

2.2.1 服务流程

现代农业气象业务服务流程总体分为三个层次，自下而上分别由综合观测系统、人才和科技支撑系统，业务技术系统和信息服务系统构成，这一层次不仅体现出各系统的功能，还展示出各系统在整个现代农业气象业务服务流程中的作用地位(河南省现代农业气象业务服务流程图见图2.5)。其中，综合观测系统位于整个流程的最下部，为现代农业气象业务服务提供基础支撑，综合观测系统中包含了对固定地段、作物地段、普通大田、随机样方的观测，观测手段涉及现代化地面农业气象观测、农业气象移动观测与野外调查、卫星遥感、航空遥感监测，以及农业气象科技示范园观测等，所有观测与资料均包括相应的观测与上报标准，且传输至现代农业气象信息库中以待随时调用。与综合观测系统左右平齐、地位相当的是人才支撑系统和科技支撑系统，同样在现代农业气象业务服务流程中发挥极为重要的基础支撑作用。在人才支撑系统中，又有一系列培训教育、交流合作、项目带动、上挂下派等方法，确保人才支撑体系的良性运转，不断为现代农业气象业务服务系统培养和输送专业人才；科技支撑体系主要体现出农业气象试验站和农业气象重点实验室的联合作用，通过试验、示范、推广和研究，专攻突破现代农业气象业务服务发展中的各项问题。

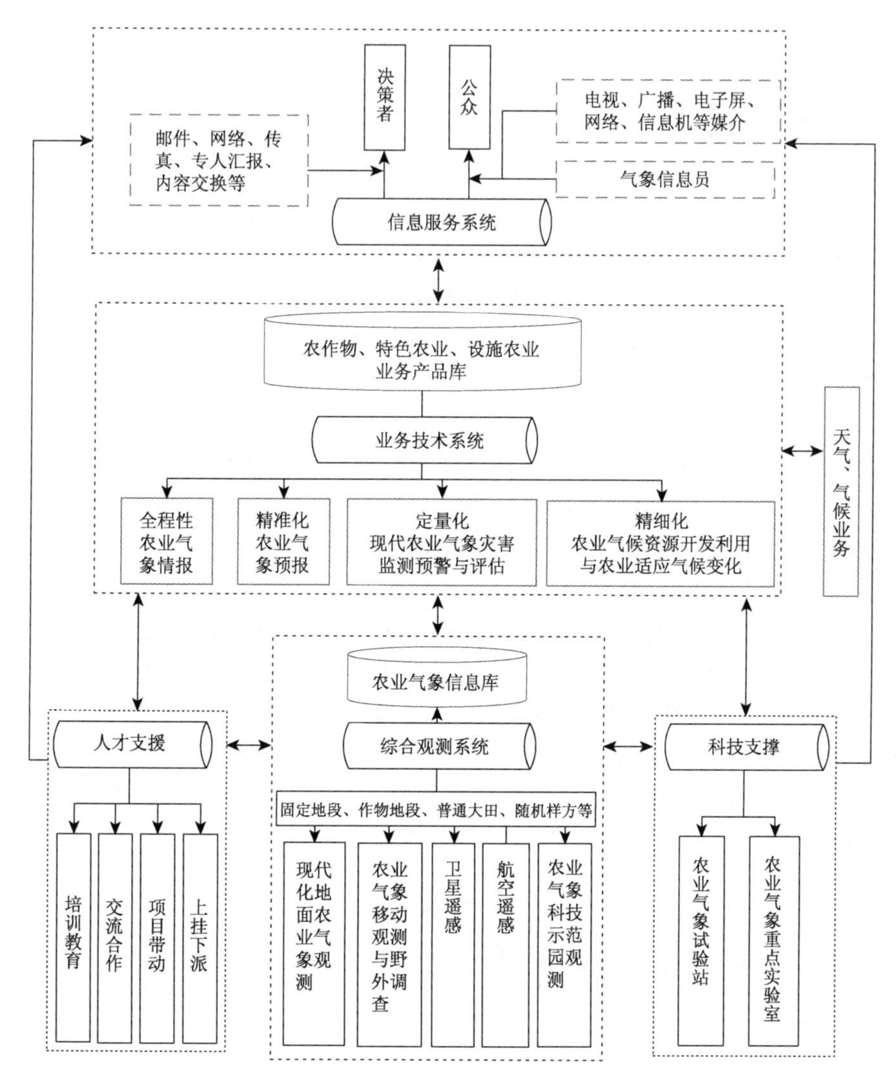

图2.5　河南省现代农业气象业务服务流程图

现代农业气象业务服务流程的中间层，是现代农业气象业务技术系统，是各类现代农业气象业务服务产品的加工制作层，也是信息传播前的准备层，是现代农业气象业务服务流程的核心部分。业务技术体系中包括全程性农业气象情报、精准化农业气象预报、定量化现代农业气象灾害监测预警与评估、精细化农业气候资源开发利用与农业适应气候变化等专题内容，各项专题内容又有不同的流程作为工作指导，从而保障整个现代农业气象业务技术系统形成的产品内容充实、种类多样且科技含量高，所有产品最终进入农作物、特色作物和设施农业业务产品库，等待现代农业气象业务服务流程的下一步调用。

信息服务系统是现代农业气象业务服务流程的最顶层，是产品对外发布和传播层，也是现代农业气象业务服务的价值体现。信息服务系统中主要包括两大类服务群体，即决策者和公众，其中，对决策者开展的决策服务主要通过邮件、网络、传真、专人汇报、内部交换等途径实现；公众服务的两个重要渠道则是电视、广播、网络等媒介和气象信息员作用的发挥，解决气象信息传播“最后一公里”问题。

2.2.2 交互作用

人才支撑与科技支撑相辅相成，是整个流程中最为基础的环节；综合观测系统、业务技术系统和信息服务系统均需要人才支撑系统输出相应人才，保障各系统功能最优发挥；而业务技术系统和综合观测系统，又为人才支撑系统提出各种各样的人才需求标准，从而促进了人才支撑系统有针对性的发展。科技支撑系统与其他系统的交互作用体现在：通过试验、观测、研究出的新技术、新成果通过一系列成果转化流程，可及时应用于综合观测系统、业务技术系统和信息服务系统中，使各系统均能紧跟现代农业发展的需求，及时将新成果体现在业务服务中；另一方面，综合观测系统、业务技术系统和信息服务系统中遇到的新形势、新需求和新问题，直接指向科技支撑系统，向科技支撑系统提出急需解决的科学问题，反向促进科技研究的针对性和实用性。

在现代农业气象综合观测系统中，农业气象信息将以有线或无线的形式，准确、及时地上传到业务技术系统中，通过省级或市(县)级现代农业气象业务服务平台，确保全程性农业气象情报、精准化农业气象预报、定量化现代农业气象灾害监测评估等业务产品的及时制作与发布；在制作情报预报业务产品的同时根据需要不断对综合观测系统提出要求，更改或增加观测的内容，从而使综合观测系统和业务技术系统形成相互联动和相互促进的格局。另外，业务技术系统的运行还离不开天气、气候业务的支撑，现代农业气象业务服务也是现代天气、气候业务的重要应用领域之一，进而天气、气候业务也与业务技术系统形成交互关系。

信息服务系统将业务技术系统制作出的农作物、特色农业和设施农业等业务产品通过多种媒介或气象信息员传送给决策者和公众，并及时将反馈信息逐级返回到业务服务流程中的其他部分，各系统根据反馈的服务效果、需求等信息及时做出调整。

参考文献

王建国，陈怀亮，薛昌颖．2012．现代农业气象业务服务体系构建模式探索[J]．气象软科学，(1)：42-45.

第 3 章　现代农业气象观测

农业气象观测是对农业生产中的环境要素和生物要素进行平行观察、测量和记载，是农业气象业务、服务和科研的基础。随着经济社会发展、科学技术进步和全球变暖加剧，现代农业发展、农业防灾减灾、保障国家粮食安全、建设社会主义新农村和应对气候变化，这些方面对农业气象业务服务提出了新的更高的要求。农业气象观测也由传统的人工目测逐渐向自动化的现代农业气象观测方式转变。

3.1　现代农业气象观测概述

目前，我国共有农业气象观测站 631 个（其中国家级的农业气象观测站 398 个，农业气象试验站 68 个），人工土壤水分观测站 1 300 多个，自动土壤水分观测站 1 600 多个；河南共有农业气象观测站 35 个（含 4 个农业气象试验站），其中国家级农业气象观测站和农业气象试验法分别为 15 和 3 个，自动土壤水分观测站 160 多个，形成了比较完整的农业气象专业化观测网络。各级农业气象观测站开展的观测项目主要有：农作物生长状况、农田土壤水分、农业气象灾害、畜牧气象、林业气象、自然物候和农业小气候等。农业气象观测具有统一的观测技术规范和资料传输方式，为农业气象服务提供第一手资料。

3.1.1　发展现代农业气象观测的迫切需求

当前，我国正处在由传统农业向高产、优质、高效、生态、安全的现代农业加快转变的关键时期，特色农业、设施农业、创汇农业、观光农业和都市农业等新兴农业产业也呈现出强劲的发展态势。种植业、林业（含果业，下同）、畜牧业（包括农区畜牧业，下同）、渔业以及农产品储运加工业等的全面发展都对农业气象观测提出了更多更具体的要求。因此需要大力发展农业气象自动化观测，改进农业气象观测仪器和手段，是加快农业气象观测现代化建设的必需步骤。通过对现有农业气象基本观测仪器设备进行更新，配备先进的农田小气候条件、设施农业小气候条件、生长量、生长状况和土壤状况等观测设备，根据不同观测需求，分类、分级配置，建立现代农业气象观测设备保障体系，逐步推进农业气象观测自动化。

3.1.2　现代农业气象观测体系构建思路及主要内容

（1）现代农业气象观测体系构建思路

围绕大农业发展和现代农业气象业务需求，调整农业气象观测站网布局和任务。针对不同的区域特点，设置不同类型的农业气象观测站和试验站，配备现代化的观测与试验分析设备，修订观测规范，制定技术标准，强化质量控制，加强观测试验资料信息化，建立农业气象观测基本保障系统，形成现代农业气象观测体系。重点增强对种植业主产区的粮棉油作物、经济作物、土壤水分以及牧区的牧草、林区的林业等观测。逐步加强特色农业产区、设施农业集中连片地区、重点水产养殖区的农业气象观测业务。为服务现代农业发展提供实时、科学、翔实的农业气象观测信息与试验研究支撑。

(2)现代农业气象观测体系主要内容

1)农业气象观测概述

大力夯实现代农业气象观测基础。根据现代农业和现代农业气象业务发展需求，着力做好农业气象观测布局与任务的调整。调整并优化与现代农业科学化、商品化、集约化、产业化发展相适应的农业气象观测站网布局；根据大农业与农业应对气候变化的需要，调整农业气象观测任务，包括调整作物观测、土壤水分观测、农田小气候观测、物候观测、二氧化碳排放观测，以及针对特色农业、设施农业、林业、畜牧业、渔业等需要，改进部分观测项目以及观测方法和观测频次。

农业气象观测站网布局及任务的调整、优化，应在保持现有农业气象观测站网格局基本稳定的前提下，以充分满足国家与地方需求，分级布局以及站网能代表区域农业特色和兼顾平衡分布为原则，适当增加粮食主产区、后备产区、优势产业带的农作物国家级农业气象观测站，建立完善牧区、林区、生态敏感区和脆弱区的国家级农业气象观测站。以现有农业气象土壤水分观测站点为基础，适当增加南方地区土壤水分观测站点，吸纳部分省级土壤水分观测站点，加快自动土壤水分观测系统建设，形成全国自动土壤水分观测网。

改进农业气象观测仪器和手段，加快农业气象观测现代化建设。对现有农业气象基本观测仪器设备进行更新，配备先进的农田小气候、设施农业小气候、生长量、生长状况、土壤状况等观测设备，尤其是自动化遥测设备。新仪器、先进观测设备的列装，根据不同观测需求，分类、分级配置。加快建立现代农业气象观测设备保障体系。坚持引进与自主研发相结合，坚持保障体系与设备列装同步推进，确保现代化观测仪器装备效益的充分发挥。

农业气象观测任务由市、县级业务单位承担。国家级和省级农业气象观测站网分别由国家和省实施管理。未纳入农业气象观测站网的其他县级气象站，为满足本地业务服务需要，可在上级组织指导下，开展简明、科学、实用的农业气象观测，为本地所用，并向上级提供农业气象信息。

2)农业气象移动观测与野外调查

大力开展农业气象移动观测和野外调查。以了解、掌握面上农业生产状况、农业气象灾害、病虫害等以及应急服务的需要为目标，开展农业气象灾害的应急调查及农作物长势、种植面积、播种或收获进度、土地利用动态等观测。除配备常规观测设备仪器外，需分级、分区、分类配备机载设备、车载设备、新型便携式设备等农业气象移动观测与野外调查设备；建立移动观测与野外调查资料处理与传输平台，提高农业气象移动观测与野外调查能力。

根据农业气象移动观测、野外调查与应急业务服务需要，对机载设备与无人机、车载设备、新型便携式设备等，选择试点试验，建立、完善相应的技术方法与流程，逐步推广应用。

农业气象移动观测与野外调查在四级业务单位开展，其中国家级发展机载设备及无人机平台，加强省级移动观测与野外调查能力，配置移动观测车及相应的车载设备，建立资料处理与传输平台，市、县级根据业务服务需要，从配置一些简单的移动观测与野外调查设备起步，逐步提高移动观测与野外调查能力。

3)农业气象遥感监测

深入发展农业气象遥感监测，提高农业气象立体化监测能力。进一步为国家级和省级农业气象业务单位配备数字视频广播系统(DVBS)的卫星遥感接收处理软硬件设备，引进或组织开发遥感资料分析软件，建设卫星遥感资料接收处理和分析系统，综合天基遥感与地面信息开展农业气象宏观监测；建立和发展地球观测组织(Group on Earth Observations，GEO)中国农业气象对地遥感监测系统，实时为现代农业气象业务提供科学、可靠的遥感监测数据源，定期或及时发布作物长势、面积、产量和干旱、洪涝、冻害等农业气象遥感监测分析业务产品。

选择农业气象遥感开展较好、技术力量较强的省(区、市)，配备热红外辐射计、红外光谱仪、土壤温湿度测量系统及植物冠层分析仪等遥感监测产品的地面验证设备，试点开展遥感监测地面真实性检验，主要农业气象灾害、作物长势、作物估产、作物分类等遥感监测方法、指标、模型等监测试验，建立地面特征样方及业务服务系统，实现农业气象遥感定量化、动态化监测。通过引进、组织开发等方式，研制与推广卫星遥感信息共享平台，建立卫星遥感资料接收处理和分析软件平台，进一步推广应用。

国家级和省级业务单位开展农业气象遥感监测应用业务；市、县级释用上级业务单位下发的农业气象遥感监测分析产品，同时协助上级单位进行遥感监测产品的地面真实性检验。

4)农业气象观测规范完善与信息化处理

修改、完善农业气象观测规范，组织制定特色农业、设施农业和养殖业等观测规范，加强农业气象观测的标准化、信息化。重点是在分析评估基础上重新修订、补充完善现有观测项目、观测方法、观测频次、数据标准等，对新增观测项目以及使用现代化仪器进行观测的项目，尽快制定仪器标校方法、观测方法、数据标准及业务流程等。修订、完善现行农业气象观测规范要充分吸收农业气象观测一线和业务服务单位的意见，使其积极稳妥地进行。

研究、制定便于信息化和信息传输的现代农业气象观测数据行业标准，完善农业气象观测数据上传方法与流程，建立新的农业气象观测资料上传系统；建立质量控制体系，实现农业气象观测资料的实时上传与质量控制；利用新制定的农业气象数据标准，对有效的历史农业气象观测资料进行信息化处理并建立专用数据库。

农业气象观测规范和农业气象观测数据标准及传输流程的修订、完善，主要由国家级农业气象业务管理部门负责；对于农业气象观测规范未能包含的观测项目的观测方法和数据标准，省级业务管理部门可以根据本省情况自行制定，上报上级备案，力求各地一致，利于资料共享。历史农业气象观测资料的信息化和数据库建库基础工作主要由省级业务管理部门组织市、县级完成。

3.1.3　现代农业气象观测装备

(1)现代农业气象观测仪器的一般要求

1)应具有业务主管部门颁发的使用许可证，或经业务主管部门审批同意用于观测业务；

2)可靠性高，准确度满足规定的要求，保证获取的观测数据可信；

3)仪器结构简单、牢靠耐用，能维持长时间连续运行或适于野外使用；

4)操作和维护方便，具有详细的技术及操作手册。

(2)现代农业气象观测仪器的技术性能

河南省农业气象业务服务中部分常用的现代化农业气象观测仪器型号、生产厂商或产地见表 3.1。

(3)现代农业气象仪器的对比观测和标定

随着现代农业气象观测业务的不断发展，自动化观测成为主要手段，相应地就存在仪器的对比观测和标定问题。目前大面积推广列装的主要是自动土壤水分观测仪，其传感器需要通

表 3.1 部分现代化农业气象观测仪器型号及产地

序号	名称	型号	生产厂商或产地	备注
1	植物冠层分析仪	AccuPAR	美国 Decagon 公司	
2	台式叶面积仪	LI-3100C	美国 LI-COR 公司	
3	稳态气孔计	LI-1600	美国 LI-COR 公司	
4	动态气孔计	AP4	英国 Delta-T	
5	红外测温仪	RAYST60XBAP	美国 Raytek 公司	
6	生物显微镜	XSP-2C	上海成光仪器有限公司	
7	酸度计	PHS-25	上海伟业仪器厂	测 pH 值
8	植物培养箱	HP-1500GS-D	武汉瑞华公司	
9	万分之一电子天平	AL104,110 g/0.0001 g	梅特勒-托利多上海公司	
10	涡度相关通量观测系统	热量/CO_2	北京天正通公司	
11	农田梯度观测系统	4 层	北京天正通公司	
12	农业气象自动观测系统		江苏省无线电科学技术研究所有限公司	小气候、作物和土壤环境
13	差分式 GPS	DGPS2000	北京合众思壮科技股份有限公司	
14	便携式辐射计	75F-1	天津卫星半导体厂	
15	卫星资料接收处理系统	极轨气象卫星/MODIS、FY-3 等	北京华云星地通科技公司	
16	便携式光合作用测量系统	LI-6400XTR	基因公司	
17	大型称重式蒸渗仪		西安清远测控技术有限公司	渗透仪主机及配套软件
18	自动气象观测站	RR-9100	北京雨根科技有限公司	
19	便携式叶面积仪	LI-3000C	美国 LI-COR 公司	
20	便携式叶面积仪	CI-203CA	美国 CID 公司	
21	植物冠层分析仪	LI-2000	美国 LI-COR 公司	
22	植物冠层分析仪	LI-2200	美国 LI-COR 公司	
23	土壤入渗仪	EM50 数采、Drain Gauge 探头	基因公司	
24	便携式渗透仪	Mini-Disk infiltrometer	基因公司	
25	自动滴管系统	NTZK-2 型	南京仓浪	
26	便携式地物光谱辐射计	SVC GER1500	北京东方佳气公司	
27	露点水势仪	PSYPRO	美国	
28	紫外分光光度计	UV-1800	岛津国际贸易（上海）有限公司	
29	数显糖度计	HR TD-92	杭州汇尔仪器设备有限公司	测果糖
30	台式高速冷冻离心机	H-2050R	湘仪离心机仪器有限公司	
31	多功能粉碎机	ST-02A	浙江永康帅通工具有限公司	
32	叶绿素计	SPAD502	柯尼卡美鲍达株式会社	
33	高低温湿热试验箱	BPHS-060B	上海一恒科学仪品有限公司	
34	数字式多光谱植被冠层相机	ADC	理加联合科技有限公司	
35	土壤养分检测仪	TFC-智能普及型	北京强盛分析仪器制造中心	
36	酸度计	PHS-25	上海伟业仪器厂	测 pH 值
37	空气温湿度表	RR-9710	北京雨根科技有限公司	
38	超低温冰箱	DW-40W255	海尔集团	
39	台式数控超声波清洗器	KQ-500DE	昆山超声仪器有限公司	
40	140 升立式充氮烘箱	DQG-9140A	上海和呈仪器有限公司	
41	240 升立式干燥箱	DHG-9240A	上海和呈仪器有限公司	
42	鼓风干燥箱	DHG-9140A	上海一恒科学仪器有限公司	

过对比观测，并进行一系列标定后才能达到业务化运行要求，主要包括传感器的试验室标定和田间标定，以及标定后的业务化检验，一般采用人工对比观测的方法，达到业务化标准后才能业务化运行。

(4)现代农业气象仪器的维护与仪器检定

对仪器进行维护和定期检定是保证仪器正常使用和获取准确数据的基本要求。要严格按照仪器使用说明，做好日常维护工作，比如定期巡视、清洁仪器等。所用仪器必须是经过质检部门检定合格的仪器，未经过检定、检定不合格或超期检验仪器均不得使用。

(5)农业气象仪器的质量控制

质量控制分为台站、市、省、国家四级。台站的主要任务是对观测资料进行校对，报表进行预审，实时监测仪器的运行状况，对仪器进行日常维护等；市级主要是督促所属台站资料及时上报，提供技术支持，发现问题及时通知台站；省级的主要任务是对上报报表进行审核，监控仪器运行状态，发现问题及时通知台站，当仪器出现台站不能解决的故障时对仪器进行维修；国家级主要是制定资料质量控制标准，对资料质量进行分析评估，通报资料质量并责令故障台站进行整改等。

3.2　现代农业气象自动化观测

目前的农业气象观测还是以人工观测为主，总体上观测基础比较落后，在站点布局、观测项目、观测频率以及观测精度上已不适应发展现代农业气象业务服务的需求。随着科技的发展，传感器和信息技术日益完善和成熟，尤其是图像识别能力明显提高，传统农业气象观测方式发生了很大变化，发达国家在土壤水分、农田小气候、农业气象灾害监测等方面已基本实现了自动化。近年来，我国农业气象自动化观测也取得阶段性进展。中国气象局在推进自动土壤水分观测的同时，正在研究集土壤、农田小气候和主要作物发育期于一体的农业气象自动化观测技术。

3.2.1　自动土壤水分观测仪

(1)概述

土壤含水量的变化直接影响农作物的生长发育和产量形成。土壤水分的测量方法有很多，主要有土钻法、中子仪法、时域反射法(Time Domain Reflectometry，TDR)、频域反射法(Frequency Domain Reflectometry，FDR)等。目前气象、农业、水利等部门经常使用的土钻法虽然简单易操作、测量结果较准确，但是各种土壤墒情监测、干土层厚度与降水渗透深度、农情普查频率太高，任务太重，业务人员需要常年取土，工作量大、耗时费力，而且无法实现实时、动态、连续观测；中子仪法测量土壤水分因为存在放射线辐射而具有较大局限性；TDR 土壤水分仪虽然实现了水分自动观测，但存在破坏土层、工程量大、不易维护等缺陷；而 FDR 法理论成熟，兼有 TDR 和土钻法的优点，安装、维护方便，又可实现实时、动态、连续观测，作为一种成熟的技术，在全球范围内发展很快。

根据气象事业发展需要，河南省气象局和中国电子科技集团公司第 27 研究所建立战略合作伙伴关系，共同组建大气传感器工程技术研究实验室，充分发挥双方各自的资源和技术优势，在气象综合探测和信息网络系统建设方面，开展多领域、多层次、多形式的合作。首先，为了实现土壤水分测量的自动化，解决土壤水分实时自动观测难题，双方联合于 2005 年 5 月—

2006年5月,研制了GSTAR-I FDR型插管式自动土壤水分观测仪(见图3.1)。2007年4月GStar-I FDR型自动土壤水分观测仪获国家实用新型专利(ZL 200720090099.4);2009年8月获得中国气象局定型许可,定型为DZN2型。目前该设备已经在河南、河北、安徽、山西、陕西、内蒙古、甘肃、贵州、新疆、四川和重庆等12个省(区、市)的气象、农业及水文等领域得到应用,并出口古巴等国家。

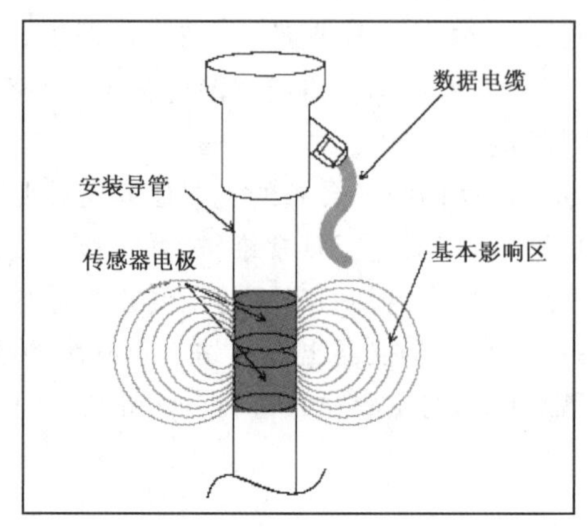

图3.1　多节式土壤水分监测仪示意图

此外,全国部分省气象部门还布设了上海长望气象科技有限公司研发的DZN1型TDR式自动土壤水分观测仪和中国华云技术开发公司研发的DZN3型FDR式自动土壤水分观测仪,与DZN2型设备一起,共同组成了全国气象部门的自动土壤水分观测网。

(2)GStar-I自动土壤水分观测仪类型

GStar-I自动土壤水分观测仪系列产品分为三种型号:

1)GStar-I A型

GStar-I A型设备仅有传感器在室外,采集器和专用控制计算机均在室内,数据传输使用RS485通讯模块与室内计算机有线连接,供电220 V;适宜在固定地段或实验室距离作物近的地段安装使用(见图3.2)。

图3.2　GStar-I A型设备示意图

2)GStar-I C型

GStar-I C型设备在室外采集箱内,数据传输使用GPRS/CDMA/3G无线通信模块,加装太阳能电池板和蓄电池供电;适宜在农田或无市电供电的地段安装使用(见图3.3)。

图 3.3 GStar-I C 型设备示意图

3)GStar-S406 土壤水分速测仪

GStar-S406 是一种便携式土壤水分速测仪，包括一个内含电子器件的防水室和与之一端相连的四个不锈钢针组成的探针。探针直接插入土壤，探头尾部的电缆线与手持采集器相连，可选择输出体积含水量或重量含水量。专用不锈钢延长工具可使测量深至 80 cm。GStar-S406 操作简便、精度高且设备可靠，可用于各类土壤水分测定，广泛用于农田土壤干旱调查。该设备已推广应用于天津、河北、河南、山西、陕西、内蒙古、宁夏、安徽、甘肃、四川、湖南、湖北、江西及青海省(区、市)。

(3)自动土壤水分观测网的建设及系统构成

1)自动土壤水分观测网的建设

根据中国气象局的统一部署和安排，河南省气象局自 2009 年开始布设自动土壤水分观测仪，2010 年底共布设了 138 部自动土壤水分观测仪，站网覆盖了全省 120 多个县(区)，已经形成了较为有效的土壤水分与干旱监测站网(见图 3.4)。目前河南省已建自动土壤水分观测站中有 119 个已经通过中国气象局的业务验收，正式投入业务运行。

2)自动土壤水分观测网的系统构成

自动土壤水分观测网主要由土壤水分传感器、数据采集器、无线通信模块、终端计算机、数据中心服务器、高速网络及相应的软件系统等组成。在数据中心主服务器采用 SQL SERVER 2005 建立土壤水分观测实时数据库，土壤水分观测数据通过互联网或 GPRS/CDMA 等通讯方式传送到数据库，用户可通过客户端浏览软件实时监控和浏览土壤水分观测网内各站点的土壤水分数据(见图 3.5)。

3)对比观测

目前我们对自动土壤水分仪的标定是以假设人工观测为准确的，将自动测墒数据和人工测墒数据建立数学模型，得出标定参数，实现设备的标定，因此利用人工取土对比观测数据的质量就尤为重要。在标定分析过程中，研究人员发现了很多问题，包括某些人工观测数据不准

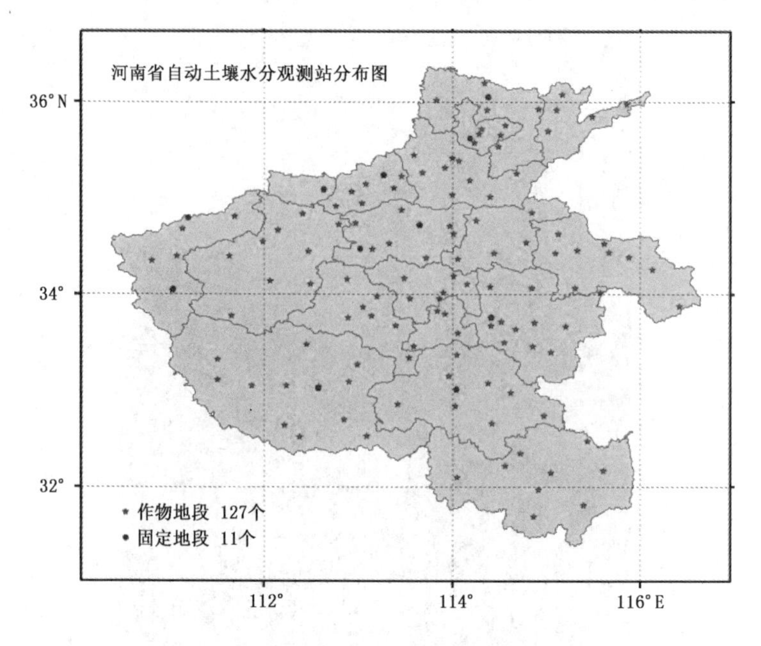

图 3.4　河南省自动土壤水分观测站分布图

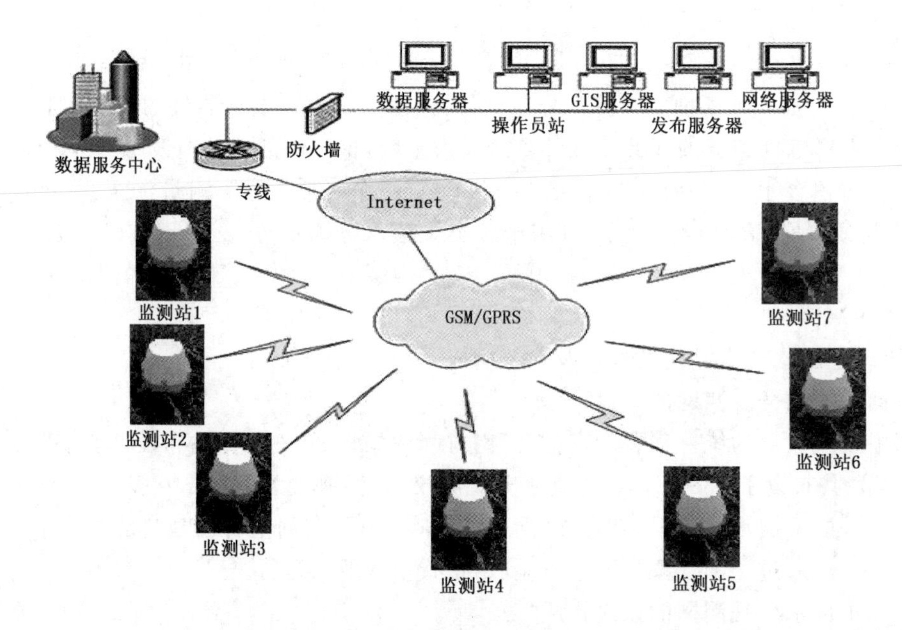

图 3.5　河南省自动土壤水分观测网络示意图

确，同一次观测四个重复某样数据间差异很大，无法正常标定；有的台站测得土壤水文参数明显有误，从而无法标定；也有观测记录簿填写、审核不认真，甚至填错站号和观测时间；也有仪器存在故障需要维护，却没有及时发现，在标定过程中发现问题，从而影响标定工作进行的。这些问题需要进一步加强管理，完善自动土壤水分业务流程。

(4)自动土壤水分观测资料的应用

1)自动土壤水分观测数据的共享

自动土壤水分观测资料经由地面互联网或 GPRS 无线传输这两种方式到达中心站服务

器并存入自动土壤水分观测数据库中。自动土壤水分数据的共享可以分为三种方式：一是使用授权的用户名、密码，用户直接访问数据库，根据需要调取相应的数据；二是通过客户端浏览软件，用户浏览河南省土壤水分分布情况、查询各台站各时段土壤水分数据；三是通过网站访问自动土壤水分服务产品，网站提供了河南省各自动测墒台站的土壤水分图形分布、数据查询、台站运行情况自动监测和相关软件下载等功能。

2)自动土壤水分观测资料的应用

河南省自动土壤水分数据目前应用在农业气象周报、干旱服务材料、冻土深度和降雨渗透深度估测等服务领域。为了规范河南省自动土壤水分观测站业务运行以及观测资料应用产品的制作、发布等工作，河南省气象局观网处于 2010 年 8 月下发了《关于规范自动土壤水分观测站业务试运行及观测资料应用产品的通知》(气测函〔2010〕26 号)。文件中除了要求加强日常使用、维护、管理工作外，还规定了规范观测资料应用产品的制作、发布等工作流程。

① 及时在网上发布自动土壤水分观测服务产品。河南省气象科学研究所每日逐时滚动制作自动土壤水分观测产品，并及时发布上网。产品包括：全省及当地的土壤重量含水率分布图(见图 3.6)、体积含水率分布图、相对湿度分布图，以及有效水分贮存量分布图、代表站点的单站逐时各层土壤重量含水率、体积含水率、相对湿度和有效水分贮存量曲线图。

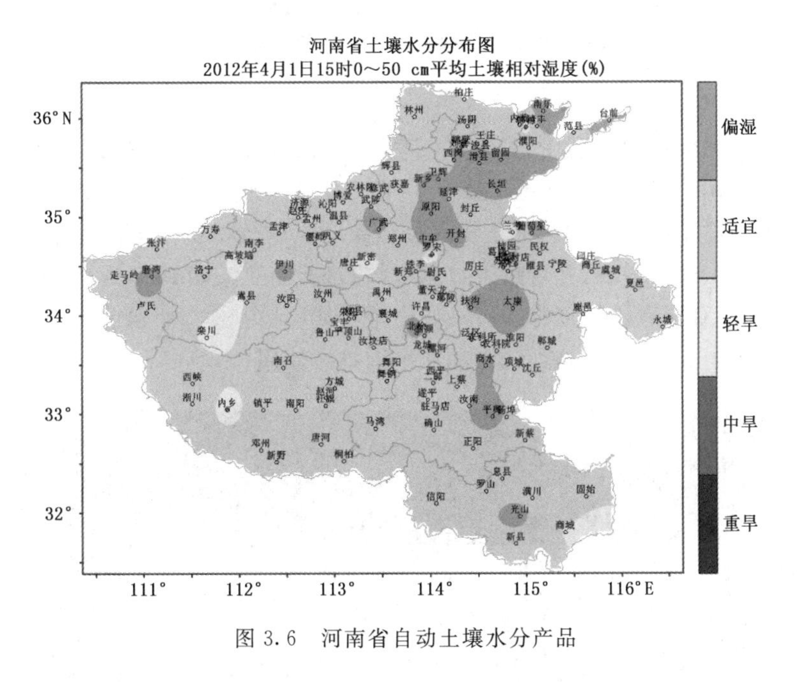

图 3.6　河南省自动土壤水分产品

② 土壤水分资料在农业气象、遥感等服务产品中应用。从 2010 年起，在制作农气周报时，受时效限制，不再使用人工测量的土壤水分资料，而固定采用自动土壤水分观测数据，并且经常和实测墒情进行对比分析，及时发现并整改存在问题的站点。当没有实测墒情资料或实测墒情资料较少时，土壤墒情遥感监测材料也使用自动土壤水分数据进行反演分析。自动土壤水分资料在农业气象周报、土壤墒情遥感监测分析等干旱服务材料中的应用，提高了干旱服务产品的时效性。

③ 开展冻土服务。在土壤发生冻结时，由于土壤介质变化，土壤中液态水变为固态冰，介电数由水 1 变为 30，土壤水分曲线表现为急剧减小。根据土壤水分传感器这一特性，结合自动站地温资料，在 2011 年初增加了冻土深度估算服务产品(见图 3.7)。同时也说明冬天土壤

冻结后，冻结层的自动土壤水分观测数据不能准确反映土壤水分的变化。自动土壤水分观测业务亟须制定冬季观测规范。

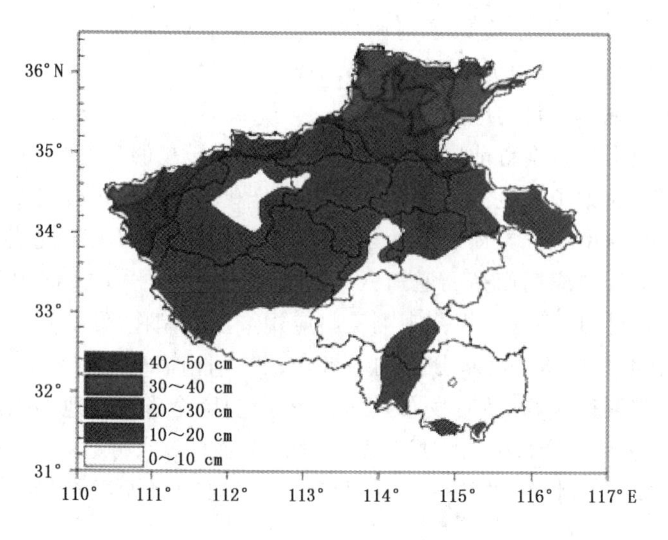

图 3.7　2011 年 2 月 1 日河南省冻土深度分布图

3)制作自动土壤水分月报表

受中国气象局综合观测司委托，河南省气象科学研究所开发了自动土壤水分月报表软件(Report of Automatic Soil Moisture，RASM)，用于编制自动土壤水分月报表。该软件具备可以使用 DZN1、DZN2、DZN3 三种自动土壤水分设备产生的数据文件生成月报表，使用自动土壤水分数据库资料生成月报表，并对报表数据审核、进行手工或自动订正，生成多个台站的自动土壤水分月报表，对报表进行预览、打印、导出等功能(见图 3.8)。目前，自动土壤水分月报表软件顺利通过了中国气象局的验收，已经在全国推广使用。

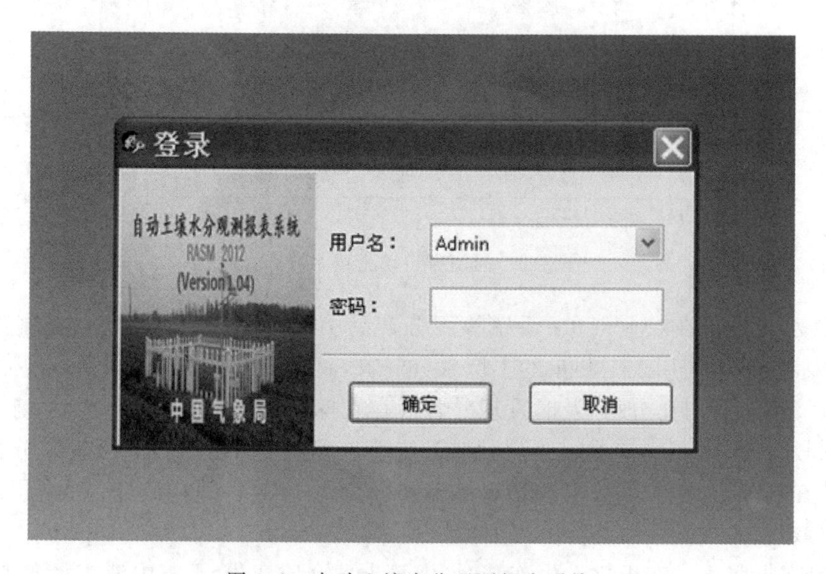

图 3.8　自动土壤水分观测报表系统

3.2.2　自动化农田小气候观测系统

(1)农田小气候观测系统功能

农田小气候主要观测农田内和作物上方气象条件，可以为农作物生长气候评价、农业气象灾害监测和评价、作物病虫害动态监测提供科学依据。根据农作物的生长特性、农业气象业务和服务需求，设计了农田不同高度层的温度、湿度、降水量、风速及光合有效辐射等气象要素观测系统。

在目前的田间小气候观测系统设计中，统筹考虑了矮秆作物和高秆作物。两类农田小气候观测要素相同，层次数量设置标配为三层，可根据需要增加层数；传感器的安装高度因作物高矮的不同而分为两大类，便于观测作物的冠层、作物果实部位、冠层高度及上方的气象要素分布。农田小气候仪主要观测不同层次的空气温度、相对湿度和冠层上方的风速、风向、降水、光合有效辐射，以及冠层温度、地温、土壤湿度等，还可根据需求扩充传感器要素。

(2)自动化农田小气候观测系统结构

农田小气候系统仪主要分硬件和软件两大部分。硬件包括采集器(主采集器、分采集器的组合)、传感器、无线网络传输及外围设备等；软件包括主、分采集器嵌入式软件。主采集器提供一个 RS－232 口用于安装本地通信和系统配置，并提供 GPRS 无线网络传输一个以太网接口，通过自动站局域网连接到业务中心，用于业务数据传输、现场诊断维护或者提供 WEB 服务进行数据传输。矮秆和高秆农田小气候仪的传感器安装高度和层次设置依作物高度分类而定。主要包括温度、湿度、降水、风速、风向、光合有效辐射、冠层温度、总辐射及地温等要素。

3.2.3　自动作物长势观测系统

目前作物生长自动化观测还是以农业气象科研和服务工作为主，作物生长自动化观测设备尚未考核定型，规模化的站网建设还没有开始，作物自动化观测还没有业务化运行。但为满足现代农业气象服务的需求，近年来一些省(区、市)也逐步自行建设农业气象自动化观测站，并在省(区、市)内组建了自己的自动化观测网。

(1)自动作物长势观测系统功能

自动作物长势观测系统能对主要粮食作物进行作物发育期识别，实时提供农作物生长发育与长势信息，动态监测农作物的生长变化状况，以及农作物遭受农业气象灾害或异常天气气候或其他自然灾害的异常变化情况，为农业生产管理决策提供第一手大田实况资料，同时减轻人工劳动强度同时减少人工工作量。综合数学建模和计算机图像处理、计算机视觉判识摄影测量等技术，结合作物特征图像数据库信息，进行颜色特征、纹理特征、形状特征和空间关系特征的相似度分析和作物发育期等信息的提取，对于不能直接提取的信息，可通过气象条件等间接方法进行发育进程的推算(见图 3.9)。

(2)自动作物长势观测系统结构

作物长势自动观测仪主要由硬件和软件两部分构成，其中硬件部分主要由 CCD 图像传感器、图像采集器、通讯传输系统(3G 网络传输技术)、数据处理系统、电源(市电和太阳能两种供电方式)系统、观测架及防雷设施组成。利用 CCD 传感器的可程控特性，通过加入传输和控制技术，针对被测作物的生长信息，根据预置时间或远程发出的指令，自动拍摄上传图像，并按标准格式自动记录各项拍摄参数，从而实现对农作物图像的自动采集；同时，利用配有自动识别软件，实现作物发育期与长势(株高、盖度)的自动监测。

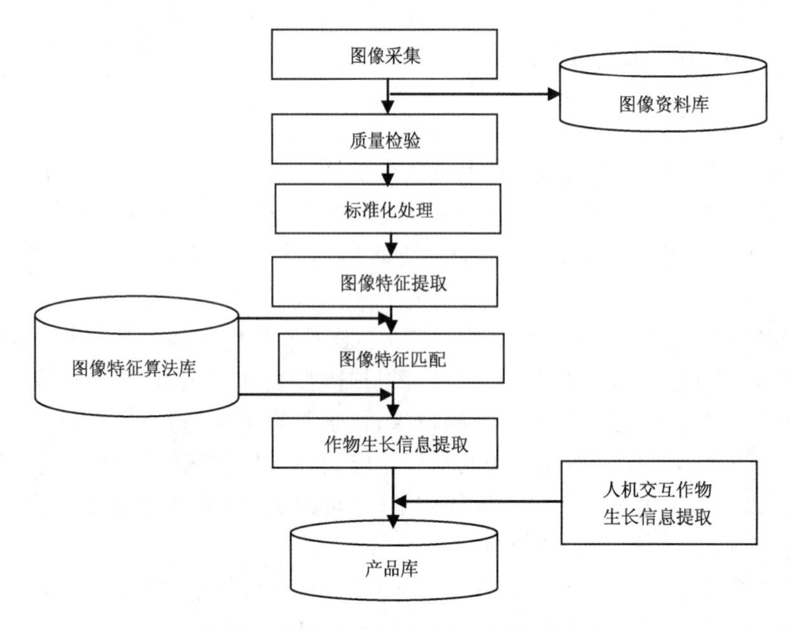

图 3.9　作物发育期自动化观测处理技术

3.2.4　作物生理现代化观测简介

从我国目前的状况来看，各地有关农业气象观测的研究基本上还停留在经验分析的层面上，缺乏对农业气象灾害的成灾机理的深入探讨，尤其是对气象灾害所产生的环境胁迫与农业生产系统（尤其是作物生长发育）之间的相互作用机制的研究。随着科技的进步，现代化的观测设备发展较为迅速，为农业气象灾害对农业带来的损失进行定量研究奠定了坚实的基础。以下介绍几种主要观测设备及其观测时应注意的问题。

（1）光合作用观测及其注意事项

目前观测作物光合作用的仪器较多，如手持式光合作用测量系统 CI-340、便携式调制叶绿素荧光仪 PAM-2500、双通道 PAM-100 测量系统、调制叶绿素荧光成像系统-M 系列 IMAGING-PAM、GFS-3000/IM-MINI 及 LI-6400 光合作用仪器等。

进行光合作用观测时，在叶片选择方面：要选择叶片生长环境一致，且能代表并满足实验目的需要的叶片生长微环境；叶龄一致，避免使用衰老和不成熟叶片；叶片之间无相互遮阴的叶片；生长状况良好的叶片，包括无病虫害、无损伤、水分和营养状况良好。测定过程中尽量保持叶片原来状态，包括位置和角度等；进行同一个实验时，为了增加对比性，需要把不同叶片的外部控制环境设置相同，如流速、叶温及湿度等；测定光响应和 CO_2 响应曲线之前，需进行光诱导；在饱和光强下诱导至稳定的最大净光合速率（P_{max}），此饱和光强不能太大，否则可能产生光抑制，应提前确定最适光合诱导光强和诱导时间；同一天测定光响应和 CO_2 响应曲线时，尽量使用不同叶片，这两个叶片要求叶龄、生长状况、生长环境尽可能地一致；每个测定需要重复至少 3 次，具体重复次数应使用统计学的方法来确定。

（2）叶面积指数的测量和注意事项

叶面积指数是反映植物叶面数量、冠层结构变化、植物群落生命活力及其环境效应，为植物冠层表面物质和能量交换的描述提供结构化的定量信息，并在生态系统碳积累、植被生产力和土壤、植物、大气间相互作用的能量平衡，植被遥感等方面起重要作用。叶面积指数仪器主要有以下几种：植物冠层分析成像仪(CI-100)，便携式叶面积指数分析仪(STLP-80)，植物冠层分析仪(TOP-1000)，叶面积指数仪(LAI-2000)，叶面指数仪(LAI-2200)等。

叶面指数仪(LAI-2200)可以用于不同的天空条件下的测定，最好在阴天下测定，晴天测量时尽管避免直射阳光，可在日出日落时进行测量。出现雨、雾和露时应注意勿使水滴落在探头透镜上。对于任何成对测量的读数，遮盖帽必须是相同的尺寸，光探头必须观测相同部分的天空，并且必须保证遮盖帽覆盖相同部分的探头。当操作者处在视角范围内时，使用270°视角的遮盖帽挡住操作者。为避免近黄昏或非常稠密冠层下的信号损失，要使用180°或270°的遮盖帽。探头和其上面最近叶片之间的距离应该最少是叶片宽的4倍。

(3)气孔计

气孔导度表示的是气孔张开的程度。气孔是植物叶片与外界进行气体交换的主要通道。通过气孔扩散的气体有O_2、CO_2和水蒸气，主要影响作物的光合作用、呼吸作用及蒸腾作用。植物在光下进行光合作用，由气孔吸收CO_2，气孔张开，但气孔开张又不可避免地发生蒸腾作用，气孔可以根据环境条件的变化来调节自己开度的大小从而使植物在损失水分较少的条件下获取最多的CO_2。气孔张开的程度对蒸腾有着直接的影响。

气孔计测量前要提前一段时间将仪器拿到室外，使仪器本身的温度与大田的温度一致，以至影响叶温的测量。测量前要注意分清作物叶片的正面和反面，测量时要统一测量正面或者反面。测量时要选择天气较为稳定的一天，避免测量时风和温度对气孔导度值产生影响，进而影响测量精度。

(4) 叶绿素仪(SPAD)

叶绿素仪(Soil and Plant Analyzer Development，SPAD)可以即时测量植物的叶绿素相对含量或“绿色程度”，植物叶片中的叶绿素含量指示了植物本身的状况。叶绿素仪操作简单，测量时不要在太阳下使用叶绿素仪。如果样品夹的发射或者接收窗口变脏或者有一些水，就不会有精确的测量结果。在测量前请先查看样品夹窗口是否清洁。在校准时，如果发出连续的“滴滴”声、“CAL”和“EU”在屏幕顶端出现，样品夹的发射窗口与接收窗口就要用镜头纸清洁。另外，SPAD设计具有防水功能，可在雨中可以进行测量。操作完成后，需用柔软、干净的布擦干，但是不要直接用水清洗。

(5)糖度计

糖度计用于快速测定含糖溶液以及其他非糖溶液的浓度或折射率。广泛应用于制糖、食品、饮料等工业部门及农业生产和科研中。适用于果酱、糖稀和液糖等含糖分较多产品的糖度测量，水果、果汁等甜度的分级，了解果蔬的品质，以及估计果实的成熟度等方面。目前，糖度计大概可以分为三种类型：手持式糖度计、便携式糖度计和台式糖度计。

在使用中必须细心谨慎严格按说明使用，不得任意松动仪器各连接部分，不得跌落、碰撞，严禁发生剧烈震动；使用完毕后，严禁直接放入水中清洗，应用干净软布擦拭，对于光学表面，不应碰伤，划伤、仪器应放于干燥、无腐蚀气体的地方保管。

(6)紫外可见光分光光度计(UV-8100)

紫外可见光分光光度计是能够根据物质的吸收光谱研究物质的成分、结构和物质间相互作用的有效手段。此仪器是目前国内外研究作物生理生化状况的一个重要工具，并且被科研工作者广泛使用。主要运用于物质的检定、与标准物或标准图谱对照、比较最大吸收波长吸收系数的一致性、纯度检验、推测化合物的分子结构、氢键强度的测定、络合物组成及稳定常数的测定，以及更多应用于反应动力学研究和有机分析等。

3.3 现代农业气象遥感监测

遥感技术是现代信息技术的一种。当前,我国农业发展进入了新阶段,农业发展由过去的受资源约束变为受资源和市场的双重约束,进行农业和农村经济结构的战略性调整,提高农业综合效益和农民收入的任务十分繁重。这对农业科技发展提出了新的、更高的要求。遥感技术作为现代信息技术的前沿技术,能够快速准确地收集农业资源和农业生产的信息,结合地理信息系统和全球定位系统等其他现代高新技术,可以实现信息收集和分析的定时、定量、定位,其客观性强,不受人为干扰,方便决策。因此,在农业发展的新阶段,运用遥感技术开展农业监测工作,将促使农业决策科学化提高到一个新的水平,同时也将为农业生产提供高质量的服务。目前,遥感在农业气象方面的应用主要包括作物长势和估产、水灾和旱灾灾害监测、植被与土地利用及草地资源监测等方面,本节主要介绍作物长势和面积遥感监测。

3.3.1 作物长势遥感监测

(1)概述

作物长势即作物生长的状况与趋势,农作物长势的监测是指对作物的苗情、生长状况及其变化的宏观监测。通过对作物长势的监测可以为田间管理和早期产量估算提供客观依据。常用的作物长势监测方法有人工观察法和遥感监测方法,人工观测法虽然直接准确,但对于面积广阔的农作物来说,由于人力、物力所限,人工观测法不能满足宏观作物长势监测的需要。随着技术的发展,基于卫星遥感的作物长势监测以其客观、快速、经济的特点,已成为当前作物长势信息的主要来源。利用多时相卫星资料,可以获得作物生长发育的宏观动态变化特征,而作物各关键发育阶段长势的变化又与最终产量相关。因此,实时作物长势遥感监测不仅为农业生产的宏观管理提供客观依据,而且为农作物产量估测提供必不可少的资料。

作物长势遥感监测是建立在绿色植物光谱理论基础上的主要原理是使用不同波段的数学组合形成植被指数,然后利用植被指数估算作物的农学参数。根据绿色植物对光谱的反射特性,在可见光部分有强的吸收带,近红外部分有强的反射峰,从而反映出作物生长信息,进而判断作物的生长状况。

(2)作物长势监测指标

可以反映作物长势的变量有很多,如单株作物的根、茎、叶和穗发育情况,作物群体的密度、布局和动态等。遥感监测属于宏观监测,研究表明,与作物个体和群体特征都有关的叶面积指数(Leaf Area Index,LAI)可以作为遥感监测的综合指标。另外,叶绿素含量(CHL)对作物的光合作用有着直接的影响,叶绿素含量通常是氮素胁迫、光合作用能力和植被发育阶段的指示器,也是作物长势监测的一个重要指标。研究表明,归一化植被指数(Normalized Difference Vegetation Index,NDVI)与LAI和CHL都着有很好的相关关系,利用NDVI曲线模拟的农作物长势,完全符合农作物干物质积累过程。由于NDVI是目前通用的植被指数,已形成了标准的算法和数据产品,能满足业务系统对数据标准化的要求,所以,在作物长势遥感监测业务系统中的采用NDVI,作为作物长势监测与评价的指标。

(3)植被指数的计算方法

植被指数包括很多种,常用的有归一化植被指数、比值植被指数、土壤调整植被指数,以及增强的植被指数等。

1)归一化植被指数(NDVI)

遥感影像中,近红外波段的反射值与红光波段的反射值之差比上两者之和为归一化植被指数(NDVI),即$(NIR-R)/(NIR+R)$,NIR为近红外波段的反射值,R为红光波段的反射值。NDVI是反映农作物长势和营养信息的重要参数之一。根据该参数,可以了解不同季节的农作物对氮的需求量,对合理施用氮肥具有重要的指导作用。

针对MODIS资料,通道1为可见光通道(R),通道2为近红外通道(NIR),因此MODIS NDVI的计算公式为:

$$NDVI=(CH_2-CH_1)/(CH_2+CH_1) \tag{3.1}$$

式中,$NDVI$为归一化植被指数;CH_1和CH_2分别为MODIS通道1和通道2的反射率。

从式(3.1)可以看出,$NDVI$的值位于(-1,1)之间。

2)比值植被指数(RVI)

1969年Jordan(1969)提出最早的一种植被指数——比值植被指数(Ratio Vegetation Index,RVI),但对于浓密植物反射的红光辐射很小,RVI将无限增长。因此,和NDVI相比,当植被生长旺盛时,NDVI极容易达到饱和,而RVI则不易饱和。RVI的计算公式为:

$$RVI=CH_1/CH_2 \tag{3.2}$$

式中,RVI为比值植被指数;CH_1和CH_2分别为MODIS通道1和通道2的反射率。

3)土壤调整植被指数(SAVI)

许多观测显示NDVI对植被冠层的背景亮度非常敏感,叶冠背景因雨、雪、落叶、粗糙度、有机成分和土壤矿物质等因素影响使反射率呈现时空变化。当背景亮度增加时,NDVI也系统性地增加。在中等程度的植被,如潮湿或次潮湿土地覆盖类型,NDVI对背景的敏感最大。为了减少土壤和植被冠层背景的干扰,Huete(1988)提出了土壤调节植被指数(Soil Adjusted Vegetation Index,SAVI)。$SAVI$的计算公式为:

$$SAVI=(1+L)\times(CH_2-CH_1)/(CH_2+CH_1+L) \tag{3.3}$$

式中,$SAVI$为土壤调节植被指数;CH_1和CH_2分别为MODIS通道1和通道2的反射率;L为土壤调节参数。

4)增强的植被指数(EVI)

基于土壤和大气相互作用的事实,Liu等(1995)引入一个反馈项来同时对二者进行订正,这就是增强的植被指数(Enhanced Vegetation Index,EVI)。它利用背景调节参数(L)和大气修正参数C_1和C_2同时减少背景和大气的作用。EVI的计算公式为:

$$EVI=2.5\times(\rho_{\mathrm{NIR}}-\rho_{\mathrm{Red}})/(\rho_{\mathrm{NIR}}+C_1\rho_{\mathrm{Red}}-C_2+\rho_{\mathrm{Blue}}+L) \tag{3.4}$$

式中,$L=1$;C_1,C_2分别为6.0和7.5,描写通过ρ_{Blue}来修正大气对ρ_{Red}的影响;ρ为经过大气校正的反射值。

(4)冬小麦苗情监测方法

在冬小麦实际生产中,为了便于宏观上的管理,常根据冬小麦的长势不同而将其划分为一、二、三类苗,并估算出各苗类的面积及其所占比例,生产管理部门便可了解当前各地小麦生产状况。但在常规情况下,存在信息时效慢、抽样调查有误差且不能确切知道不同苗类的具体分布情况等问题。同NOAA/AVHRR资料相比,MODIS资料可见光、近红外具有250 m分辨率的优势,是原来的4倍,该资料用于冬小麦苗情监测,可进一步提高监测准确率。

1)卫星通道及遥感植被指数的选择

EOS/MODIS拥有2个可见光(近红外)通道,其中第一通道(CH_1)的波长为0.62~

0.67 μm，在可见光波段范围内；第二通道(CH_2)的波长为 0.84～0.88μm，在近红外光波段范围内。冬小麦主要对可见光和近红外波段反应敏感，冬小麦对可见光的吸收率随植被覆盖度的增加而增加，而对近红外光的反射率急剧上升。但是，在利用卫星遥感监测小麦苗情的过程中，仅用单波段反射率来判别冬小麦长势误差较大，原因是卫星所接收到的反射光受到大气透明度等其他因素的影响，使得单通道的资料不能准确地反映小麦不同长势之间的差异，遥感植被指数正是通过多通道的光谱信息，经线性和非线性组合而组成的对植被有一定指示意义的各种数据。其中 NDVI 是目前使用最多的一种，其变化可以较为准确地反映出冬小麦长势的特点。因此，选用 NDVI 来监测冬小麦苗情长势。

2)冬小麦苗情监测时段的划分

研究表明，NDVI 能够表征植被种类、植被密度及植被长势等因素。对于冬小麦而言，植被密度、植被长势更多地与冬小麦生育期有关，因此，需要对冬小麦苗情监测时段进行划分，以确定不同时段的苗情监测指标。

监测时段的划分主要考虑河南麦田管理关键期和小麦产量形成的"三要素"(亩穗数、穗粒数和千粒重)。在河南通常分为四个时段：越冬前(播种—12 月下旬)、返青期(2 月下旬—3 月下旬)、拔节期(3 月底—4 月中旬)和抽穗期(4 月下旬—5 月上旬)。

3)冬小麦监测区的划分

考虑到河南地形地貌复杂、气候差异明显，并且各地冬小麦栽培条件及品种的不同，致使不同地区冬小麦生长生育状况、进程和评价标准也不相同。因此，为了更科学合理地对各地小麦苗情长势进行遥感监测评价，需要对全省进行监测分区。在考虑农业生态区和冬小麦生育期同步的基础上，将全省分为豫北(Ⅰ)、豫中(Ⅱ)和豫南(Ⅲ)三个区，见图 3.10。

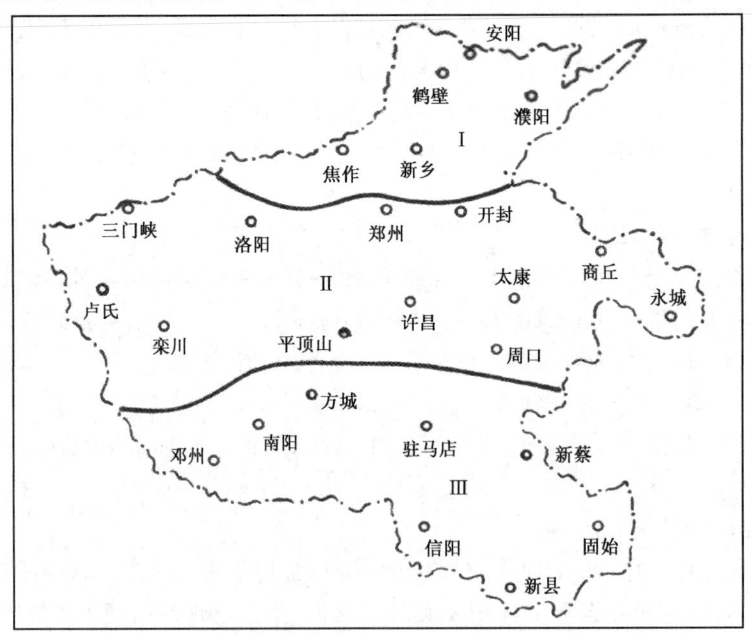

图 3.10　河南省冬小麦监测区的划分

4)冬小麦苗情分类的农学标准

在冬小麦苗情评判当中，农业部门常按一定的标准将本地区的小麦苗情划分为一、二、三类苗。其分类主要的根据是亩总茎数、单株分蘖和单株次生根，但不同的地区有不同的标准。

这在某种意义上存在区域上的不可比性，因此，需要根据不同的冬小麦监测区，在农学调查统计的基础上，确定各监测区冬小麦不同发育期的苗情分类农学标准。

根据多年实地调查和各农业气象站观测资料统计结果，总结出各监测区各类苗不同生育阶段麦田苗情长势分类的农学指标（群体密度、叶面积系数），见表3.2。

表3.2　冬小麦苗情长势分类农学指标*

时段	监测区	一类苗		二类苗		三类苗	
		群体密度（万茎/亩）	叶面积系数	群体密度（万茎/亩）	叶面积系数	群体密度（万茎/亩）	叶面积系数
越冬前	I	68～78	—	46－67	—	≤45	—
	II	60～67	—	45～59	—	≤44	—
	III	49～60	—	39～48	—	≤38	—
返青期	I	74～79	—	51～73	—	≤50	—
	II	69～75	—	50～68	—	≤49	—
	III	58～64	—	46～57	—	≤45	—
拔节期	I	69～75	6.2	50～68	4.4	≤49	3.7
	II	66～73	4.7	47～65	3.5	≤46	2.7
	III	59～66	3.5	46～58	2.5	≤45	2.0
抽穗期	I	36～48	6.5	31～35	4.6	≤30	3.9
	II	35～46	6.7	25～34	4.6	≤24	3.9
	III	42～58	5.4	29～41	3.4	≤28	2.7

* 实际为 NDVI 乘以 20，主要用以保证数值为整数，以便系统平台制作

5）冬小麦苗情长势分类绿度等级（G_3）指标

利用 NOAA/AVHRR 进行冬小麦苗情监测，采用了绿度等级（G_3）来评价冬小麦长势。绿度等级实际上也是基于 NDVI 监测，其计算公式为：

$$G_3 = (CH_2 - CH_1)/(CH_2 + CH_1) \times 20 \tag{3.5}$$

式中，CH_1 和 CH_2 分别为 NOAA/AVHRR 的通道 1 和通道 2 的反射率。研究表明，绿度等级和冬小麦农学参数之间具有较好的相关关系（$G_3 = A + B\ln X$，A 和 B 为系数，X 为群体密度或叶面积系数）。根据冬小麦苗情长势分类的农学指标可以得到冬小麦苗情长势分类的绿度等级指标（见表3.3）。

6）冬小麦苗情长势分类 MODIS NDVI 指标

考虑到 MODIS 通道 1、通道 2 和 NOAA/AVHRR 通道 1、通道 2 的光谱差异，为了总结出适于 MODIS NDVI 的冬小麦苗情分类指标，我们分别对 NOAA/AVHRR 和 MODIS 的 NDVI 进行了统计分析对比，在 NOAA/AVHRR 冬小麦苗情长势分类绿度等级指标的基础上，确定了 MODIS 的 NDVI 苗情分类指标。

在冬小麦全生育期，研究冬小麦的 NOAA/AVHRR-NDVI 与 MODIS-NDVI 的统计关系，发现两者具有明显的线性相关性，线性方程为：

$$NDVI_{AVHRR} = 0.6679 NDVI_{MODIS} + 0.2094 \quad (R^2 = 0.7042) \tag{3.6}$$

在此定义 EOS/MODIS-NDVI 绿度等级为：

$$G_3M = (CH_2 - CH_1)/(CH_2 + CH_1) \times 100 \tag{3.7}$$

式中，CH_1 和 CH_2 分别为 EOS/MODIS 的通道 1 和通道 2 的反射率，通过变换，建立 NOAA/AVHRR-NDVI 绿度等级 G_{3AVHRR} 与 MODIS-NDVI 的绿度等级 G_{3MODIS} 线性关系为：

$$G_{3AVHRR} = 3.3395 G_{3MODIS} + 20.94 \tag{3.8}$$

由此可以确定 MODIS 绿度等级指标（见表 3.4）。

表 3.3　NOAA/AVHRR 冬小麦苗情长势分类绿度等级指标

时段	监测区	一类苗	二类苗	三类苗
越冬前	I	3～4	2	1
	II	4～5	3	1～2
	III	4～5	3	1～2
返青期	I	4～6	3	1～2
	II	4～6	3～4	1～2
	III	4～6	3	1～2
拔节期	I	6～8	4～5	2～3
	II	6～8	4～5	2～3
	III	6～8	4～5	2～3
抽穗期	I	7～9	5～6	3～4
	II	7～9	5～6	3～4
	III	7～9	5～6	3～4

表 3.4　MODIS 绿度等级指标

时段	监测区	一类苗	二类苗	三类苗
越冬期	I	31～100	24～30	0～23
	II	34～100	28～33	0～27
	III	34～100	29～33	0～28
返青期	I	34～100	29～33	0～28
	II	34～100	29～33	0～28
	III	34～100	29～33	0～28
拔节期	I	41～100	32～40	0～31
	II	41～100	32～40	0～31
	III	41～100	32～40	0～31
抽穗期	I	44～100	33～43	0～34
	II	44～100	33～43	0～34
	III	44～100	33～43	0～34

（5）冬小麦苗情遥感监测实例

利用 3 月上旬的 EOS/MODIS 卫星遥感资料，对河南省冬小麦长势进行监测（见图 3.11），结果显示：目前河南省一类苗比例为 63.8%（约 5 075 万亩），二类苗比例为 21.5%（约 1 712 万亩），三类苗比例为 14.4%（约 1 146 万亩）；苗情相对较好的地区主要有周口、驻马店、商丘及漯河等地，一类苗比例在 90.0%以上；苗情相对较差的地区主要有三门峡、济源、洛阳及郑州等地，一类苗比例低于 35.0%。与 2 月下旬监测结果相比，苗情明显趋好。与去年同期相比，一类苗比例高于去年，总体苗情略好于去年（见表 3.5）。与常年同期相比，一类苗比例高于多年平均值，总体苗情略好于常年（见图 3.12）。

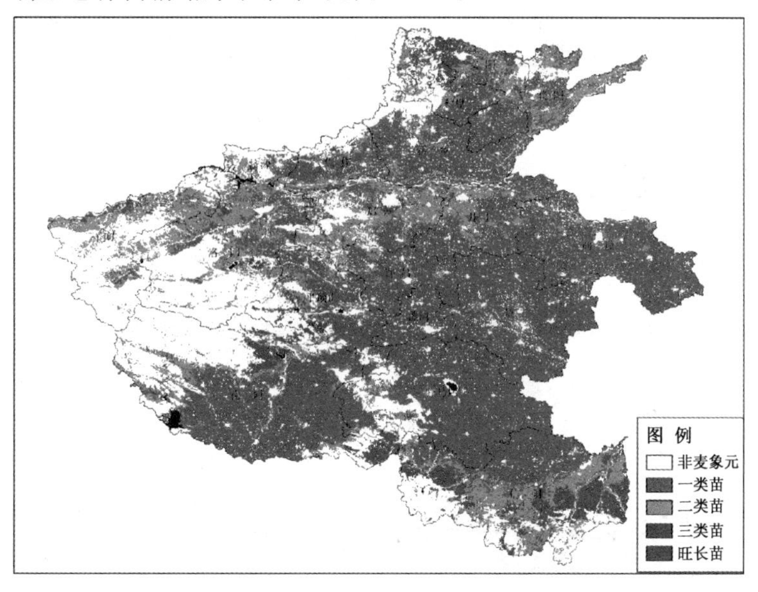

图 3.11 河南省 2012 年 3 月上旬 EDS/MODIS 冬小麦苗情遥感监测情况

表 3.5 2011 和 2012 年 3 月上旬河南省冬小麦苗情卫星遥感监测统计结果及对比*

地 区	2012 年 3 月上旬				2011 年 3 月上旬			
	一类苗 (%)	二类苗 (%)	三类苗 (%)	旺长苗 (%)	一类苗 (%)	二类苗 (%)	三类苗 (%)	旺长苗 (%)
安 阳	38.6	24.9	36.5	0.0	55.2	37.0	7.8	0.0
鹤 壁	62.9	17.6	19.5	0.0	74.3	22.4	3.3	0.0
濮 阳	39.2	47.1	13.7	0.0	58.9	40.4	0.7	0.0
新 乡	79.3	15.3	5.4	0.0	84.5	14.1	1.4	0.0
焦 作	61.0	23.5	15.5	0.0	75.8	19.0	5.2	0.0
三门峡	4.9	60.1	35.0	0.0	14.0	80.8	5.2	0.0
洛 阳	32.6	51.5	15.9	0.0	48.5	47.9	3.6	0.0
郑 州	32.8	48.4	18.8	0.0	37.5	54.6	7.9	0.0
开 封	70.3	26.0	3.7	0.0	78.9	18.7	2.4	0.0
许 昌	83.2	12.3	4.5	0.0	80.2	19.1	0.7	0.0
平顶山	63.1	18.4	18.5	0.0	50.3	44.8	4.9	0.0
漯 河	94.9	4.3	0.8	0.0	96.0	3.8	0.2	0.0
商 丘	90.2	8.5	1.3	0.0	92.9	6.9	0.2	0.0
周 口	95.5	3.7	0.6	0.2	93.9	6.0	0.1	0.0
驻马店	90.4	5.9	2.1	1.6	86.2	13.5	0.3	0.0
南 阳	67.6	14.4	18.0	0.0	43.7	50.2	6.1	0.0
信 阳**	35.5	29.8	34.7	0.0	10.8	32.0	57.2	0.0
济 源	30.5	37.7	31.8	0.0	40.5	54.3	5.2	0.0
河南省	63.8 (5 075 万亩)	21.5 (1 712 万亩)	14.4 (1 146 万亩)	0.2 (16 万亩)	60.3 (4 753 万亩)	30.1 (2 373 万亩)	9.6 (750 万亩)	0.0

* 表中数据为面积百分比(%)

* * 表示该地区受大气条件影响数据不能全面反映苗情信息

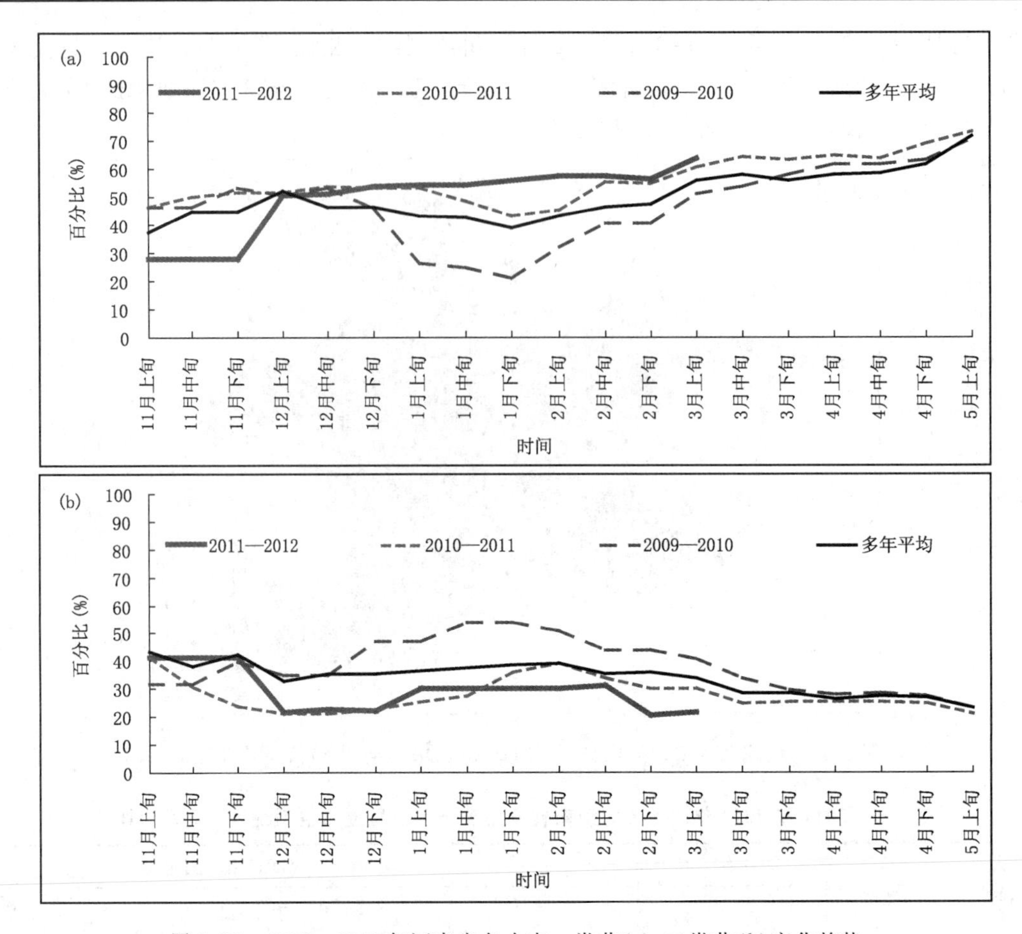

图 3.12　2009—2011 年河南省冬小麦一类苗(a)、二类苗(b)变化趋势

3.3.2　作物面积遥感估算技术方法

作物种植面积是国家农情基础数据，是产量估测必不可少的参数，也是国家制定相关政策和经济计划的重要依据，是国民经济的重要指标之一。传统的作物种植面积测算通常采用统计方法或常规的地面调查方法，受人为因素影响较大，并且费时、费力，难以适应相关部门管理、决策对其现势性信息的需求。遥感及其他空间信息技术的发展，为农业生产与管理带来了根本性的变革。卫星遥感具有现势性强、覆盖面积广和信息客观等优点，当前在农业生产中不断深入地对其进行应用，为作物种植面积获取提供了丰富的数据和方法。

遥感作物面积提取的关键是准确地对作物类型进行识别，因而，高空间分辨率和高光谱的卫星数据具有非常好的优势，但其重访周期长，并且数据获取受天气影响，基本上很难获得覆盖大范围的作物实际种植面积的图像，而且其数据费用高，推广难度大。中低分辨率的遥感影像重访周期短，价格低，适合于大范围作物种植面积遥感提取及估算。在实际应用中，主要利用高、中分辨率和高、多光谱数据的作物种植面积提取技术方法。

(1)作物种植面积遥感监测的时相选择研究

对于农作物及其他植被的遥感监测、识别而言，不仅在类别之间存在光谱特征差异，并且由于植物的物候学特征，导致其在不同的生长发育阶段表现出迥然不同的光谱特征。由于作物生长过程是一个物质积累的过程，包括多个生育期，在每个生育期内，作物生物量水平差异较大，在光谱特征上也反应明显。遥感图像是对某一时刻地物种类及其组合方式的反映，地物光谱信息的相似性和相互干扰是影响地物遥感识别和分类的主要因素。因此，根据作物物候及典型地物波谱特点，选择波普差异较大的时相，将有利于遥感目标的实现。

1)作物物候特征

以河南省冬小麦种植面积遥感估算为例，研究和阐述多时相作物种植面积遥感估算的原理和方法。

河南省全年种植面积较大的农作物中夏收作物主要有冬小麦和油菜，秋收作物主要有夏玉米、水稻、大豆、棉花、花生等，其中冬小麦、夏玉米种植面积比例在夏秋作物中最大，其物候期见表 3.6。其他典型的植被还有林地和草地等，处在同一生长期的作物，其光谱重叠并相互影响。

表 3.6 河南省主要农作物的物候期

主要农作物	2月			3月			4月			5月			6月			7月			8月			9月			10月			11月—次年2月		
	上	中	下	上	中	下	上	中	下	上	中	下	上	中	下	上	中	下	上	中	下	上	中	下	上	中	下	上	中	下
冬小麦	越冬		返青			拔节			抽穗		乳熟		成熟													播种			分蘖-越冬	
油菜	开盘			抽薹				开花			成熟																			
夏玉米													播种出苗		三-七叶		拔节		抽雄		乳熟		成熟							
水稻										出苗三叶		移栽分蘖			幼穗		孕穗		抽穗	乳熟			成熟							
大豆													播种	三真叶			旁枝		开花	结荚			成熟							
棉花												播种	三叶	五叶	现蕾				开花			裂铃		成熟						
花生														播种	三叶		开花			成熟										

注：无覆盖　覆盖度低　覆盖度高

春季，冬小麦在 2 月中旬进入返青期，进入快速生长阶段，同期的油菜在 2 月下旬进入抽薹期，而此时林地和草地也刚刚开始复苏，进入生长期，但明显不如冬小麦和油菜生长快速；3 月中、下旬，冬小麦进入拔节期，耕地地表植被呈现全覆盖度，而油菜进入开花期，同时林地和草地也刚刚进入发芽起，此时冬小麦与其他地表植被光谱特征差异较大，较容易识别。4 月中、下旬后，冬小麦进入抽穗期，油菜逐步由开花期进入成熟期，此时草地和林地进入快速生长、返青期，但与冬小麦相比仍较慢。5 月中、下旬，耕地农作物逐步进入成熟期，耕地植被绿度值降低，草地与林地基本进入了全覆盖状态，绿度值也较高。

2)作物光谱的可分性

在遥感分类中，地物本身的光谱可分性是影响分类精度的最主要来源，而作物物候期又直接关系着地物的光谱特性。因此，需要对多种作物在不同时期的光谱可分性距离进行计算。

① 地物光谱可分性准则。遥感分类器的性能在很大程度上依赖于特征选择，依赖于特征是否能够精确地描述对象的本质。因此，需要一些准则来衡量各类特征间的可分性，常用的可分性准则包括各类样本距离的平均值、归一化距离、离散度、J-M(Jeffries-Matusita)距离和基于熵函数的可分性准则，由于 J-M 距离克服了均值差为 0 给归一化距离带来的难题，不需要假定地物正态分布，具有较好的通用性，且 J-M 距离和分类精度增加到一定程度后就不再增加，较好地反映了与分类精度的实际关系，因而，研究中选用 J-M 距离来度量类别特征之间的可分性。

J-M 距离是一种基于条件概率之差的光谱可分性度量标准，代表两类别的概率密度函数之差，要求至少在二维空间进行计算，其表达式为：

$$J_{ij} = [2(1 - e^{-\partial})]^{1/2} \tag{3.9}$$

其判别标准如下：当 $0 < J_{ij} < 1.0$ 时，两个待分类别之间不具备光谱可分性；当 $1.0 < J_{ij} < 1.9$ 时，两个待分类别之间具有一定的光谱可分性，但其光谱分布在较大程度上有重叠；当 $1.9 < J_{ij} < 2.0$ 时，两待分类别之间具有很好的光谱可分性。

② 数据处理与结果分析。为了充分利用农作物的时相变化信息，更有利于作物种植面积的提取，并结合上述对作物物候期和全生育期 NDVI 变化分析，对于冬小麦选用 2009 年 12 月 20 日（分蘖期）、2010 年 1 月 30 日（越冬期）、2010 年 2 月 19 日（返青期）、2010 年 3 月 27 日（拔节期）、2010 年 5 月 2 日（抽穗期）的 5 景 EOS/MODIS TERRA 影像资料，并采用 1：25 万土地利用类型，以及野外作物考察数据，利用 ENVI4.0 软件，对 MODIS 数据进行地理定标，对不同土地利用类型、油菜和冬小麦的光谱可分性进行分析，结果见表 3.7。

表 3.7　油菜和主要土地利用类型与冬小麦 J-M 距离

时相（年-月-日）	林地	草地	居民建筑用地	其他土地	油菜地
2009-12-20	1.583	1.502	1.986	1.605	1.228
2010-01-30	1.965	1.982	1.995	1.823	1.578
2010-02-19	1.971	1.985	2.000	1.792	1.685
2010-03-27	1.986	1.942	2.000	1.788	1.661
2010-04-16	1.952	1.939	1.992	1.759	1.833
2010-05-02	1.605	1.610	1.972	1.806	1.954
2010-12-20＋2010-03-27	1.975	1.967	2.000	1.799	1.728
2010-12-20＋2010-04-16	2.000	1.968	2.000	1.855	1.901
2010-12-20＋2010-05-02	1.963	1.753	1.984	1.816	1.928
全部时相组合	2.000	1.973	2.000	1.957	1.916

由表 3.7 可以看出，与冬小麦可分性距离较小的主要有草地、其他土地和油菜，而林地和居民建筑用地与冬小麦光谱可分性较好。在 2009 年 12 月中旬，冬小麦处于分蘖末期，耕地地表覆盖度不高，同时由于林地、草地也逐步进入越冬期，其绿度值均较低，可见光反射率也较低，各种植被、非植被土地利用类型之间都有相互的光谱混淆，影响冬小麦分类精度；2010 年 1 月下旬，各植被处于越冬期，植被特征不太明显，但冬小麦与油菜仍较绿，光谱反射较其他植被强，因而除油菜外的其他植被类型具有较好的光谱可分性；2010 年 2 月中旬，冬小麦从越冬期进入返青期，林地、草地等经过越冬期，植被绿度值达到最低值，其光谱反射较越冬前相差较大，而冬小麦较越冬期植被反射略低，因此，同越冬期一样存在与林地、草地等土地利用类型有较好的可分性；2010 年 3 月中旬到 4 月下旬，冬小麦从拔节到抽穗，植被指数迅速上升，而其他植被虽也返青但较慢，因而与冬小麦仍具有较好的光谱可分性；到 2010 年 5 月上旬，冬小麦进入抽穗期，以冬小麦种植为主的耕地植被覆盖度迅速增加，而油菜已经收获，同冬小麦具有较大的 J－M 可分性距离。同时，其他植被也进入快速生长期，植被覆盖也较好，使得冬小麦与其他植被光谱可分性较差。

在冬小麦所有生育期的组合中，考虑到从冬小麦越冬到返青，冬小麦的绿度值变化不大，故挑选返青前的 2010 年 12 月 20 日影像，采用分别与 2010 年 3 月 27 日、4 月 16 日、5 月 2 日影像组合的三种方式，加上冬小麦整个生育期的全部时相组合，共有四种组合方式进行冬小麦及其他地物的光谱可分性计算，从表 3.7 中可以看出：

· 全部时相组合的冬小麦与其他地物的光谱可分性最好,说明时相越多,通过增加作物的物候信息,明显地改善了单时相影像中的同物异谱和同谱异物造成的光谱交叉和重叠现象,不同作物的光谱及其变化特性越明显,冬小麦的分类效果越好。

· 双时相组合中,2009年12月20日和2010年4月16日组合的冬小麦与其他地物的可分性优于其他两种时相组合。时相组合进行分类的同时,也加入了噪声,使得分类结果会出现除常规地表类型以外的变化类型。

另外,从表3.7看,其他土地和油菜土地利用类型与冬小麦光谱的可分性较差。由于土地利用结构变化,其他土地类可能转化为耕地或已种植冬小麦,导致可分性较差,而油菜由于选取的样本点面积较小,在纯净像元基础上,单时相的遥感影像中和冬小麦不具有光谱可分性,需要进行混合像元的分解。

无论从单时相还是不同时相的组合来看,冬小麦与非植被的可分性较好,与植被的可分性较差。在单时相中,河南省冬小麦与其他植被可分性最好的时相为拔节—抽穗期,在时相组合中,全部时相组合时研究区冬小麦与其他植被的可分性最好。

(2)基于线性混合光谱模型的冬小麦种植面积遥感估算研究

中分辨率MODIS遥感数据存在较多的混合像元,因此在对冬小麦种植面积提取时要进行混合像元的分解。混合像元分解就是根据每一个像元在各个波段的像元值来估算像元内各个土地覆盖类型的比例,从混合像元角度来分析遥感影像更接近实际,在一定程度上能够提高土地覆盖面积估算的精度。

1)基本原理

线性混合模型(Linear Mixing Model)是最简单,也是应用最广泛的光谱混合模型。该模型基于以下假设:混合像元内各个成分光谱之间是相互独立的(即不同地物间没有多次散射)。线性模型的数学表达式如下:

$$r(\lambda_i) = \sum_{j}^{m} f_j e_j(\lambda_i) + \varepsilon(\lambda_i), \quad (i = 1,2,\cdots,n) \tag{3.10}$$

式中,n为波段数;m为端元数;$r(\lambda_i)$为混合像元在波段i的反射率;f_j为端元j所占的比例;e_j为j的反射率;ε为误差项。

2)端元组分的确定及反射率求取

像元分解模型实现的关键是要正确获取主要地物目标的参照光谱值,从中选取可以作为端元反射率的值。端元组分光谱的确定有多种途径,可以通过实地调查或者从地物光谱数据库中选取,也可以从影像自身的像元光谱信息中提取。一般来说基于光谱库的方法需要考虑到大气校正、波段数目以及地形等影响因素,过程相当复杂而且只能给出近似结果,因而目前大部分研究都采用后一种方法,而且效果不错。因此实践中采用直接根据MODIS遥感数据本身计算端元组分反射率。

具体方法是:首先,确定端元组分类型,由于本研究采用的是MODIS 1～5和第7波段的数据源,因此所选地物类型数量一定不能大于6个。借助ENVI(The Environment for Visualizing Images)遥感处理软件,运用最小噪声变换法(Minimum Noise Fraction,MNF)对影像数据做去相关和重定标处理,分离后的6个波谱相互独立,且分为主成分数据和噪声成分数据。根据特征值和波段分量图可以看出,分离后的前3个波段集中了大部分的有效信息,由此做出MNF变换后的波段1与波段2(见图3.13)、波段1与波段3、波段2与波段3的两两2D散点图。散点图内部的点,完全可以用边缘上的点线性组合得到,即端元组分就分布在散点图的各个顶点附近。由于绘制的2D散点图可以交互在波段图像和散点图之间同时显示，研究者通过鼠标在散点图几个顶点附近位置的移动，加上对研究区的先验知识和区域特点了解，最后把研究区定为由农田、水体、林地、草地和居民建筑用地5种主要地物组成。确定地物类型后，即可求取端元组分反射率。端元组分反射率的取值是影响到最终结果精度的关键因素，端元组分反射率的最终确定是一个反复试验的过程，需要研究者根据所用方法选择合适的控制值，结合实际情况分析结果是否得当。本研究为了提高选择端元精度，引入纯净像元指数(Pixel Purity Index，PPI)，根据自身研究区像元数量大小，经多次试验选择合适的迭代次数(本研究为15000次)和阈值，把MNF变换后的前3个波段作为源数据对影像中的像元进行分析，得到影像中相对纯净的像元，高亮地显示在结果图像中。相当于去除了原始图像中大部分不纯净的点，把端元组分选择的范围缩小了很多。将PPI的结果输入到ENVI图像处理软件的n-D观察仪中，得到一个三维多面体，研究者可以交互地看到这些相对纯净的点在三维空间的分布情况。结合前面的2D散点图，通过旋转和对比，在此三维多面体边缘的各个顶端选择合适数量的5组点集，作为端元组分。分别求解它们在原始图像上各波段的均值，得到6个波段上每种端元组分的反射率，结果见图3.14。

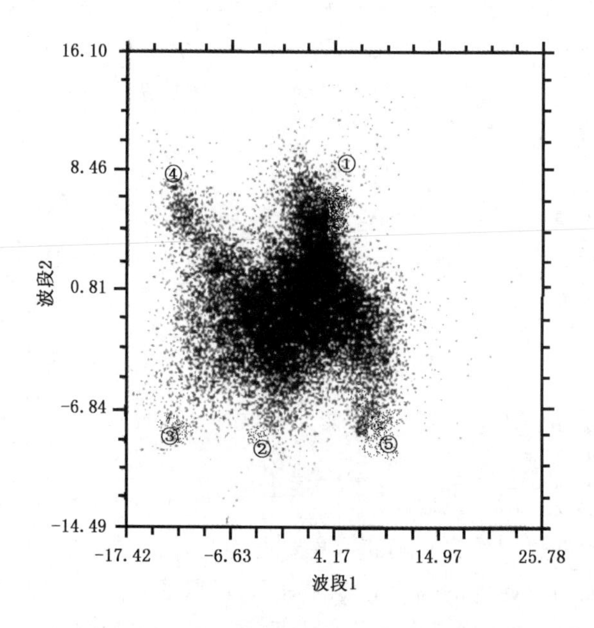

图3.13 MNF变换后波段1与波段2散点图

①冬小麦；②水体；③林地；④草地；⑤居民建筑用地

3)种植面积估算

将图3.14中5类端元光谱值代入到线性模型公式中，用带有约束的最小二乘法求解，得出每种地物类型的百分比丰度以及均方根(Root Mean Square，RMS)误差，进而得到全遥感影像冬小麦的种植面积。

4)线性混合像元分解作物面积提取技术流程线性混合像元分解关键在于确定混合像元的端元组成和其反射率，在ENVI遥感处理软件支持下，依据流程图(见图3.15)可以实现对作物端元及其反射率的确定，并进行像元分解。

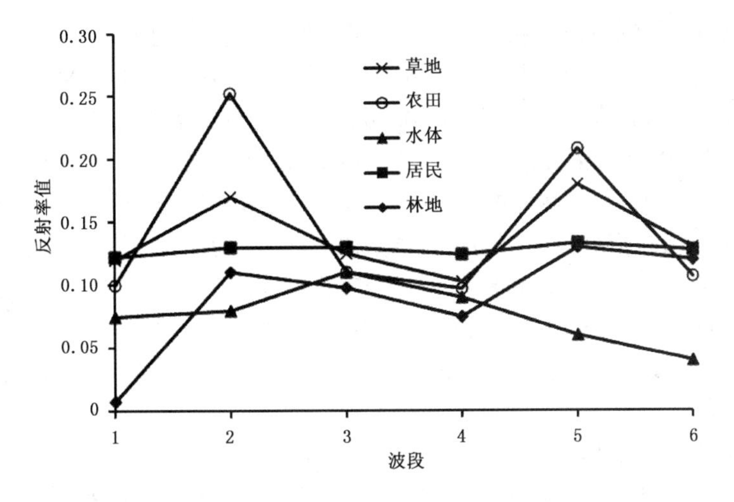

图 3.14　端元组分反射率折线图

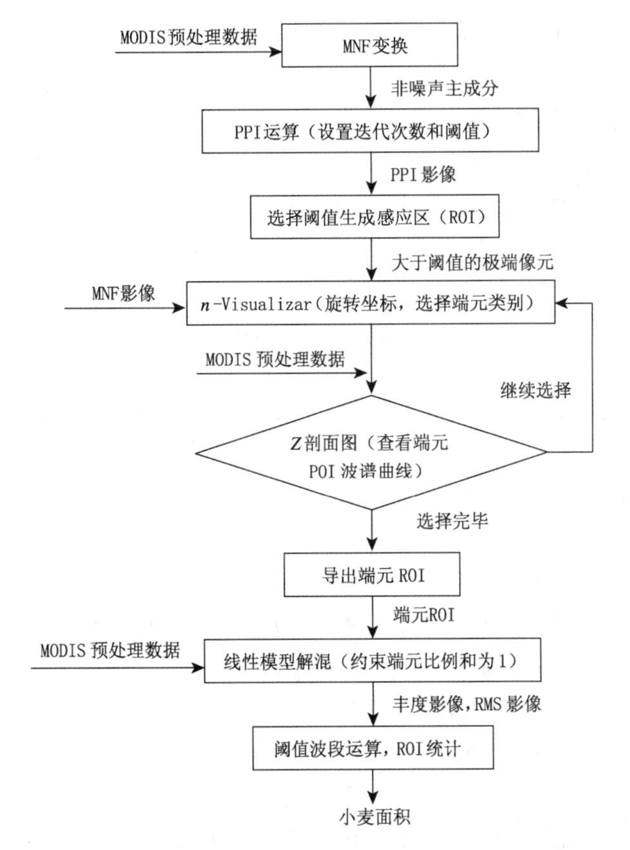

图 3.15　线性混合像元分解遥感提取冬小麦种植面积流程图

3.3.3　土壤墒情和农业干旱遥感监测

(1)概述

中国幅员辽阔，地形复杂，受季风气候影响，在全国境内，局部性或区域性的干旱灾害几乎每年都会出现。黄淮平原是我国重要的粮食生产基地，受干旱影响更加严重。由于卫星遥感具有大范围、可重复观测的特点，相对于传统干旱监测方法有着明显的优势，目前被广泛应用于干旱监测，并且取得了大量成果。目前，基于 NOAA/AVHRR、EOS/MODIS、FY-1 卫星资料的干旱遥感监测方法很多，国内较为常用的方法主要有热惯量法、温度-植被指数法、作物供水指数法（汪潇 等，2007；肖国杰 等，2006）等。热惯量法是应用较早的一种方法，其物理意义较为明确，具有更高的时效性（Sandholt 等，2002），但通常只适合于裸土或稀疏植被地区（马蔼乃，1997）。温度-植被指数法和作物供水指数法充分考虑了植被对温度变化的影响，其在农业干旱监测中得到了广泛的应用（唐巍 等，2007；许国鹏 等，2006）。相对于传统的 NOAA/AVHRR 资料，EOS/MODIS 和即将发射的 FY-3 卫星资料在传感器数量、波段数量、空间分辨率和数据应用范围等方面都有很大程度的提高，因而在进行旱情监测时具有更优越的技术特性。

（2）MODIS 干旱遥感监测方法

目前国内外应用相对较为成熟的干旱监测模型有很多，主要包括土壤热惯量法（Apparent Thermal Inertia，ATI）、供水植被指数法（WSVI）、温度植被旱情指数法（TVDI）、垂直干旱指数法（Perpendicular Drought Index，PDI）、改进垂直干旱指数法（Modified Perpendicular Drought Index，MPDI）等干旱遥感监测方法，不同方法有其各自的优缺点，可根据不同资料状况、季节或作物发育期选用。

1）热惯量法（ATI）

研究表明 ATI 和土壤含水量有较好的相关关系。热惯量法适用于裸地或冬季植被覆盖度相对较低的时候，同时需要白天和夜间的资料作为支持。

ATI 的计算公式为：

$$ATI = \frac{1 - ABE}{\Delta T} \tag{3.11}$$

式中，ABE 为全波段反射率；ΔT 为昼夜温差。其中，对于 MODIS 卫星资料，全波段反射率 ABE 通过式（3.12）计算：

$$ABE = 0.137CH_1 + 0.071CH_2 + 0.142CH_3 + 0.128CH_4 + 0.099CH_8 + 0.081CH_9 + 0.082CH_{10} + 0.080CH_{11} + 0.037CH_{14} + 0.043CH_{15} + 0.039CH_{17} + 0.059CH_{19} \tag{3.12}$$

对于 FY-3A 的中分辨率光谱成像仪（MERSI）或可见光红外扫描辐射计（Visible and Infrared Radiometer，VIRR）卫星资料，则忽略缺失的光谱通道项。

ΔT 可以通过对同日的昼夜资料进行陆面温度（Land Surface Temperature，LST）反演，利用反演的 LST 计算温差，如下式所示：

$$\Delta T = LST_{白天} - LST_{夜间} \tag{3.13}$$

LST 的反演算法可以采用 Becker Li、Sobrino、Qin Zhihao 三种算法中的任何一种或三者平均，具体算法公式可参考相关文献，此处不再赘述。

2）供水植被指数法（WSVI）

植被冠层温度及生长状况间接反映了土壤中水分供应情况，WSVI 正是基于这一原理来进行干旱监测。

$WSVI$ 的计算公式为：

$$WSVI = \frac{LST - 100}{NDVI \times 100} \tag{3.14}$$

式中,LST 为地表温度(冠层温度);$NDVI$ 为归一化植被指数,对于 MODIS 资料,可用增强植被指数(EVI)代替,效果会更好。WSVI 可用于植被生长旺盛的时期。这里全部采用 NDVI 计算植被指数,$NDVI$ 的计算公式为:

$$NDVI = (CH_{NIR} - CH_{Vir})/(CH_{NIR} + CH_{Vir}) \tag{3.15}$$

式中,CH_{NIR}为近红外通道反射率,对于 EOS/MODIS 和 FY-3A/VIRR 资料来说对应其通道 2,FY-3A/MERSI 对应通道 4,CH_{Vir}为可见光通道反射率,对于 EOS/MODIS 和 FY-3A/VIRR 资料对应通道 1,FY-3A/MERSI 对应通道 3。

3)温度植被旱情指数法(TVDI)

TVDI 利用 NDVI 和地表温度(T_s),构建 NDVI-T_s 特征空间,依据该特征空间设计的温度植被旱情指数作为旱情指标,来监测地表干旱状况。系统通过自动分析 NDVI-T_s 特征空间,来构建干边方程:$TS_{max} = a_1 + b_1 NDVI$ 和湿边方程 $TS_{min} = a_2 + b_2 NDVI$,进而计算 $TVDI$:

$$TVDI = LST - \frac{a_2 + b_2 NDVI}{(a_1 + b_1 NDVI) - (a_2 + b_2 NDVI)} \tag{3.16}$$

式中,a_1,a_2,b_1 和 b_2 为系数。

4)改进垂直干旱指数算法(MPDI)

土壤湿度和植被生长状况是反映干旱最重要和最直接的指标,对植被和土壤光谱特征的解译是旱情程度判断的重要因子。基于土壤湿度在近红外光谱区的空间分布特征,采用拓展分析法建立垂直干旱指数法(Perpendicular Drought Index,PDI)。

$$PDI = \frac{1}{\sqrt{M^2+1}}(R_{Red} + MR_{NIR}) \tag{3.17}$$

式中,R_{Red}和 R_{NIR}分别为大气订正后的红光与近红外波段反射率;M 为土壤数据点线性回归得到的土壤线的斜率。引进植被因子,也就是综合考虑土壤湿度和植被生长特征因子,可建立一种新的干旱监测方法——改进型垂直干旱指数法(Modified Perpendicular Drought Index,MPDI):

$$MPDI = \frac{1}{1-f_v}(PDI - f_v PDI_v) \tag{3.18}$$

5)作物耕作层土壤湿度指数(CSMI)

作物在生长过程中,随着生长发育,本身的根冠比逐渐变化。对大多数作物来讲,苗期时作物根系主要生长在 0~20 cm 的深度。随着生长进程的加快,根系迅速发育。土壤水分含量越小,作物根系相对越深,土壤水分含量越大,作物根系相对越浅,这时候作物根系主要分布在 20~50 cm 深度,该层的土壤水分变化可以通过作物的生长状态——NDVI 光谱变化所反映。所以通过 NDVI 的光谱变化基本上可以反映该层的土壤水分变化状况。

以水的吸收曲线和土壤反射率曲线为特征的基础上构建的地表含水量指数(Surface Water Content Index,SWCI)模型充分利用了通道 6(波长 1.64 μm)和通道 7(波长 2.13 μm)波段对水分和土壤反射率的变化,从而主要反映了表层土壤水分的状况。它在反演浅层土壤水分方面具有较高的准确度,但在反演较深层土壤水分时会出现较大的误差。

单一的 NDVI 光谱变化和表层水分含量指数(SWCI)均不能比较准确地反映出作物耕作层的土壤水分变化。为了能较好地反应耕作层的土壤水分变化,可以把 EOS/MODIS 通道 1,2,6 和 7 进行融合,构建新的指数——作物耕作层土壤湿度指数(CSMI):

$$CSMI = \frac{B_2B_7 - B_1B_6}{B_2B_6 - B_1B_7} \tag{3.19}$$

(3)河南省农业干旱遥感监测指标

土壤墒情的亏缺，对作物生长影响很大，及时了解作物生长时水分盈欠程度，对指挥生产十分重要。系统中遥感干旱监测主要有两种产品，一种为干旱指数遥感监测结果，另一种为土壤墒情遥感监测结果，为了通过两种产品定量且准确地评估农业干旱情况，必须建立适宜的干旱指标。

1)不同土壤类型不同作物的土壤墒情指标

不同土壤上同一种作物，即使处于相同的发育期，但由于土壤类型不同，土壤墒情指标也不相同；同一种土壤类型，在作物的不同发育期，由于需水量不同，土壤墒情指标也不相同。因此在卫星遥感监测中，若不分土壤类型、不分作物发育阶段，千篇一律地采用同一种指标，势必会引起干旱预测的较大误差。因此，根据河南省主要土壤类型，通过选取代表观测站，在不同季节进行高密度、高频度的取土测墒（10～100 cm）并详细记载作物的生态特征表现情况（如长势、叶色、叶尖、叶片及干叶等生长情况），同时将监测过的冬小麦和夏玉米生理观测资料（如气孔阻力、光合强度和灌浆速度等）纳入引用，以确定不同土壤类型、不同作物发育期的水分等级指标。

在地质发展过程中，由于各期地壳运动的性质不同，致使地壳上的构造形态各不相同。不同土壤的保水、保肥、导温、土壤含碱度、微量元素及水文常数等均不相同（见表 3.8）。

表 3.8 不同土壤类型的水文物理常数

项 目	土深(cm)	褐土	潮土	砂姜黑土	黄褐土	盐碱土	风沙土
田间持水量(%)	10	23.1～25.9	19.7～24.7	24.2～26.5	25.3～25.6	22.0	22.5
	20	23.1～26.8	19.6～24.8	20.1～22.8	22.9～24.1	22.1	22.8
	30	21.6～23.5	19.7～27.2	20.8～23.7	21.9～24.3	24.6	21.6
凋萎湿度(%)	10	3.3～6.0	3.0～5.0	4.9～7.3	4.1～6.3	2.1	4.9
	20	3.5～5.8	3.1～6.5	4.1～8.0	3.9～6.0	1.9	4.5
	30	2.9～6.1	3.6～7.5	5.0～7.0	4.6～6.7	1.5	5.1
土壤容重(g/cm^3)	10	1.17～1.39	1.06～1.52	1.34～1.44	1.44～1.45	1.2	1.19
	20	1.20～1.47	1.13～1.61	1.22～1.38	1.38～1.53	1.21	1.28
	30	1.48～1.61	1.31～1.70	1.52～1.53	1.52～1.57	1.37	1.50

在试验观测资料的基础上，采用保证率法、平均值法、点图法和回归方程法等多种方法综合分析，确定了潮土冬小麦的拔节、抽穗和夏玉米的拔节、抽雄主要发育阶段的土壤水分指标（见表 3.9）。在此基础上，可以根据不同土壤类型的土壤参数，计算得到基于相对湿度的农业干旱指标。

2)基于干旱指数的遥感干旱指标

研究中，遥感干旱指数有 ATI，WSVI，TVDI，PDI，MPDI 和 CSMI 六种干旱指数，考虑到干旱指数监测结果易受大气因素影响，确定不同干旱指数的农业干旱评估指标相对比较困难，在实际的应用中可以根据实测土壤墒情资料，建立干旱指数和土壤水分之间的方程，最终反演土壤水分，进而利用前述农业干旱指标进行评估。也可以根据土壤水分观测结果分布，由业务人员通过密度分割等操作，人为确定不同等级的干旱指标，但这种方法受业务人员的主观影响较大。

表 3.9　土壤深度 0～20 cm 通过多种方法确定的作物土壤墒情指标　单位：%

作物	发育期	墒情等级	褐土	潮土	砂姜黑土	黄褐土	风沙土	盐碱土
冬小麦	播种—出苗	重旱	≤10	≤9	≤11	≤10	≤7	≤7
		中旱	11～13	10～12	12～14	11～13	8～10	8～10
		轻旱	14～15	13～15	15～17	14～15	11～12	11～13
		适宜	16～21	16～20	18～22	16～20	13～19	14～19
		偏湿	≥22	≥21	≥23	≥21	≥20	≥20
	越冬—返青	重旱	≤11	≤11	≤11	≤10	≤8	≤7
		中旱	12～13	12～13	12～13	11～13	9～10	8～10
		轻旱	14～15	14～15	14～16	14～15	11～13	11～13
		适宜	16～21	16～21	17～23	16～21	14～20	14～19
		偏湿	≥22	≥22	≥24	≥22	≥21	≥21
	返青—抽穗	重旱	≤11	≤10	≤11	≤10	≤9	≤8
		中旱	12～13	11～12	12～14	11～13	10～11	9～10
		轻旱	14～15	13～14	15～18	14～17	12～13	11～13
		适宜	16～23	15～23	19～24	18～22	14～20	14～21
		偏湿	≥24	≥24	≥25	≥23	≥21	≥22
	抽穗—成熟	重旱	≤9	≤9	≤10	≤9	≤8	≤8
		中旱	10～11	10～11	11～13	10～12	9～10	9～10
		轻旱	12～14	12～14	14～17	13～14	11～12	11～12
		适宜	15～21	15～19	18～21	15～20	13～18	13～18
		偏湿	≥22	≥20	≥22	≥21	≥19	≥19
夏小麦	播种—三叶	重旱	≤10	≤10	≤11	≤9	≤8	≤8
		中旱	11－12	11－13	12－14	10～11	9～10	9～10
		轻旱	13～15	14～16	15～17	12～15	11～12	11～13
		适宜	16～20	17～20	18～21	16～20	13～19	14～19
		偏湿	≥21	≥21	≥22	≥21	≥20	≥20
	三叶—七叶	重旱	≤10	≤10	≤12	≤9	≤9	≤9
		中旱	11～12	11～13	13～14	10～12	10	10～11
		轻旱	13～14	14～16	15～18	13～16	11～12	12～13
		适宜	15～20	17～20	19～21	17～20	13～19	14～19
		偏湿	≥21	≥21	≥22	≥21	≥20	≥20
	拔节—吐丝	重旱	≤11	≤11	≤13	≤10	≤10	≤10
		中旱	12～13	12～13	14～15	11～13	11	11
		轻旱	14～15	14～17	16～18	14～17	12～13	12～13
		适宜	16～23	18～23	19～24	18～22	14～20	14～20
		偏湿	≥24	≥24	≥25	≥23	≥21	≥21
	灌浆—成熟	重旱	≤9	≤8	≤12	≤9	≤9	≤9
		中旱	10～12	9～10	13～15	10～12	10～11	10～11
		轻旱	13～15	11～12	16～18	13～16	12～13	12～13
		适宜	16～21	13～21	19～23	17～21	14～19	14～19
		偏湿	≥22	≥22	≥24	≥22	≥20	≥20

(4)河南省农业干旱遥感监测实例

以 2011 年 1 月 19 日河南省土壤墒情卫星遥感监测结果(见图 3.16)为例，全省墒情适宜面积比例为 56.5%(约 4 435 万亩)，轻旱比例为 25.5%(约 1 999 万亩)，中—重旱比例为 18.0%(约 1 415 万亩)。旱情主要发生在郑州、南阳、驻马店、洛阳、平顶山及许昌等地，墒情适宜比例小于 50%。与 1 月 10 日监测结果(见表 3.10)相比，总干旱面积略有增加。

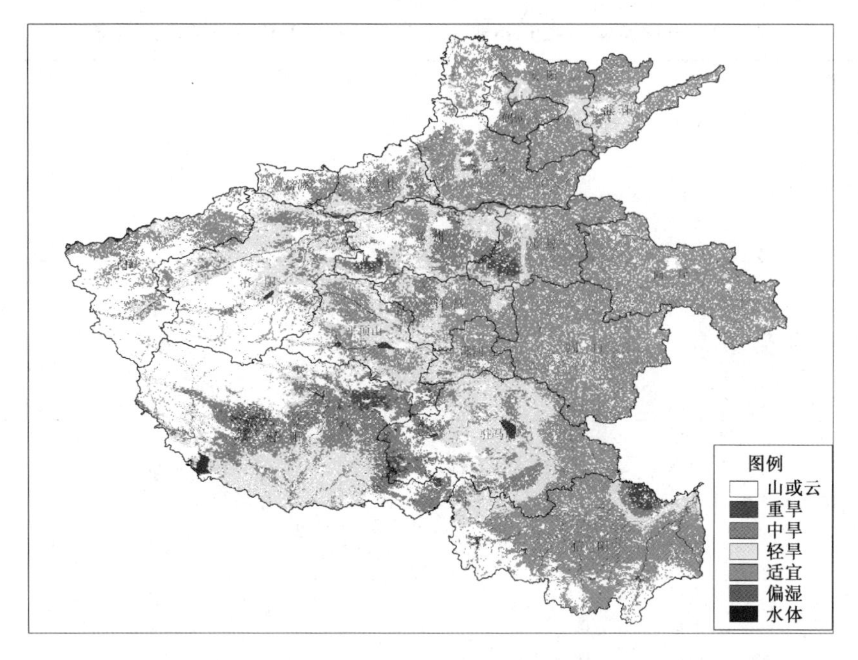

图 3.16　河南省 2011 年 1 月 19 日卫星遥感土壤墒情监测统计结果

表 3.10　河南省 2011 年 1 月 10 和 19 日卫星遥感土壤墒情监测统计结果　　单位：%

地　区	2011 年 1 月 19 日				2011 年 1 月 10 日			
	重旱	中旱	轻旱	适宜	重旱	中旱	轻旱	适宜
安阳市	0	0	12.7	87.3	2.6	18.2	24.7	54.5
鹤壁市	0	0	5.8	94.2	1.6	31.9	43.0	23.5
濮阳市	0	4.1	26	69.9	6.8	45.4	26.0	21.8
新乡市	0.4	3.2	8.3	88	1.7	22.4	29.6	46.3
焦作市	0	13.9	31.1	55	0.2	14.2	28.5	57.1
三门峡	0	0.1	13.4	86.5	0.0	3.5	31.2	65.3
洛阳市	0	25.9	61.2	12.9	0.3	31.3	36.1	32.3
郑州市	3.5	37.3	36.7	22.5	7.7	42.1	30.0	20.2
开封市	6.1	13.2	16	64.7	4.0	23.5	14.8	57.7
许昌市	0.2	23.7	27.5	48.6	0.0	4.3	13.3	82.4
平顶山	0.9	13.5	43.6	42	5.1	11.8	13.2	69.9
漯河市	0	5.4	23.5	71.1	12.4	11.8	7.0	68.8
商丘市	0	0	1.6	98.4	1.2	22.5	25.2	51.1
周　口	0	0	0.8	99.2	0.1	6.2	7.4	86.3
驻马店	2.1	25	44.3	28.7	2.6	23.2	31.6	42.6
南阳市	5.4	47.8	42.6	4.2	0.7	10.1	40.4	48.8
信阳市	2.9	4.4	12.7	80	0.0	0.7	4.7	94.6
济源市	0	0	15.2	84.8	0.0	12.6	35.2	52.2
河南省	1.8 (145 万亩)	16.2 (1 270 万亩)	25.5 (1 999 万亩)	56.5 (4 435 万亩)	2.0 (154 万亩)	16.7 (1 310 万亩)	23.8 (1 875 万亩)	57.5 (4 514 万亩)

3.4　现代农业气象移动观测与野外调查

根据农业生产服务和灾情评估需求，应及时开展农业气象移动观测与野外实地调查。移动观测系统应配备相应的便携式观测设备，根据实际需求开展移动观测，特别是当灾害性天气发生时或发生后，及时进行灾害影响范围、作物受灾程度等农业气象应急调查，获取第一手观测材料，第一时间做出灾损评估。

3.4.1　调查内容

移动观测与野外调查可以拍摄野外现场的音、视频及图片信息，获取现场作物长势、高度、密度、病虫害发生情况、灾害范围、灾害程度及土壤特性（水分、温度和养分等）等第一手实况资料，其主要功能是：补充定点农业气象观测之不足，开展区域农业气象普查，进行突发性农业气象灾害灾情调查，或者开展农业气象卫星遥感监测验证。

移动观测与野外调查数据（见表 3.11）可用于现场区域大范围农业气象灾害发展演变等问题，提高对大田情况及旱涝、高温、低温和病虫害等多种农业气象灾害的观测普查水平，可为粮食生产决策提供及时的农业气象服务。

表 3.11　农业气象移动观测产品

观测项目	观测内容	产品属性
移动观测或灾情调查	观测点经纬度	数据
	粮食作物发育期	文本、图像、影像
	作物株高	数据
	作物密度	数据
	作物长势	文字
	叶片叶绿素含量	数据
	地面温度	数据
	叶片温度	数据
	土壤水分	数据
	土壤养分	数据
	土壤 pH 值	数据
	灾害种类	文字
	灾害实况	图像、影像
	灾害发生时间	数据
	灾害面积	数据
	灾害区域	文字
	灾害发生频次	数据
	灾害严重程度	文字

3.4.2　仪器配置及性能

移动观测与野外调查仪器主要包括 GPS 定位仪、图像采集器、红外温度计、便携式叶面积仪、便携式叶绿素测定仪、便携式土壤水分仪、土壤养分速测仪、土壤原位 pH 计、土壤 CO_2 测定仪、数据采集终端和备用电源等。农业气象移动观测仪器主要性能技术指标见表 3.12。

表 3.12 农业气象移动观测网设备主要性能技术指标

仪器	性能指标	主要性能
移动观测平台	长 1 m、宽 0.9 m 的工作台，4 个座位，额定载质量不低于 700 kg	用于考察时作移动平台和交通工具，存放设备、样本和资料
图像采集器	具有录像、存储等功能；感光器元件像素：310 万；光学变焦：10 倍；数字变焦：700 倍	图像收集
手持 GPS 定位仪	并行 12 通道；适应各种坐标系统；具备导航性能	用于地点定位
非接触式红外温度计	工作温度 0～50 ℃，测温范围 −30～900 ℃；显示分辨率：0.1 ℃；最小测量直径 19 mm；显示精度读数的 ±0.75%；相对湿度 10%～90%；储存温度：−20～50 ℃	低温冷害、霜冻调查时作物叶温测量
便携式叶面积仪	分辨率：1 mm^2(1 mm×1 mm 扫描面积)；测量精度：当面积＞50 cm^2 时，误差为±2%；宽度：1～127 mm；厚度：≤8 mm；长度：≤1 m	野外或实验室活体或离体植物叶片叶面积测量
便携式叶绿素测定仪	测量精度：±1.0 SPAD* 单位以内（室温下，SPAD 值 0～50)； 操作环境：0～50 ℃； 存储环境：−20～55 ℃	可以即时测量植物的叶绿素相对含量或“绿色程度”
便携式土壤水分观测仪	测量精度：±5%； 操作环境：0～50 ℃； 存储环境：−20～55 ℃	可快速测墒
土壤养分速测仪	稳定性：A 值(吸光度)三分钟内漂移小于 0.003；重复性：A 值(吸光度)小于 0.005；线性误差：小于 3.0%；灵敏度：红光≥4.5×10^{-5}；蓝光≥3.17×10^{-3}；波长范围：红光(620±4) nm，蓝光(440±4) nm	
土壤原位 pH 计	IQ150 土壤原位 pH 计；测量范围：0.00～14.00；精度：±0.01	直接测量潮湿土壤的 pH 值和温度
数据采集终端	采集和存储量不小于 300 M	数据接收和采集
备用电源	输出电压 220 V；输入电压 220 V；转换时间 0 ms；重量 71.36 kg	保障移动观测仪器电源供电

* SPAD：Soil and Plant Analyzer Development 土壤作物分析仪器开发

3.4.3 观测规范

(1)观测时间和地点

1)观测时间：在灾害发生后及时进行观测。从作物受害开始至受害症状不再加重为止。

2)观测地点：一般在作物生育状况观测地段上进行，重大的灾害，还要做好全县(市)范围内的调查。

(2)观测和记录项目

农业气象灾害名称和受害期；天气气候情况；受害症状及受害程度；灾前、灾后采取的主要措施，预计对产量的影响，地段代表灾情类型；地段所在区、乡受害面积和比例等。

(3)受害期

当农业气象灾害开始发生，作物出现受害症状时记为灾害开始期，灾害解除或受害部位症状不再发展时记为终止期，其中灾害如有加重应进行记载。霜冻、洪涝、风灾和雹灾等突发性灾害除记载作物受害的开始和终止日期外，还应记载天气过程开始和终止时间(以时或分计)，其以台站气象观测记录为准。

当有时农业气象灾害(哑巴灾)达到当地灾害指标时，则将达到灾害指标日期记为灾害发生开始期并进行各项观测，如未发现作物有受害症状则继续监测两旬，然后按实况做出判断，如判明作物未受害，则记载“未受害”并分析原因，记入备注栏。

(4)天气气候情况

灾害发生后，记载实际出现使作物受害的天气气候情况，在灾害开始、增强和灾害结束时记载(见表 3.13)。

表 3.13　主要天气气候情况

名称	天气气候情况记载内容
干旱	最长连续无降水日数、干旱期间的降水量和天数、旱作物地段干土层厚度(cm)及土壤相对湿度(%)
洪涝	连续降水日数、过程降水量(mm)、日最大降水量及日期
渍害	过程降水量(mm)、连续降水日数及土壤相对湿度(%)
连阴雨	连续阴雨日数和过程降水量(mm)
风灾	过程平均风速(m/s)、最大风速(m/s)及日期
冰雹	最大冰雹直径(mm)、冰雹密度(个/m^2)或积雹厚度(cm)
低温冷害	不利温度持续日数、过程日平均气温(℃)、极端最低气温(℃)及日期
霜冻	过程气温≤0 ℃持续时间、极端最低气温(℃)及日期
冻害	持续日数、过程平均最低气温(℃)、极端最低气温(℃)及日期
雪灾	过程降雪日数、降雪量(mm)及平均最低气温(℃)
高温热害	持续日数、过程平均最高气温(℃)、极端最高气温(℃)及日期
干热风	持续日数、过程日平均气温(℃)、过程平均最高气温(℃)、平均风速(m/s)及 14 时平均相对湿度(%)

(5)受害症状

记载作物受害后的特征状况，主要描述作物受害的器官(根、茎、叶、花、穗和果实)，受害部位(植株上、中、下)，并指出其外部形态及颜色的变化。根据不同特征，按实际出现情况记载。

(6)受害程度

植株受害程度：反映作物受害的数量，统计其受害百分率。其方法是选取受害程度有代表性的 4 个地方，分别数出一定数量(每区不少于 25)的株(茎)数，统计其中受害(不论受害轻重)、死亡株(茎)数，分别求出百分率。大范围旱、涝等灾害，植株受害程度一致，则不需要统计植株受害百分率，记载“全田受害”。

器官受害程度：反映植株受害的严重性。目测估计器官受害百分率。

(7)灾前、灾后采取的主要措施

记载措施名称和效果，如施药填写药品名称。

(8)预计对产量的影响

按无影响、轻微、轻度、中度和重度影响。中等以上应估计减产成数。

(9)地段代表灾害类型

区域范围内灾情分轻、中、重三类,记录地段具有代表性的灾情类型。

(10)地段所在地区受灾面积和比例

通过调查记录观测作物和其他作物的受灾面积(公顷)和比例,并注明资料来源。

3.5 现代农业气象立体观测试验

2009 年 5 月 23—24 日,为了探索农业干旱遥感监测的技术方法,由河南省气象科研所牵头,中国气象科学研究院、国家卫星气象中心、中国气象局气象探测中心、北京师范大学、北京大学、周口市气象局,以及黄泛区农场气象局等国家、省、市、县四级不同单位的 70 多名农业气象和卫星遥感科技人员组成的高科技队伍,顶着炎炎烈日,在河南周口黄泛区农场进行了国内首次星、空、地同步农业干旱遥感监测立体试验。最上层是被公众亲切称作"奥运星"的我国第二代极轨气象卫星风云三号 A 星,高空是距地面 3000 m 的运-5 飞机,再下面是 500～1000 m 的无人驾驶小飞机,地面上则是由 70 余人组成的测量科研业务队伍。本次试验的目的是通过开展星、空、地同步观测,利用地面实测数据对卫星遥感传感器数据、运-5 飞机及无人驾驶小飞机传感器数据进行定标。验证温度和土壤水分反演算法的准确性,以及探索开展无人驾驶小飞机进行土壤水分监测的方法。

通过试验要实现如下目的:

(1)验证热红外波段反演温度方法的合理性,检验反演产品精度。在周口黄泛区农场总场附近选择典型的、相对均匀的、具有足够大小的下垫面,开展星、空、地同步观测试验,获得相关下垫面参量:下垫面物理温度、地物类型和下垫面比辐射率等,用于陆面温度反演产品 LST 的算法验证和算法改进及产品反演精度评估分析,为反演温度提供可靠的数据。

(2)获取农田典型下垫面精确的比辐射率光谱集。通过实验区典型下垫面比辐射率的测定,逐步建立农田典型下垫面精确的比辐射率光谱集,为遥感产品的分类反演提供最准确的基础数据。

(3)农田生物量测量验证。利用冠层仪测量农田植被,获得叶面指数并计算植被覆盖率。对卫星和航空数据相关产品进行验证。为计算大范围植被覆盖度及作物生物量提供数据检验基本。

(4)验证由卫星数据及飞机航空数据经过模型计算得到的土壤水分数据的精度。利用人工取土烘干称重法同步测量 10,20 和 30 cm 土壤水分状况,同时利用自动土壤水分观测仪同步连续观测 10,20,30,40,50,60,80 和 100 cm 土壤水分状况,该数据用于土壤水分反演产品算法验证和算法改进、产品反演精度评估分析,对模型进行订正或者重新建立模型。

3.5.1 技术方案

(1)飞机飞行方案

航拍观测要素:地面温度和可见光通道。运-5 飞机飞行高度 3 000 m,地面分辨率 1 275 m ×950 m;小飞机飞行高度 300 m,地面分辨率 10 m×10 m。为了保证最后航拍数据镶嵌成大图,设定运-5 飞机飞行速度为 120 km/h,航带间重叠保证相邻图幅 30%的重叠率;小飞机飞行速度为 5 m/s(根据成像仪拍摄间隔设置)及航带间重叠保证相邻图幅 50%的重叠率。运-5 飞机飞行路线示意图见图 3.17。

现场确定机载 GPS 导航仪数据。特别设立飞行技术组，设组长 1 名，负责总体设计协调；成员 4 名职责为：动力准备 1 人，GPS 导航设定和飞机姿态设定 1 人，现场气象要素（主要提供云量与风力）和卫星过境时间报备 1 人及机载设备调校安装 1 人。

(a)

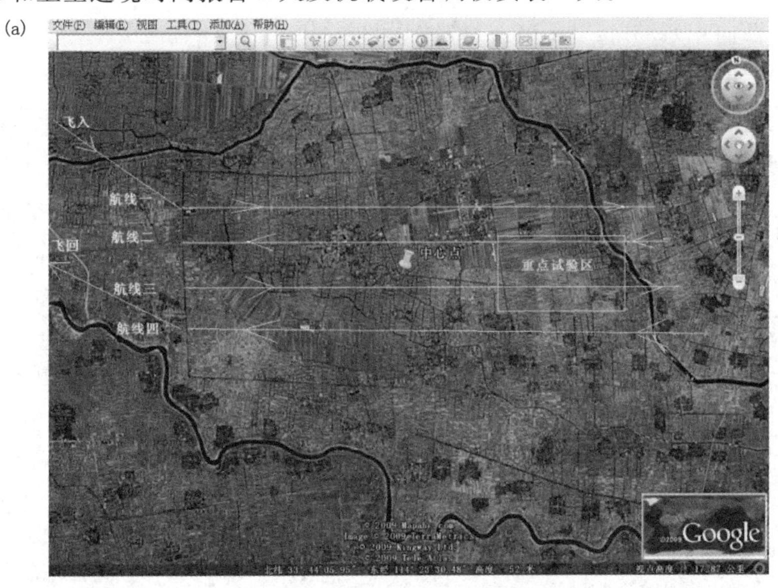

(b)

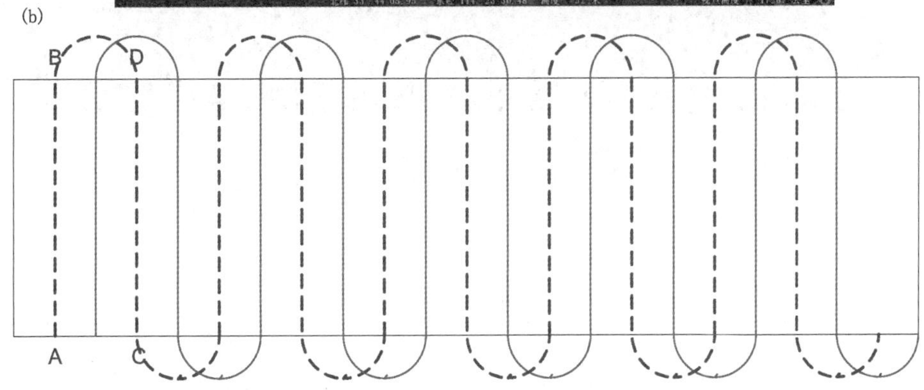

图 3.17　运 5-飞机路线示意图

根据试验区位置确定 A～D 坐标位置，AC 距离为 10 m，依据传感器参数、飞行高度设定，AB 距离根据实际需要确定，卫星图像来源于 Google Map

（2）场区观测方案

场区观测由表面辐射和温度、光谱特性、冠层数据以及各层土壤水分数据等参数观测组成（见图 3.18 和表 3.14）。

1）麦地辐射观测

主要根据场地地形及其分布，按照一定距离均匀分布，进行麦地冠层和光谱测量。此类测量点人数为 3～5 人。在卫星过境前后一个小时内进行连续观测，并做好记录。对观测点及周围进行拍照，以便于麦地覆盖度的计算和反演结果的客观评价。

2）土壤水分观测

依据试验需求设计两种地面观测区域类型，一种为满足航拍数据（地面分辨率 10 m 和 1 km）检验定标的重点试验区，是一种为满足分辨率为 1 km EOS\MODIS 数据检验定标的飞行试验区。布设 20 个观测组，每组 1～2 人。

观测区域示意见图 3.19,其中分四条航线：

航线一(由西向东):33°45′26.12″N,114°19′32.83″E～33°44′53.34″N,114°28′12.26″E

航线二(由东向西):33°44′55.48″N,114°19′30.50″E～33°44′18.00″N,114°28′13.81″E

航线三(由西向东):33°44′24.40″N,114°19′28.34″E～33°43′45.20″N,114°28′51.11″E

航线四(由东向西):33°43′52.00″N,114°28′55.55″E～33°43′12.00″N,114°28′12.26″E

土壤水分测量点  温度测量点 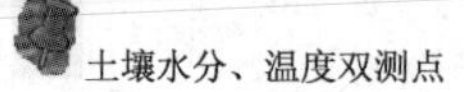 土壤水分、温度双测点

图 3.18　地面同步观测点示意图

表 3.14　地面各测量点位置信息表

测点号	纬度(N)	经度(E)	测点号	纬度(N)	经度(E)
测点 1	33°45′26.26″	114°21′06.36″	测点 13	33°44′48.96″	114°26′13.07″
测点 2	33°45′07.97″	114°21′04.53″	测点 14	33°44′21.31″	114°26′12.92″
测点 3	33°44′04.07″	114°20′27.54″	测点 15	33°43′54.02″	114°26′13.24″
测点 4	33°43′31.18″	114°20′28.35″	测点 16	33°43′39.00″	114°26′29.00″
测点 5	33°45′26.29″	114°23′37.10″	测点 17	33°43′57.62″	114°21′00.14″
测点 6	33°43′56.48″	114°24′09.01″	测点 18	33°43′30.00″	114°21′00.16″
测点 7	33°45′04.80″	114°23′56.33″	测点 19	33°45′25.17″	114°22′22.13″
测点 8	33°44′59.40″	114°23′17.18″	测点 20	33°43′21.35″	114°22′02.28″
测点 9	33°44′49.35″	114°25′31.42″	测点 21	33°44′52.65″	114°27′07.95″
测点 10	33°44′21.28″	114°25′32.17″	测点 22	33°44′18.37″	114°27′20.82″
测点 11	33°43′54.73″	114°25′34.39″	测点 23	33°44′18.10″	114°25′12.38″
测点 12	33°43′29.73″	114°25′37.12″	测点 24	33°43′56.87″	114°22′03.25″

地面观测与飞机以及卫星同步观测(见图 3.20 和图 3.21),重复三次,观测严格按照地面观测规范进行,同时安排地表拍照,从四个方向拍摄以观测点为中心的量方,规格 2 m×2 m。

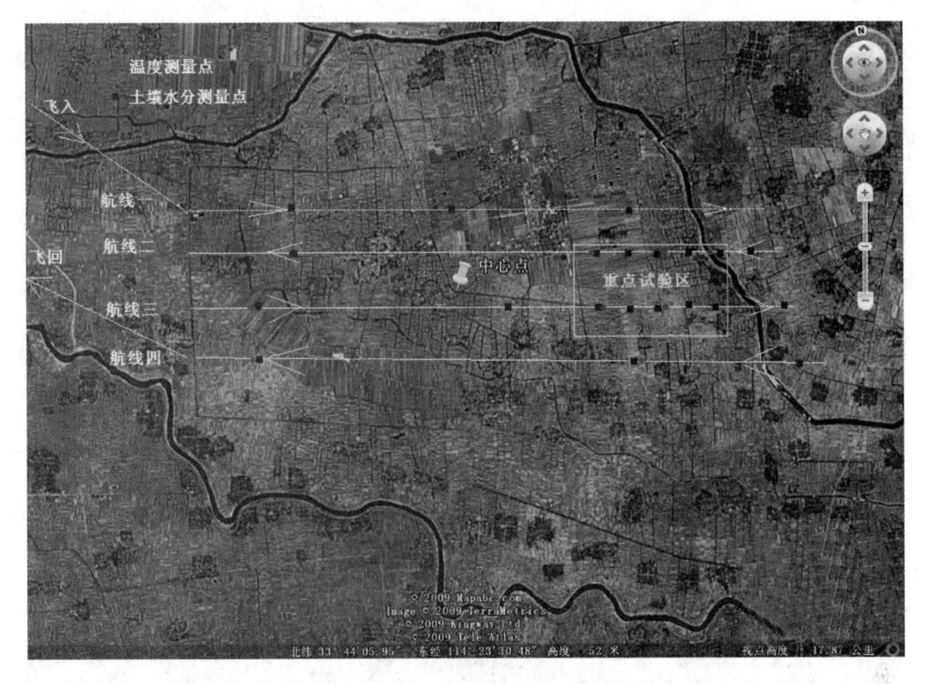

图3.19　观测区域航线示意图

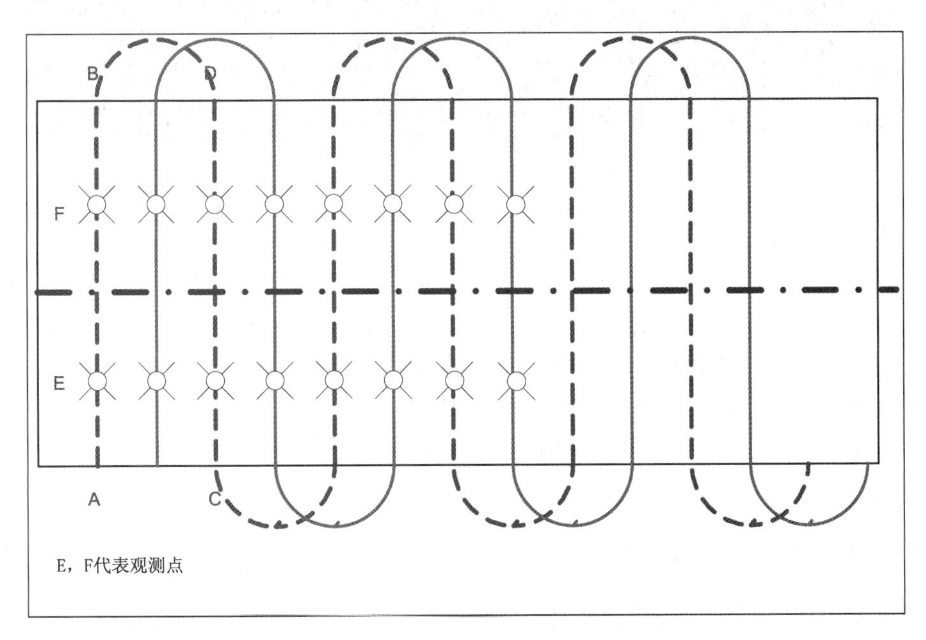

图3.20　小飞机航线与同步观测点示意图

A～D说明同图3.17,EF间隔大于1 km

(3)下垫面比辐射率时测量

比辐射率光谱测量安排在下垫面温度稳定时间段测量(见图3.22)。主要方法和步骤为：

1)在近地面无风、天气晴朗的条件下,测量时间应选择在太阳高度角变化缓慢,地表温度较稳定的时间段;或者没有太阳且地表已经处于热平衡状态下的夜间进行观测。

2)利用GPS定位仪获取观测区域地理位置数据。

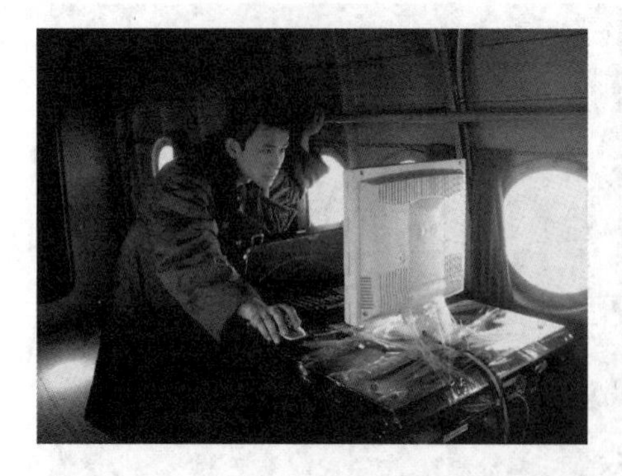

图 3.21 有人机和无人机飞行试验

图 3.22 地面同步观测

3)架设发电机发电。

4)利用红外辐射测温仪获取地表亮温初值，然后在该温度附近选择 5 个温度点，将标准黑体控温在这几个点上对红外光谱仪(BOMEM MR154)进行定标测量。

5)利用 BOMEM MR154 测量红外标准板，采集数据。

6)用接触式点温计测量红外标准板的物理温度。

7)用 BOMEM MR154 重复测量地面目标区域。

8)重复步骤 5)～7)，直至测量到足够数据为止。

3.5.2 观测仪器和数据处理

按照试验要求，在星、空、地同步观测试验期间，利用红外测温仪、地面温度表、冠层分析仪、比辐射率仪、可见光近红外光谱仪、中近红外傅里叶变换光谱仪、自动土壤水分仪和土钻等，获取有关下垫面参量：下垫面物理温度、地物类型、冠层数据、下垫面比辐射率、地物光谱特征和同步期间的分层土壤水分数据等。

本次试验参试仪器主要是机载可见光红外成像仪、土壤水分仪、冠层仪、地物光谱仪、比辐射仪以及地表温度计，辅以租用部分外单位仪器设备。同步测试仪器清单见表 3.15。

表 3.15　同步测试仪器清单

序号	设备名称	型号	生产厂家	主要技术指标	数量	使用地点
1	飞机	运-5	河南蓝翔通用航空公司	续航 6 h，飞行高度 2 500～3 000 m	1	机场
2	小飞机		中国气象局气象探测中心	续航 6 h，飞行高度 100～800 m	1	试验场地
3	FTIR 热像仪	FTIR	北京师范大学	观测温度范围：－40～＋120℃（范围 1） 0～500 ℃（范围 2）； 观测精度：±2％； 灵敏度：＜0.08 ℃； 视场角：24°×18°； 成像仪格点数：320×240 光谱范围：7.5～13 μm	1	机载
4	CCD 相机	四通道	北京师范大学	可见光到近红外共 4 个波段 采样速率：可到 0.5～1 帧/s	1	机载
5	GPS 定位系统	eXplorist 600	美国麦哲伦科技有限公司	并行 14 通道，自动差分功能，可接收 MSAS/WAAS/EGNOS 差分信号，定位精度＜7 m(95％)，MSAS/WAAS/EGNOS 差分＜3 m(95％)	1	试验场地
6	自动土壤水分观测仪	GStar	河南省气象科学研究所， 中电 27 所	分辨率：0.1％体积含水量； 准确度：＋2％土壤体积含水量； 测量范围：0～100％土壤体积含水量	1	农田
7	人工土壤水分观测系统	土钻、土盒、烘箱、天平	河南省气象科学研究所	分辨率：0.1％重量含水量	21	农田
8	数码相机	SONY， Nikon	索尼（中国）有限公司；尼康映像仪器销售（中国）有限公司	1 020 万像素，最大分辨率：3 504×2 336	4	试验场地
9	数码摄像机	SONY	索尼（中国）有限公司	总像素：320 万像素； 有效像素：动态模式约 228 万像素（16：9），约 171 万像素（4：3）； 静态模式约 228 万像素（16：9），约 304 万像素（4：3）	2	试验场地
10	笔记本	ThinkPad X61， Dell D620	联想集团 戴尔股份有限公司	酷睿 2 双核 SU9400，13.3 英寸 2 GB 内存	5	试验场地
11	打印机	HP2605	中国惠普有限公司	打印能力 3.5 万页/月，内存 64 MB，网络打印，最高分辨率 600 dpi，黑白速度 12 ppm，首页输出时间：20 s	1	试验场地
12	全自动跟踪太阳光度计	CE-318	法国 Cimel 公司	8 通道（0.43～1.02 μm）标准选择或按通道选择；视场角 1°	1	试验场地

续表

序号	设备名称	型号	生产厂家	主要技术指标	数量	使用地点
13	通道式热红外辐射计	CE-312	法国 Cimel 公司	5 通道分别为：8.2～9.2，10.3～11.3，11.5～12.5，10.5～12.5 和 8～14 μm；视场角 10°	2	试验场地
14	红外光谱仪	MR154	加拿大 BOMEN	0.70～19.5 μm， 最高光谱分辨率 1 cm^{-1}， 视场角 10°和 17°	1	试验场地
15	红外标准板	IRT-94-180	上海蓝菲光学仪器有限公司	2.5～15 μm 波段；半球内各向红外反射率达到 92%～96%	1	试验场地
16	GPS 定位系统	GARMIN GPSMAP 60CS 和 60CSX 等	美国 UNISTRONG 公司	采用四向螺旋天线，具备 12 个平行接收频道，保证高精度 GPS 定位功能，内置 4+60 MB 内存；具备电子罗盘，气压式高度计功能。	6	试验场地
17	土壤温湿度测量系统	ECH_2O EM50	Decagon 公司	温度测量准确度（对于温度高于 -100 ℃）J，K，T，E，N 型：±[0.05%+0.3 ℃ (0.5 ℉)]，R&S 型：±[0.05%+0.4 ℃ (0.70 ℉)]； 测量范围（取决于热电偶类型）：-250 ℃ (-418 ℉)～1 767 ℃ (3 212 ℉)	1	试验场地
18	非接触式红外测温仪	FLUKE 576	福禄克测试仪器（上海）有限公司	温度测量范围：-30～900 ℃；重复精度：读数的±0.5%。	10	试验场地
19	FieldSpec 野外光谱仪	FieldSpec3	美国 ASD 公司	测量范围：350～2 500 nm； 采样间隔：350～1 050 nm：1.377 nm 1 000～2 500 nm：2 nm	1	试验场地
20	姿态方位组合导航系统	XW-ADU7600	北京星网宇达公司	系统融合双 GPS 接收机和光纤惯性测量单元，实时输出精确的方位角、横滚角、俯仰角、位置、速度高度和时间等信息	1	机载
21	植物冠层分析仪	AccuPAR LP-80	美国 Decagon 公司	探杆上包括 80 个独立的传感器，间隔 1 cm，测量 400～700 nm 波段内的有效光合辐射强度，单位是 μmol/(m^2·s)；仪器还包括一个外置的 PAR 传感器，可同时测量上、下冠层的 PAR 值	1	试验场地

对于试验获取的数据，首先根据星载 GPS 及地面控制点基于 ERDAS IMAGINE 软件对图像进行二项式地理精纠正，利用比辐射率及光谱仪数据对航拍数据进行辐射校正；其次，利用 ENVI 软件建立地物光谱库，为辐射校正以及土壤水分模型检验、精度验证，以及地物识别建立数据基础；第三，利用实测数据与遥感数据进行相关分析，建立无人小飞机遥感数据监测土壤水分模型，修正 EOS/MODIS 卫星地面温度和干旱反演模型，初步建立 FY-3A 地面温度及干旱反演模型，提高遥感墒情监测精度。

3.5.3　初步结论分析

(1)小麦灌浆末期的光谱表征

小麦从起身拔节到抽穗开花的生长发育过程中，随着群体增多、植株增高及叶片伸展等特征的变化，叶面积指数也逐渐增大，反映在光谱变化上就是小麦冠层反射率逐渐增大。在800～1 400 nm，970 nm处的吸收谷深度随着生育期的推进而逐渐变深，1 175 nm处的吸收谷深度随着生育期的推进而逐渐变深的幅度增大。

在小麦进入灌浆期之后的光谱具有什么特征？在本次试验中，利用102F便携式红外波谱仪对小麦冠层的光谱进行了测定，结果见图3.23。

可以看出，在小麦灌浆中后期，小麦冠层的光谱特征突出表现为：在970 nm处存在吸收谷，而在1175 nm处则不存在明显的吸收谷现象。此特征为小麦后期的遥感分类鉴别提供了非常有利的理论支持。

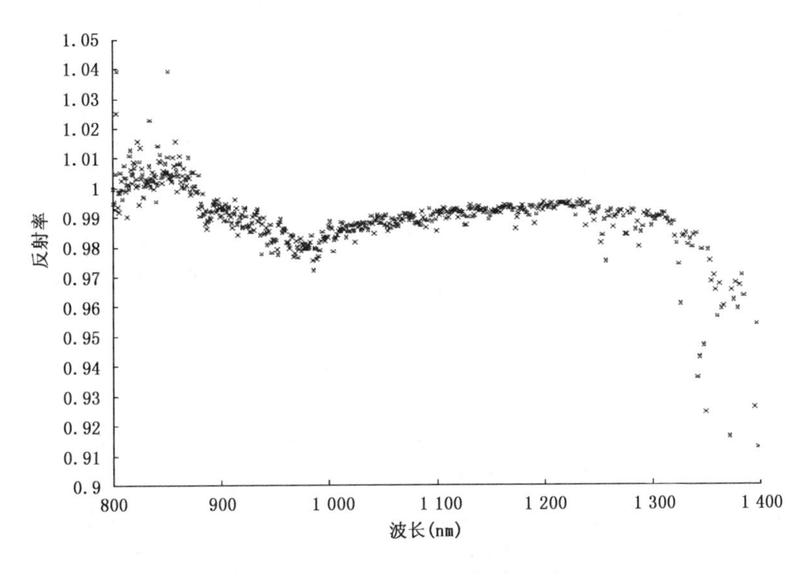

图3.23　小麦冠层反射率光谱

(2)波谱数据的可用波长区间分析

由于光谱仪器性能的限制，同时也因为大气的水汽吸收等原因造成的光源不足，容易导致光谱数据在某些波长范围内信噪比低，信噪比低就会造成数据失真，在曲线上表现出来就是出现抖动现象。

试验测定了小麦冠层的波谱变化情况(见图3.24)，可以看出，分别在1 541与2 053 nm波长附近的区间里存在着信噪比低造成的数据失真现象，说明了此区间的波谱数据是不能用于反演下垫面表征的，因而，除此之外其他波段的波谱则可在实际反演中用于表征下垫面状况。

(3)不同波段测定的辐射亮温分析

使用通过通道式热红外辐射计CE-312测量得到的小麦冠层辐射亮温数据，不同通道的温度变化曲线见图3.25a～e，通道顺序分别为：820～920，1 030～1 130，1 150～1 250，1 050～1 250和800～1 400 μm。

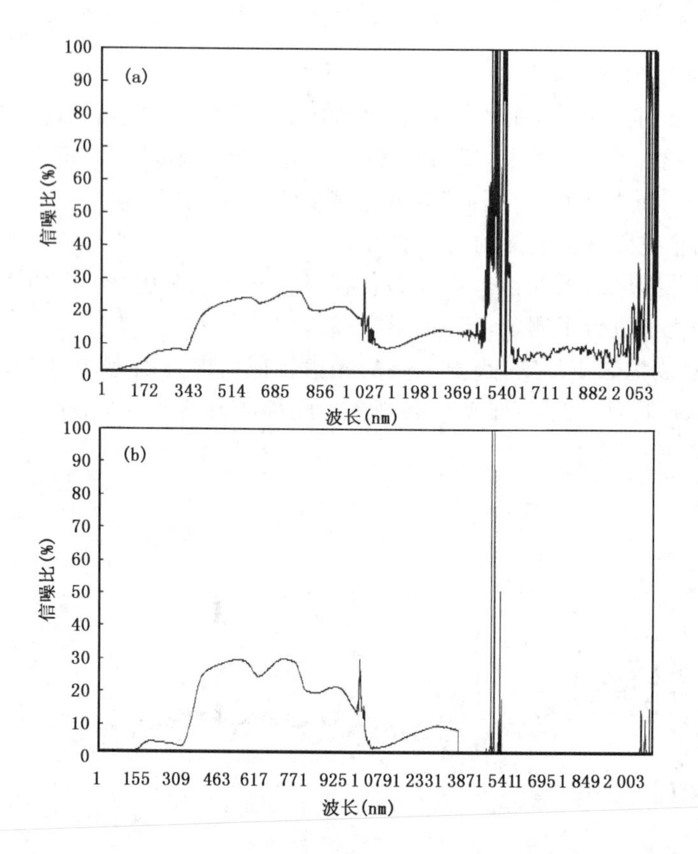

图 3.24　不同地段测定的小麦冠层波谱曲线图

从不同波段测量所得小麦冠层辐射亮温曲线(见图 3.25)可以看出,它们具有一致的时间分布。小麦冠层的辐射亮温在中午 12—13 时达到最高值,之后便逐渐降低,在 00 时出现小幅波动后,04 时左右小麦冠层亮温达到最低值。对比当地温度自记,发现气温在 02 时出现小幅波动,比小麦冠层辐射亮温小幅波动晚 2 h 左右,而最低气温出现在 06 时左右,与小麦冠层最低辐射亮温也晚了 2 h 左右,造成这种现象的原因有待于进一步研究。

(4)直接利用 NDVI 及亮温进行土壤墒情反演

2009 年 5 月 23 日 北京时间 11:30—11:50,采用北京师范大学研制的 CCD 相机对五个分别为 band1(中心波长 700 nm)、band2[中心波长 550 nm(绿)]、band3[中心波长 650 nm(红光)]、band4[中心波长 750 nm(近红外)]、band5[波长范围 7.5～13 μm(热红外)]的波段进行小麦冠层反射率的测定,根据波长采用波段 3 和 4 计算 NDVI。$NDVI=(band4-band3)/(band4+band3)$,然后与土壤水分含量进行相关分析可以得到表 3.16 中的结果。

从表 3.16 中可以看出,NDVI 与土壤水分相关最好的层次为 20 cm,其他两个层次相对较差;而亮温与土壤表层 10 cm 的土壤水分相关较好。这样我们在今后的干旱遥感研究中就可以依据具体的遥感数据对不同深度的土壤含水量进行分析,以提高服务效果。

(5)不同深度土壤水分含量之间的关系

通过比较不同深度土壤湿度数据,可以发现相邻两层土壤湿度之间具有较高的相关度(见表 3.17),10 和 20 cm,20 和 30 cm 相关性明显高于 10 和 30 cm 的相关性,因此可以依据

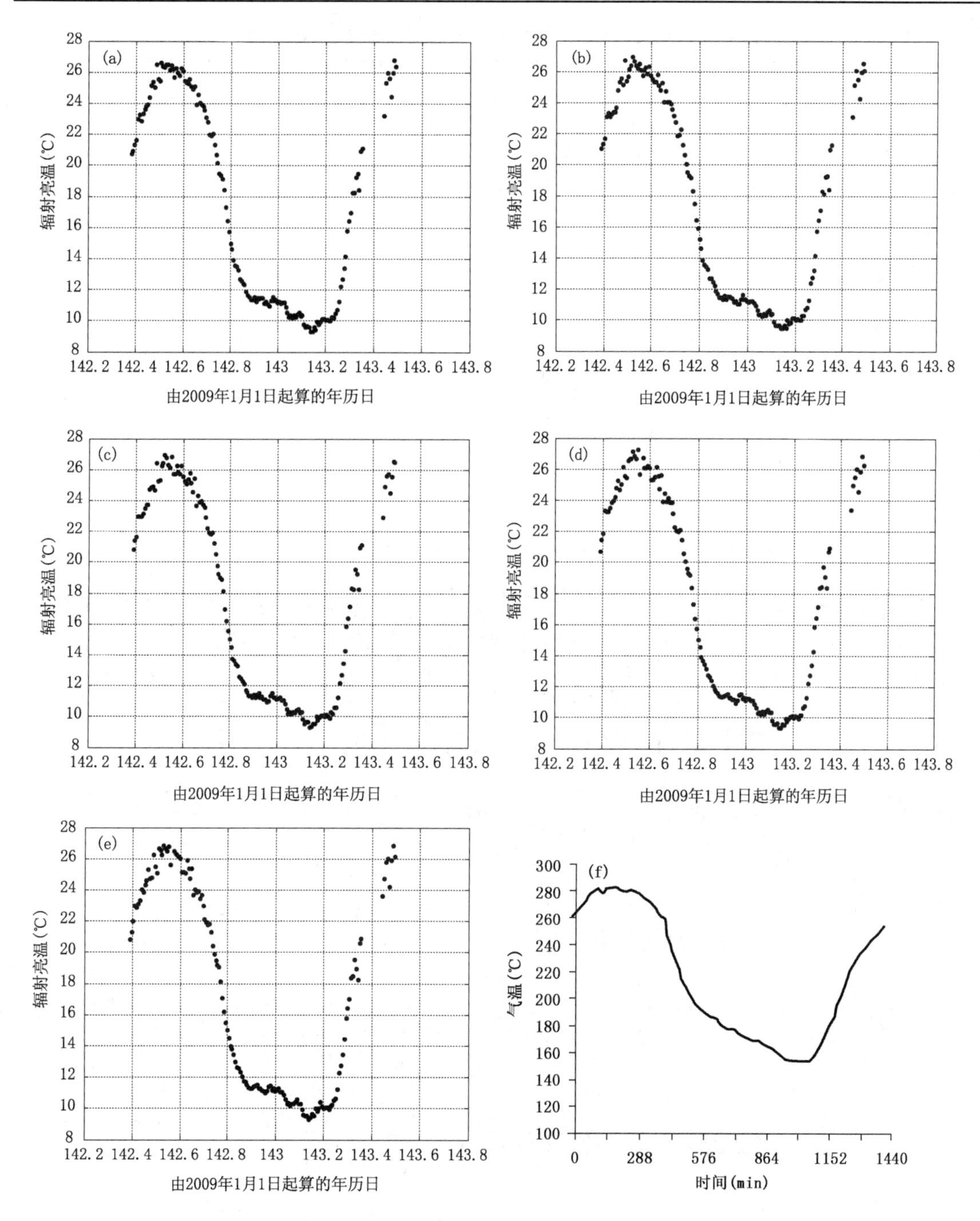

图 3.25　地基多光谱 CE-312 测量所得小麦冠层辐射亮温分布

(a)波段 1(820～920 μm)；(b)波段 2(1 030～1 130 μm)；(c)波段 3(1 150～1 250 μm)；(d)波段 4(1 050～1 250 μm)；(e)波段 5(800～1 400 μm)；(f)2009 年 5 月 23 日 12 时—24 日 12 时气温变化

计算出来的表层土壤湿度分布图进一步得到 20 和 30 cm 土壤湿度分布图。对于农业干旱监测来讲，农作物根系层土壤湿度往往更具有指示作用。从图 3.26 可以看出，三层土壤湿度分布基本相似，差别不大，图像两侧冬小麦覆盖区土壤湿度较大，约为 0.2，中间裸土地以及居民点土壤湿度较小，约 0.15 左右。

表 3.16 NDVI、亮温与不同深度土壤水分含量之间的关系

指数	深度(cm)	模拟公式	相关系数(R^2)
NDVI	10	$y=11.660x+13.323$	0.178 0
	20	$y=11.137x+14.498$	0.203 5
	30	$y=6.3549x+16.971$	0.073 5
亮温	10	$y=-0.4792x+162.64$	0.341 9
	20	$y=-0.3506x+124.85$	0.229 3
	30	$y=-0.1356x+60.509$	0.038 0

表 3.17 不同深度土壤含水量相关性

深度	回归方程	相关系数(R^2)
10 和 20 cm	$y=0.7405x+0.0570$	0.686 9
20 和 30 cm	$y=0.8347x+0.0361$	0.773 0
10 和 30 cm	$y=0.5292x+0.1000$	0.389 3

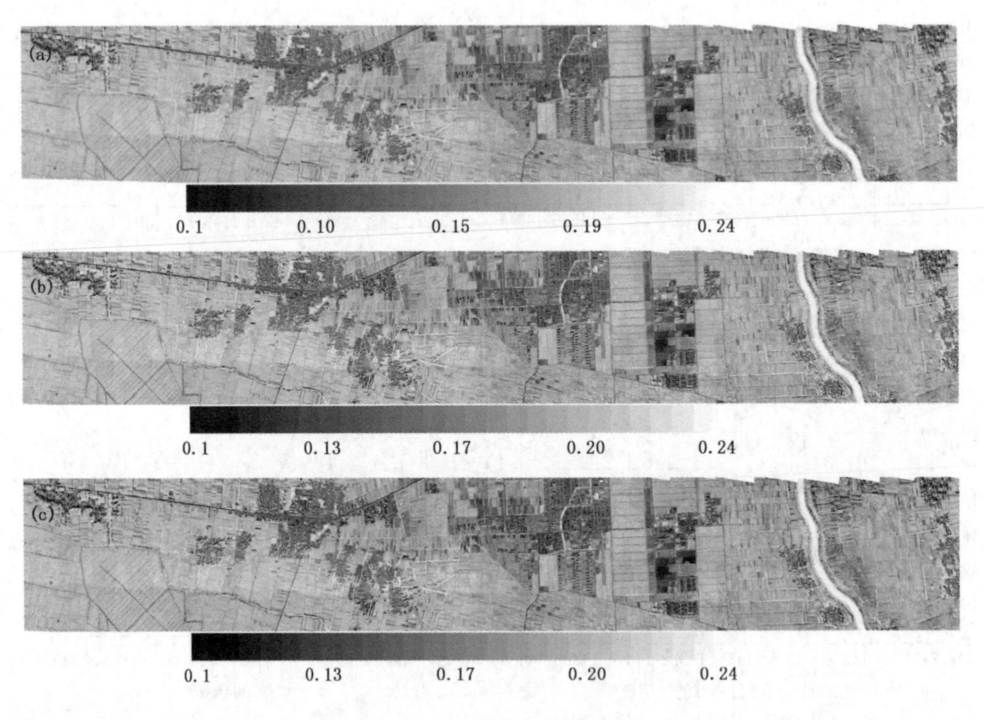

图 3.26 土壤含水量分布图

(a)10 cm;(b)20 cm;(c)30 cm

(6)利用同步 MODIS 及 FY-3A 数据反演土壤水分含量

利用 MODIS 及 FY-3A 卫星数据及地面土壤墒情观测结果,采用目前较为常用的干旱模式进行土壤水分含量的模拟(见表 3.18)。可以看出由 FY-3A 模拟反演得到的土壤含水量平均误差稍大于利用 MODIS 数据模拟得到的反演结果,但反演结果基本上已满足日常业务服务的精度需要,FY-3A 数据可以投入业务应用。

表 3.18 MODIS 及 FY-3A 卫星数据与 10～30 cm 土壤含水量之间的模拟结果

模式	深度(cm)	MODIS			FY-3A		
		模拟公式	相关系数 R^2	平均误差	模拟公式	R^2	平均误差
供水植被指数 WSVI	10	$y=0.001x+16.46$	0.033 7	7.03	$y=0.0032x+12.804$	0.100 2	7.84
	20	$y=0.0014x+16.8$	0.089 1	7.31	$y=-6\times10^{-5}x+19.334$	5×10^{-5}	7.87
	30	$y=0.0016x+16.922$	0.117 3	8.33	$y=-0.0017x+22.601$	0.038 8	7.94
垂直干旱植被指数 PDI	10	$y=0.0022x+14.679$	0.035 2	8.59	$y=0.0013x+16.736$	0.011 3	8.79
	20	$y=0.0033x+14.006$	0.101 2	7.67	$y=0.0015x+17.617$	0.018 8	7.72
	30	$y=0.0033x+14.373$	0.106 9	7.35	$y=0.0023x+17.274$	0.042 8	7.88
改进的垂直干旱植被指数 MPDI	10	$y=0.001x+16.46$	0.033 7	8.60	$y=0.0009x+17.024$	0.023 6	8.71
	20	$y=0.0014x+16.8$	0.089 1	7.82	$y=0.0011x+17.925$	0.041 0	7.54
	30	$y=0.0016x+16.922$	0.117 3	7.30	$y=0.0013x+18.18$	0.055 2	7.84
温度干旱植被指数 TVDI	10	$y=-1\times10^{-5}x+18.58$	0.000 2	8.44	$y=3\times^{-5}x+17.995$	0.001 1	8.51
	20	$y=0.0002x+18.607$	0.075 0	7.39	$y=-2\times10^{-5}x+19.259$	0.000 5	7.70
	30	$y=0.0003x+18.066$	0.232 9	7.75	$y=3\times10^{-5}x+19.388$	0.001 8	8.23
耕作层指数 CSMI	10	$y=-0.0014x+22.114$	0.160 7	8.19	CSMI 方法采用 FY-3A 卫星数据出现严重条纹现象，在此不予采用		
	20	$y=-0.0002x+19.875$	0.005 3	7.86			
	30	$y=0.0005x+18.263$	0.026 3	8.31			

参考文献

陈怀亮，邹春辉，邓伟，等. 2005. 植被温度条件指数在土壤墒情遥感监测中的应用[J]. 气象科技，**33**(1)：148-150.

陈雷，杨兴国，把多辉，等. 2005. 甘肃省农业干旱动态监测指标的确定及其应用[J]. 干旱地区农业研究，**23**(1)：144-148.

杜晓，王世新，周艺，等. 2007. 一种新的基于 EOS/MODIS 的地表含水量模型构造与验证[J]. 武汉大学学报：信息科学版，**32**(3)：205-211.

郝虑远，孙睿，谢东辉，等. 2013. 基于改进 N-FINDR 算法的华北平原冬小麦面积提取[J]. 农业工程学报，**29**(15)：153-161.

刘良明. 2004. 基于 EOS EOS/MODIS 数据的遥感干旱预警模型研究[D]. 武汉：武汉大学遥感信息工程学院.

刘良明，胡艳，鄢俊洁，等. 2005. MODIS 干旱监测模型各参数权值分析[J]. 武汉大学学报，**30**(2)：1-4.

刘荣花. 2008. 河南省冬小麦干旱风险分析与评估技术研究[D]. 南京：南京信息工程大学.

刘玉洁，杨忠东. 2001. MODIS 遥感信息处理原理与算法[M]. 北京：科学出版社.

潘瑞炽. 2004. 植物生理学(第五版)[M]. 北京：高等教育出版社.

齐述华，李贵才，王长耀，等. 2005. 利用 EOS/MODIS 数据产品进行全国干旱监测的研究[J]. 水科学进展，**16**(1)：56-61.

覃志豪，徐斌，李茂松，等. 2005. 我国主要农业气象灾害机理与监测研究进展[J]. 自然灾害学报，**14**(2)：26-29.

申广荣，田国良. 1998. 作物缺水指数监测旱情方法研究[J]. 干旱地区农业研究，**16**(1)：123-128.

谭德宝，刘良明，鄢俊洁，等. 2004. MODIS 数据的干旱监测模型研究[J]. 长江科学院院报，**21**(3)：11-15.

王锦地，张立新，柳钦火，等. 2009. 中国典型地物波谱知识库[M]. 北京：科学出版社.

王鹏新，孙威. 2006. 条件植被温度指数干旱监测方法的研究与应用[J]. 科技导报，**24**(4)：56-58.

王晓红，胡铁松，吴凤燕，等. 2003. 灌区农业干旱评估指标分析及应用[J]. 中国农村水利水电，**7**(2)：4-6.

王志兴，岳平，李春红，等. 1995. 对农业干旱及干旱指数计算方法的探讨[J]. 黑龙江水利科技，**12**(2)：78.

徐启运，张强，张存杰，等. 2005. 中国干旱预警系统研究[J]. 中国沙漠，**25**(5)：785-789.

徐向阳，刘骏，陈晓静. 2001. 农业干旱评估指标体系[J]. 河海大学学报，**29**(4)：56-60.

许大全. 2002. 光合作用效率(第一版)[M]. 上海：上海科学技术出版社.

姚玉璧，张存杰，邓振镛，等. 2007. 气象、农业干旱指标综述[J]. 干旱地区农业研究，**25**(1)：185-189.

袁文平,周广胜.2004.干旱指数的理论分析与研究展望[J].地球科学进展,**19**(6):892-991.

詹志明,秦其明,阿布都瓦斯提·吾拉木,等. 2006.基于 NIR-Red 光谱特征空间的土壤水分监测新方法[J]. 中国科学 D 辑,**36**(11):1020-1026.

张红卫,陈怀亮,申双和.2009.基于 EOS/MODIS 数据的土壤水分遥感监测方法[J].科技导报,**27**(12):85-92.

张文宗,姚树然,赵春雷,等.2006.利用 MODIS 资料监测和预警干旱新方法[J].气象科技,**34**(3):501-504.

张晓涛,康绍忠,王鹏新,等.2006.估算区域蒸发蒸腾量的遥感模型对比分析[J].农业工程学报,**22**(7):6-13.

张叶,罗怀良.2006.农业气象干旱指标研究综述[J].资源开发与市场,**22**(1):50-52.

朱自玺,刘荣花,方文松,等.2003. 华北地区冬小麦干旱评估指标研究[J]. 自然灾害学报,**12**(6):145-150.

Chen Huailiang,Zhang Hongwei,Shen Shuanghe,*et al*. 2009. A real-time drought monitoring method:Cropland soil moisture index (CSMI) and application. *Remote Sensing for Agriculture, Ecosystems, and Hydrology XI. Proceedings*, 7472. 747221.

Du Yang. 2003. Microwave and millimeter wave interaction with terrain [D]. U. S. A. :Michigan University.

Ghulam A, Qin Q, Teyip T, *et al*. 2007. Modified perpendicular drought index(MPDI): A real-time drought monitoring method [J]. *ISPRS Journal of Photogrammetry and Remote Sensing*, **62**:150-164.

Huete A R. 1998. A Soil Atjusted Vegetation Index (SAVI)[J]. *Remote Sensing of Environment*, (25):295-309.

Jordan C F. 1969. Derivation of Leaf-area index from quality of light on the forest floor[J]. *Ecology*, (50):663-666.

Liu H Q, Huete A R. 1995. A feedbacek based modification of the NDVI to minimize canopy background and atmospheric noise[J]. *IEEE Transactions on, Geosci Remote Sens*, **33**:457-465.

Rouse J W Jr, Haas R H, Schell J A, *et al*. 1974. Monitoring vegetation systems in the Great Plains with ERTS. *Third Earth Resources Technology Satellite-I Symposium*, (1):309-317.

Seo D J, Park C H, Park J H, *et al*. 1998. A search for the optimum combination of spatial resolution and vegetation indices [C]//IEEE International Geoscience and Remote Sensing Symposium－IGARSS'98, Seattle, WA, 6－10 July 1998: 1 729-1 731.

Wang Jindi, Zhang Lixin, Liu Qinhuo, *et al*. 2009. A Typical spectral features knowledge-base in China[M]. Beijing:Science Press.

第 4 章 现代农业气象预报

农业气象预报是根据农业生产对象对天气气候条件的需要而编发的一种专业性气象预报。它主要是分析、预测未来将要出现的天气气候条件及其对农业生产的利弊影响，以便农业管理者和生产者及早做好准备并采取相应的农业生产措施。在我国《现代农业气象发展专项规划（2009－2015 年）》中，提出了现代农业气象预报应优先发展的内容，主要包括：围绕国家粮食安全和现代农业发展的需要，开展多元化、多时效的农用天气、农业年景、作物产量、特色农业产量与品质、土壤墒情与灌溉、牧草产量和载畜量、关键物候期和农林病虫害发生发展气象条件等级等的动态化和精准化预报，为农产品进出口贸易，国内收购、调拨与储运，农业生产管理与决策，以及为农民及时提供农业气象预报信息服务等。

4.1 现代农业气象预报概述

4.1.1 农业气象预报的种类

农业气象预报种类很多，按照预报的内容，大致分为以下六类：

（1）农业气象条件预报

包括作物生长期间热量条件及其供应状况的预报，农田土壤水分及灌溉量预报等。

（2）作物发育期预报

如小麦适宜播种期、成熟期预报，牧草开花期预报，果树开花期、成熟期预报等。

（3）作物产量与品质预报

主要包括水稻、小麦、玉米、油菜、大豆、棉花、花生等粮油作物的单产、总产和全年粮食总产预报，也包括一些经济作物及果树等的产量和品质预报。

（4）农业气象灾害预报

主要包括霜冻预报、冻害预报、冷害预报、干热风预报、农业干旱预报、连阴雨预报、渍涝预报和高温预报等。

（5）农用天气预报

在作物播种、收获以及平时的田间管理（施肥、喷药、灌溉等）中需要的天气预报等。

（6）病虫害发生发展气象等级预报

如稻飞虱、稻瘟病、小麦白粉病、赤霉病、玉米螟、红蜘蛛及蚜虫等病虫害发生发展气象等级预报。

部分地方还开展了森林与草原火险气象等级预报、载畜量气象预报、生态气象预报、鱼类泛塘预报等。

4.1.2 农业气象预报常用方法

目前农业气象预报使用的方法主要有统计学方法、天气气候学方法、生物学方法、作物模拟方法和卫星遥感方法等。

(1)统计学方法

依据概率与数理统计理论,运用回归、判别、随机过程等多种统计分析技术,寻求预报量与预报因子之间的相关规律,建立相应的统计预报模式或方程,经过检验和试预报后,用于预报业务的一类农业气象预报方法。

(2)天气气候学方法

根据天气学和气候学原理,利用历史气候资料和其他分析方法,分析本地区农作物生长期间或关键农事季节的重要天气,特别是灾害性天气形成和演变特点,做出农业气象预报。

(3)物候学方法

物候现象出现的早晚能够综合反映过去和当前一段时间内土壤、天气气候等环境条件的影响。因此以物候学原理为依据,通过大量的物候观测资料、农作物生长发育状况及农事活动进行观测资料的对比分析,建立预报关系或找出预报用的物候指标,然后根据物候现象编制农业气象预报的一种方法。

(4)作物模拟方法

以作物生产的气象条件、土壤条件等为环境条件,以作物与环境之间的能量及物质转化和平衡为基础,使用模拟试验资料,采用数学物理方法模拟作物生长发育和产量形成的各生理过程,应用作物模拟模型进行模拟,并用于农业气象预报。

(5)卫星遥感方法

应用卫星遥感技术,及时获取大范围内作物及其周围环境条件状况的信息,监测和分析其变化动态,并对所研究地区的天气条件和农业生产状况作出判断和预测的农业气象预报方法。

4.1.3 农业气象预报编制流程

一份完整的农业气象预报通常包括预报内容的农业气候分析,前期和当前农业气象条件的基本特点,主要预报结论,有关农业气象措施的建议,以及必要的资料图表等。根据当地农业生产的实际需要,开展农业气象预报服务一般需要经历以下步骤:

(1)确定有明确农业意义的农业气象指标。一是直接引用有关指标;二是根据田间调查、试验研究和资料分析来确定所需要的指标。

(2)预报内容的农业气候分析。主要包括历年平均情况、极端情况、各种情况出现的概率和保证率等方面。通过分析可以了解当地常年预报对象出现的一般情况和极端情况。

(3)当前农业气象条件的鉴定。分析鉴定当前有关农业气象条件实况,评定当年前期已经形成的农业气象条件,说明其特点及对农业生产影响的利弊程度,以此为基础编制预报,可提高预报准确率。

(4)综合各种预报方法的预报结果,得出预报结论。为了避免片面性,使预报服务取得较好的效果,应采取多种预报工具和预报方法进行预报,必要时要进行多部门和上下级会商。

(5)提出有效的措施建议。为了使农业气象预报在实际生产中发挥作用,应在得出预报结论的基础上,从农业气象角度提出应采取的趋利避害的措施和建议。提出的措施要切实可行、经济适用且效果显著。

(6)农业气象预报的编印和发布。编印时要力争做到文字通俗易懂,图文并茂,图表力求清晰,重点突出。

4.2 农用天气预报

农用天气预报是根据当地农业生产过程中的主要农事活动以及相关技术措施对天气条件的需要而编发的一种针对性较强的专业气象预报。具体来讲,它是从农业生产需要出发,结合农业气象指标,依据天气学原理,采用现代预报技术和分析手段,分析、预测未来天气条件及其对农业生产管理的影响,如播种、收获时期及日常田间管理(施肥、灌溉和喷洒农药等)需要的有针对性的天气预报。

河南省气象局通过近几年业务探索和实践,建立和完善了包含喷药、施肥、灌溉、储藏、晾晒、夏收夏种、秋收秋种气象等级的河南省农用天气预报指标体系;初步建成了农用天气预报业务系统,在天气预报、气候预测、农业气象预报的基础上,结合农用天气指标体系,自动制作、分发农用天气预报服务产品。目前,河南省各级气象部门均开展了农用天气预报相关业务和服务,增强了农业气象服务的针对性,初步实现了农业生产由“靠天吃饭”向“看天管理”转变。

4.2.1 农用天气预报指标

为简便起见,农用天气预报指标一般分为三级:适宜(1级)、较适宜(2级)和不适宜(3级)。

(1)喷药(肥)气象等级预报指标

1)适宜(1级):预报48 h内无降水,风速为0~3级(含3级)。

2)较适宜(2级):不满足适宜和不适宜条件的其他可能。

3)不适宜(3级):满足下列任意一条均为不适宜:

① 风速5级以上(包括5级);

② 24 h内,白天有降水;

③ 48 h内的第二个夜间有降水;

④ 24 h内,白天日最高气温超过35 ℃。

注:48 h及24 h均指产品制作当天17:00起算,降水指大于0.1 mm降水,喷药(肥)指数均指24 h内的白天。

(2)施肥气象等级预报指标

1)适宜(1级):过去48 h内降水量≤25 mm(过去24 h内降水量≤10 mm),并且未来24 h雨量≤10 mm;平均温度≤25 ℃;风速≤3级。

2)较适宜(2级):不满足适宜和不适宜条件的其他可能。

3)不适宜(3级):满足下列任意一条均为不适宜,即过去48 h内降水量≥50 mm或者过去24 h内降水量≥25 mm;未来24 h内降水量≥25 mm;未来24 h日平均气温≥30℃;风速≥5级。

(3)灌溉气象等级预报指标

1)启动标准:农业干旱预警信号发布时,启动灌溉气象等级预报,预警信号解除后,停止发布。

2)等级分类:灌溉气象指数分为三级:适宜、较适宜、不适宜。

3)判断标准

① 冬灌(12 月下旬—次年 2 月上旬)

适宜(1 级):同时满足下列条件为适宜,即未来 72 h 内无降水,24 h 内最高温度≥4℃,并且 72 h 内最低温度>0 ℃。

较适宜(2 级):同时满足下列条件为较适宜,即未来 72 h 内降水≤10 mm,未来 24 h 日最高温度 3～4 ℃。

不适宜(3 级),满足下列任意一条均为不适宜,即未来 72 h 内降水>10 mm;未来 24 h 日最高温度≤3 ℃。

② 小麦、玉米抽穗前

适宜(1 级):未来 72 h 内无降水。

较适宜(2 级):未来 72 h 降水≤25 mm。

不适宜(3 级):未来 72 h 降水>25 mm。

③ 小麦、玉米抽穗后

中期只考虑降水,后期还要考虑风速;夏季重点考虑未来 72 h 内的降水。

适宜(1 级):未来 72 h 内无降水;最大风速≤3 级。

较适宜(2 级):未来 72 h 降水≤25 mm;最大风速 3～4 级。

不适宜(3 级):满足下列任意一条均为不适宜,即未来 72 h 降水>25 mm;最大风速≥5 级。

(4)夏收夏种气象等级预报指标

1)小麦收获期气象等级预报指标

适宜(1 级):过去 48 h 内降水量<25 mm(过去 24 h 内降水量≤10 mm),并且未来 24 h 内无降水。

较适宜(2 级):过去 48 h 内降水量<25 mm(过去 24 h 内降水量≤10 mm),并且未来 24 h 内降水量≤10 mm。

不适宜(3 级):满足下列条件之一即为不适宜,即过去 48 h 内降水量>25 mm;过去 24 h 内降水量>10 mm;未来 24 h 内降水量>10 mm;土壤相对湿度≥80%。

2)夏玉米播种期气象等级预报指标

适宜(1 级):过去 24 h 内降水量≤10 mm,并且未来 24 h 内无降水;土壤相对湿度 60%～90%。

较适宜(2 级):过去 24 h 内降水量≤10 mm,并且未来 24 h 内降水量≤10 mm;土壤相对湿度 50%～59%。

不适宜(3 级):满足下列条件之一即为不适宜,即过去 48 h 内降水量>25 mm;过去 24 h 内降水量>10 mm;土壤相对湿度>90%或<50%。

(5)秋收秋种天气指标

1)夏玉米收获气象等级预报指标

① 适宜(1 级):过去 48 h 内降水量<25 mm(过去 24 h 内降水量≤10 mm),并且未来 24 h 内无降水。

② 较适宜(2 级):过去 48 h 内降水量<25 mm(过去 24 h 内降水量≤10 mm),并且未来 24 h 内降水量≤10 mm。

③不适宜(3 级):满足下列条件之一即为不适宜,即过去 48 h 内降水量>25 mm;过去

24 h内降水量>10 mm;未来 24 h 内降水量>10 mm;土壤相对湿度≥80%。

2)小麦播种气象等级预报指标

① 适宜(1 级):过去 48 h 降水量≤25 mm;过去 24 h 内降水量≤10 mm;土壤相对湿度60%~90%,并且未来 24 h 内降水≤10 mm。

② 较适宜(2 级):不满足适宜和不适宜条件的其他可能。

③ 不适宜(3 级):满足下列条件之一即为不适宜,即过去 48 h 内降水量>50 mm;过去24 h内降水量>25 mm;土壤相对湿度>90%或者<50%。

(6)晾晒气象等级预报指标

1)适宜(1 级):未来 24 h 预报晴天,日平均气温≥25 ℃或最高气温≥30 ℃,风速≤3 级。

2)较适宜(2 级):未来 24 h 预报晴天或多云,日平均气温 20~25 ℃或日最高气温 25~30 ℃。

3)不适宜(3 级):未来 24 h 预报阴天或有雨;风速>5 级。

(7)储藏气象等级预报指标

1)适宜(1 级):未来 24 h 最大湿度≤30%,风速≥4 级。

2)较适宜(2 级):未来 24 h 最大湿度 30%~50%,需要适当地除湿。

3)不适宜(3 级):未来 24 h 最大湿度>50%,需加强除湿。

4.2.2 农用天气预报业务服务流程

河南省气象局 2010 年 9 月下发了《河南省农用天气预报业务服务工作细则》,该细则明确了农用天气预报的资料采集方式、产品制作时段、制作流程、调阅方式、传输方式和产品发布形式等。省级业务单位每天下午定时制作河南省农用天气预报指导报产品并上传至中心服务器,各省辖市气象局在规定时间段调阅省级指导产品,对本地所属台站的农用天气预报结论订正后上传至省局服务器。省级业务单位收集、分析各省辖市订正后的预报产品,并将最终做出的农用天气预报产品上传到服务器指定目录中。河南省农用天气预报具体业务流程见图 4.1。

(1)产品制作

1)制作时段

① 喷药(肥)农用天气预报:3 月 1 日—9 月 10 日。

② 灌溉农用天气预报:农业干旱预警信号发布后至信号解除的时段内。

③ 施肥农用天气预报:2 月 11 日—10 月 31 日根据不同作物施肥需要制作。

④ 夏收夏种农用天气预报:5 月 21 日—6 月 20 日。

⑤ 秋收秋种农用天气预报:秋收 9 月 1 日—10 月 10 日,秋种 9 月 21 日—11 月 10 日。

⑥ 晾晒:夏粮 5 月 21 日—6 月 20 日;秋粮 9 月 11 日—10 月 20 日。

⑦ 储藏农用天气预报:夏粮 5 月 21 日—6 月 20 日,秋粮 9 月 11 日—10 月 20 日。

2)制作流程

农用天气预报由河南省气象科学研究所和各省辖市气象局制作。河南省气象科学研究所负责制作河南省农用天气预报产品,各省辖市局根据省级农用天气指导预报,制作当地农用天气预报。

① 河南省气象科学研究所每日负责制作河南省农用天气预报产品指导预报,16:30 前将指导预报产品上传到河南省大气探测中心服务器的指定目录下。各省辖市局可以通过 FTP 方式进行调阅。

② 各省辖市气象局调取省气象科学研究所的指导报，根据当地的精细预报结果对指导报进行订正后，一并汇总所辖县(市)局订正报，于 17:00 前上传到河南省气象局中心服务器上。为减少基层工作量，若 17:00 前无订正意见反馈，则视为不订正。

③ 河南省大(气)探(测)中心负责收集各省辖市订正后的预报，存放在指定目录下，供河南省气象科学研究所调用。

④ 河南省气象科学研究所综合各省辖市订正后的预报，于 17:15 将正式预报结果上传到河南省气象局大探中心服务器。

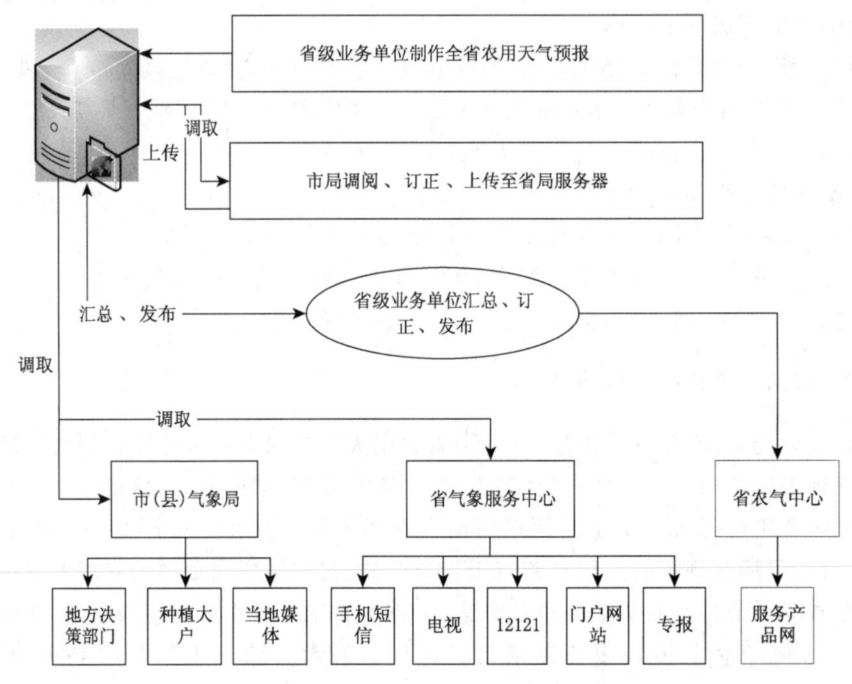

图 4.1 河南省农用天气预报业务流程

3)调阅方式

① 指导报调阅方式。河南省气象科学研究所在 16:30 前将指导预报产品上传到河南省气象局大探中心 FTP 服务器的指定目录下。各省辖市局以河南省分配的用户名和密码登录服务器，调取农用天气指导预报产品。

农用天气指导预报产品目录为:/Product/yaogan/nqybzdb/，具体产品类型及存放目录见表 4.1。

② 更正报调阅方式。河南省大探中心将各省辖市的订正报收集到/Product/yaogan/nqybdzb 目录下，河南省气象科学研究所从该目录下采集订正报信息，对指导预报进行订正。

③ 最终预报结果调阅方式。河南省气象科学研究所将订正后的预报结果上传到 FTP 服务器上，对应目录为/Product/yaogan/nqybfinal/。

(2)产品形式及发布

农用天气预报产品以图、表格或文字形式表现，预报时效一般为 1～3 d。主要内容为农事活动气象等级，农事活动适宜气象等级分为三级，分别为适宜、较适宜和不适宜。适宜，表示气象条件适宜农事活动；较适宜，表示气象条件基本适宜农事活动；不适宜，表示气象条件不适宜农事活动。根据农事活动需要适时滚动生成农用天气预报并上传至气象内网，指导市(县)释用。相关信息，包括与级别对应的代码、制图颜色及定性描述见表 4.2。

表 4.1　农用天气预报产品目录

农用天气预报类型	产品目录	产品格式
施肥天气条件预报	/sftq	MICAPS 第 3 类格式
灌溉天气条件预报	/ggtq	MICAPS 第 3 类格式
播种天气条件预报	/bztq	MICAPS 第 3 类格式
收获天气条件预报	/shtq	MICAPS 第 3 类格式
喷药(肥)天气预报	/pytq	MICAPS 第 3 类格式
晾晒天气预报	/lstq	MICAPS 第 3 类格式
储藏天气预报	/cctq	MICAPS 第 3 类格式

注：文件以 YYMMDDHH. TTT 格式命名，其中 YY 为 2 位年，MM 为 2 位月，DD 为 2 位日，HH 为 2 位时，后缀表示预报时效。

表 4.2　农用天气预报等级及对应的代码、制图颜色

级别	代码	制图颜色	定性描述
适宜	1	绿色	气象条件适宜农事活动
较适宜	2	蓝色	气象条件较适宜农事活动
不适宜	3	红色	气象条件不适宜农事活动

农用天气预报由省、市、县三级负责对本辖区发布，根据农业部门的需求、用户群不同，采取不同的发布形式。决策气象服务中心以气象服务专报形式上报党委政府及相关部门。公众服务以广播、网络、手机短信息、手机大喇叭、乡镇服务站和气象信息员等形式发布。

(3)技术路线

农用天气预报依托天气预报、短期气候预测和农业气象预报，以现代农业生产活动的农业气象指标为依据，建立判识农事活动适宜程度的模型，利用模型判定农事活动适宜气象等级，分析未来天气气候条件对农事活动的影响，提出合理安排农事活动的建议。逐步建成集数据库管理、指标体系、计算模型和专家经验于一体的人机交互的专家系统(见图 4.2)。

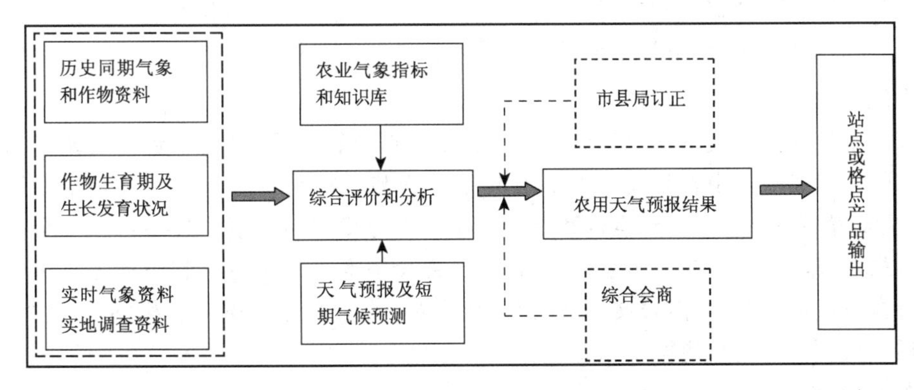

图 4.2　农用天气预报技术路线图

4.2.3　农用天气预报主要内容

目前河南省农用天气预报主要包括喷药(肥)、灌溉、施肥、夏收夏种、秋收秋种、晾晒和储藏等气象等级预报。各省辖市、县局针对本地区农业生产特色，根据本地的现代农业生产需求，以大宗作物、规模化生产的经济作物以及其他特色农业、设施农业为主要对象，细化、释用并订正、补充上级业务单位农用天气预报指导产品，制作和发布本地区农业生产过程中的主要农事活动的农用天气预报，适时开展服务。目前主要开展短期的农用天气预报服务，逐步拓展中、长期的农用天气预报服务。

(1)喷药(肥)气象等级预报

在农作物或特色作物防治病虫害或喷施肥料的主要时段内，根据温度、降水、风速等气象条件为用户提供是否适宜喷药(肥)的气象等级预报服务。

(2)施肥气象等级预报

在农作物或特色作物追施肥料的主要生育时期内，根据降水、温度和风速等气象条件为用户提供是否适宜施肥的气象等级预报服务。

(3)灌溉气象等级预报

针对主要农作物或特色作物，在农业干旱预警信号发布后，根据天气预报提供的降水、温度和风速等气象要素提供是否适宜进行灌溉的气象等级预报服务。

(4)夏收夏种气象等级预报

在夏收夏种主要时段内，根据当前墒情和未来降水预报结果提供是否适宜进行夏收和夏种的气象等级预报服务。

(5)秋收秋种气象等级预报

在秋收秋种主要时段内，根据降水及温度等气象条件预报结果提供是否适宜进行秋收秋种的气象等级预报服务。

(6)晾晒气象等级预报

在夏粮或秋粮收获后，根据温度、降水和风速等气象条件提供是否适宜进行晾晒的气象等级预报服务。

(7)储藏气象等级预报

在作物储藏的时段内，根据湿度和温度等气象条件提供储藏气象等级预报及建议的服务。

4.2.4　河南省农用天气预报系统

(1)河南省农用天气预报系统设计

1)系统结构

河南省农用天气预报系统由省级指导产品制作平台、市(县)订正平台和省级产品订正发布平台三部分组成。其中省级指导产品制作平台安装运行在省级农用天气预报专用服务器上，由系统设置、资料获取、定时运行和指导产品传送等模块组成。市(县)订正平台安装运行在基层台站，由指导产品下载、结果订正、订正结果反馈等模块组成。省级产品订正发布平台安装运行在省级业务单位，由报文下载、预报结论对比、手工订正及结果发布等模块组成。河南省农用天气预报系统结构见图 4.3。

2)系统功能

河南省农用天气预报系统开发基于 Windows 中文平台及专业绘图软件。省级指导产品制作平台可以读取实时自动气象站数据、实时城镇报报文数据、MICAPS 预报数据，结合农用天气指标体系，根据各类农用天气预报产品不同的制作时段，定时制作并分发县农用天气预报指导产品。指导预报产品采取统一格式，可以在 MICAPS 平台上调用，具有广泛的适用性。

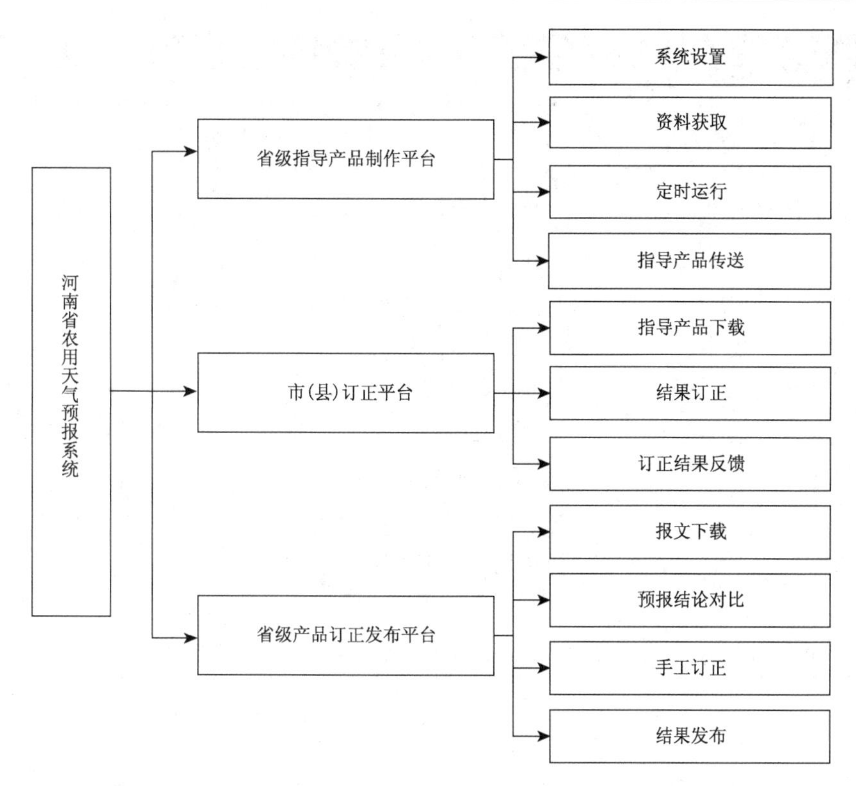

图 4.3　河南省农用天气预报系统结构图

市(县)订正平台可进行省级预报指导产品的下载、订正和上传。省级产品订正发布平台用于收集各地市反馈的订正报,并根据需要对市(县)反馈的订正报结果再次进行订正,并将最终产品结果在服务器和产品网站上发布,产品以图形和文字两种形式表达,实现省级农业气象服务产品在市、县级的实时共享。

(2)河南省农用天气预报系统基本情况

1)省级农用天气预报指导产品制作平台

该制作平台目前可自动生成的农用天气预报业务产品有九种:喷药(肥)气象等级预报、施肥气象等级预报、灌溉气象等级预报、小麦播种期气象等级预报、小麦收获期气象等级预报、夏玉米播种期气象等级预报、夏玉米收获期气象等级预报、晾晒气象等级预报和储藏气象等级预报。该平台通过读取新城镇报、MICAPS 资料、自动雨量站资料和自动土壤水分资料,依据农用天气预报的有关指标,手动或定时自动生成 MICAPS 第三类格式和图片格式的农用天气预报产品。农用天气预报省级指导产品制作平台主界面见图 4.4。

该平台的配置文件有两个。一个是台站配置文件(stations. txt),用于提供全省观测站的站点信息和自动土壤水分数据库表名信息;另一个配置文件是 MLevelFcst. ini,它包含了用于制作农用天气预报的资料来源路径、产品放置的服务器信息、产品输出路径、各种指导预报产品的制作时段、预报指标及等级。通过修改配置信息可以对上述 9 种农用天气预报产品的制作时段和预报指标进行调整。另外全省和各省辖市的行政底图和边界文件存放在 MAP 文件夹中,在生成预报产品图时使用。

2)市(县)农用天气预报订正平台

该平台主要用于市(县)气象局农用天气预报业务和服务。它可将省级农用天气预报指导

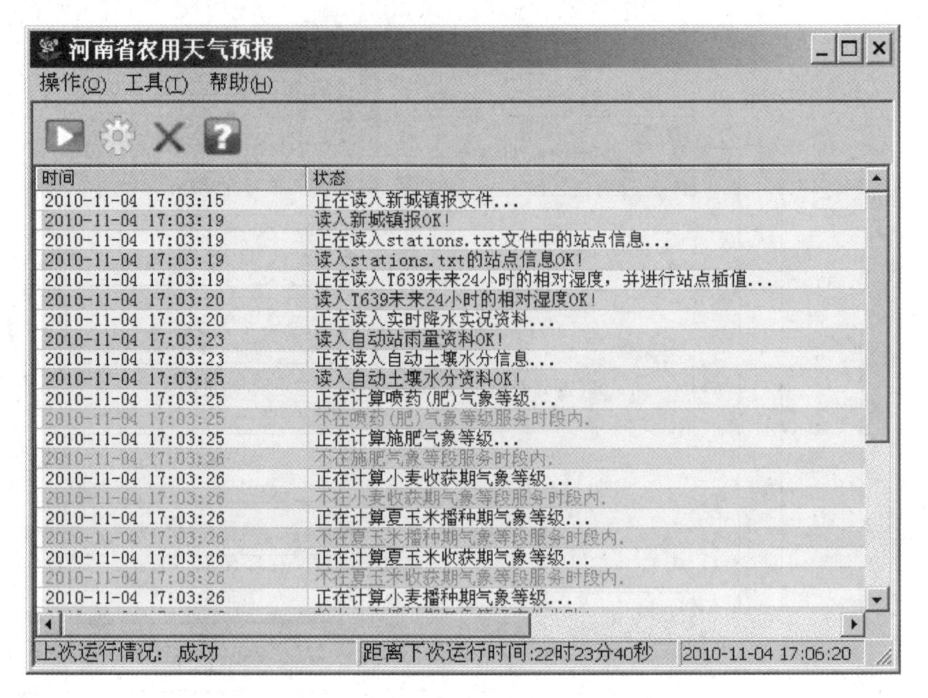

图 4.4　农用天气预报省级指导产品制作平台

产品自动或手工下载至本地指定目录，以图形方式显示本地所辖台站的预报结论。对需要进行订正的台站可以用鼠标方便地选择区域并修改本地台站的预报结论，订正后结果可自动转换成报文格式并上传至省气象局服务器，同时也可将预报结果以图形方式保存用于农用天气预报服务材料制作。市县农用天气预报订正平台主界面见图 4.5。

在对指导产品进行订正时，如果需要订正的站点数量较少，可直接在台站所属的县(区)内按鼠标右键，在弹出的菜单中选择要修改的预报等级即可。如果需要订正的台站较多，可单击鼠标左键将要订正的台站全部选择(以台站所在的中心点为准)，然后单击鼠标右键弹出快捷菜单，选择要修改的等级。修改完成后，选择菜单“农用天气预报”—“本地订正报”，出现“农用天气预报上传”对话框。对话框标题栏中包含了要上传的订正报的文件名，文本框内为订正后的产品内容。如果需要修改，也可以在文本框内修改报文内容。确定订正内容无误后，按“发送”按钮，将订正报发送至省气象局服务器。如果需要将图片保存，可选择“文件”—“保存图片”，将当前显示的图像保存为图片文件。

3)省级农用天气预报订正发布平台

省级农用天气预报订正发布平台主要实现对各地(市)上传的订正报进行收集显示，与省气象局下发的指导报内容进行比对分析，用不同的颜色标注出预报等级发生改变的站点。如有必要，省级业务人员可对市(县)反馈的订正报结果再次进行订正，确认无误后，将最终结果以预报报文格式、图形格式及 MICAPS 格式三种文件形成发布。省级农用天气预报订正发布平台主界面见图 4.6。

当业务值班人员认为市、县级的订正报中仍有个别站点需要被再次订正，可以直接修订预报等级。如果需要订正的台站较多且分布集中，可使用批量订正功能进行快速手工订正。点击主界面中“手工批量订正”按钮调出手工批量订正窗口(见图 4.7)。通过区域站点范围、预报产品种类及订正后的等级实现区域或者市级所辖台站农用天气预报结论的批量订正。

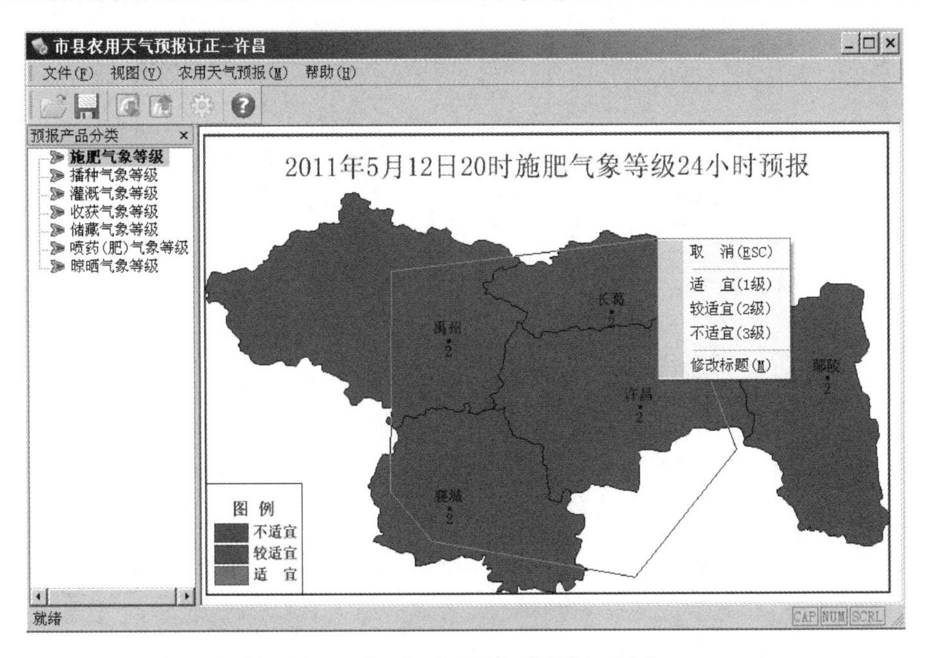

图 4.5　市(县)农用天气预报订正平台

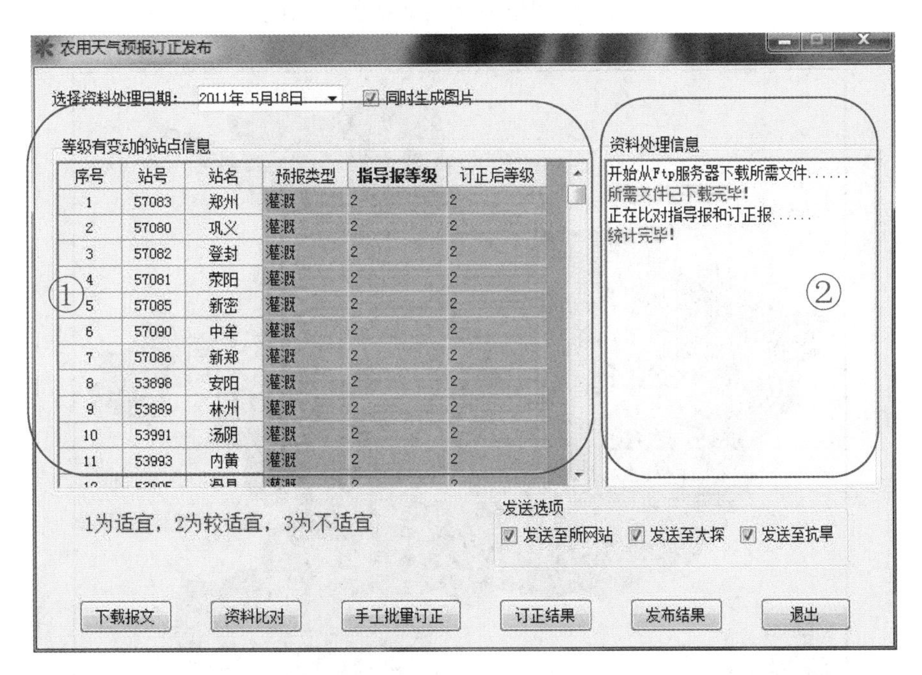

图 4.6　农用天气预报产品省级订正发布平台

图中区域①为显示等级有变动的站点信息，分别以不同颜色标注订正报与指导报是否一致，
区域②显示当前资料处理的进度信息提示

最后通过“发布结果”功能将农用天气预报产品发送到省气象局服务器和河南省现代农业气象产品网站供各单位调取并用于农业气象服务产品中。其中省气象局服务器上放置报文格式、图形格式及 MICAPS 格式的最终预报产品，现代农业气象产品网站上以图形方式和 MICAPS 格式显示。农用天气预报产品实例见图 4.8。

图 4.7　省级农用天气预报产品批量订正

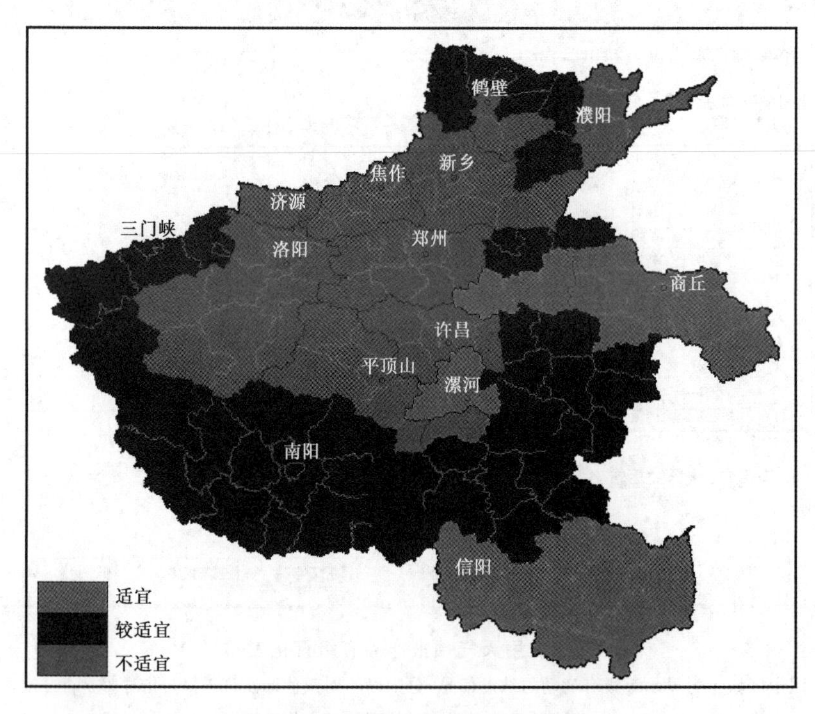

图 4.8　农用天气预报产品实例

以 2011 年 5 月 18 日 20 时喷药(肥)气象等级 24 h 预报为例

4.2.5　精细化农用天气预报探讨

由于目前的天气预报产品仍停留在降水、温度、风等常规要素上，缺乏农用天气预报所需的水汽压、相对湿度等要素，农用天气预报指标体系也需要进一步修订和完善。因此建立精细化农用天气预报指标体系，依托精细化天气预报产品，制作发布空间分辨率到乡镇，时效更长的精细化农用天气预报产品是今后的发展方向。

(1)构建精细化的农用天气预报指标体系

建立分区域、分季节的冬小麦和夏玉米播种、喷药、灌溉、施肥、收获、晾晒及储藏等农事活动的天气适宜度指标体系。

构建冬小麦、夏玉米气象预报服务数据库。建立河南省精细化的冬小麦、夏玉米生长气象指标库、农用天气预报产品库和农业气象服务决策专家库。

(2)开发精细化农用天气预报制作系统

建立河南省冬小麦、夏玉米和特色农业农用天气预报业务系统。实现实时自动气象站数据、实时报文数据、精细化天气预报数据(数值天气预报产品或乡镇天气预报产品)的自动读取，结合农用天气指标体系，根据各类农用天气预报产品不同的制作时段，自动生成并发布精细化的农用天气预报指导产品。发布预报时效达1～5天，空间分辨率达乡镇(5～10 km)的各类农用天气预报服务产品。

4.3 农业气象产量动态预报

农业气象产量动态预报是以农业气象相关因子的时间效应作为驱动，对作物最终产量做出滚动预报的系列化技术的总概括。从技术手段上可分为三类:基于作物模型的动态产量预报，基于气候适宜度的动态产量预报和基于统计分析技术的动态产量预报。以下进行分类表述。

4.3.1 产量动态预报的基本思路

产量预报又称农作物产量预报或农业气象产量预报。它是我国开展较早，应用又比较广泛的一种农业气象产量预报。其主要是根据农作物播种前及全生育期内的气象条件，特别是作物关键发育期阶段的气象条件来预测作物最终产量的一种农业气象预报，同时也是作物产量预报的重要组成部分。作物产量动态预报是作物产量预报的一个分支，基本概念相似，不同点在于作物产量预报侧重于一次性结论，作物产量动态预报则侧重于多次。它把作物全生育期划分为多个固定或不固定时段，对指定时间节点前的气象条件进行分析和评估，来预测最终产量的一种农业气象预报。

4.3.2 基于作物模型的产量动态预报

作物模型动态产量预报，又称动力生长模拟产量预报。它是基于作物生长过程中的物质、能量平衡和转换原理，利用作物生长发育的观测资料和环境气象资料，以光、温、水和土壤等为环境驱动变量，从模拟作物生长发育的基本生理过程着手，模拟作物产量形成和干物质积累的一种产量预报方法，其模拟结果将定量描述作物生长发育和产量形成与环境气象条件之间的关系。但由于其模拟过程涉及大气中的各种物理过程、生物圈中的各种生物和化学过程，它的模拟过程要比一般大气过程的数值模拟复杂得多，在实际业务运行中，很难调试出一套通用型参数应用于较大范围内。尤其在预报区域内产量时，其预报结论稳定性较差。但在小块试验田的应用中，结论值得借鉴，且具有较强的横向拓展能力，运用恰当能大大缩短科学试验时间，节约大量人力物力。

4.3.3 基于气候适宜度的冬小麦产量动态预报

气候适宜度是指通过对比光照时数、温度、降水量三个参数值来评价一个地区或者国家的地理气候对人类或者动植物生产生活的适宜程度。基于气候适宜度的产量动态预报是指根据作物所处的外界环境条件对作物产量进行预测的一种研究方法。

(1)气候适宜度

为了综合反映光、温、水三个因素对冬小麦适宜性的影响，合理评估冬小麦对可能提供的气候资源的适宜动态，采取如下动态模型：

$$S_{cj(n)}(yi) = \sqrt[3]{\sum_{i=1}^{n} a_{Ti} b_{Ti} S_{Ti}(y_j) \times \sum_{i=1}^{n} a_{Ri} b_{Ri} S_{Ri}(y_j) \times \sum_{i=1}^{n} a_{Si} b_{Si} S_{Si}(y_j)}$$
$$= \sqrt[3]{S_{Tn}(y_j) \times S_{Rn}(y_j) \times S_{Sn}(y_j)} \quad (4.1)$$

式中，$S_{cj(n)}(yi)$为某年小麦播种以来第 n 旬的气候适宜度；$S_{Tn}(y_j)$为某年麦播以来第 n 旬的小麦温度适宜度；$S_{Rn}(y_j)$为某年小麦播种以来第 n 旬的降水适宜度；$S_{Sn}(y_j)$为某年小麦播种以来第 n 旬的日照时数适宜度；i 为旬变量；j 为年变量。

1)温度适宜度计算方法

定量分析河南省热量资源对冬小麦各生育期生长发育的满足程度，温度适宜度可用下式计算：

$$S(T) = [(T - T_1)(T_2 - T_0)^B]/[(T_0 - T_1)(T_2 - T_0)^B] \quad (4.2)$$
$$B = (T_2 - T_0)/(T_0 - T_1)$$

式中，T 为某一时段(某旬或某生育期)的平均气温；T_1，T_2 和 T_0 分别为冬小麦在该时段内生长发育的下限温度、上限温度和最适温度(见表 4.3)；$S(T)$为由实际气温和 T_1，T_2 和 T_0 决定的冬小麦温度适宜度。根据小麦生长发育与温度的关系，当 $T \leqslant T_1$ 时，$S(T)=0$；当 $T=T_0$ 时，$S(T)=1$；当 $T \geqslant T_2$ 时，$S(T)=0$。可见 $S(T)$是一个模糊隶属函数，它反映了温度条件从不适宜到适宜及从适宜到不适宜的连续变化过程。此函数反映了一个普遍的规律，即作物产量随气温的升高而增长，到达某一适宜值后，产量随气温升高迅速下降。

表 4.3　冬小麦各时段 T_0，T_1，T_2 值及气象因子权重

生育期	旬序	T_1	T_0	T_2	b_{Ti}	b_{Ri}	b_{Si}
播种期	1～3	4	15	33	0.16	0.18	0.24
分蘖—越冬	4～15	3	14	30	0.34	0.45	0.25
拔节—孕穗	16～19	10	16	33	0.31	0.17	0.32
抽穗—灌浆	20～23	12	20	33	0.19	0.20	0.20

对于冬小麦全生育期[1,n](n 表示旬序)，温度的变化过程为：

$$T = T(t) \quad t \in [1,n] \quad (4.3)$$

则冬小麦旬温度适宜度的变化可表示为：

$$S_T(T) = S(T(t)) \quad t \in [1,n] \quad (4.4)$$

则某年小麦播种后第一旬开始到第 n 旬的小麦温度适宜度可表示为：

$$S_{Tn}(y_j) = \sum_{i=1}^{n} a_{Ti} b_{Ti} S_{Ti}(y_j) \quad (4.5)$$

式中，$S_{Tn}(y_j)$表示某年小麦播种后第一旬开始到第 n 旬的小麦温度适宜度，$S_{Ti}(y_j)$表示第 j

年第 i 旬的温度适宜度，a_{Ti} 表示第 m 生育期内某旬的温度权重系数，b_{Ti} 表示第 m 生育期（依据表 4.3 进行划分生育期）的温度权重系数，n 表示旬序。

2)降水适宜度计算方法

为评价降水对冬小麦生长的影响，利用模糊数学的中间状态存在概念，引入降水适宜度的概念和计算公式，按照作物产量与降水量关系曲线，其表达式为：

$$Us(R) = \begin{cases} R/R_0 & R < R_0 \\ R_0/R & R > R_0 \end{cases} \tag{4.6}$$

式中，R 为某旬天然降水量(mm)；R_0 为作物生理需水量(mm)（见表 4.4）；若 R 略大 R_0，且完全可被土壤贮存接纳时，可认为 $US(R)\approx 1$。当降水量在冬小麦全生育期[0,n]内的变化过程

$$R = R(t), \quad t \in [1,n] \tag{4.7}$$

为已知时，R 表示从 $[0,n]$ 到 U 上的一个映射，又知 $S<U$，那么，降水适宜度随时间的变化可表示为：

$$S_R(t) = S(R(t)), \quad t \in [1,n] \tag{4.8}$$

简记为 $S_R(t)$，表示河南省降水量对冬小麦生长的适宜过程，由此，降水量在第 y 年第 m 生育期的适宜度可记为：

$$S_{Rn}(y_j) = \sum_{i=1}^{n} a_{Ri} b_{Ri} S_{Ri}(y_j) \tag{4.9}$$

式中，$S_{Rn}(y_j)$ 为某年小麦播种后第一旬开始到第 n 旬的小麦降水适宜度；$S_{Ri}(y_j)$ 为第 j 年第 i 旬的降水适宜度；a_{Ri} 为第 m 生育期内某旬的降水权重系数；b_{Ri} 为第 m 生育期（依据表 4.3 划分生育期）的降水权重系数；n 为旬序。

表 4.4　河南省冬小麦逐旬生理需水量　　单位：mm

月份	上旬	中旬	下旬
10	11.0	9.1	13.1
11	11.1	9.8	8.4
12	7.0	4.8	3.4
2	4.0	6.9	8.3
3	14.5	19.5	27.2
4	30.0	33.9	36.6
5	37.0	35.1	32.0

3)日照时数适宜度计算方法

以日照时数达可照时数的 70%为临界点，认为日照百分率达到 70%以上，为达到适宜状态。其隶属表达式为：

$$S(s) = \begin{cases} e^{-[(s-s_0)/b]^2} & S < S_0 \\ 1 & S \geqslant S_0 \end{cases} \tag{4.10}$$

式中，S 为实际日照时数(h)；S_0 为日照百分率为 70%的日照时数；b 为常数。S_0 值与 b 值见表 4.5。

设日照时数在冬小麦全生育期 $[1,n]$ 旬的变化过程为：

$$S = S(t) \quad t \in [1,n] \tag{4.11}$$

表 4.5 冬小麦不同生育期的 S_0 值与 b 值

生育期	S_0	b
播种期	7.69	4.15
分蘖期	7.68	4.14
拔节期	8.55	4.61
抽穗期	9.21	4.93
成熟期	9.25	4.99

冬小麦日照时数适宜度随时间的变化可表示为：

$$S_S(t) = S(S(t)) \quad t \in [1,n] \tag{4.12}$$

生育期内的日照时数适宜度可表示为：

$$S_{Sn}(y_j) = \sum_{i=1}^{n} a_{Si} b_{Si} S_{Si}(y_j) \tag{4.13}$$

式中，$S_{Sn}(y_j)$为某年小麦播种后第一旬开始到第 n 旬的小麦日照时数适宜度；$S_{Si}(y_j)$为第 j 年第 i 旬的日照时数适宜度；a_{Si}为第 m 生育期内某旬的日照时数权重系数；b_{Si}为第 m 生育期(依据表 4.3 划分生育期)的降水权重系数；n 为旬序。

(2)基于气候适宜度的冬小麦动态产量预报模型

对各年单产及气候适宜度指数建立产量动态预报模型(见表 4.6)。其中：y 为单产预测值(kg/hm^2)；x 为该时段气候适宜度。

表 4.6 基于气候适宜度的动态产量预报模型及检验

产量预报时间	预报模型	F	F 临界值
3 月上旬	$y = 14296.1x + 1475.4$	6.29*	4.26
4 月上旬	$y = 13570.1x + 965.5$	9.14**	7.82
5 月上旬	$y = 11280.7x + 869.1$	7.72*	4.266

*，** 分别表示通过 0.05 和 0.01 的显著性水平检验

4.3.4 统计方法的产量动态预报

统计方法预报产量是结合作物生长发育和产量形成的生理气象指标，利用多年产量资料和对应年的气象数据，采用相关分析方法筛选出与产量形成关系较为密切的气象要素，比如：2 月最低温度、3 月降水、5 月降水、5 月光照及 6 月温度等。确定出关键气象因子后，采取逐步回归等建模方法，建立这些关键气象因子与最终产量之间的关系，这样就可以在未来的产量预报服务中通过已发生或预测出来的长、中、短期气象数据来评估最终产量。以河南棉花产量预报为例，阐述预报过程。

(1)棉花单产气象产量的提取

一般来说，棉花实际产量由趋势产量、气象产量和随机产量三部分组成，其中，趋势产量主要受土壤性质、品种性质、农业特性、农业政策、农业投入、科学技术(植棉技术)及劳动者素质等因素的影响，在一定的时间和范围内的变化比较缓慢、比较平稳，故可用数学方法计算得到，利用 1976—2004 年的产量资料，采用 5 年滑动平均的方法，计算逐年的趋势产量：

$$Y_{t,i} = \sum_{k=0}^{4} Y_{i-k}/5 \tag{4.14}$$

式中，$Y_{t,i}$ 为第 i 年的趋势产量；Y_{i-k} 为第 i 年以及第 i 年前 k 年的河南棉花单产；$k=0,1,2,3,4$。

气象产量主要受气象条件的影响，不同年份，由于气象条件的差异，造成气象产量呈波动变化。因为趋势产量年际间的变化不大，所以年际间棉花产量的变化，可以说主要是由于气象条件的差异引起的。鉴于气象条件的极不稳定性，气象产量的年际变化要远大于趋势产量的年际变化。

$$Y_{w,i} = Y_i - Y_{t,i} \tag{4.15}$$

式中，$Y_{w,i}$ 为第 i 年的气象产量；Y_i 为第 i 年的实际产量；$Y_{t,i}$ 为第 i 年的趋势产量，结果见表 4.7。

（2）关键气象因子的筛选

用旬气象数据与对应站点的气象产量计算相关系数通过显著性水平检验的为关键气象因子，结果见表 4.7。

表 4.7　河南省棉花单产和关键气象因子相关系数

时间	5 月下旬	7 月中旬	8 月上旬	8 月中旬	8 月中旬	8 月下旬	10 月中旬
要素	降水	日照	日照	日照	温度	温度	温度
相关系数	0.41**	0.36*	0.37*	0.45**	0.44**	0.39*	0.35*

*，** 分别表示通过 0.1 和 0.05 的显著性水平检验

（3）产量预报模型的建立

利用多元线性回归建立气象产量与关键因子的回归方程：

$$Y_w = 0.0602A_1 + 0.014A_2 + 0.0511A_3 + 0.0149A_4 + 0.0334A_5 + 0.0236A_6 + 0.0377A_7 + 3.7274 \tag{4.16}$$

样本数为 25，$F_{\alpha=0.05}(7,17)=2.61$，$F$ 检验值$=2.9145$，F 检验值$>F_{\alpha=0.05}$，故该方程有意义，能够表述气象产量与关键因子的相互关系。将不同时段的关键气象因子代入该回归方程，实现产量的动态预报。Y_w 为气象产量；A_1 为 5 月下旬降水；A_2 为 7 月中旬日照时数；A_3 为 8 月上旬日照时数；A_4 为 8 月中旬日照时数；A_5 为 8 月中旬温度；A_6 为 8 月下旬平均温度；A_7 为 10 月中旬平均温度。

4.3.5　讨论

理论上，产量动态预报能够实现从播种到收获期内任意时间的被制作，但由于制作预报的时间越早，作物生长期就越短，参与运算的气象要素越少，则最终产量预报距离实际值偏差越大。为了能将预报时间与预报结论合理地结合，一般在作物播种一个月后进行产量预报，时间段也认为固定于每月中旬。冬小麦一般于 3 月中旬、4 月中旬和 5 月中旬进行预报，3 月的产量预报更接近于预评估，4 月的产量预报称作趋势预报，5 月的产量预报成为定量预报；而玉米则进行两次，分别为 7 月 15 日的趋势预报和 8 月 15 日的定量预报。

4.4　作物发育期预报

作物发育期预报是关于作物未来某个发育期出现日期的作物气象预报，它是在分析这一发育时期的发育速度与其主要影响因子特别是气象因子关系的基础上，根据作物当前的发育状况和未来的主要影响条件编制出来的。它的重要性主要表现在以下两个方面：一是准确及

时的发育期预报对于生产单位和农户进行适时的、科学的田间管理和农事作业有重要的参考价值。二是病虫害的防治，防霜作业，作物、果树、牧草的适时收获等，往往都与某一发育期相联系，所以准确及时的发育期预报，对于适时进行有关作业提供了科学依据。

4.4.1　开展作物发育期预报的意义

作物发育期预报是关于作物未来某个发育期出现日期的作物气象预报，它是在分析这一发育时期的发育速度与其主要影响因子特别是气象因子关系的基础上，根据作物当前的发育状况和未来的主要影响条件编制出来的。它的重要性主要表现在以下两个方面：一是准确及时的发育期预报对于生产单位和农户进行适时的、科学的田间管理和农事作业有重要的参考价值。如作物在抽穗前后需要较多的水、肥，若能够根据抽穗期预报，在抽穗前些天施用适量穗肥和灌水增产效果很显著，这样便可以做到经济用水用肥。二是病虫害的防治，防霜作业，作物、果树、牧草的适时收获等，往往都与某一发育期相联系，所以准确及时的发育期预报，对于适时进行有关作业提供了科学依据。

作物在不同的发育时期里，对气象条件和其他环境条件有不同的要求和反应。所以要鉴定气象条件对作物生育和产量的影响，必须结合作物的具体发育时期。而农业气象条件的鉴定，正是许多农业气象预报的重要内容，所以编制农业气象预报，几乎均包含作物有关发育期的预报。例如我国长江中下游地区后季稻抽穗开花期容易遭受秋季低温的危害，造成空壳减产。要编制当年秋季低温影响情况的预报，必须先做出当年后季稻抽穗开花期的预报，然后才能预报在抽穗开花期能否出现有害低温，估计受害程度。可见作物发育期预报是一种很重要的、基础性的农业气象预报。

4.4.2　作物发育期预报的原理和方法

作物的发育期预报，是在分析研究该发育时期的发育速度与气象因子和其他影响因子数量关系的基础上进行的。作物从一个发育期到下一个发育期的间隔日数多少，即这个发育时期发育速度的快慢，与作物本身的生物学特性、气象条件、土壤肥力及栽培技术等有密切关系。对于某一个地区而言，土壤条件和栽培技术是相对稳定的，因此，发育速度主要取决于作物的生物学特性和气象条件。作物的生物学特性是影响发育速度的内因。作物种类、品种以及发育时期不同，其生育时期的长短，以及对光温等气象条件变化的反应是不同的。其感光性和感温性可能会有很大的差异。因此在编制发育期预报时，必须从具体的作物、品种和发育时期的生物学特性出发，具体分析发育速度受气象条件影响的规律。气象条件和其他环境条件，是影响发育速度的外因，在水分条件基本满足的情况下，对于感光性迟钝的作物品种和发育时期来说，温度是影响发育速度的最主要因子。温度与发育速度之间存在着密切的线性或非线性关系。对于感温性强感光性也强的作物品种的某些发育时期，除了温度之外，光照条件甚至光照强弱对发育速度也有重要影响；在这种情况下编制发育期预报，还必须考虑光照条件；而对于感光性很强而感温性迟钝的作物品种的某些发育时期，其发育速度主要取决于光照条件。在通常的情况下，水分条件对耐旱作物发育速度的影响并不明显，但在水分过多或严重不足时，对发育速度就会有明显的抑制或加速作用。比如一些旱田作物播种后，土壤水分不足会推迟出苗，又如土壤和空气干旱会使处于灌浆阶段的作物“逼熟”，使灌浆时期缩短，提早成熟。因此在水分过多或严重不足时，水分对发育速度的影响也不能忽视。

编制作物发育期预报常用的几种方法：

(1)平均间隔法

平均间隔法可用下式表述：

$$D = D_1 + \bar{n} \tag{4.17}$$

式中，D 为要预报的发育期出现日期；D_1 为前一个发育期的实际出现日期(也可以是某界限温度稳定通过的日期)；$\bar{n}$ 为两个发育期(或某界限温度稳定通过日期与要预报的作物发育期)之间的多年平均间隔日数。用式(4.17)预报，首先要根据这两个发育期的多年平均出现日期的调查资料求出 $\bar{n}$，然后将实际观测到的前一个发育期出现日期加上 $\bar{n}$，即可预报出下一个发育期的出现日期。

(2)物候指标法

它是根据作物、其他植物(如树木和花草等)以及某些动物的物候期与所要预报的作物发育期之间的关系，以这些物候现象和特征为指标的发育期预报方法。

用作物本身的某些物候现象和特征为指标，也可以作发育期预报。如南京市农业科学研究所通过多年的观测发现，晚稻幼穗分化期的幼穗长度与抽穗期有密切关系。在晚稻抽穗前1个月左右，只要定期在田间随机取样，剥查主茎的幼穗长度，根据其平均长度，就可以用已经得到的关系推算出抽穗期。

用平均间隔法和物候指标法推算发育期，均没有考虑上一个发育期或物候期出现日期至下一个作物发育期出现日期之间这段时间各年气象条件差异的影响。所以推算出来的日期与实际出现的日期相比较，可能有一定的误差。为了提高预报的准确性，可对推算的结果进行必要的订正。

(3)积温法

对感温性强而感光性很迟钝的作物品种的某些发育时期(如播种—出苗期)，在水分条件基本满足，而且外界温度又在作物发育的下限温度至最适温度这一范围内变化的情况下，则发育速度与温度的关系可用公式表示：

$$\sum t = A + Bn \tag{4.18}$$

或者

$$\frac{1}{n} = -\frac{B}{A} + \frac{T}{A} \tag{4.19}$$

式中，B 为该发育时期的生物学下限温度；A 为通过该发育时期需要的有效积温(℃ · d)；n 为该发育时期所经历的天数；T 为该时期的平均温度(℃)；$\sum t$ 为这一发育时期的活动积温(℃ · d)。实践证明，在这种情况下，A，B 数值是比较稳定的，可以看作常数。从式(4.18)可以看出 A，B 是以 $\sum t$ 为因变量和以 n 为自变量的一元线性方程的两个系数，显然它们可以根据多年分期播种试验资料，用最小二乘法求得。

如果 $\sum t = nT$，则由式(4.19)可得到：

$$n = \frac{A}{T - B} \tag{4.20}$$

这便是线性模式的发育期预报公式，具体预报时，可应用下式求出所要预报的发育期出现日期：

$$D = D_1 + \frac{A}{T - B} \tag{4.21}$$

式中，D 为要预报的发育期出现日期，D_1 为前一个发育期出现日期；T 为根据气候资料或长期天气预报得到的预报期间的日平均温度，A 含义同式(4.18)。式(4.21)适用于某一发育期刚刚出现时就编制下一个发育期出现日期的预报。如果预报是在一个发育期出现后某些天才编制，则预报公式可写成：

$$D = D_2 + \frac{A - \sum t}{T - B} \tag{4.22}$$

式中，D_2为编制预报时的日期；$\sum t$ 为前一个发育期至编制预报日期之间的有效积温；其他符号含义同式(4.21)。用式(4.21) 和(4.22) 预报发育期必须有前一个发育期出现日期的观测资料和该发育时期的生物学下限温度 B ，有效积温 A 以及此时期的历年平均温度资料或温度的长期预报等。

对于感温性强而感光性迟钝的作物品种的另一些发育时期，上述的线性模式有着严重的缺陷和明显的局限性。这是因为温度对发育速度的影响有下限、上限和最适三个基点。在下限温度以上，发育速度随着温度增高而加快；在最适温度时发育速度最快，当温度超过最适点时，温度再继续升高发育速度反而减慢；当温度升高到发育的上限值或以上时，由于高温破坏了光合作用和生理代谢活动而使发育停止，显然，温度对发育速度的影响是一种非线性关系。湖南省气象科学研究所在编制稻麦作物的发育期预报时提出了以下的非线性模式

$$\frac{1}{n} = \frac{1}{K}(T - B)^{1+P}(M - T)^{1+Q} \tag{4.23}$$

式中，$\frac{1}{n}$为发育速度；M 为生物学上限温度(℃)；K，P 和 Q 为大于 0 的参数；其他符号含义同前。

$$若令\ A(T) = \frac{K}{(T - B)^P(M - T)^{1+Q}} \tag{4.24}$$

将式(4.24)代入式(4.23)得

$$\frac{1}{n} = \frac{T - B}{A(T)} \tag{4.25}$$

若令 $nT = \sum t$，由式(4.25)可得到

$$\sum t = A(T) + B_n \tag{4.26}$$

式(4.26)是由非线性模式导出的积温公式，从形式上看与李森科公式相似，但是式(4.26)中 $A(T)$是一个平均温度的函数，用它代替了李森科公式中的有效积温常数 A。$A(T)$称为有效积温变量。由式(4.25)可得

$$n = \frac{A(T)}{T - B} \tag{4.27}$$

这便是由非线性模式建立的发育期预报公式。式中的 $A(T)$在模式确定后，可根据阶段平均温度由式(4.25)计算得到。具体预报时可写成下列预报公式：

$$D = D_1 + \frac{A(T)}{T - B} \tag{4.28}$$

4.4.3 作物发育期预报实践

(1)河南省主要作物生育期模拟研究

1)冬小麦发育期预报模型

采用河南省30个农业气象试验站长期试验数据，模拟不同环境下冬小麦的发育过程。根据行政区域划分和气候特征不同，将河南省分成7个子区域(见图4.9)，分别采用两个Beta模型，即WE模型、Yan模型和由Malo(2002)提出的Sine模型来模拟各个子区域冬小麦的主要发育期，并提供一个最优的模型。由于这些模型都是建于热效应上的，而河南省又是中国黄淮海平原具有代表性的冬麦种植区，所以只要对模型中的三基点温度稍加修改，就能运用于其他地区谷类作物的生长模拟。

预测的发育期包括出苗期(E_M)、返青期(G_T)、拔节期(J_O)、抽穗期(H_E)、开花期(F_L)和成熟期(M_A)。

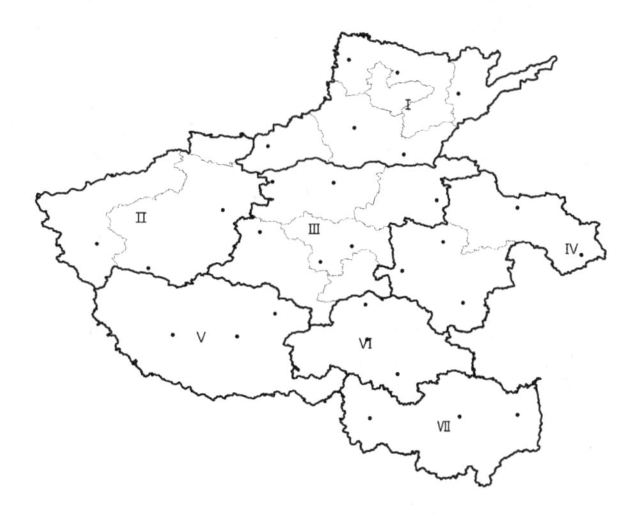

图4.9 研究区域划分

模型参数的确定方法：利用大量的田间数据，通过Matlab7.8软件的最小二乘法得到不同子区域各个发育阶段的三基点温度。七个子区域拟合数据个数分别是Ⅰ:145，Ⅱ:102，Ⅲ:150，Ⅳ:135，Ⅴ:79，Ⅵ:80，Ⅶ:77。

模型的检验：采用回归估计标准误差(Root Mean Square Error，RMSE)，比较三个模型(两个Beta模型和一个Sine模型)的预测结果和独立的观测数据(2007—2010年)，RMSE计算方法如下：

$$RMSE = \left[\frac{\sum_{i=1}^{n}(P_i - O_i)^2}{n}\right]^{1/2} \tag{4.29}$$

式中，P_i为预测值；O_i为观测值；n为观测的样本数。$RMSE$的单位和P_i，O_i都是天数。$RMSE$值越小，模拟值与观测值的一致性越好。预测整体误差见表4.8。

每个生育期的生理发育时间长短受冬小麦品种基因和环境因子控制，对于某个站点，每年播种的冬小麦品种也经常变更。由于生理发育时间在不同品种之间的变化很小，而河南省大部分地区生长的冬小麦是半冬性属性，对于某个子区域间环境的变化相对可以忽略。因此，试验采用某一区域生理发育时间的平均值和中值来衡量冬小麦的发育期，发现后者更为准确一些。

表 4.8　每个区域冬小麦的整体预测误差

模型	RMSE						
	Ⅰ	Ⅱ	Ⅲ	Ⅳ	Ⅴ	Ⅵ	Ⅶ
Sine	3.36	4.50	3.05	3.55	3.85	4.82	4.17
Yan	3.26	4.50	3.06	3.78	3.72	4.52	4.85
本试验	3.28	4.57	3.02	3.68	3.80	4.48	4.91
平均值	3.30	4.52	3.04	3.67	3.79	4.61	4.64
独立数据个数	18	6	9	6	6	9	6

冬小麦品种属性、耕作方式和生长环境的不同是通过三基点温度和生理发育时间体现出来的。利用 RMSE，对三个模型（两个 Beta 模型和一个 Sine 模型）的预测结果进行比较，检验结果表明：虽然三种模型预测结果比较接近，但是对于不同区域的各个发育期，三基点温度却不一样。结果表明，作物三基点温度必须与选用的模型一致。除此以外，Sine 模型对于冬小麦发育后期三基点温度的估算，比其他两个模型更加合理。因此，只能说 Sine 模型在预测冬小麦发育期时，比其他两个模型更具有生物学意义，但是三者的预测能力却差不多。

2）夏玉米发育期预报模型

① 出苗前玉米发育速度的模拟。玉米出苗以前，主要受土壤温度和土壤湿度的影响。土壤平均温度一般通过日平均温度对土壤温度的预测得到：

$$ST = aT + b \tag{4.30}$$

式中，ST 为 0～10 cm 土壤平均温度（℃）；T 为日平均温度（℃）；a 和 b 分别为模型参数。不同水分条件下参数 a 和 b 的取值见表 4.9。

表 4.9　不同水分条件下参数 a 和 b 的取值

参数	55％～65％	65％～75％	75％～85％
a	0.3498	0.2453	0.1759
b	13.163	15.342	16.805

种子发芽主要受土壤温度和土壤湿度两个因素的影响，出苗速率的模拟采用尚宗波等（2000）的研究结果，其中：

· 出苗速度的温度影响模式

$$V_{sti} = V_{s0} \cdot K_s \cdot e^{-\frac{b_s}{ST}} \tag{4.31}$$

式中，V_{sti} 为温度条件影响下的出苗速度（d）；V_{s0} 为最适温度件下的出苗速度（d）；ST 为当日 0～10 cm 土壤的平均温度；K_s 和 b_s 为参数，分别取 2.7183 和 28.4279。

· 土壤水分影响出苗速度的模式

$$V_{swi} = \begin{cases} 0 & W_i \leqslant 14 \\ K_w\ e^{w_i/19} & 14 < W_i < 19 \\ 1 & W_i \geqslant 19 \end{cases} \tag{4.32}$$

式中，V_{swi} 为土壤湿度对出苗速度的影响函数，在 0～1 变化；W_i 为某日 0～10 cm 土壤湿度（％）；K_w 为参数，取 0.3679。实际出苗速率可由式（4.33）计算得出：

$$V_{si} = V_{sti} \cdot V_{swi} \tag{4.33}$$

② 出苗后玉米发育速度模拟。温度是玉米生长发育的主要限制因子。温度过低不能满足植株生长所需，过高对植株生长有抑制作用。根据马树庆(1994)研究成果，定义温度发育速率模型：

$$C_t = \frac{[(T_m - T_L)(T_H - T_m)]^B}{[(T_0 - T_L)(T_H - T_0)]^B}, B = \frac{T_H - T_0}{T_0 - T_L} \tag{4.34}$$

式中，T_m 为该生育期内平均气温；T_H 为该发育期内上限温度；T_L 为发育期内下限温度；T_0 为发育期内最适温度；当 $T_m < T_L$ 时，令 $T_m = T_L$；当 $T_m > T_H$ 时，令 $T_m = T_H$；C_t 是一个在 0～1 变化的不对称抛物线函数，实际上也是个模糊隶属函数，它反映了温度条件从不适宜到适宜，以及从适宜到不适宜对生长发育快慢影响的一个连续变化过程。

玉米是喜光怕阴的 C_4 作物，所以充足的光照是玉米高产的必要条件。玉米对光照最敏感的时段是雌穗分化期和开花吐丝期，如果此时光照不足使玉米植株正常发育受阻或花丝、花粉活力降低造成空秆或结实不良。玉米属短日照作物，喜光，随着日照时数的缩短，玉米生育进程加快，营养生长量相应减少，经济产量也随之降低。出苗后在 8～12 h 的日照下发育快，开花早，生育期缩短；反之发育期推迟延长。参考黄璜等(1996)的研究成果，以理论日照日数的 70%作为最适宜，建立光照发育速率模型见式(4.35)：

$$C_s = \begin{cases} e^{-\left(\frac{S-S_0}{b}\right)^2} & S < S_0 \\ 1 & S \geqslant S_0 \end{cases} \tag{4.35}$$

式中，C_s 为光照发育速率；S 为生育期内平均日照时数；S_0 为临界日长，为日照百分率达到 70%时的日照时数；b 为经验系数。S_0，b 取值参考表 4.10。

表 4.10　不同生育阶段光照发育速率模型参数取值

发育期	S_0	b
出苗—七叶	10.00	4.77
七叶—拔节	9.95	5.08
拔节—抽雄	9.78	5.17
抽雄—乳熟	9.32	5.14
乳熟—成熟	8.72	5.24

注：S_0 为计算值，为河南省平均日照百分率的 70%；b 值来源于黄璜等(1996)

(2)河南省主要农作物发育期预报服务系统

以上述研究为基础，通过检验、比较和参数修订，建立了河南省冬小麦、夏玉米主要发育期预报模型。以自动获取的作物发育期实况为基础，结合未来滚动 7 天天气预报，开发了可在业务中应用的河南省主要农作物发育期预报服务系统，实现了以日为步长的主要农作物发育期“动态”预报。图 4.10 至图 4.12 为系统运行界面。

4.5　作物病虫害气象等级预报

近年来，随着耕作栽培技术的改变、农田环境的变化以及品种的不断更替，作物病虫害发生渐趋复杂而严重，成为制约作物产量和品质提高的重要因素。为了有效预防和控制病虫害的发生、蔓延，实现优质高产高效，中共中央、国务院在 2006 年 1 号文件中明确要求加强重大农林病虫害发生趋势的预警预报工作，《国务院关于加快气象事业发展的若干意见》(国发

图 4.10　河南省主要农作物发育期预报服务系统

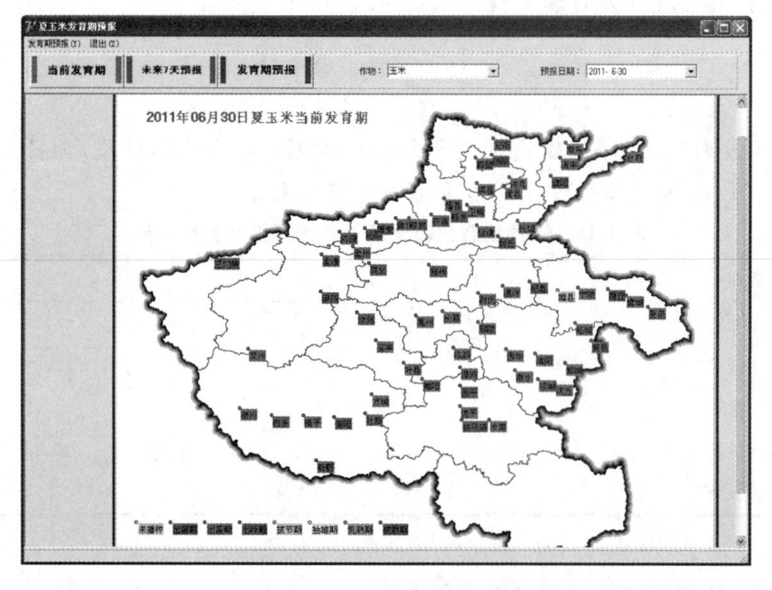

图 4.11　当前作物发育期实况

〔2006〕3 号）也明确提出气象部门"开展农作物小麦病虫害发生趋势预报，减轻气象灾害对农业生产造成的影响"的要求。因此，开展病虫害气象等级预报，为有效地预防和减轻病虫害所造成的损失发挥着积极的作用，对减少防治的盲目性具有十分重要的意义。

4.5.1　作物病虫害发生气象等级预报

病虫害气象等级预报，是指在病虫害萌发及发生期间，外界气象条件的改变对病虫害的发生基数、发生面积、病株率和病头率等的直接影响的反映。它是建立在历史资料统计分析与室内实验等研究手段上的预报方法。病虫害气象等级首先要解决的是气象指标体系的建立，有了气象指标体系余下的就是使用指标，进行分时段预报。下文以小麦为例说明病虫害发生气象等级预报的具体方法。

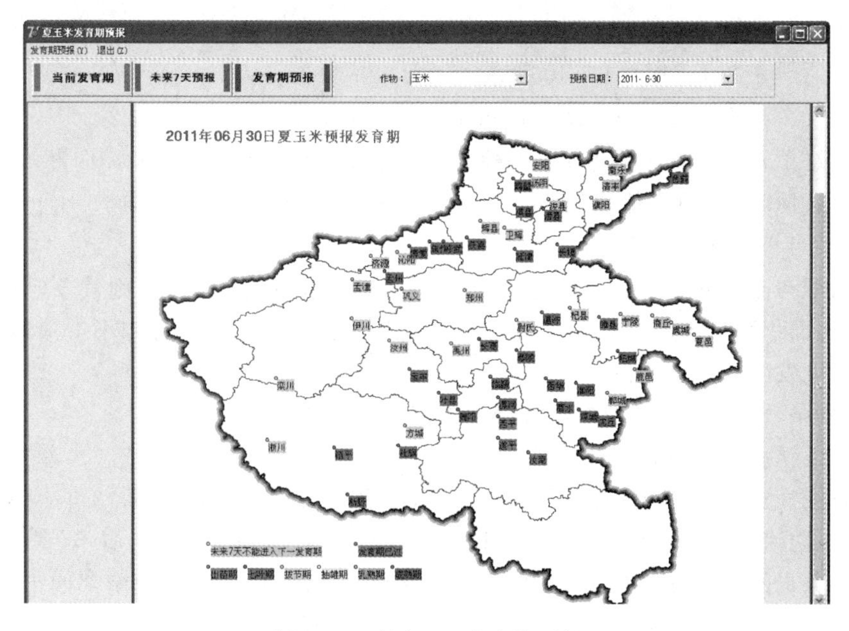

图 4.12　未来 7 天发育期预报

（1）小麦白粉病关键气象因子及气象等级预报模型

小麦白粉病关键气象因子的筛选，不同地区会有所不同，下面仅以商丘市的白粉病研究为例进行说明。因子普查结果（见表 4.11）显示，麦播前的 7—8 月降水量较多，气温较低，有利于白粉病病菌以子囊壳安全越夏；麦播后的冬季降水偏多、温度偏高，将有利于白粉病菌安全越冬，越冬基数增加，为来年白粉病发生发展提供了有利条件；4—5 月气温偏低、日照偏少、相对湿度偏大，对白粉病的流行非常有利。

表 4.11　商丘市小麦白粉病关键气象因子及气象等级预报模型

气象因子	相关系数	气象因子	相关系数
当年 5 月平均相对湿度(%)	0.860 6**	上年 1 月降水量(mm)	0.837 5*
上年 1—2 月降水量(mm)	0.831 9*	当年 1 月相对湿度(%)	0.834 7*
当年 4 月上旬平均气温(℃)	0.795 2*	上年 7 月下旬—8 月中旬降水量(mm)	0.787 8*
上年 8 月上旬—11 月中旬平均风速(m/s)	−0.763 8*	上年 4 月中旬—4 月下旬降水量(mm)	−0.720 8
上年 12 月上旬温雨系数(mm/℃)	0.779 4*	上年 7 月下旬—8 月上旬平均气温(℃)	−0.730 7
上年 5 月上旬—中旬日照时数(h)	−0.822 9*	当年 1 月中旬—2 月上旬平均气温(℃)	0.614 6
当年 5 月日照总时数(h)	−0.749 7*	上年 4 月降水量(mm)	−0.728 2
上年 5 月日照时数(h)	−0.749 8*	上年 12 月温雨系数(mm/℃)	0.714 2
上年 9 月下旬—当年 1 月上旬平均风速(m/s)	−0.748 7*	当年 5 月平均气温(℃)	−0.636 1
上年 12 月上旬降水量(mm)	0.622 8		

*，** 分别表示通过 0.01 和 0.001 的显著性水平检验

利用筛选出的地面气象因子和大气环流特征，采用多元回归方法建立商丘市小麦白粉病发病面积预测模式。因子确定的原则为：①只选取通过 0.01 及以上显著性水平检验的因子；②在同一因子有多个时段通过显著性检验时，选取相关系数最大且独立性最好的；③选取的因子具有生物学意义。在小麦播种后白粉病主要发生流行前的当年 4 月中旬制作预报。预测方

程为：

$$\hat{y} = -251.814 + 97.406x_1 - 0.243x_2 + 1.9x_3 + 9.643x_4 + 2885x_5 \quad (4.36)$$

$$(F = 13.235, R = 0.963, Q = 114.532, U = 1515.822)$$

方程通过了 α=0.01 的显著性水平检验。其中：x_1 为上年 8 月欧亚经向环流指数 I_M；x_2 为当年 5 月日照时数（预报值）(h)；x_3 为当年 1 月相对湿度；x_4 为当年 4 月上旬平均气温(℃)；x_5 为当年 5 月相对湿度(%)。

预测面积与多年发病面积相对比，如果上下浮动面积在 20%以内，则气象等级为中度发生；如果发病面积大于常年的 120%，气象等级为中度发生；如果发病面积小于常年的 80%，气象等级为轻度发生。

(2)小麦条锈病气象指标及气象等级预报模型

1)小麦条锈病气象指标

小麦条锈病资料来自于河南省植保植检站，序列为 1988—2005 年共 18 年，主要包括历年的发病面积、防治面积和挽回损失等。本研究主要利用发病面积数据；相应年份气象资料来自于河南省气象局的各站历年逐日气象资料库，所使用的气象因子包括豫南部四市（南阳、驻马店、漯河和周口）及豫北部四市（濮阳、新乡、郑州和商丘）的逐日平均温度(T)、降水(R)、日照时数(S)、相对湿度(U)和风速(F)。

根据条锈病历史资料，将其分为重度发病、中度发病和轻度发病三个等级。以发病面积大于 70 万 hm^2 的年份为重度发病年，小于 7 万 hm^2 的年份为轻度发病年份，其余为中度发病年份。

按相同代表站，相同时段，不同病害年份提取气象资料平均值。选择气象数据按发病重、中、轻程度呈递增或递减排列的气象因子，采用灰色关联分析中的相对关联度，计算重、中、轻年份的平均发病面积与对应气象因子的相对关联度。选择关联度大于 0.6 的气象因子作为强关联气象因子，依此确定条锈病强关联气象因子上、下限值，过程如下：

① 建立重、中、轻年份的小麦条锈病平均发病面积矩阵 $\boldsymbol{a}$，$\boldsymbol{a}$=\{123.3，29.7，3.5\}。

② 按照重、中、轻条锈病灾害年份，分别统计出对应气象数据矩阵，用 b 表示，则

$$\boldsymbol{b} = \begin{Bmatrix} L_{重T_i}, L_{中T_i}, L_{轻T_i} \\ L_{重R_i}, L_{中R_i}, L_{轻R_i} \\ L_{重S_i}, L_{中S_i}, L_{轻S_i} \\ L_{重U_i}, L_{中U_i}, L_{轻U_i} \\ L_{重F_i}, L_{中F_i}, L_{轻F_i} \end{Bmatrix} \quad (4.37)$$

式中，$L_{重T_i}$ 为重度发生年第 i 时段内温度平均值；$L_{中T_i}$ 为中度发生年第 i 时段内温度平均值；$L_{轻T_i}$ 为轻度发生年第 i 时段内温度平均值。同理 $L_{重R_i}$ 为重度发生年第 i 时段内的降水平均值；$L_{重S_i}$ 为重度发生年第 i 时段内日照时数平均值；$L_{重U_i}$ 为重度发生年第 i 时段内相对湿度平均值；$L_{重F_i}$ 为重度发生年第 i 时段内风速平均值。

③ 计算 a 与 b 每行的灰色关联度，相关性好的气象因子我们定义为强关联性气象因子。强关联性气象因子及取值范围见表 4.12，其序号及对应时段见表 4.13 和表 4.14。

2)预测模型的建立及检验

① 时段促病指数的确定方法

各时间段内适宜条锈病传播的气象因子不同。由强关联气象因子的确定过程可知，一般

情况下条锈病发病程度与时段内的各强关联气象因子呈正相关关系，这类气象因子的促病指数，可用中值法来计算，用 $L_{(x_k)}$ 表示。

然而某些时段内发病程度与时段内的强关联气象因子呈负相关关系，例如 5 月上旬豫南部和豫北部的温度及豫北部的风速。这可能由于条锈病夏孢子的萌发及入侵需要一个最适温度，夏孢子入侵的最适温度范围为 9～12 ℃，萌发的温度范围在 3～20 ℃之间，而河南省 5 月大部分地区的温度高于夏孢子入侵萌发的上限温度。同样，适宜的风速对夏孢子在一定范围内传播是有利的，而若风速过大空气中夏孢子的浓度就会大大降低，从而不利于条锈病的传播。对于与发病程度呈负相关关系的强关联性气象因子，采用极差标准化方法计算表达气象因子与最适条件的接近程度来表示促病指数，用 $L_{(y_k)}$ 表示。

表 4.12　小麦条锈病强关联气象因子上下限统计值

时段	豫南部	豫北部
冬前 10 月上旬—11 月下旬	$0.9<F<1.8$	
冬前 12 月	$3.1<R<11, 65<U<77$	$2<R<5, 63<U<72$
1—2 月	$2.5<T<3.6, 2.7<S<3.7, 65<U<72$	$1.2<T<2.0, 61<U<68$
3 月上旬	$9<R<1.6, 61<U<67$	$56<U<61$
3 月中旬	$64<U<76$	$55<U<68$
3 月下旬	$8<R<16$	$5<R<15$
4 月上旬	$63<U<68$	$56<U<69, 2.5<F<2.9$
4 月中旬		$2.5<F<2.8$
4 月下旬	$12<R<18, 67<U<74$	$63<U<69$
5 月上旬	重 $T<18.4$	重 $T<18.4, T>19.6$ 轻，
5 月中旬	轻 $T>20.1, 5.4<R<22.3$	重 $F<2.4, F>2.6, 10<R<29$

注：表中 T 为温度(℃)、R 为降水(mm)、S 为日照时数(h)、U 为相对湿度(%)、F 为风速(m/s)

表 4.13　强关联性气象因子统计表

序号	1	2	3	4	5	6	7	8	9	10
因子	F_{1s}	R_{2s}	U_{2s}	R_{2n}	U_{2n}	T_{3s}	S_{3s}	U_{3s}	T_{3n}	U_{3n}
序号	11	12	13	14	15	16	17	18	19	20
因子	R_{4s}	U_{4s}	U_{4n}	U_{5s}	U_{5n}	R_{6s}	R_{6n}	U_{7s}	U_{7n}	F_{7n}
序号	21	22	23	24	25	26	27	28	29	
因子	F_{8n}	R_{9s}	U_{9s}	U_{9n}	T_{10s}	T_{10n}	F_{10n}	R_{11s}	R_{11n}	

注：表中强关联性因子的数字对应表 4.14 的时间段，s 表示豫南部，n 表示豫北部。例如 F_{1s} 表示豫南部 10 月中旬—11 月下旬的平均风速，R_{6n} 表示豫北部 3 月下旬的平均降水量

表 4.14　强关联因子数字下标对应时间段

序号	对应时段	序号	对应时段
1	10—11 月	7	4 月上旬
2	12 月	8	4 月中旬
3	1—2 月	9	4 月下旬
4	3 月上旬	10	5 月上旬
5	3 月中旬	11	5 月中旬
6	3 月下旬	12	5 月下旬

正相关时时段内强关联气象因子促病指数的计算表达式：

$$L_{(x_k)} = \begin{cases} X_{(i)}/X_{\max} & X_{\min} < X_i < X_{\max} \\ 1 & X_i \geqslant X_{\max} \\ 0 & X_i \leqslant X_{\min} \end{cases} \quad (k=1,2,3,4,5) \tag{4.38}$$

式中，$L_{(x_1)}$，$L_{(x_2)}$，$L_{(x_3)}$，$L_{(x_4)}$和$L_{(x_5)}$分别为T，R，S，U和F与条锈病发生程度呈正相关时的促病指数。

负相关时时段内强关联气象因子促病指数的确定：

$$L_{(y_k)} = \begin{cases} 1-(Y_i-Y_{\min})/(Y_{\max}-Y_{\min}) & Y_{\min} < Y_i < Y_{\max} \\ 0 & Y_i \geqslant Y_{\max} \\ 1 & Y_i \leqslant Y_{\min} \end{cases} \quad (k=1,2,3,4,5) \tag{4.39}$$

式中，$L_{(y_1)}$，$L_{(y_2)}$，$L_{(y_3)}$，$L_{(y_4)}$，$L_{(y_5)}$分别为T，R，S，U和F与条锈病发生程度呈负相关时的促病指数。

② 预测模型的建立及病害等级标准

将豫南部及豫北部各时段内所有强关联因子促病指数之和的平均值称为条锈病的综合发病指数，其表达式为：

$$L_{xy} = \sum_{j=1}^{n}(L_{x_k} + L_{y_k})/n \tag{4.40}$$

式中，n为预测时所参与的强关联因子总数。

由条锈病模型的建立过程可知，每个预测时间的促病指数L_{xy}均为介于0～1之间的某个数字，据此依照等差分布方法设定指数L_{xy}的等级值（见表4.15）。

表4.15　河南省条锈病预测模型

预测时间	预测模型	预测模型气象因子表达式
冬前	$L_{xy(冬前)} = \sum_{j=1}^{2}(L_{x_k}+L_{y_k})/2$	$L_{xy(冬前)} = (F_{1s}+R_{2s}+U_{2s}+R_{2n}+U_{2n})/5$
3月上旬	$L_{xy(上/3)} = \sum_{j=1}^{10}(L_{x_k}+L_{y_k})/10$	$L_{xy(上/3)} = (L_{xy(冬前)}\times 5+T_{3s}+S_{3s}+U_{3s}+T_{3n}+U_{3n})/10$
4月上旬	$L_{xy(上/4)} = \sum_{j=1}^{17}(L_{x_k}+L_{y_k})/17$	$L_{xy(上/4)} = (L_{xy(上/3)}\times 10+R_{4s}+U_{4s}+U_{4n}+U_{5s}+U_{5n}+R_{6s}+R_{6n})/17$
5月中旬	$L_{xy(中/5)} = \sum_{j=1}^{27}(L_{x_k}+L_{y_k})/27$	$L_{xy(中/5)} = (L_{xy(上/4)}\times 17+U_{7s}+U_{7n}+F_{7n}+F_{8n}+R_{9s}+U_{9s}+U_{9n}+T_{10s}+T_{10n}+F_{10n})/27$

4.5.2　作物病虫害盛发期气象预报

河南省作物病虫害有数十种之多，各病害和虫害的盛发时段受作物生育期的影响，相对固定，受气象条件影响有所提前或推迟。下文以小麦条锈病、白粉病、纹枯病、赤霉病、麦蚜虫和吸浆虫等为例解释病虫害盛发期的波动。

小麦条锈病盛发期主要在4月—5月上旬，即小麦拔节、抽穗、灌浆期阶段。河南省条锈病一般不能越冬，主要为外来病源。冬季气温偏高，土壤墒情好或冬季积雪时间长，次年3—5月降雨多，尤其是早春1个月左右的降水多于常年，晚春病害可能大流行或中度流行。主要依据为早春菌源量大，气温回升快，春季关键时期雨水多，可能大流行；如果外来菌源量大，则后期流行。

白粉病盛发期主要在 4 月—5 月上旬，即小麦拔节、抽穗、灌浆期。冬季和早春气温偏高，始发期就较早，0～25 ℃均可发生，15～20 ℃为最适温度，10 ℃以下最缓慢，25 ℃以上病情发展受到抑制；4～6 ℃时潜育期为 15～20 d，8～11 ℃为 8～13 d，14～17 ℃为 5～7 d，19～25 ℃为 4～5 d。一般来说，干旱少雨利于抑制白粉病发生；空气湿度大易导致病菌孢子的形成和侵入，但湿度过大降水过多则不利于分生孢子的传播。

纹枯病盛发期主要在 3 月—4 月上旬，即小麦返青、拔节、抽穗期。冬前高温多雨有利于发病，春季气温已基本满足纹枯病发生条件，湿度是发病的主导因子，3 月—5 月上旬的雨量与发病程度密切相关。

赤霉病盛发期主要在 4 月下旬—5 月中旬，开花期遇连阴雨天气或持续高湿天气都将使其偏重发生。充足的菌源、适宜的气象条件与小麦开花期相吻合，就会造成赤霉病流行；气温不是决定病害流行程度变化的主要因素，小麦开花期的降雨量、降雨日数和相对湿度是该病流行的主导因素，其次是日照时数。小麦抽穗期以后降雨次数多，降雨量大，相对湿度高，日照时数少是构成赤霉病大发生的主要原因。此外穗期多雾、多露也可促进病害发生。

麦蚜虫盛发期主要在 4—5 月，即小麦拔节、抽穗、灌浆期。麦蚜适宜温度范围 12－20℃，不耐高温和低温，7 月 26℃等温线以南不能越夏，1 月 0℃以下的地区不能越冬。通常冬暖、春旱有利于麦蚜虫猖獗发生，冬暖延长了麦蚜虫繁殖时间，增加了越冬指数；春旱提早了麦蚜虫的活动期，增加了繁殖机会，可为虫害发生累积更多的虫源。春季持续干旱是麦二茬蚜猖獗发生的一个重要条件，而春季雨水适宜，对麦长管蚜的种群扩增具有一定作用。此外雨水的冲击使蚜量显著下降，1 h 降水达 30 mm 的暴雨，伴随 9 m/s 的大风，雨后麦蚜量下降 98.7%。

吸浆虫盛发期在河南省中、南部地区的 4 月，北部地区的 4 月下旬—5 月上旬，即小麦处于拔节、抽穗、灌浆期。早春气温高低影响吸浆虫发生的迟早。早春气温回升早，土温上升快，虫害发生就早；遇寒流侵袭，则发生期推迟。只要有适合小麦生长发育的温度，就能满足小麦吸浆虫生长发育的要求。幼虫耐低温而不耐高温，夏季由于高温干旱，吸浆虫越夏死亡率往往高于越冬死亡率。所以温度对小麦吸浆虫种群数量的影响主要通过越夏死亡率作用。小麦吸浆虫喜湿怕干，雨量与土壤湿度是影响种群变动的关键因子之一，春季少雨干旱，土壤含水量在 10%以下，幼虫不化蛹，继续处于冬眠状态；含水量低于 15%，成虫很少羽化；土壤含水量 22%～25%时，成虫才大量出现。成虫产卵、幼虫孵化和入侵均需较高的湿度。5 月下旬—6 月初降雨对老熟幼虫离穗入土有利，否则老熟幼虫被带到麦场，经过日晒碾压，难以生存。4 月的降雨量与当年的发生程度呈明显的正相关。

病虫害气象等级服务是近几年才开始的农业气象服务，作为河南省农业气象服务的拓展业务，服务内容及服务方式仍在不断摸索和完善。

4.6　河南省墒情预报业务服务系统

土壤墒情及需水量预报主要是根据土壤水分平衡方程，由实测土壤湿度，利用 Penman-Monteith 公式和未来天气预报结果递推求得未来各时段土壤湿度，并将预报的土壤湿度与作物不同发育时段的适宜水分指标进行对比，判别未来一段时间的需水量，并从经济效益的角度分析，确定是否灌溉，以及最佳灌溉期和灌溉量。本节介绍的土壤墒情及需水量预报方法主要包括站点和格点化墒情及需水量预报。

4.6.1 土壤墒情预报原理

土壤水分平衡方程是进行墒情预报的主要理论依据：

$$W_{T+1} = W_T + P + G - ET \tag{4.41}$$

式中，W_{T+1}为时段末的土壤含水量(mm)；W_T 为时段初的土壤含水量(mm)；P 为时段内的有效降水量(mm)；G 为时段内地下水补给量(mm)；ET 为时段内作物耗水量(mm)。

时段初土壤含水量 W_T：

$$W_T = 10 \times m \times \rho \times h \tag{4.42}$$

式中，m 为用烘干法测得的重量土壤湿度(%) 的分子项；ρ 为土壤容重(g/cm^3)；h 为土层厚度(m)，模型中取 1 m；10 为单位换算系数。

时段内有效降水量：

$$P = R - T - L - I_t \tag{4.43}$$

式中，P 为有效降水量(mm)；R 为预报降水量(mm)；T 为径流量(mm)；L 为土壤深层渗漏量(mm)；I_t 为植被截留量(mm)。

时段内地下水补给量(G)主要取决于地下水深度和土壤性质。小麦拔节前根系较浅，地下水补给量可不予考虑。拔节后及夏玉米地下水补给量(G)的计算公式为：

$$G = ET / e^{2H} \tag{4.44}$$

式中，H 为地下水埋深(m)；ET 为阶段实际耗水量(mm)。

从计算农田潜在蒸散入手，经过土壤水分和作物叶面积系数的二级订正，进而求得未来某时段耗水量 ET。用 1998 年联合国粮农组织推荐的 Penman-Monteith 公式计算得到潜在蒸散后，对潜在蒸散值进行订正，即可得到农田实际蒸散量：

$$ET = K \cdot ET_0 \tag{4.45}$$

式中，ET 为作物实际蒸散量即作物耗水量；ET_0 为参考作物蒸散量；K 为作物系数，是土壤含水量和叶面积系数的函数。

利用以上各式，将水分的各收支项代入式(4.41)，利用递推的方法，即可进行土壤墒情预报。

4.6.2 土壤墒情预报及灌溉量估算方法

(1)站点土壤墒情及灌溉量预报

1)时段初土壤含水量(W_T)

时段初土壤含水量(W_T)由实测土壤湿度得到，但有些站点只观测到 50 cm，为了解决部分台站没有 60～100 cm 测墒数据的问题，需要建立深层土壤湿度与 50 cm 土壤湿度的关系式：

$$S_{60} = -0.0103 \times S_{50}^2 + 1.1116 \times S_{50} + 2.0865 \tag{4.46}$$

$$S_{70} = -0.0099 \times S_{50}^2 + 0.9657 \times S_{50} + 4.6223 \tag{4.47}$$

$$S_{80} = -0.0064 \times S_{50}^2 + 0.7912 \times S_{50} + 6.2572 \tag{4.48}$$

$$S_{90} = -0.0007 \times S_{50}^2 + 0.5389 \times S_{50} + 8.3103 \tag{4.49}$$

$$S_{100} = -0.0018 \times S_{50}^2 + 0.5016 \times S_{50} + 9.1872 \tag{4.50}$$

式中，S_{50}，S_{60}，S_{70}，S_{80}，S_{90}和 S_{100}分别为 50，60，70，80，90，100 cm 土壤湿度。

2)时段内有效降水量(P)

有效降水量是指进入计划土层的净降水量，在计算时根据式(4.43)，可依据各级气象台站发布的中长期天气预报获得。径流量(T)是一个与降水强度、降水持续时间等因素有关的量，河南省在小麦生长季降水量一般不大，T 可视为零。L 为深层渗漏量(mm)，当土壤水分不超过田间持水量时，渗漏量忽略不计，当土壤含水量超过田间持水量时(灌溉或降水后)，超过部分作为渗漏处理。对于夏玉米径流量(T)和渗漏量(L)一并处理，即当土壤含水量超过田间持水量时(灌溉或降水后)，超过部分作为损失量处理。I_t 为植被截留量(mm)，其随作物生长发育阶段不同而不同，冬小麦分蘖前截留量可以忽略不计，分蘖至拔节一次降水截留量为 0.5 mm，拔节至孕穗为 2.8 mm，孕穗至成熟为 4.2 mm；夏玉米不同时期的截留量约 1～4 mm。

3)作物耗水量(ET)

未来作物耗水量与土壤水分状况、作物群体状况和未来气象条件有着密切关系。首先计算农田潜在蒸散，再经过土壤水分和作物叶面积系数的二级订正，进而求得未来某时段耗水量。

计算潜在蒸散用 1998 年联合国粮农组织推荐的 Penman-Monteith 公式：

$$ET_0 = [(P_0/P)(\Delta/\gamma)R_n + E_a]/[(P_0/P)(\Delta/\gamma) + 1.00] \tag{4.51}$$

式中，ET_0 为未来某日的潜在蒸散(mm/d)；P_0 和 P 分别为海平面气压和本站气压(hPa)；R_n 为辐射差额(mm/d)；E_a 为空气动力学项(mm/d)；Δ 为饱和水汽压斜率(hPa/℃)；γ 为干湿球湿度公式常数，取值 0.66 hPa/℃。

对潜在蒸散值进行订正，即可得到农田实际蒸散量。其中的作物系数 K 是土壤含水量和叶面积系数的函数。

冬小麦的作物系数 K 通过下式计算而得：

$$K = -1.5 + 2.8^{[W+0.3351\ln(LAI+1)]} \tag{4.52}$$

式中，W 为 100 cm 深土层土壤相对湿度，即土壤湿度占田间持水量的百分比；LAI 为叶面积系数，通过实测或由式(4.53)求得：

$$LAI = -0.604 + 4.0353\times10^{-2}t + 7.087\times10^{-4}t^2 - 2.5231\times10^{-5}t^3 + 2.0269\times10^{-7}t^4 - 4.7598\times10^{-10}t^5 \tag{4.53}$$

式中，t 为小麦发育天数(d)。

夏玉米的作物系数(K)由式(4.54)计算：

$$K = -1.96078\times10^{-11}t^6 + 8.60671\times10^{-9}t^5 - 1.29025\times10^{-6}t^4 + 7.89959\times10^{-5}t^3 - 1.77232\times10^{-3}t^2 + 0.0134788t - 1.310474 + 2.8^w \tag{4.54}$$

式中，t 为夏玉米发育天数；W 含义同式(4.52)。

为利用台站 0～50 cm 测墒情数据开展河南省的墒情预报，并方便对预报结果的验证，在模型建立时利用郑州农业气象试验站 1994—2000 年小麦、玉米田实测土壤湿度，建立了冬小麦、夏玉米不同发育期 0～50 cm 土层深度土壤相对湿度(W)与作物系数(K)的关系曲线(见表 4.16)，并应用于省级墒情预报模型中。

4)灌溉决策

得到未来逐日土壤墒情(W_T)后，与小麦各生育期的适宜水分指标下限(轻旱指标)(W_P)和重旱指标(W_D)进行比较，当土壤湿度(W_T)大于适宜水分指标下限(W_P)时，不进行灌溉；当土壤湿度(W_T)低于小麦重旱指标(W_D)时，则进行灌溉。当土壤湿度处于适宜水分下限和干旱指标之间时，是否进行灌溉，以及灌溉量是多少，则需要进行经济效益分析。为此引入目标函数：

$$B_{ij} = C_1\Delta Y_{ij} - C_2H_{ij} - C_3S_i \tag{4.55}$$

表 4.16 河南省土壤墒情预报模型

小麦			玉米		
发育期	模型	相关系数(R)	发育期	模型	相关系数(R)
备播—播种	$K=3.6158\times10^{-5}\times W^{2.2307}$	0.879 34	播种、出苗	$K=3.2384\times10^{-3}\times W^{1.1520}$	0.862
出苗—三叶	$K=5.6279\times10^{-7}\times W^{3.2307}$	0.863 86	七叶	$K=3.3087\times10^{-4}\times W^{1.7389}$	0.864
分蘖	$K=7.4958\times10^{-8}\times W^{3.6747}$	0.737 41	拔节	$K=7.9852\times10^{-3}\times W^{1.0896}$	0.864
越冬	$K=1.8935\times10-6\times W^{2.9144}$	0.634 20	抽雄	$K=3.7006\times10^{-4}\times W^{1.7838}$	0.937
返青	$K=5.6806\times10^{-7}\times W^{3.1992}$	0.685 22	灌浆	$K=6.1867\times10^{-2}\times W^{0.6361}$	0.428
拔节	$K=4.4079\times10^{-3}\times W^{1.2379}$	0.662 16	乳熟—成熟	$K=1.3754\times10^{-3}\times W^{1.3803}$	0.412
抽穗—灌浆	$K=9.5605\times\ln W-3.0731$	0.720 64			
乳熟—成熟	$K=2.7615\times10^{-8}\times W^{3.7804}$	0.662 10			

其约束条件为：

$$H_{ij}\leqslant F_c-I_f-W_{\mathrm{T}} \tag{4.56}$$

式中，H_{ij} 为第 i 个生育阶段施行的第 j 个灌溉量；B_{ij} 为第 i 个生育阶段施行第 j 个灌溉量后所取得的经济效益；ΔY_{ij} 为第 i 个生育阶段施行第 j 个灌溉量所引起的产量变化；S_i 为灌溉开关因子，表示第 i 个生育阶段是否施行灌溉，$S_i=0$ 时不灌，$S_i=1$ 时灌溉；C_1，C_2 和 C_3 分别为小麦价格、水费和单位面积土地进行一次 90 mm 灌溉所需要投入的劳力、机器折旧等费用(单位：元/次)；F_c 为田间持水量，约束条件控制灌水量，以免发生渗漏流失。决策时首先设 $S_i=1$，即进行灌溉，然后给定一组灌溉量，计算其经济效益 B_{ij}。当 $B_{ij}\leqslant0$ 时，则不进行灌溉；当 $B_{ij}\geqslant0$ 时，取不同灌溉量情况下的 B_{ij} 最大值，则与之相对应的 H_{ij} 即为该阶段的灌溉量。在水资源有限的地区，应优先保证拔节和灌浆期用水；而返青至拔节初期进行适当的水分胁迫，可以促使小麦根系下伸，增加对深层土壤水的利用(朱自玺 等，1995)。具体流程见图 4.13。

(2)格点化土壤墒情预报

以极轨气象卫星或静止气象卫星遥感监测的土壤水分资料为基础，结合 RegCM3 数值天气预报产品，通过土壤水分预报模式计算，可得到未来 7～10 d 或更长时间的土壤水分格点预报资料，参考作物需水指标和干旱指标，可提出相应的灌溉建议，从而将遥感监测模型、数值天气预报模型、土壤墒情预报模型和灌溉决策模型形成一个有机的整体，实现了“区域气候数值预报模式-遥感监测-土壤水分预报模式-灌溉决策”的集成应用，具体流程见图 4.14。

本系统在运行时，采用气象卫星土壤水分遥感监测资料和区域气候模式 RegCM3 输出产品作为输入量，并根据各气象台站实测的土壤水分参数资料，依据 1∶400 万土壤类型图，内插得到各网格点上的土壤水文常数，进而做出各网格点的土壤水分预报值。再依据不同类型、不同作物的土壤水分指标，判断其是否干旱。其中 10 d 格点化小麦土壤水分预报准确率平均在 85%左右。

RegCM3 采用 Visual Fortran 语言编制，运行于 Linux 平台上；土壤墒情预报计算机模型和干旱预警模型采用 C++可视化开发工具进行开发，运行于 Windows XP 或 Windows 2000 环境下，完成一次 10 d 的预报约需 3 个多小时。

另外，为了扩大系统的应用范围，当无法得到遥感监测的土壤水分资料时，本系统也可利用台站实测土壤水分资料和数值天气预报产品，进行土壤墒情预报。对实测气象要素和站点墒情等单点数据资料，采取 Cressman 插值算法(C++版本)，实现离散点向网格点的转化。

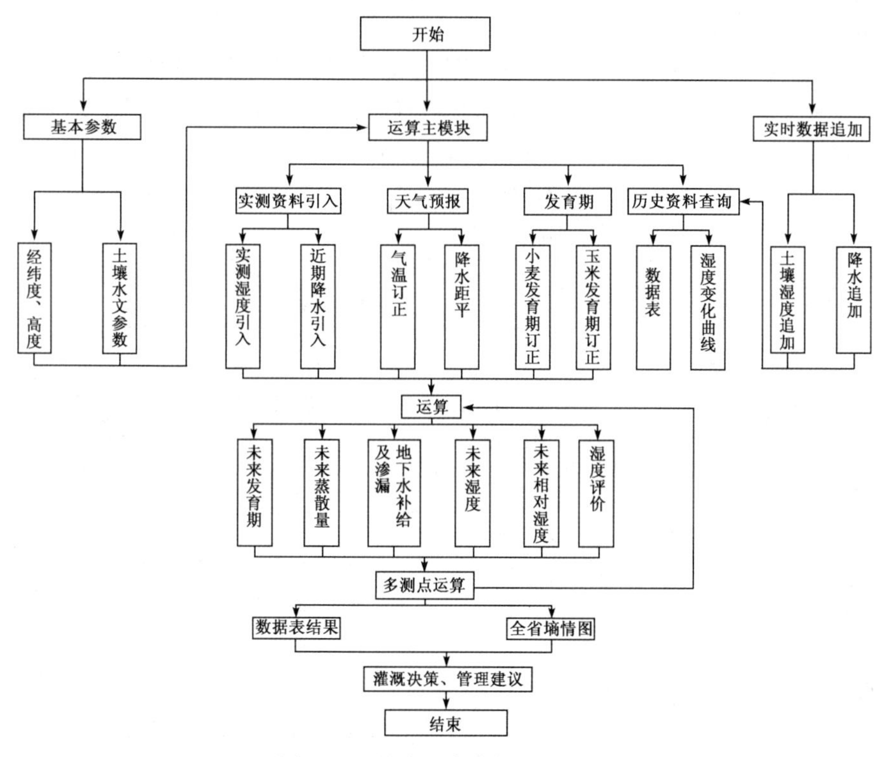

图 4.13　站点土壤墒情预报流程

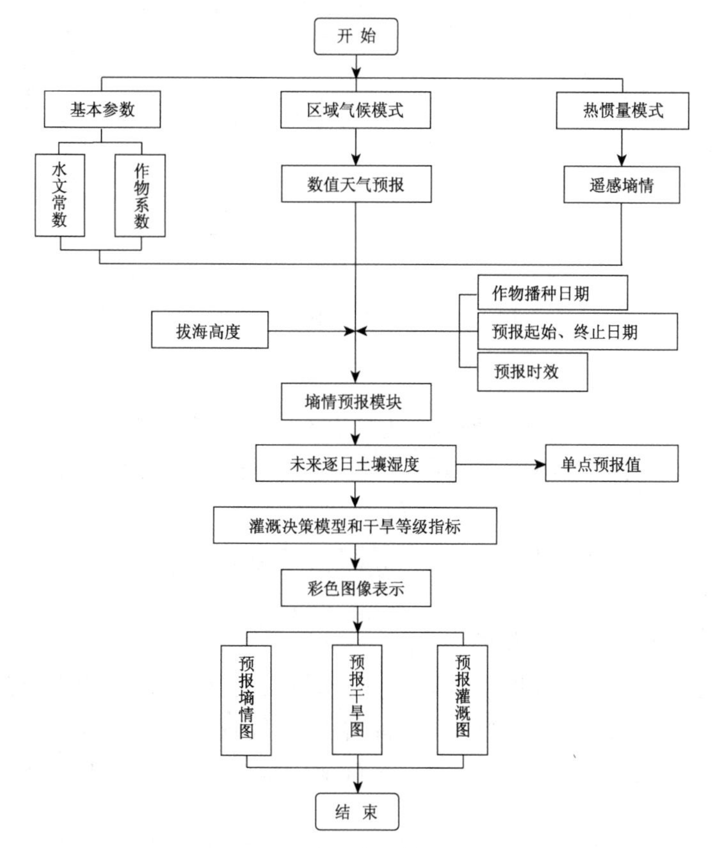

图 4.14　格点化墒情预报流程

(3)灌溉需水量估算

主要应用遥感监测墒情结果或实测墒情推算结果,结合不同土壤类型主要农作物(冬小麦、夏玉米)不同生育期的土壤水分干旱指标和适宜指标,判别目前农田土壤是否需要灌溉及灌溉量,从而估算区域内灌溉需水量,具体流程见图 4.15。

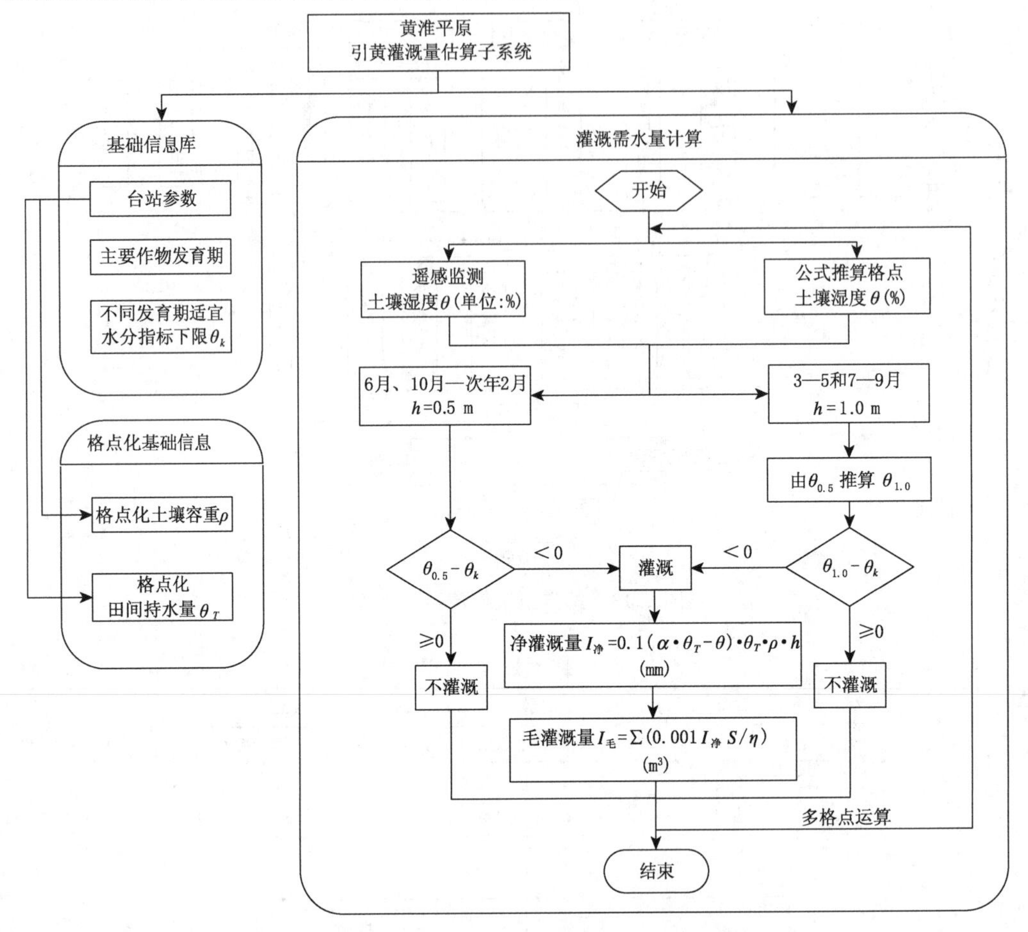

图 4.15 灌溉需水量估算流程

1)由 θ_{50} 推算 θ_{100}

根据不同时期,利用遥感监测或推算的土壤湿度转换关系方程推算:

$$3—5\text{ 月}:\theta_{100} = -0.0765\theta_{50}^2 + 1.2713\theta_{50} + 0.1828 \tag{4.57}$$

$$7—9\text{ 月}:\theta_{100} = 0.8357\theta_{50} + 0.7713 \tag{4.58}$$

式中,θ_{100} 和 θ_{50} 分别为 0~1.0 和 0~0.5 m 土层土壤相对湿度平均值。

2)净灌溉量的计算

$$\text{净灌溉量}:I_{\text{净}} = 0.1(\alpha\theta t - \theta)\theta_t\rho h \tag{4.59}$$

式中,$I_{\text{净}}$ 为控制土层达到目标湿度所需灌水量(mm);α 为目标系数,指占田间持水量的百分比,取值 0.75~1.0,一般取 0.9;θ_t 为重量田间持水量(%);θ 为监测或推算得到的土壤相对湿度(%);ρ 为土壤容重(g/m³);h 为灌溉目标控制的土层厚度(m),本程序取 h=0.50 或 1.00 m;0.1 为单位换算系数。

3)灌溉深度(h)的确定

根据该区域内主要农作物的生长发育，一般在 6 月、10 月—次年 2 月取 $h=0.5$ m，3—5 和 7—9 月取 $h=1.0$ m。

4)区域灌溉量的估算

$$I_{总} = \sum(0.001 I_{净} S/\eta) \tag{4.60}$$

式中，$I_{总}$ 为一定区域内灌溉所用水总量，包括渠系损耗水等(m^3)；η 为灌溉水利用系数，目前我国灌溉设施灌溉水利用系数为 0.45～0.7，一般取 0.6(刘荣花 等，2005)；S 为需要灌溉农田的区域面积(m^2)；0.001 为单位换算系数。

4.6.3 预报流程及预报系统

土壤墒情预报以重要的农事生产季节为主，日常业务为辅，项目主要包括土壤墒情预报、农业干旱预报和灌溉量预报，具体流程见图 4.16。

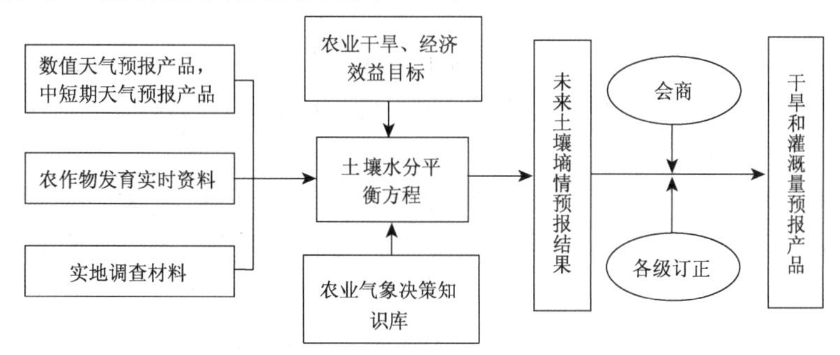

图 4.16　土壤墒情预报技术流程

(1)站点土壤墒情预报操作方法

首次使用河南省土壤墒情预报系统需先输入台站参数(包括经度、纬度、海拔高度、田间持水量、凋萎湿度及地下水位等)和历史气象资料(气温、降水量、水汽压、日照时数和风速等)，然后打开系统，点击墒情预报；开始如下操作：

1)更改测墒日期。将测墒日期改为上次测墒日期，如 10 月 11 日改为 10 月 8 日。

2)引入气象信息。从省农气中心“农业气象与信息程序”调用所城的相关资料，包括近期降水资料、测墒资料、旬月气温资料、旬月降水资料、旬月日照时数、未来旬月的中长期天气预报和作物发育期资料等。

引入降水量：将第一个降水日期改为当前日期，用雨量提取程序提取 8 号测墒下午 5 点到当天早上 5 点的降水，将降水资料文件存到自己方便使用的地方。

引入土壤湿度：包括引入逢 8 测定的土壤湿度或逢 3 测定的土壤湿度。

订正各地区的降水、气温；打开下一旬或月天气预报查看天气过程的降水量和气温变化。调整降水量数值后保存，调整降水日为过程日期，降水次序第一次，点预报结果看降水是否合理，直到将降水量和降水过程调整到与预报相一致为止；同理调整降水第二次序、第三次序。气温的订正同降水量。

作物发育期订正：进入发育期菜单，对预报期各地区作物的发育期进行订正。

3)降水、气温、作物发育期订正后保存、返回，勾选自动运算、输出作图等，然后点击运算即可(如不勾自动运算，只运算单站结果)。运算完后用记事本查看运算结果，保存在合适的路径下，然后用绘图软件绘制河南省土壤墒情预报图。

4)结果分析。利用生成的墒情预报图,结合预报经验,即可编写墒情预报报告及措施建议。

(2)格点化土壤墒情预报操作方法

1)资料提取。在河南省局农业气象服务中心网站每天下载数值天气预报产品,运行 RegCM3 模式,得到格点化土壤墒情预报所需的气温、降水、气压、日照和湿度等气象要素数据。从遥感墒情或实测墒情数据插值得到格点化初始土壤含水量,根据土壤水分平衡方程和预报时效,预测未来时段内逐日土壤含水量变化。

2)产品制作。省级土壤墒情预报动态定量业务服务产品由省农气服务中心制作,市、县级气象部门根据实况制作市、县级服务产品。具体方案如下:

① 省气象科学研究所农业气象中心每天实时收集数值天气预报产品,运行 RegCM3 数值预报模式,得到进行格点化土壤墒情预报所需的气象要素数据,通过 ftp 传输至业务用机器和市县级气象部门。

② 省气象台和市县级气象台每日负责制作全省和市(县)中短期天气指导预报,各省辖市(县)气象台调取省级指导报,根据当地的精细预报进行订正后,将预报结论在 16:00 之前上传至省农业气象中心的 ftp 服务器上。

③ 省气象科学研究所农业气象中心每日负责滚动制作未来 10 天的格点化土壤墒情预报,16:30 前上传至省农气中心的 ftp 服务器上,供省局各职能部门和各省辖市、县气象局局有关部门调取。

④ 省级农业气象部门根据当前土壤墒情、苗情、作物发育期等实际情况,依据未来土壤干旱发生等级预报和灌溉量预报,结合各地生产实际,定量和定性评价旱情变化及当前土壤墒情状况,指导市(县)级部门有针对性地开展评估调查。

⑤ 各省辖市(县)气象局根据省气象科学研究所的土壤墒情指导预报,制作当地的土壤墒情预报、干旱等级预报和灌溉量预报,并于 17:00 前对外发布。

3)产品传输。市(县)级气象部门于每旬逢 1 下午 17:00 之前,将土壤墒情预报产品通过 ftp(172.18.152.5)上传至河南省气象局农业气象,文件名为 SQYYYYMMDD_IIIII.pre,其中 YYYY 为 4 位年份,MM 为 2 位月份,DD 为预报的日期,IIIII 为台站号,后缀.pre 表示该文件为预报数据文件。如预报 2010 年 2 月 1 日土壤墒情,郑州市气象局上传的文件名应为:SQ20100201_57083.pre。

省农气中心于每旬逢 2 上午 12:00 前将全省土壤墒情预报分布图、干旱等级评估产品或灌溉量评估产品发布在"河南省现代农业气象业务服务产品"网上,供市(县)级气象部门调阅。

4.6.4　业务服务

土壤墒情预报和灌溉量预报产品主要为党委政府及相关部门提供动态量化的土壤墒情干旱、灌溉影响评估决策服务,同时根据未来土壤墒情变化向农民提供相关干旱防御、适时灌溉措施信息。发布农业干旱预警信号时,以重大气象服务专报、内部网站等形式上报党委政府及相关部门。服务产品的形式采取文字、图形图像、表格和视频影像等多种形式。

4.7　特色农业与设施农业气象预报

特色农业和设施农业是现代农业的组成部分,其中设施农业是衡量一个国家农业现代化程度的重要标志之一，是农业种植业中效益最高的产业，是高效农业的重要表现形式，开展特色农业和设施农业气象预报是农业气象业务服务中的重要组成部分，可减少农业气象灾害对特色农业和设施农业的影响，对提高特色农业和设施农业产品的产量和质量具有重要意义。

4.7.1　特色农业气象服务

(1)特色农业的含义

特色农业就是将独特的农业资源开发区域内特有的名优产品，转化为特色商品的现代农业。特色农业是以追求最佳效益即最大的经济效益和最优的生态效益、社会效益和提高产品市场竞争力为目的，依据区域内整体资源优势及特点，突出地域特色，围绕市场需求，坚持以科技为先导，高效配置各种生产要素，以某一特定生产对象或生产目的为目标，形成规模适度、特色突出、效益良好和产品具有较强市场竞争力的非均衡农业生产体系。

因此，各县(市)应根据本地实际情况，确定当地主要特色农业种类，如温县山药、鄢陵花卉、灵宝苹果、襄城烟草、新郑大枣、开封菊花和洛阳牡丹等，开展相应的气象服务。

(2)特色农业观测

各县在调查当地特色农业需求和存在的气象问题基础上，确定影响当地特色农业的主要气象要素，购置相应的观测仪器，开展特色农业观测。

各县(市)对本地特色作物进行观测，主要开展生育期观测、生长状况观测及病虫害观测，有条件和有需求的地方可开展品质观测，如糖度。观测方法和标准参考《河南省农业气象观测方法(试行)》，观测项目为特色作物各生长发育期适宜气象条件(气温、光照和土壤相对湿度等)及不利气象条件(气象灾害、极端气候事件、光照和土壤湿度等)。

不利气象条件观测，如蔬菜类，主要观测蔬菜各生育期发生的主要农业气象灾害:灾害的发生时间、条件及灾害指标。蔬菜类的灾害主要有以下种类:冻害、霜冻、低温冷雨、低温连阴雨、高温、干旱、冰雹、暴雨及大风等。同时，观测主要农业气象灾害对特色农业造成的危害:危害部位(植株、叶子、茎、花蕾、花、果实和籽粒等)及症状、受害程度，以及防治措施(预防及补救措施)。

(3)业务平台建设

各县在特色农业观测的基础上，建立特色农业的农业气象指标，同时依托基本气象业务系统，建立当地特色农业业务服务平台，加工制作特色农作物业务服务产品。

1)卫辉市唐庄桃园气象服务平台

卫辉市唐庄万亩桃园科技示范园坐落于万亩桃园中，从2009年后期开始筹划，目前已完成了相关的硬件建设和软件配套服务。唐庄桃园气象服务平台(见图4.17)作为科技示范园软件建设的一项重要成果，承担了在桃树生长季内制作发布关键发育期和重要气象信息等多种专题服务的软件支持任务，为园区开展气象服务提供了重要技术支撑。

该平台包含了卫辉市及唐庄桃园科技示范园区概况介绍、服务产品发布、未来天气预报、实况监测、农业气象服务、气象科普知识及农村综合经济信息等多项内容。

2)焦作“四大怀药”服务平台

焦作特色农业怀山药、怀地黄、怀牛膝和怀菊花被称为“四大怀药”，由于其独特的药效和滋补作用，享有“华药”、“国药之宝”的美誉。焦作全区“四大怀药”种植面积近30万亩，年产值近40亿元，成为促进农民增收的支撑点。气象条件是影响“四大怀药”生长发育、产量形成和质量品质的关键因素之一，为进一步做好“四大怀药”的气象服务工作，保障该特色农业的优质

图 4.17　卫辉市唐庄桃园气象服务平台

稳产，由焦作市气象局牵头开发了“四大怀药”服务平台软件(见图 4.18)。

该业务服务软件开发过程中，建设了四种特色作物的气象指标库及生产建议信息库。同时也有效利用当地气象基础数据库，在平台软件中实现了历史气象数据的查询与统计功能。针对不同特色作物所处的不同发育时期，业务人员可通过该软件对适宜气象指标及灾害指标进行检索查询，并依据生产建议信息库提出有效应对措施。该平台的产量预报功能可分别进行四大特色作物的定量预报，可协助业务人员方便开展产量预报工作，为当地政府和相关部门提供更为准确的农业生产决策信息服务。

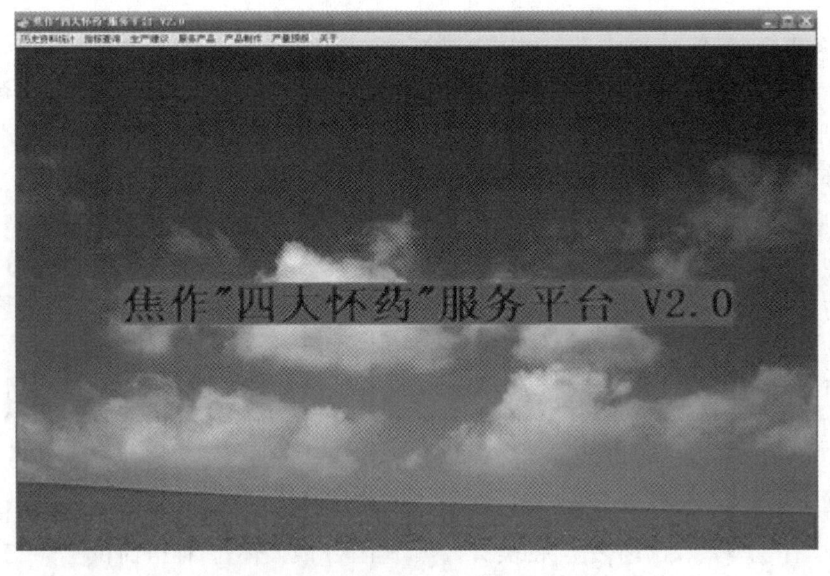

图 4.18　焦作市“四大怀药”服务平台

(4)服务对象

特色农业气象服务对象为：政府领导、生产管理部门、合作社、种植大户和普通农民等。注意收集服务对象的反馈信息，及时改进观测工作与业务服务平台。

(5)服务产品种类

特色农作物业务服务产品主要有：特色农业专题服务材料（如特色作物各生育期适宜气象条件分析、常见病虫害发生形势预测分析及产量预测分析等），重大农业气象灾害预警和生育期管理措施。

(6)业务服务产品制作

特色农作物专题服务材料：主要基于特色作物发育期气象观测、天气预报、作物长势情况、特色农业气象指标和实地调查材料等制作相关产品（特色农业气象观测可参考当地科技示范园的观测结果、特色农业气象指标详见河南省气象局下发的《特色农业气象服务手册》），如温县山药可制作《怀山药适宜播种期预报》、《怀山药播种—蔓伸长期气象条件分析》、《怀山药品质、产量预测分析》等专题服务产品。

重大农业气象灾害预警：根据天气预报和上级下发的重大气象灾害信号预警信息，对可能给特色农业造成影响的灾害性天气信息发出预警信号，如出现冰雹、大风、暴雨等突发性气象及衍生灾害时要通过手机短信、广播、电子屏和大喇叭等途径及时发布预警信息，及时进行灾害调查分析与影响评估。

生育期管理措施：针对本地的特色作物，结合作物长势、土壤墒情和气候预测等资料，分生育期制作专题材料，提出不同生育期的管理措施。

(7)产品发布

特色农业服务产品对本市县乡村发布，根据需求和用户群的不同，采取不同的发布形式与途径。以专题服务材料、网站、传真及邮件等形式上报各级领导、政府决策部门，公众服务以广播、网络、手机短信息、电子显示屏、手机、大喇叭、气象预警信息机、乡村服务站和气象信息员等形式发布。信息发布后，及时将反馈信息进行整理，进一步完善观测系统、农业气象指标和业务服务平台，提高业务服务产品质量，具体服务流程见图4.19和图4.20。

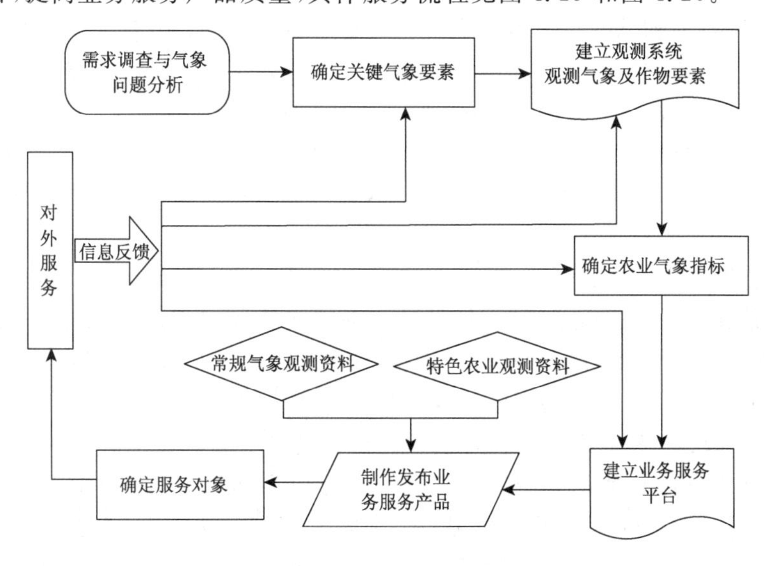

图4.19　特色农作物农业气象业务服务流程图

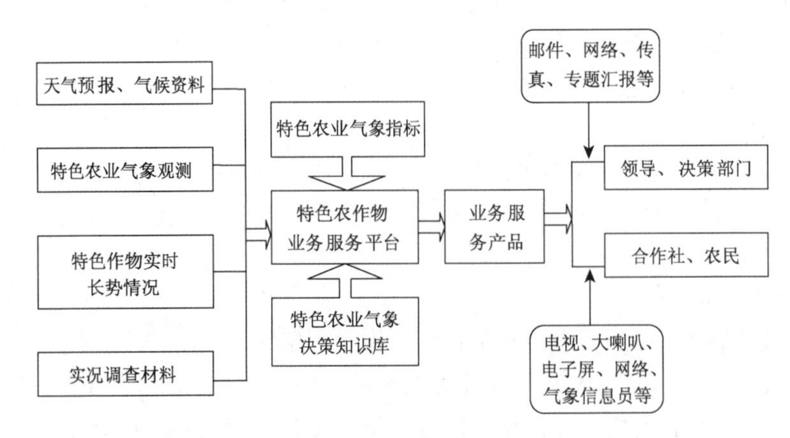

图 4.20　特色农作物气象服务产品制作和服务流程图

4.7.2　设施农业气象服务

(1)设施农业概况

1)设施农业的内涵

设施农业，是在环境相对可控条件下，采用工程技术手段进行动植物高效生产的一种现代农业方式。设施农业是通过实施现代农业工程、机械技术和管理技术改善局部环境，为种植业和养殖业、微生物、水产生物以及产品的贮藏保鲜提供相对可控制的最适宜的温度、湿度、光照、水肥和空气等环境条件，充分利用土壤、气候和生物潜能，在有限的土地上使用较少劳动力，在一定程度上摆脱对自然环境的依赖进行有效生产的农业，以获得速生、高产、优质、高效和反季节生产的新型生产方式(高翔 等，2007；何芬 等，2007)。

HO(1995)指出设施农业是一种封闭式农业生态系统，即由于玻璃、塑料薄膜或其他材料的密闭作用，阻碍了内外物质、能量、信息的交流，形成一个相对稳定的环境条件，免受不利自然天气的影响，从而充分发挥气候、植物、土地、资金和劳动力的效力。目前，已经形成了以温室、大棚、人工气候室、航天农业、植物工厂及无土栽培为主体的设施农业。广义上的设施农业包括设施栽培，主要采用各类温室、塑料棚、人工气候室及其配套设施，对蔬菜、花卉及果类进行栽培；设施养殖，主要是采用各类保温、遮阴棚舍和现代化集约饲养畜舍及配套设备，对畜禽、水产品及特种动物进行养殖(廖允成 等，1999)。设施农业从狭义上讲主要包括塑料大棚、温室和植物工厂三种不同层次。本书所述设施农业主要指狭义设施农业中的日光温室和塑料大棚。

2)设施农业发展概况

设施农业是利用人工建造的设施，使传统农业逐步摆脱自然的束缚，走向现代工厂化农业、环境安全型农业生产、无毒农业的必经之路，同时也是农产品打破传统农业的季节性，实现农产品的反季节上市，进一步满足多元化、多层次消费需求的有效方法。设施农业主要以园艺作物的高效生产和反季节栽培为产业定向，单位产值高，单位面积产值一般可达大田的 7～10 倍，甚至更高，已成为农业种植业中效益最高的产业。设施农业作为我国现代化农业的重要组成部分，已经实现了由简单到复杂、功能单一到综合，以及管理粗放到集约的转变。

设施农业是现代农业发展的象征，目前，世界各国设施农业面积已达 400 万 hm^2，其中，设施农业发达的国家包括荷兰、日本、美国和以色列等，其次为法国、西班牙及澳大利亚等国。这些国家的设施设备标准化程度高，种苗技术及栽培技术规范，植物保护及采后加工商品化技术先进，设施环境综合调控及农业机械化技术发达，并在逐步向自动化、智能化和网络化方向发展。发达国家主要以现代化玻璃温室及大型塑料温室为主，其内部环境条件(光、温、水和气)自动控制程度较高，作物生长发育受农业气象灾害影响较小，相关研究工作主要集中在设施作物精细化区划、温室环境模拟、小气候预报模型及温室环境调控等技术(王建林，2010；安国民等，2004；刘彩梅 等，2008)。国外设施农业机械化、自动化水平高。设施内部环境因素(如温度、湿度、光照度和一氧化碳浓度等)的调控由过去单因子控制向利用环境计算机多因子动态控制系统发展。发达国家的温室作物栽培，实现了播种、育苗、定植、管理、收获、包装、运输等作业机械化和自动化。目前荷兰拥有大量连栋温室 1 万～2 万 hm^2，是世界拥有最多且最先进的玻璃温室的国家，并能有效地调控设施内的温、光、水、气和肥等环境因素，实现了高度自动化的现代化农业。日本现有温室面积 514 万 hm^2，其先进的温室配套设施和综合环境调控技术处于世界前列。以色列依靠先进的设施园艺技术，在沙漠地带的不利自然条件下，设施园艺生产达到较高的生产水平，拥有现代化温室 0.3 万 hm^2，其生产的温室花卉和蔬菜大量出口欧洲各国(安国民 等，2004；刘彩梅 等，2008；王建林，2010)。

相对欧美发达国家而言，我国在 20 世纪 80 年代初提出设施农业的概念，目前主要以节能型日光温室和塑料大棚为主，其结构和生产方式具有典型中国特色，我国的设施农业大部分技术装备水平低，只能用于春提早、秋延后生产，夏季无通风降温设施，冬季无加热设施，对环境的调控能力相对较差，受外界环境的影响较大(古文海 等，2004)。我国设施农业目前发展和应用较多的主要是塑料大棚、日光温室及连栋温室，也有少量采用先进工程技术的智能温室，其中日光温室发展迅速，其面积已超过温室总面积的 60%。

3)我国设施农业发展现状

我国自 20 世纪 60 年代中期在吉林省长春市郊建成了国内第一栋塑料大棚后，以塑料薄膜为覆盖材料的塑料大棚与日光温室等设施园艺获得了迅速发展。20 世纪 70 年代末至 80 年代初，温室生产开始大面积推广普及，通过第一次大量温室引进，在消化和吸收国外先进技术的基础上，促使使用国自身的温室技术和产品不断提高。20 世纪 80 年代中期，对传统日光温室的建筑结构、环境调控技术全面改进而成的节能日光温室，使得在我国 32°～41°N 的地区，如黄河中下游的黄淮平原、辽东半岛和京津地区发展迅速，能够在不用人工加温或仅有少量加温的条件下，实现严寒冬季的喜温蔬菜和果菜生产，在增加农民收入和脱贫致富、增加园艺产品的花色品种及提高人民生活水平方面发挥了积极作用；到 20 世纪 90 年代形成了设施农业发展的高潮，我国引进了国外大型连栋温室及配套栽培技术，以生产超时令、反季节的设施园艺作物为主。到 2000 年，我国以蔬菜栽培为主体的设施园艺面积已达 210 万 hm^2。设施园艺的发展基本上解决了我国长期以来蔬菜供应不足的问题，并实现了周年均衡供应，达到了淡季不淡、周年有余的要求。据统计，目前我国设施栽培中温室面积达 0.1 万 hm^2，设施栽培类型主要是塑料中小拱棚、塑料大棚、日光温室和现代化温室，栽培的作物主要是蔬菜、花卉及瓜果类。

在以日光温室、塑料大棚为代表的设施农业中，河北、山东和河南等省(区、市)重点发展塑料大棚和高效节能日光温室等设施，以生产反季节蔬菜和无季节生长的蔬菜、瓜果和花卉等来提高农产品附加值；以上海和天津为代表的都市型设施农业成为大中型城市及其郊区农业发展的新趋势；沿海各省具有高附加值的设施园艺发展迅速，并形成区域特色产业；西部地区以甘肃和新疆为例，该区域以日光温室为代表的设施农业规模很大，尤其新疆地区，与中亚及俄罗斯等国家和地区发展外向型经济，取得很好的成绩；广西和海南的设施农业发展虽起步较晚，但与热带高效农业相结合也取得了较好的效果。

与发达国家相比，我国设施农业的整体水平仍落后于发达国家。随着我国对设施农业发展的日益重视和设施农产品市场需求的持续扩大，我国设施农业产业经过引进、消化、吸收和自我创新，形成了内容较为完整、具备相当规模的主体产业群，呈现出强劲的发展态势，而且逐步具有了产业化、标准化和国际化等典型的现代农业特点。2008 年我国设施农业种植面积已达到 4500 多万亩，占世界总面积的 86%以上，其中塑料拱棚占 66%，日光温室占 34%。随着气候变化和世界能源危机的加剧，具有中国特色的节能日光温室面积还有进一步增加的动力和发展趋势。2010 年，我国设施农业栽培面积已达 5865 万亩，其中冬暖栽培面积达 855 万亩。据统计，全国设施栽培面积仍有 44%的推广普及空间，发展前景非常广阔。

从各省(区、市)情况来看，我国设施农业总体布局趋于合理，多数地区在发展中体现了以节能为中心、低投入和高产出的特色，设施设备的总体水平有了明显提高，设施类型向大型化、自动化和智能化发展，作物品种不断扩大和丰富，产量不断提高，不仅成为吸纳农民就业的重要载体和农民增收致富的重要途径，而且有效地促进了农业综合生产能力的增强和农业产业结构的调整。

4)河南省设施农业发展情况

近年来，河南省设施农业建设在政府推动、市场拉动和效益驱动下迅速发展。据不完全统计，截至 2010 年 5 月，河南省共建有日光温室 14 多万座，温室大棚总数达到 151.59 万个。设施农业建设主要集中在花卉、蔬菜、食用菌、水稻育秧和养殖等方面。其中设施蔬菜面积最大，占 95%，食用菌占 3%。设施蔬菜种植面积 550 万亩，约占蔬菜种植面积的 20%以上；设施花卉苗木近 30 万亩。

随着设施农业的发展，河南省大部分市县逐年加大对设施农业的资金支持。济源市 2005—2008 年市财政用于蔬菜产业奖补的资金分别为 40 万、70 万、340 万和 750 万元，年均增长 108%，2009 年市财政用于温室大棚建设项目的专项资金猛增至 1000 万元，镇级财政配套到位。各镇(街道)按市财政支持资金给予 1：1 资金配套基础上，制定更加优惠的政策，支持设施农业的发展。郑州市农机局从 2007 年开始对设施农业机械进行 40%补贴，补贴资金 150 万元。2010 年，郑州市把发展设施农业作为加快农业结构调整、发展现代农业的一个重点，市财政划拨 3000 万元专项资金，扶持节能日光温室和智能温室等农业设施建设，推进蔬菜、水果、花卉等园艺作物设施化生产。加大财政投入的同时，信贷资金也给予了优先、优惠。

5)设施农业主要类型

设施农业从种类上分，主要包括设施园艺和设施养殖两大部分。本文所指的狭义的设施农业主要有以下 4 种模式：一是简易覆盖型。以地膜覆盖为典型代表，适合于寒冷且干旱的北方大田生产。二是简易设施型。主要是中小拱棚，以塑料薄膜低空(低于 2 m)覆盖为主，多用于城郊的蔬菜保护地栽培。三是一般设施型。主要是塑料大棚、日光温室和加温温室。四是复杂设施型。主要指工厂化育种育苗、工厂化生产及无土栽培等，通常包括加热系统、降温系统、通风系统、遮阳系统、微灌系统和中心控制系统。

小拱棚(遮阳棚)的特点是制作简单，投资少，作业方便，管理非常省事。其缺点是不宜使用各种装备设施，并且劳动强度大，抗灾能力差，增产效果不显著。主要用于种植蔬菜、瓜果和食用菌等。

塑料大棚是我国北方地区传统的温室，农户易于接受，塑料大棚以其内部结构用料不同，分为竹木结构、全竹结构、钢竹混合结构、钢管(焊接)结构、钢管装配结构以及水泥结构等。总体来说,塑料大棚造价比日光温室要低,安装拆卸简便,通风透光效果好,使用年限较长,主要用于果蔬瓜类的栽培和种植。其缺点是棚内立柱过多,不宜进行机械化操作,防灾能力弱,一般不用它做越冬生产。

日光温室是有采光性和保温性能好、取材方便、造价适中及节能效果明显等优点,适合小型机械作业。天津市推广新型节能日光温室,其采光、保温及蓄热性能很好,便于机械作业,其缺点在于环境的调控能力和抗御自然灾害的能力较差,主要种植蔬菜、瓜果及花卉等。青海省比较普通的多为日光节能温室,辽宁省也将发展日光温室作为该省设施农业的重要类型,甘肃、新疆、山西和山东等省(区)日光温室分布比较广泛。

复杂设施型中以玻璃或PC板连栋温室为代表,玻璃或PC板连栋温室具有自动化、智能化、机械化程度高的特点,温室内部具备保温、光照、通风和喷灌设施,可进行立体种植,属于现代化大型温室。其优点在于采光时间长,抗风和抗逆能力强,主要制约因素是建造成本过高。福建、浙江、上海等地的玻璃或PC板连栋温室在防抗台风等自然灾害方面具有很好的示范作用,但目前仍处于起步阶段。塑料连栋温室以钢架结构为主,主要用于种植蔬菜、瓜果和普通花卉等。其优点是施用寿命长,稳定性好,具有防雨、抗风等功能,自动化程度高;其缺点与玻璃或PC板连栋温室相似,一次性投资大,对技术和管理水平要求高。一般作为玻璃或PC板连栋温室的替代品,更多用于现代设施农业的示范和推广。

目前,大多数国家生产应用以塑料温室为主,荷兰等西欧国家由于气候的原因以玻璃温室为主。发达国家的温室覆盖材料都具有高适光性、高保温性、防尘、无滴、抗老化和使用期长等特点,近年来日本、美国开发出的功能膜具有光谱选择、降温、杀菌及防虫等特点,这类温室的自动控制程度高,基本上实现了温室的机械化、自动化和现代化。

6)设施农业主要气象灾害

设施农业的高效益始终与高风险相伴,灾害性天气对设施农业生产的威胁几乎是致命的。我国又是自然灾害频发的国家,在目前气候变化的背景下,极端天气事件发生频率增加、强度增强,一旦受到农业气象灾害影响,设施作物产量和品质即受到严重冲击。在我国北方的设施农业生产中,低温、寡照、大风和暴雪等均是威胁该地区设施农业生产的最主要气象灾害。如2009年11月1—3日,一场罕见的寒潮袭击我国北方,天津地区一日内降温14 ℃,连续3日最低气温低于5 ℃,造成天津静海县台头镇大部分大棚蔬菜绝收。2010年1月1—3日,华北地区出现50年一遇的暴雪,来不及清除的积雪压塌了日光温室和蔬菜大棚,众多菜农颗粒无收。据统计,我国北方地区平均每年会有十次左右能够影响设施农业生产的强降温天气过程,至少五次的连续三天以上连阴天灾害,和数量不等的大风、大雪天气。

对设施农业有重大影响的气象灾害主要有以下几种类型:

① 低温寡照。在秋末至春初季节,连续的阴雨雪或雾霾天气,使外界日照不足或无日照,导致日光温室内温度较低,低温寡照改变了日光温室获取能源的自然条件,使温室内气象条件不能满足作物生长发育的需要,致使作物出现生长停滞、植株枯萎甚至死亡等现象。因此,低温阴雨寡照是对设施农业造成危害最严重的一种农业气象灾害。低温寡照灾害与霜冻灾害是不同的,霜冻灾害是指短时间的低温冻害,作物受冻而死亡;而低温寡照是指温度下降到低于作物当时所处生长发育阶段的下限温度,作物的生理活动受到限制,缺少作物进行光合作用的太阳光照,当作物呼吸作用加强且大于光合作用时,作物的生命活动将衰竭(魏瑞江,2003;山义昌 等,2008)。

② 大风。大风是对农业设施造成结构性破坏的灾害性天气之一，大风天气可造成骨架倒塌而砸坏作物，或冷空气进入而冻伤作物，还会撕毁棚膜，持续大风可形成室内外压力差，导致揭膜、作物受害。我国北方地区冬季和春季多会出现 7～8 级大风天气，阵风甚至达到 9～10 级，东南沿海地区多有台风，对设施农业的破坏性更大。

③ 暴(雨)雪。强降雨淋湿草苫和后坡上的柴草，使前后坡骨架负载加重，压垮前骨架或造成支柱折断。暴雪天气时，如果棚顶积雪不能及时清理，积雪厚度超过大棚负载时，会导致压塌大棚，使棚内作物受冻。

对设施农业会造成伤害的灾害性天气还有冰雹、强降温、久阴骤晴及高温热害等，这些灾害发生时对设施农业作物造成的危害也很大。

(2)设施农业气象监测

农业气象灾害已成为设施农业可持续发展的主要制约因素之一，设施农业是最易受到气象条件影响的脆弱产业，也是最需要提供专业气象保障服务的行业，对设施农业气象灾害的监测和预警服务需求尤为迫切。据初步估算，若气象服务及时、防御措施得当，可使设施农业增加收入 5%～10%，每年可直接增加产值 150 亿元以上，从而有效避免或减轻灾害损失。大力加强设施农业气象灾害监测、预报和预警等技术研究，对提升设施农业防灾减灾能力具有十分重要的意义。

《现代农业气象业务》(王建林，2010)一书中指出：设施农业气象监测要立足当地设施农业生产实际与发展情况，针对主产区不同气候类型、主要设施类型、主要种植作物等，选择当地代表性站点，建立设施农业气象自动观测站，形成覆盖主产区不同气候类型、主要设施类型、主要种植作物和品种的自动观测网。设施农业气象观测与传统的农业气象观测有较大区别，其内容可分为设施小气候实时监测、设施作物生产管理、生产对象发育状况及天气状况观测等。

河南省内目前初步开展了大棚内气象条件(温度和湿度)的监测，根据作物需求调整大棚内的气象条件，外省如山东省内一些蔬菜大棚内安装了自动气象站，可以动态监测大棚内的温度、湿度变化，根据作物所需的适宜气象条件，人工调整设施内的气象条件。若要更好地对大棚内气象条件进行监测，就必须对现有农业气象基本观测仪器设备进行更新，配备先进的农田小气候、设施农业小气候、生长量、生长状况和土壤状况等观测设备。

目前可以用来进行设施农业监测的仪器主要有：设施农业外部环境监测，可用小气候自动测量系统，该系统主要包括太阳辐射、风速、风向、降水、大气压、温度和相对湿度等气象传感器，可实现准确、稳定的测量，可输出平均值、最小值和最大值；设施农业内部环境监测，可使用温室大棚小气候观测站，该观测站是专门用于为蔬菜大棚及设施农业提供农田小气候情报的观测系统，该设备主要由现场相关气象传感器、采集器、LED 显示屏、GPRS 无线传输系统、太阳能供电系统及现场小型气象站支架组成，可采集空气温度、相对湿度、光照强度、CO_2 浓度、土壤温度及土壤湿度等相关参数信息，也可根据用户实际需要更换或扩展相关监测参数。

(3)设施农业气象预报

1)设施农业气象预报基础

随着通信技术和计算机技术的不断发展，温室内自动气象观测站的建立实现了 24 h 实时、连续的资料采集，通过 GPRS 无线网络实现自动化数据传输，而且可以根据科研和业务需要进行数据的加密采集和传输，确保了资料的实时性和连续性，为日光温室小气候要素的观测和预报创造了技术条件。

目前国内一些省(区、市)已经开展了设施农业预报工作，如设施农业气象预报、塑棚蔬菜灾害天气预报、灾害性天气预警、温室内气象要素推算及预测和日光温室内的气象条件预报等。

设施农业监测的气象要素是进行设施农业预报的基础，如实时和非实时监测的温度、湿度、太阳辐射、风向、风速及降水等气象要素，分析温棚内外气象要素的变化规律以及它们之间的相互关系。此外还要分析当地的气候资源、设施农业与当地气候的关系进行分析，研究设施作物的生长气象指标及灾害临界指标，分析温室内外气象要素变化规律，掌握设施农业生产管理气象信息等，在此基础上，利用气象台天气预报的结果，结合栽培作物实时生长发育所需的气象条件观测和灾害指标，进行设施农业气象预报工作。

此外，当前大部分日光温室结构设计没有考虑通风因素，形成了设施温室内高温、高湿的特殊小气候环境，为病虫害的发生提供了有利条件，不仅会降低产量和品质，还有可能由于过量施用农药导致产品中有害物质超标，对消费者健康造成危害，因此，开展设施农业病虫害气象预报也势在必行。设施农业病虫害气象预报的基础是研究设施农业病虫害发生流行与气象条件的关系、病虫害发生流行的气象指标、气象预报模型和预报预警系统等。

2)温室内气象条件预报

目前不同地区关于日光温室内外气温定量相关模型研究较多，如吴元中等(2002)对上海三连栋大棚温室内外温度进行了研究，并建立了定量相关模型；魏瑞江等(2010)研究了石家庄地区日光温室冬季小气候特征及其与大气候的关系；崔建云等(2006)分析了外部环境气象条件对日光温室气象条件的影响；夏福华等(2008)分析了持续低温对冬暖型塑料大棚的影响；刘可群等(2008)通过研究大棚小气候特征及其与大气候的关系建立了武汉大棚内温度与太阳高度角及大气温度的相关模型；符国槐等(2011)曾以浙江慈溪市草莓塑料大棚为研究对象，分析了大棚内外气象数据，系统研究了温室内外温度、湿度的季节变化与日变化特征，分析室内与室外最高、最低气温的关系，并据此基于逐步回归法建立了温室内气温预报模型；环海军等(2010)利用淄博市日光温室小气候自动站连续实时监测数据和室外气象要素数据进行了日光温室最低气温预报方法研究；葛徽衍等(2009)曾综合运用天气学和数值预报方法，研究开发了日照时数预报天气学模型，进行当地设施农业生产季节 5 天时效的逐日日照时数预报，并据此建立了设施农业日照时数预报服务流程。

3)灾害性天气预报和预警

我国是自然灾害多发国家，尤其是在气候变化背景下，各种极端气候事件发生频率增大、强度增强，一旦出现低温、暴雪及连阴天等恶劣天气，设施作物产量和品质即受到严重冲击，同时次生灾害对产量品质均有较大影响。如 2006 年 12 月 23 日—2007 年 1 月 4 日，河北省中南部地区出现连续 13 d 的阴雾、雾转多云和雾夹雪等天气，日光温室内蔬菜产量损失 50%左右，另外，持续低温、高湿环境导致灰霉病发生严重；2007 年 3 月的一次风暴潮，导致山东半岛沿岸大部分设施大棚遭受不同程度毁坏；2010 年 2 月 28 日山东出现大范围暴雪天气，造成部分塑料大棚倒塌，仅青州市直接经济损失达 5 亿元以上；设施农业气象灾害直接影响到北京、上海等大城市的市场供应与价格；2012 年 3 月 20 日，河南省扶沟县境内的一次大风，瞬时风速达 20 m/s，刮倒、损坏塑料大棚 3000 多亩，损失近亿元。由此可见，这种出现频率虽然不高但破坏性却很强的天气，如大风、强降温、大雪、连阴天灾害等极端天气事件会对设施农业造成不可估量的损失。因此，目前很多地区开展了专门针对设施农业的灾害性天气预警系统研究。

数值预报产品的广泛使用，为天气预报提供了较客观的预报依据。欧洲中心的地面和 500 hPa 形势预报从环流形势上为设施农业灾害天气预报提供了依据；日本的高低空数值预报产品和诊断量为设施农业灾害性天气预报提供了较好的预报和诊断场；综合运用数值预报中期释用方法和短期点聚图预报方法（张永红 等，2002），制作针对性强的设施农业专项灾害天气预报，能够直接应用于指导设施农业生产，为设施农业的发展提供良好的气象保障。目前，全国很多地方开展了针对设施农业的专项天气预报，同时，根据生产管理信息提供相应的对策建议等。

（4）设施农业气象服务

对设施农业的天气进行监测、预报的目的是为设施农业提供服务，目前全国各地设施农业集中区均开展了相应的设施农业天气服务工作。如很多地方建立了设施农业服务系统，系统一般包含系统平台（灾害性天气预报子系统、影响及对策子系统、设施农业生产与气象信息子系统）、服务产品、服务对象、传输途径和效果反馈等部分。

首先，要对当地设施农业的基本概况有深入了解，确定当地灾害性天气的主要类型，如以大风、大雪、降温、寡照（日照时数≤3 h）作为主要类型，着重对这几种天气类型进行预报，确定灾害的临界指标，选定预报方法，对这些天气进行中期、短期预报，并制作预报产品，如预报中包括对设施农业造成损失的灾害性天气，在服务产品中就要进行影响及对策分析。例如大风的危害是刮飞、刮破棚膜，损坏大棚设施，降低或破坏大棚的保温性能，大部分的塑料大棚普遍严重受损，其中部分棚架或农膜报废，棚中作物受强风、低温危害严重，对生产影响极大。应该采取的对策是采用拴牢加固棚膜，使用压膜带保护膜面，加强巡视，抓紧迅速修补破损的棚膜等。遇到大风天气，要认真检查棚膜是否固定牢固，保证不能风吹揭膜，危及大棚。在温度偏高的大风天气，若需通风时，要注意通风口的方向，不能使风直接吹入棚内，以免伤苗。春季的大风还有可能同时伴有沙尘，在膜面上落满沙尘，使日照透过率降低，所以要及时清扫或水冲膜面，使膜面保持清洁，以便充分利用日照。

若预报有强降温天气，则要在服务产品中提醒农户。强降温的危害是随着强冷空气的入侵，温度下降迅猛，对棚内蔬菜安全生长十分不利，轻则造成棚内温度降低，生长停滞；重则造成冻害，品质和效益明显下降。其对策包括修补棚膜，防止冷空气进入棚内；覆盖草帘，既可减缓棚内的热量散失，又可遮挡严寒；冻前灌水，由于水的热容比较大，即使寒流侵袭，气温骤降，棚内的温度也不会急剧下降；加热升温，采用增温设备散发热量，保持棚内温度。

在冬季，若有强降雪，则要在服务产品中注明。若大雪堆积在膜面能压塌大棚，造成设施损坏、棚毁菜亡，甚至投资无法收回的惨重损失。对策是遇大风降温同时伴有大降雪，应及时清扫棚顶膜面积雪，不使雪量堆积，压塌损坏大棚；注意天气预报，及时盖好草帘，在降大雪时，无论雪停与否，都要及时清除棚顶上的积雪；若连续阴雪天后突然骤晴，应使棚内逐渐见光，切不可猛揭暴晒，否则易造成大量死苗。

寡照在各个季节都有发生，寡照会造成棚内蔬菜长势羸弱，易发生病害，若发生在3和4月黄瓜结果期，还会造成黄瓜花而不实，直接影响产量和品质。其对策是在保证栽培植物生长的最低温度基础上，揭去草帘，接受部分光照。若遇连阴天，棚内温度控制要比晴天低些，严禁加温，以防徒长；同时不可连续多天不揭草帘，因为蔬菜在黑暗中生长快，养分消耗多，而易形成弱苗；若天气突然转晴，不得马上揭去草帘，防止蔬菜萎缩死亡。

设施农业气象服务还应注意设施农业管理与气象的关系，如作物品种选择、生长季田间管理及病虫害防治等都与光、温和水等气象因素相关，基础气象信息可制作专项服务材料提供给管理部门或种植户。

在预报有灾害天气出现时进入预报业务程序，预报结果可通过电话通知市（县）农发办、设施农业办公室、设施农业大县和基地，他们再利用电话、电视或大喇叭和手机短信等各种渠道向下通知，使设施农业生产在气象科技的指导下顺利进行。

4.8　农业气象灾害预报

农业气象灾害预报是一种专业性的气象灾害预报，它与气象台发布的一般灾害性天气预报不同，农业气象灾害预报不仅包括那些对农业生产活动有严重危害的气象条件预报的内容，而且还要结合作物的生长发育状况和具体的农业气象灾害指标，来评价和鉴定未来的农业灾害性气象条件，明确回答农业生产能否受到危害，受害的时间及程度，采取什么抗御措施可以避免或减轻危害等问题。农业气象灾害预报是各级气象部门开展农业气象服务的重要内容之一，及时准确地提供农业气象灾害预报信息，可为农业生产管理部门合理安排生产、采取抗灾措施等提供决策依据。

4.8.1　农业气象灾害概述及指标

农业气象灾害一般是指农业生产过程中导致作物显著减产的不利天气或气候异常的总称。农业气象灾害的发生及其危害取决于气候异常与农业对象，同时也取决于出现的地区和季节。河南省的农业气象灾害主要有冬小麦干旱、干热风、晚霜冻、夏玉米干旱、连阴雨、大风倒伏和渍涝等。

(1)农业干旱

农业干旱不同于气象干旱和水文气象干旱，气象干旱是由降水和蒸发的收支不平衡造成的异常水分短缺现象。农业干旱是由外界环境因素造成作物体内水分失去平衡，发生水分亏缺，影响作物的正常生长发育进而导致减产或绝收的现象。农业干旱涉及土壤、作物、大气和人类对资源利用等多方面因素，而且与社会经济关系密切。干旱缺水对农业生产所造成的损失比洪涝更为严重，是农业稳定发展和粮食安全生长的主要制约因素。

干旱是河南历来发生频率高、影响范围大、持续时间长且成灾程度重的农业气象灾害。干旱主要有春旱、夏伏旱和秋旱。最严重的是春旱，由于年内降水季节分配不均，前一年 11 月—次年 3 月降水量只占全年降水量的 14%，而春季气温回升快，大风日数多，蒸发量大，使春旱加剧，给冬小麦返青—拔节造成严重影响。所以，河南有“十年九旱”、“春雨贵如油”之说。根据气象行业标准将小麦干旱灾害分为轻旱、中旱、重旱、严重干旱四个等级(QX/T 81—2007)，参考气象行业标准(QX/T 81—2007)表 4.17 和 4.18 给出了以降水量负距平百分率表示的干旱等级及相应减产率参考值。

表 4.17　小麦干旱灾害等级指标

因子	时段	等级				适用地区
		轻旱	中旱	重旱	严重干旱	
降水量负距平百分率 P_a(%)	全生育期	$P_a<15$	$15\leqslant P_a<35$	$35\leqslant P_a<55$	$P_a\geqslant 55$	北方麦区
	播种期	$P_a<40$	$40\leqslant P_a<60$	$60\leqslant P_a<80$	$P_a\geqslant 80$	
	拔节—抽穗期	$P_a<30$	$30\leqslant P_a<65$	$P_a\geqslant 65$		
	灌浆—成熟期	$P_a<35$	$35\leqslant P_a<55$	$P_a\geqslant 55$		

表 4.18 小麦干旱灾害等级对应减产率参考值

因子	时段	等级				适用地区
		轻旱	中旱	重旱	严重干旱	
降水量负距平百分率 P_a(%)	全生育期	$P_a<15$	$15\leqslant P_a<35$	$35\leqslant P_a<55$	$P_a\geqslant 55$	北方麦区
减产率 y_w(%)		$y_w<10$	$10\leqslant y_w<20$	$20\leqslant y_w<30$	$y_w\geqslant 30$	

河南种植的夏玉米易遭受初夏旱和“卡脖旱”。5 月下旬—6 月上、中旬，是河南夏玉米的播种期，此期若出现初夏旱(指标：5 月下旬—6 月中旬的三个旬中，每旬降水量均小于 30 mm，且总降水量小于 50 mm)，就会导致夏玉米晚播或出苗不好，从而导致减产。夏玉米干旱灾害等级指标见表 4.19。

表 4.19 夏玉米干旱灾害等级指标

干旱等级	土壤相对湿度指数(%)		
	出苗—拔节	拔节—成熟	全生育期
轻旱	55.1～60.0	60.1～70.0	58.1～64.0
中旱	50.1～55.0	55.1～60.0	52.1～58.0
重旱	40.1～50.0	45.1～55.0	43.1～52.0
严重干旱	≤40.0	≤45.0	≤43.0

7 月下旬—8 月中旬是夏玉米孕穗、抽雄及开花吐丝的时期，也是夏玉米一生中需水最多的时期，此时期若出现干旱(俗称卡脖旱)，会影响玉米抽雄吐丝，从而形成大量缺粒与秃尖，并使灌浆过程严重受阻，产量明显降低。

(2)干热风

干热风是指小麦生育后期出现的一种高温、低湿并伴有一定风力的农业气象灾害，又叫火风、热风、干旱风。干热风是一种复合灾害，包括高温、低湿和风三个因子，但其中主导因子是热，其次是干，因此也可列入热害之列。因为气温高，湿度低加上风吹，使作物蒸腾加速，植株体内缺水，引起灾害。干热风是我国北方小麦生产上的重大农业气象灾害之一，多发生在 5—7 月，以 5 月下旬—6 月上旬为干热风发生最集中的时段，这时正值小麦抽穗、扬花、灌浆之际，轻者灌浆速度下降，粒重降低，重者提前枯死麦粒瘦瘪，严重减产。

河南干热风活动主要有两种类型：一是高温低湿型，这是河南小麦干热风的主要类型，其特点是高温低湿，主要出现在小麦开花、灌浆期间。干热风发生时温度猛升，空气湿度剧降，最高气温可达 32 ℃以上，甚至可达 37～38 ℃，相对湿度可降至 25%～35%以下，风力在 3～4 m/s 以上，干热风结束时温度下降，湿度回升。二是雨后枯熟型，这类干热风的特点是雨后出现高温低湿天气，即在高温的天气里，先有一次降水过程，雨后猛晴，温度骤升，湿度剧降，也有时在长期连续阴雨后出现上述高温低湿天气，造成小麦青枯死亡。

根据气象行业标准(QX/T 82—2007)，适用于北方麦区的干热风指标见表 4.20 至表 4.22。

(3)霜冻

霜冻是指日最低气温下降使植株茎、叶温度下降到 0℃或 0℃以下，使正在生长发育的作物受到冻害，从而导致减产、品质下降或绝收。霜冻也是危害河南省的主要农业气象灾害之一，

表 4.20 雨后青枯型干热风指标

区域	时段	天气背景	日最高气温(℃)	14时相对湿度(%)	14时风速(m/s)
北方麦区	小麦灌浆后期，成熟前10 d内	有1次小至中雨或中雨以上降水过程，雨后猛晴，温度骤升	≥30	≤40	≥3

注：雨后3 d内有1 d同时满足表中的指标

表 4.21 黄淮海冬麦区高温低湿型干热风等级指标

项目	日最高气温(℃)	14时相对湿度(%)	14时风速(m/s)
轻干热风	≥32	≤30	≥3
重干热风	≥35	≤25	≥3
适用区域	黄淮海冬麦区		
发生时段	在小麦扬花灌浆过程中都可能发生，一般发生在小麦开花后20 d左右至蜡熟期		
天气背景	温度突升，空气湿度骤降并伴有较大的风速		

表 4.22 干热风年型等级指标

等级	指　标	危害参考值
重	1年中有2次以上重干热风过程，或2轻1重，或4次以上轻过程 过程中重干热风日连续4天以上，或轻干热风日连续7 d以上	小麦千粒重一般下降4 g以上，减产10%～20%或20%以上
轻	1年中有2次以上轻干热风过程，或1次重过程，或轻干热风日连续≥4 d	小麦千粒重一般下降2～4 g，减产5%～10%

由于霜冻发生的时期、类型不同，对小麦产量的影响差异较大，开展针对霜冻的准确预报、有效防御等工作也是农业生产的一项重要任务。

霜冻的类型：按霜冻发生的季节，通常可以分为秋霜冻（早霜冻）和春霜冻（晚霜冻），危害河南小麦的主要是晚霜冻。秋霜冻又称为早霜冻，在秋季的第一次霜冻称为初霜冻；春霜冻又称为晚霜冻，在春季的最后一次霜冻称为终霜冻。从春季终霜冻日到秋季初霜冻日期之间的天数（不包括初、终霜冻日在内），称为无霜期。

据统计，河南省初霜日一般出现在10月下旬至11月上旬，最早出现在10月20日（栾川），最晚出现在11月14日（西峡）；终霜日一般出现在3月下旬至4月上旬，最早出现在3月18日（潢川），最晚出现在4月16日（栾川）。河南省多年平均初、终霜间的日数为148.2 d，最长为176.2 d，最短为125.3 d；平均无霜期为216.8 d，最长达242.7 d，最短为188 d。

按霜冻发生的原因，可分为平流霜冻、辐射霜冻、平流辐射霜冻及蒸发霜冻等。

为了气候统计和霜冻预报资料的计算和整理，并考虑一定的农业意义，将霜冻按降温强度进行分类，一般以日最低气温为指标，划分为轻霜冻、中霜冻和重霜冻。可参考气象行业标准（QX/T 88—2008）。

轻霜冻：气温下降比较明显，日最低气温比较低；植株顶部、叶尖或少部分叶片受冻，部分受冻部位可以恢复；受害株率应小于30%；粮食作物减产幅度应在5%以内。

中霜冻：气温下降很明显，日最低气温很低；植株上半部叶片大部分受冻，且不能恢复；幼苗部分被冻死，受害株率应在30%～70%；粮食作物减产幅度应在5%～15%。

重霜冻：气温下降特别明显，日最低气温特别低；植株冠层大部叶片受冻死亡或作物幼苗大部分被冻死;受害株率应大于70%;粮食作物减产幅度应在15%以上。

气象行业标准(QX/T 88—2008)规定冬小麦霜冻等级指标(见表4.23)。

表4.23 冬小麦霜冻害等级指标(日最低气温) 单位:℃

轻霜冻(℃)			中霜冻(℃)			重霜冻(℃)		
苗期	开花期	乳熟期	苗期	开花期	乳熟期	苗期	开花期	乳熟期
−7.0～8.0	0.0～1.0	−1.0～2.0	−8.0～9.0	−1.0～2.0	−2.0～3.0	−9.0～10.0	−2.0～3.5	−3.0～4.5

(4)连阴雨

连阴雨是在作物生长季中出现的连续阴雨的天气过程,是由降水、日照、气温等多种气象要素异常引起的,其显著特点是多雨、寡照,并常与低温相伴。连阴雨期间可有短暂的晴天,降水强度分为小雨、中雨、大雨和暴雨不等。

河南省夏玉米花期连阴雨:7月下旬—8月中旬的总雨量若大于200 mm,或8月上旬的雨量大于100 mm,就会影响夏玉米的正常开花授粉,造成大量缺粒或秃尖。

苗期连阴雨:从玉米小芽露出地面到三叶时期,玉米芽就不再靠种子提供的养分生长,而是从自身光合作用合成的有机物质中获取养分。这一时期,若遇连阴雨天气(连续降雨大于5 d),玉米小苗会因养分供给“断绝”,产生“饥饿”而弱黄或死去。

玉米拔节—抽穗期连阴雨:玉米拔节—抽穗期,是玉米从营养生长过渡到生殖生长的阶段,这一阶段是玉米秆长高、长壮、长粗、吸收养分的关键时期。充足的阳光对玉米多成粒、成大穗十分重要。若此期出现大于10 d的连阴雨天气,玉米光合作用减弱,玉米秆呈“豆芽型”,很瘦弱,常出现空秆。

目前部分省级农业生产服务中常用的连阴雨指标包括:

1)连阴雨日指标:①连续3 d或3 d以上有降水(日降水量大于等于0.1 mm)作为一次连阴雨过程,期间为连阴雨日;②在大于3 d的连阴雨过程中,允许1 d无降水,但该日日照应小于2 h;③在连阴雨过程中,允许有微量降水,但该日日照应小于4 h。

2)过程指标:依据连阴雨天气持续时间的长短,将其划分为两级:3～6 d的连阴雨过程为一次短连阴雨过程,小于等于7 d的连阴雨过程为一次长连阴雨过程。

(5)涝渍

河南省大多数年份降水量集中于夏季,常因降雨时间过长或短时间内连降暴雨,总降水量过大而发生洪水或涝害。渍涝就是由于降水过于集中或时间过长,导致的农田地表积水或地下水饱和而造成作物生长发育受阻、产量降低甚至绝收的农业气象灾害。涝害与渍害对作物的危害有所不同,涝害是指强降水后农田产生积水,无法及时排出,造成作物受淹,当持续时间超过作物的耐淹能力后形成的危害;而渍害是指由于降水集中,农田地下水位过高,作物根层土壤持续处于过湿状态,土壤中不透水的障碍层,使作物根系长期被水浸泡缺氧,影响作物正常生长发育而形成的危害。

经过试验研究,主要作物不同发育期耐涝、耐渍能力历时指标见表4.24。

(6)大风

大风是指瞬时风力≥8级(风速17.2 m/s),风力大到足以危及生产活动、经济建设及日常生活,造成农作物大面积倒伏等损失。在农业生产中往往气象条件没有达到大风标准就可形成灾害。玉米小喇叭口期(株高70 cm左右)前遭遇大风,出现倒伏,可不采取措施,玉米会自行直立,基本不影响产量。小喇叭口期以后,5级风即日最大风速≥8 m/s就可能造成玉米倒伏。

表 4.24　河南主要农作物耐淹水深和耐淹历时

作物种类	生育期	耐淹水深(cm)	耐淹历时(d)
棉花	开花结铃期	5～10	1～2
玉米	苗期—拔节期	2～5	1～1.5
	抽穗期	8～12	1～1.5
	孕穗灌浆期	8～12	1.5～2
	成熟期	10～15	2～3
大豆	苗期	3～5	2～3
	开花期	7～10	2～3
小麦	拔节—成熟期	5～10	1～2

4.8.2　农业气象灾害预报

及时、准确的农业气象灾害预警预报有助于农业生产部门及时采取有效措施，减轻灾害损失，保证农业生产持续稳定发展。

农业气象灾害预报指标的改进，确定生物学意义明确的农业气象灾害指标是进行农业气象灾害预报的基础和前提条件。近年来，农业气象灾害预报在方法改进、新技术应用和系统建设等方面取得了长足的进步。目前农业气象灾害预报中使用较多的方法是在灾害指标基础上，应用时间序列分析、多元回归分析、相似理论等数理统计方法，建立预报模型。

(1)农业干旱预报

农业干旱的严重程度主要取决于土壤中有效水分含量和作物状况，未来的土壤水分状况与当前的土壤含水量有关，也与未来一段时间内的土壤水分变化量 ΔW 关系密切。未来一段时间内的土壤水分变化量由这段时间内的土壤水分收支状况决定。与天气条件、土壤水文条件、作物状况和农业技术措施等许多因素有关，根据土壤墒情预报方法，利用墒情预报系统(见图 4.21)预报处下一时段的土壤墒情，并根据具体作物和各发育时期的干旱指标，鉴定其是否受旱及受旱的程度制作相关服务产品(见图 4.22 和图 4.23)。

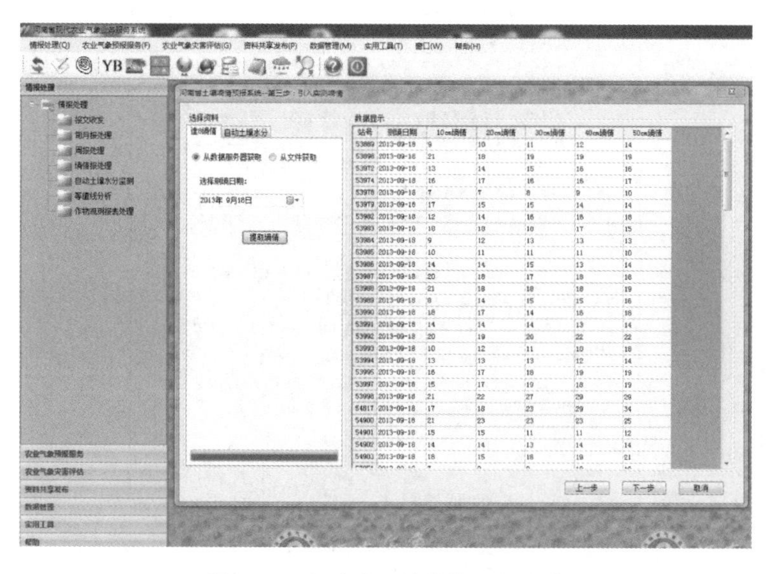

图 4.21　河南省土壤墒情预报系统

重要气象信息

2012年第6期（总第164期）

河南省气象局　　2012年6月12日11时　　签发：孙景兰

近期我省降水明显偏少 部分地区出现旱情

摘要：6月上旬全省降水明显偏少，6月12日全省0－50cm自动土壤水分监测结果显示：目前我省近三成地区已出现不同程度的旱情。预计13日夜里到14日，全省大部分地区有阵雨、雷阵雨，但此次降水较小且分布不均，预计未来一个月我省降水较常年同期偏少、气温较常年同期偏高，因此我省旱情持续发展并加重的可能性较大，建议各地做好抗旱工作。

一、6月上旬我省降水明显偏少

6月上旬全省降水明显偏少，除信阳、商丘两市和周口、驻马店两市东部降水偏少2－5成外，其它市县大部偏少5成以上（图1左）。

平均气温黄河以北及豫西北偏高0.5℃左右，其它大部分地区偏低0.2－1.0℃（图1右）。

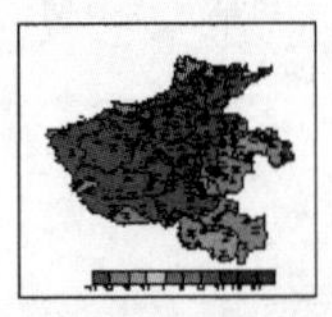

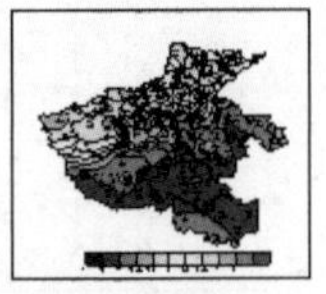

图1　6月1-7日降水距平百分率（左）和温度距平（右）

二、我省近三成地区已出现不同程度的旱情

2012年06月12日09时河南省0－50cm自动土壤水分监测结果显示：目前我省近三成地区已出现不同程度的旱情，其中豫西部分地区及豫中、豫东、豫南的局部出现中－重旱（见下图）。

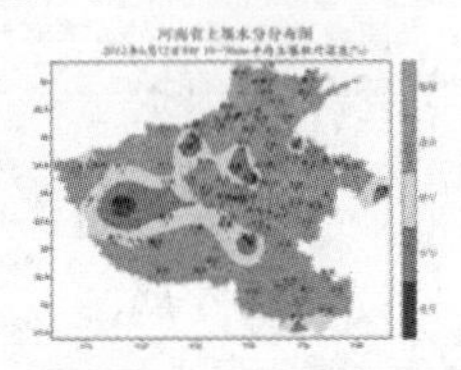

三、13日夜里到14日，全省大部分地区有阵雨、雷阵雨

预计今明两天，全省天气晴好，大部地区最高气温可达35℃

2

图4.22　河南省《重要气象信息》

河南秋收秋种气象服务专报

2011年第12期

河南省气象局　　2010年10月23日16时

22-23日我省出现大范围降水 利于秋播作物生长

一、22-23日降水实况

22日08时-23日14时，全省出现小到中雨天气过程，黄淮之间部分地区出现大雨，全省平均降水量26.5mm，平均雨量较大的地市有：许昌41.4 mm、漯河38.5 mm、南阳36.4 mm、焦作30.3 mm（见附图）。另据乡镇雨量站统计，有34个乡镇降水大于50mm，其中最大两地降水分别出现在南水S-肖谭（111mm）和社旗兴隆（62mm）。

二、未来3天天气预量

今天夜里，东南部、东部有小雨，西北部多云，其它阴天到多云。

明天，东南部阴天转多云，其它地区多云转晴天。受冷空气影响全省有4到5级偏北风，气温将下降4到6度。

25日白天，西部多云；其它地区晴天转多云。凌晨，我省西部山区和北部局部地区将出现初霜冻。

25日夜里到26日，西部，南部多云到阴天，部分地区有零星小雨或小雨；其它地区多云间阴天。

图4.23　河南省《气象服务专报》

(2)小麦晚霜冻预报

霜冻害预警主要通过预报有无霜冻天气出现来实现，可以根据霜冻天气与环流类型的关系，对霜冻天气的历史资料进行环流分型，据此建立统计模型，也可以用探空、地面观测等资料结合预报指标，普查相关因子，采用多元回归和逐步回归等方法，建立测站的日最低气温和最低地温的统计预报模型，判别预报区域内有无霜冻。

河南省建立的冬小麦晚霜冻监测预警系统(见图 4.24)，系统实现了监测预警功能，其思路主要包括：1)台站、自动站最低气温监测及预报值获取：根据已有实时自动站气象资料数据库及气象台发布的实时预报产品获取最低气温监测及预报值；2)冬小麦发育期推算：参考同种植区域冬小麦常年发育期进行拔节期推算，判断当前所处拔节后天数；3)建立小麦晚霜冻灾害指标库，对冬小麦晚霜冻进行实时监测与预警制作相关服务产品(见图 4.25)。

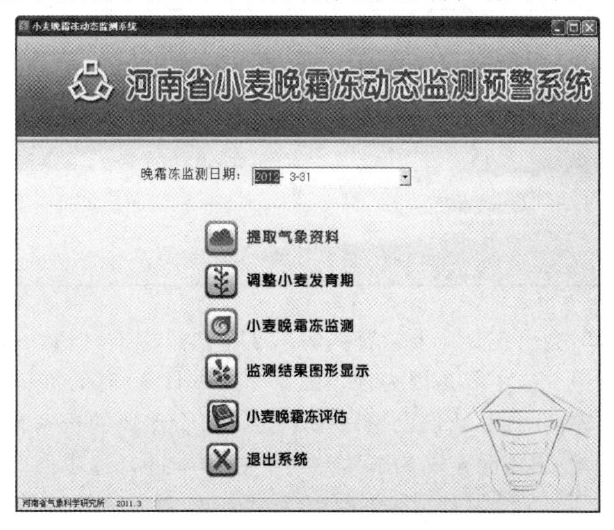

图 4.24 河南省冬小麦晚霜冻监测预警系统

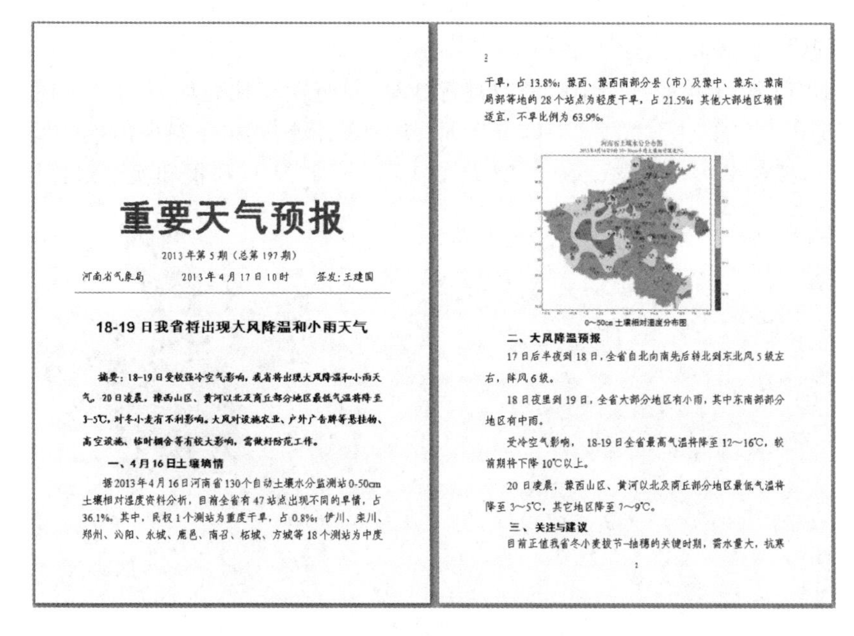

重要天气预报

2013 年第 5 期(总第 197 期)

河南省气象局 2013 年 4 月 17 日 10 时 签发：王建国

18-19 日我省将出现大风降温和小雨天气

摘要：18-19 日受较强冷空气影响，我省将出现大风降温和小雨天气。20 日凌晨，豫西山区、黄河以北及商丘部分地区最低气温将降至 3-5℃，对冬小麦有不利影响。大风对设施农业、户外广告牌等悬挂物、高空设施、塑叶棚舍等有较大影响，需做好防范工作。

一、4 月 16 日土壤墒情

据 2013 年 4 月 16 日河南省 130 个自动土壤水分监测站 0-50cm 土壤相对湿度资料分析，目前全省有 47 站点出现不同的旱情，占 36.1%。其中，民权 1 个测站为重度干旱，占 0.8%；伊川、栾川、郑州、沁阳、永城、鹿邑、南召、柘城、方城等 18 个测站为中度

2

干旱，占 13.8%；豫西、豫西南部分县(市)及豫中、豫东、豫南局部等地的 28 个站点为轻度干旱，占 21.5%；其他大部地区墒情适宜，不旱比例为 63.9%。

河南省土壤水分分布图

0～50cm 土壤相对湿度分布图

二、大风降温预报

17 日后半夜到 18 日，全省自北向南先后转北到东北风 5 级左右，阵风 6 级。

18 日夜里到 19 日，全省大部分地区有小雨，其中东南部部分地区有中雨。

受冷空气影响，18-19 日全省最高气温将降至 12～16℃，较前期将下降 10℃以上。

20 日凌晨，豫西山区、黄河以北及商丘部分地区最低气温将降至 3～5℃，其它地区降至 7～9℃。

三、关注与建议

目前正值我省冬小麦拔节-抽穗的关键时期，需水量大，抗寒

2

图 4.25 河南省降温及墒情预报服务

(3)小麦干热风预报

利用 ECMWF 数值预报产品的 500 hPa 高度场、850 hPa 温度场、700 和 850 hPa 风速场、海平面气压场作为预报因子，资料长度为 1981 年 5 月—2009 年 6 月。选取 27.5°～40°N、107.5°～120°E 范围作为关键区(2.5°×2.5°网格距)，关键区内有 36 个格点(见表 4.25)，每日 20 时实况资料与河南省 119 个测站第二天的最高气温、14 时的相对湿度及风速采用逐步回归法，计算机自动挑选预报因子，计算每站回归系数，分别建立 119 个代表站的 3 个物理量的预报方程。

在预报中，计算机每天可自动读取各个时次的欧洲中心数值预报格点资料并自动代入各个方程运算(见表 4.25)，从而计算出 119 个县(市)预报日的最高气温、相对湿度和 14 时风速。再对计算结果综合分析：若 3 个要素同时满足干热风的标准，即预报该地区出现干热风。

表 4.25　欧洲格点资料关键区格点标号

纬度(°N)	经度(°E)					
	107.5	110	112.5	115	117.5	120
27.5	1	2	3	4	5	6
30.0	7	8	9	10	11	12
32.5	13	14	15	16	17	18
35.0	19	20	21	22	23	24
37.4	25	26	27	28	29	30
40.0	31	32	33	34	35	36

在试报时发现，有时会出现 2 个要素都同时满足干热风标准，但有一个要素差一点达不到标准，因而造成部分漏报。这主要是因为预报因子是前一日 20 时的资料，预报的是 14 时的物理量，所以存在一定偏差。为此，我们设想做每个县(市)干热风的概率预报。首先，把干热风出现时样本定义为“1”，没出现时定义为“0”，然后计算样本进行逐步回归方程，对样本中的格点资料进行回代，可得到河南省 119 个站的值(为 0～1)，并且和实况资料进行对比，发现在 0.6 以上的值出现干热风的概率比较大，我们因此认为回归结果在 0.6 以上的点可能出现干热风；将欧洲中心格点资料代入方程，可得到河南省 119 个站的值(为 0～1)，从而可预报未来 24～168 h 干热风概率。

利用 2010 和 2011 年的欧洲中心资料进行计算，对近两年比较明显的干热风过程预报效果较好，如 2010 年 5 月 24—25 日，2011 年 5 月 17—18 日等，预报干热风出现区域和实况出现区域比较吻合，拟合率达 81.6%。图 4.26 为 2010 年 5 月 24 日预报和实况对比图，图中浅灰

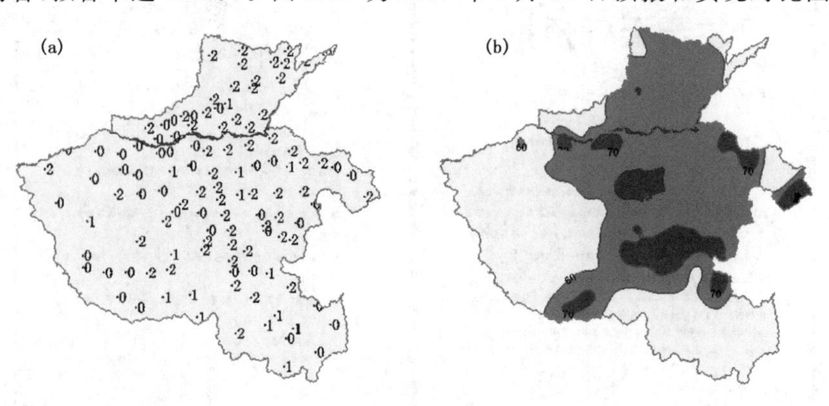

图 4.26　2010 年 5 月 24 日河南省干热风预报与实况对比图

(a)实况；(b)预报

色部分为 60%的概率区域，深灰色部分为 80%的概率区域，黑色部分为 100%概率区域。根据预报结果适时发布灾害预警信息(见图 4.27)。

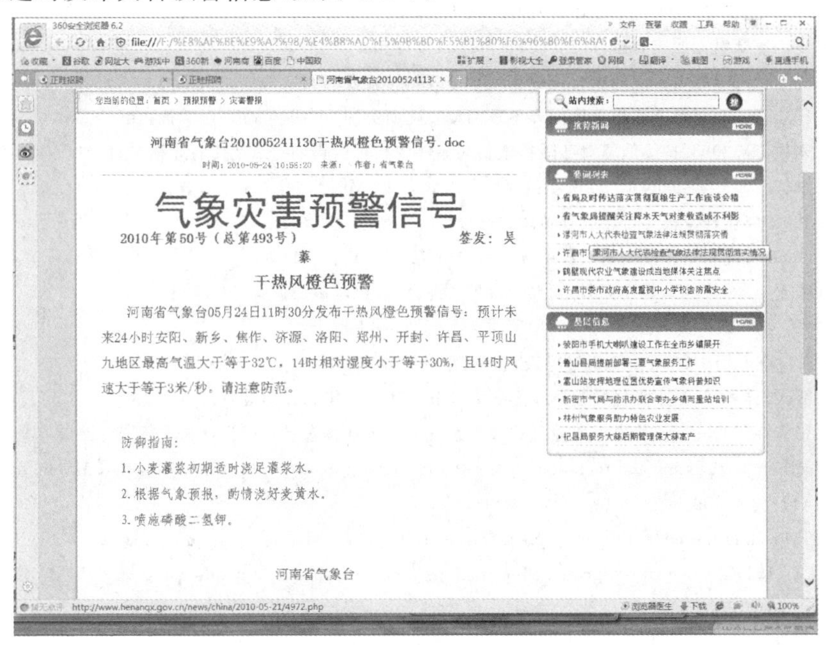

河南省气象台201005241130干热风橙色预警信号.doc

时间：2010-05-24 16:55:20 来源： 作者：省气象台

气象灾害预警信号

2010年第50号（总第493号） 签发：吴蓁

干热风橙色预警

河南省气象台05月24日11时30分发布干热风橙色预警信号：预计未来24小时安阳、新乡、焦作、济源、洛阳、郑州、开封、许昌、平顶山九地区最高气温大于等于32℃，14时相对湿度小于等于30%，且14时风速大于等于3米/秒，请注意防范。

防御指南：

1.小麦灌浆初期适时浇足灌浆水。

2.根据气象预报，酌情浇好麦黄水。

3.喷施磷酸二氢钾。

河南省气象台

图 4.27 干热风预警服务

参 考 文 献

安国民，徐世艳，赵化春. 2004. 国外设施农业现状与发展趋势[J]. 现代化农业，(12)：34-361.

陈怀亮，余卫东，薛昌颖，等. 2010. 亚洲农业气象服务支持系统发展现状[J]. 气象与环境科学，**33**(1)：65-72.

崔建云，董晨娥，左迎之，等. 2006. 外部环境气象条件对日光温室气象条件的影响[J]. 气象，**32**(3)：101-106.

邓天宏，刘荣花，赵国强，等. 2008. 河南省冬小麦干旱评估业务服务系统研究[J]. 气象与环境科学，**31**(1)：6-9.

冯秀藻，陶炳炎. 1991. 农业气象学原理[M]. 北京：气象出版社：134-150.

符国槐，张波，杨再强，等. 2011. 塑料大棚小气候特征及预报模型研究[J]. 中国农学通报，**27**(13)：242-248.

高翔，齐新丹，李骅. 2007. 我国设施农业的现状与发展对策分析[J]. 安徽农业科学，**35**(11)：453-454.

葛徽衍，张永红，李岗涛. 2009. 渭南地区设施农业日照时数预报服务系统[J]. 中国农业气象，**30**(2)：239-242.

古文海，陈建. 2004. 设施农业的现状分析及展望[J]. 农机化研究，(1)：46-47，56.

何芬，马承伟，张俊雄. 2007. 设施农业发展与社会主义新农村建设[J]. 安徽农业科学，**35**(6)：1828-1829.

“华北平原作物水分胁迫与干旱研究”课题组. 1991. 作物水分胁迫与干旱研究[M]. 郑州：河南省科学技术出版社：166-172.

环海军，夏福华，朱敏. 2010. 日光温室最低气温预报方法研究[J]. 园艺园林，**12**：47-49.

黄璜. 1996. 中国红黄壤地区作物生产的气候生态适应性研究[J]. 自然资源学报，**1**(4)：340-345.

廖允成，王立祥. 1999. 设施农业与中国农业现代化建设[J]. 农业现代化研究，**20**(1)：5-8.

刘彩梅，张衍华，毕建杰. 2008. 设施农业的发展现状及对策[J]. 河北农业科学，**12**(7)：120-121.

刘锦銮，何键，陈新光. 2006. 广东省农用天气预报技术研究[J]. 气象，**32**(2)：116-120.

刘可群，魏明锋，杨文刚. 2008. 大棚小气候特征以及与大气候的关系[J]. 气象，**34**(7)：101-107.

刘荣花，朱自玺，邓天宏，等. 2005. 河南省墒情预报业务服务系统[J]. 气象，**31**(8)：77-80.

马树庆. 1994. 吉林省农业气象研究[M]. 北京：气象出版社.

山义昌，徐凤霞，王善芳. 2008. 低温寡照对日光温室蔬菜的影响及防御[J]. 山东气象，**28**(1)：35-37.

尚宗波，杨继武，段红，等. 2000. 玉米生长生理生态学模拟模型[J]. 植物学报，**42**(2)：184-194.

王馥棠，冯定原，张宏铭，等. 1991. 农业气象预报概论[M]. 北京：农业出版社：133-135.

王焕然. 2006. 我国目前设施农业状况[J]. 农业装备技术，**32**(5)：21-231.

王建林. 2010. 现代农业气象业务[M]. 北京:气象出版社:121.
王良宇,董官臣. 2002. 县级农业气象常规业务软件设计[J]. 河南气象,(1):36-37.
王良宇,张雪芬. 2000. 基于 WINDOWS 平台的河南省农业气象情报系统[J]. 河南气象,(3):40-41.
魏瑞江. 2003. 日光温室低温寡照灾害指标[J]. 气象科技,**31**(1):50-51.
魏瑞江,王春乙,范增禄. 2010. 石家庄地区日光温室冬季小气候特征及其与大气候的关系[J]. 气象,**36**(1):97-103.
吴元中,李军,杨秋珍. 2002. 蔬菜三连栋大棚内外冬季温度变化研究[J]. 中国生态农业学报,**10**(4):38-40.
夏福华,臧传花,朱敏,等. 2008. 持续低温对冬暖型塑料大棚气象条件的影响[J]. 现代农业科技,**16**(11):25-28.
许清荣,胡彦彦,李扬. 2009. Visual C# 2008 实例演练与系统开发[M]. 北京:电子工业出版社:111-145.
张俊波,陈英慧. 2005. 农业气象报文自动收集转发软件设计[J]. 河南气象,(1):47.
张永红,葛徽衍. 2002. 设施农业气象预报服务系统[J]. 陕西气象,(增刊):21-23.
张跃廷,王小科,张宏宇. 2007. C#程序开发范例宝典[M]. 北京:人民邮电出版社:230-245.
赵聚宝,赵琪. 1998. 抗旱增产技术. [M] 北京:中国农业出版社:98-99.
中国气象局. 2007. QX/T 81—2007 小麦干旱等级. 北京:中国标准出版社.
朱自玺,赵国强,邓天宏. 1995. 冬小麦优化灌溉模型研究及其应用[J]. 华北农学报,**10**(4):36-33.
邹春辉,陈怀亮,张雪芬. 2005. 新一代省级农业气象预报系统通用统计预报模型的设计与实现[J]. 河南气象,(2):40-42.
HO L C. 1995. Carbon partitioning and metabolism in relation to plant growth and fruit production in tomato [J]. *Acta Horticulturae*,(412):396-409.
Malo J E. 2002. Modeling unimodal flowering phenology with exponential sine equation [J]. *Funct Ecol*, (16):413-418.
Yan W, Hunt L A. 1999. An equation for modeling the temperature response of plants using only the cardinal temperatures [J]. *Ann Bot*,(84):607-614.

第5章　现代农业气象情报

农业气象情报是在分析、鉴定过去和当前的天气气候条件对农业生产综合影响的基础上，进行客观描述，提出合理措施和建议的实时报道。它能使用户及时了解过去一段时间的天气、气候特点及其对农业已经产生的影响，以便有针对性地采取措施，充分利用有利的气象条件，防止或减轻不利气象条件的影响。农业气象情报是实况的反映，与农业气象预报相互补充，在农业气象服务工作中占有重要地位。

5.1　现代农业气象情报概述

农业气象情报业务的服务产品一般分为定期产品、不定期产品和临时服务信息三大类。定期产品主要有“农业气象旬(月)报”、“农业气象周报”、“农业气象季报”、“农业气象年报”和“土壤水分监测公报”等。不定期产品主要包括作物生育期农业气象条件评价、关键农事季节农事活动气象条件评价及一次天气过程对农作物生长发育影响的评述等。临时服务信息主要是针对政府部门、新闻媒体和农业生产部门等临时需求制作的一些情报信息或简单的文字素材。这类临时服务信息一般主要包括一次天气过程对农业的影响及有针对性的生产建议等内容。

5.1.1　我国农业气象情报业务发展

早在农业气象事业发展之初，一些国家就开展了农业气象情报工作。譬如在美国，此项工作的历史已有100年以上；苏联从1922年开始编发农业气象情报。我国的农业气象情报业务始于20世纪50年代，发展历程几经曲折，从20世纪50年代后期至60年代初起步，60年代后期至70年代停滞，80年代恢复发展至今(毛留喜 等，2010)。经过改革开放后30多年的发展，我国的农业气象情报业务已初步形成体系，国家级到省、市、县各级均开展了农业气象情报业务服务工作，已经形成定期的农业气象旬(周)报、月报、季报、年报等业务，具备相应的考核、评分办法，且已经在各地普遍开展，业务发展比较成熟，成为公共气象服务的重要组成部分。随着经济社会的发展，农业气象情报领域已经从传统的大宗粮食作物拓展到棉花、油料等经济作物，部分省(区、市)还开展了针对畜牧业、设施农业和特色农业的农业气象情报服务；各地农业气象情报技术水平有了较大提高，开发的农业气象情报预报业务系统已在业务服务系统中发挥了重要作用，部分实现了产品制作的自动化或半自动化及评价和预报产品的定量化、客观化。利用GIS和卫星遥感等现代高科技手段开展了重大农业气象灾害的监测，以及了区域农业气候资源分析和区划等。

5.1.2　河南省农业气象情报业务发展概况

河南省是农业大省，做好农业气象服务是确保农业稳产高产的重要措施之一。河南省农业气象情报业务始于20世纪80年代中期，最初主要以开展定期的农业气象旬(月)报服务为主(张雪芬 等，2005)，随着业务服务的发展，农业气象情报产品的种类也不断拓展，目前河南省开展的农业气象情报业务服务产品除农业气象旬(月)报以外，还包括农业气象周报、土壤水分监测公报、冬小麦苗情和土壤墒情遥感监测、生态环境监测公报、作物系列化，以及特色和设施农业专题情报。其中，农业气象周报是河南省率先在全国开展的。河南省农业气象情报产品以其翔实的资料、丰富的内容，为农业生产管理部门及时了解农业生产动态和部署农业生产计划提供了重要参考依据。

5.1.3　现代农业气象情报及其发展趋势

随着现代农业的发展和社会主义新农村建设进程的深入，面对农村改革发展新形势和发展现代农业对气象提出的新需求，农业气象业务面临的需求和任务发生了很大变化，要求面向传统农业的农业气象情报预报的基本气象服务必须向适应现代农业发展要求的多元化、全方位的农业气象服务转变，加快发展现代农业气象业务，促进农业气象业务从研究型向成熟型、规范化跨越。

现代农业气象业务是指适应现代农业生产需求的、功能齐全和技术先进的农业气象业务。它具有六个显著的特点：一是为现代农业生产服务，二是具有现代化的观测手段与技术，三是具有坚实的农业气象学理论和现代化的业务技术支撑，四是具有现代化的业务平台与基础设施的支持，五是具有现代化的产品服务形式，六是具有完善的业务布局体系。作为现代农业气象业务的重要组成部分，农业气象情报业务的发展也必然需要符合现代农业气象业务的发展特点(王建林，2010)。针对现代农业生产、管理和加工贸易等需求，在完善现有农业气象情报业务的基础上，着重发展全程性、多时效、多目标且定量化的现代农业气象情报业务。包括发展以日、旬(或周)、月、年为周期的基础情报，围绕某项作物生产产前、产中、产后的全程系列化的专项情报，针对设施农业、特色农业及养殖捕捞业等专业门类、专门问题的专题情报等。为农业生产管理提供基础信息，为农民、合作社、农业龙头企业和农业专业大户等提供情报信息服务。

(1)基础农业气象情报

完善基础农业气象情报业务。逐步发展和完善农业气象旬报(周报)、月报、年报与日报等综合性基础农业气象情报。根据需要，逐步发展针对主要农事关键季节、重大农业气象灾害影响期间的农业气象日报。提高墒情、雨情及灾情等单项情报的实用性和时效性。

在农业气象指标定性分析的基础上，建立农业气象情报信息指标库与诊断评价模型，着重发展机理性评价模型，建立新的情报信息采集、加工处理与分析诊断业务流程，实现作物农业气象影响评价从定性化到定量化的转变。

国家和省级业务单位开展农业气象旬报(周报)、月报、年报与日报业务；市、县级业务单位以旬报(周报)、月报为主，根据需要和可能为农业提供墒情、雨情、灾情和农情等单项情报，在有条件的市、县必要时开展日报、年报业务(中国气象局，2009)。

(2)作物生产全程性系列化农业气象情报

加强农作物产前、产中和产后的全程性、系列化专项农业气象情报业务。以本地区大宗作物以及规模化生产的经济作物为主要对象，在播种前的备耕播种、生产过程的关键生育期、收获过程和收获后的储运加工等全过程，连续进行农业气象条件、重大天气气候事件对其“高产、优质、高效、生态、安全”影响的分析鉴定、诊断评价，定期或不定期连续发布专项农业气象情报信息产品。

充分采集专项农业气象情报对象的相关信息，深入了解、掌握产前、产中和产后全过程各环节的农业气象问题，探索建立相应的农业气象指标，进行科学的诊断评价，制作更具针对性的专项农业气象情报产品。

作物生产全程性系列化农业气象情报在省级与省级以下业务单位开展。省级针对本省主要大宗农作物开展作物全程专项农业气象评价业务；市、县级业务单位从 1～2 种当地占主导地位的作物入手，逐步发展产前、产中和产后的全程专项农业气象情报业务（中国气象局，2009）。

(3)大农业生产农业气象专题情报

针对现代农业发展的需求，积极发展适用于特色农业、设施农业、林业、畜牧业和渔业等农业生产过程的农业气象专题情报分析与诊断业务，及时发布专题情报报告。

以农业气象专项观测为基础采集情报信息，以现代农业气象专业化指标为依据，面向主要特色农业、日光温室、畜牧业放牧饲养与牧草生长、水产养殖与海洋捕捞、林业生产过程中的关键时段和重要农事活动，分析前期或当前气象条件、重要天气过程对其专业化生产的影响，应用数理统计模型进行农业气象条件分析诊断，实现从定性到定量化的专题评价。

农业气象专题情报业务在省级与省级以下业务单位开展。省级依据地方需求开展地方特色农业、设施农业、林业、畜牧业和渔业农业气象专题情报业务；市、县级业务单位根据地方特点，开展本地区农业专业化生产所需要的农业气象专题情报业务（中国气象局，2009）。

5.2 农业气象周报

为了进一步提高农气情报服务的时效性，使农业气象服务周期更短、时次更快，且与目前的以周为单位的工作日制度相吻合，更便于各级领导和有关部门安排工作，从 2003 年 9 月开始，河南省在全国率先开展了农业气象周报业务。共有 32 个站编发农业气象周报，周报共包括五部分内容：上周天气概况、上周作物生长状况及主要农业气象条件评述、上周主要灾情与土壤墒情分析、未来土壤墒情预报，以及本周天气与农业。

5.2.1 农业气象周报编报总则

河南省气象台站编发农业气象周报用的统一编码遵循以下规定：

(1)气象周报在每周星期日的 00 时（世界时，北京时为 08 时）以前编发。发报方法与编发的旬（月）报相同，文件命名为 YYYYMMDDHHmm. NZB。其中，YYYY 为年代，MM 为月份，DD 为日期，HHmm 为上传时间（小时和分钟，世界时），NZB 为后缀。

(2)编报所用气象资料是台站过去一周内观测并经过计算所得的资料。资料时限，一律截至星期六的 20 点。农业气象和灾情资料采用作物生育状况地段的观测资料，结合大田灾情调查。

(3)计算周平均气温距平、降水量距平百分率及日照时数距平百分率所使用的平均值采用本站 1971—2000 年的气候整编资料，先将 30 年逐日资料累加，再除以 30，算出逐日平均值，此计算可由河南省农业气象中心编写的软件得出。计算当周平均值时，将对应日期的值累加除以 7；当年没有出现 2 月 29 日时，将对应日期的值（加上 29 日多年平均值）累加除以 8。作物发育期距平应用本站开始观测以来相同类型的品种该发育期的累年平均日期。仅有一年发育期观测资料时，则编报当年与前一年的日期差值。

(4)凡应编发的段必须按本电码型式顺序编发。有指示组的段，只要该段其中一组有报，段指示组必须编发，整段无报，该段省略不发。按规定全组无报，该组则省略不发。需要编报的码因项目缺测或情况不明时，编“×”。用实测值直接编报的项目，实测值为0时则编“0”，实有位数少于需编报位数时，则在左方空位上加“0”补齐。例如：周降水量5.0 mm，则“r1r1r1”编报“005”。

5.2.2 农业气象周报制作流程

农业气象周报制作一般包括如下流程：

(1)用报文录入程序收录报文；

(2)报文收录后在周报管理菜单下，进行报文整理、检测缺报和报文翻译；

(3)用情报等值线程序画图；

(4)将绘制的等值线图导入 word 文档文件，进行相关部分的文字描述制作；

(5)周报制作完成后上传至服务产品网。

5.2.3 农业气象周报产品实例

2012年农业气象周报

(2012年1月1—7日)

第10卷 第1期 总第438期

[内 容 提 要]

上周全省平均气温仅郑州接近常年同期，其他大部地区较常年同期偏低1～3 ℃；各地均无降水，降水量较常年同期偏少1倍；日照时数除豫西、豫中及豫东局部较常年同期偏多2～3成外，其他各地接近常年同期或偏少2～4成。周内大部地区冬小麦已陆续进入越冬期。周内全省大部地区气温偏低，降水偏少，豫北、豫东大部前期土壤偏湿的状况得到了较明显改善，有利于冬小麦的根系下扎及培育冬前壮苗；但光照较为不足，对设施农业有一定不利影响。周内各地无明显农业气象灾害发生。

一、上周天气概况

[气温]全省周平均气温在－3.1～1.0 ℃。豫北北部、豫西西部等地平均气温相对较低，在－2 ℃以下，豫北北部的林州最低，为－3.1 ℃；豫南、豫西南大部、豫中中部及豫东沈丘等地平均气温在0 ℃以上，信阳最高，为1.0 ℃；其他大部地区平均气温在－2～0 ℃。与常年同期相比，上周全省平均气温仅郑州接近常年同期，其他大部地区较常年同期偏低1～3 ℃。周内极端最低气温绝大部分地区出现在1月4和5日，极端最低气温值在－11.5～－4.2 ℃之间，其中：伊川为－11.5 ℃，驻马店为－4.2 ℃(周平均气温分布状况见图5.1)。

[降水]周内全省各地均无降水，降水量较常年同期偏少1倍(周降水量分布状况附图略)。

[日照] 全省各地周日照时数在19～41 h，日照百分率为27%～56%。其中：豫北大部、豫西南、淮南局部及许昌、沈丘等地日照时数在25 h以下，信阳最少，为19 h；豫西大部日照时数在35 h以上，三门峡最多，为41 h；其他各地周日照时数在25～35 h。与常年同期相比，日照时数除豫西、豫中、豫东局部较常年同期偏多2～3成外，其他各地接近常年同期或偏少2～4成(周日照时数分布状况见图5.2)。

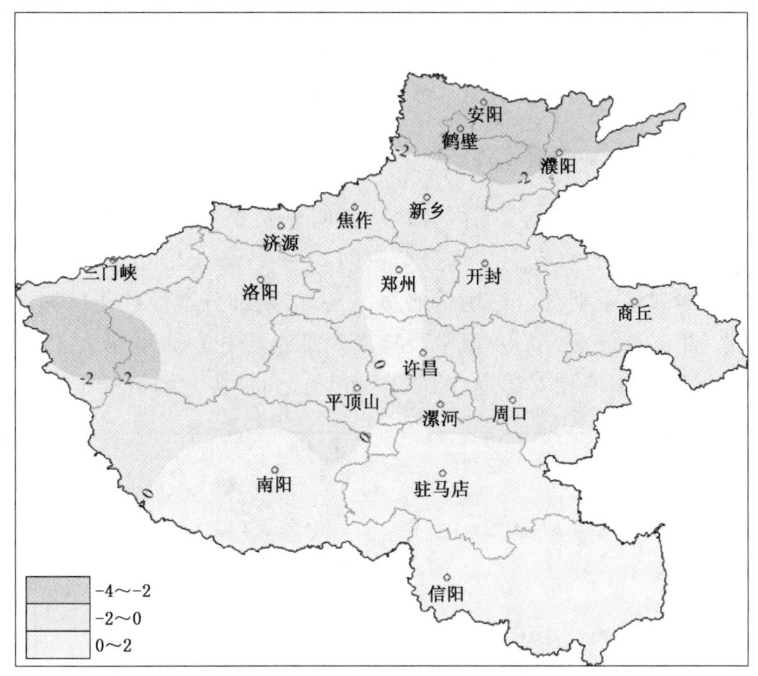

图 5.1　2012 年 1 月 1—7 日河南省周平均气温(℃)分布

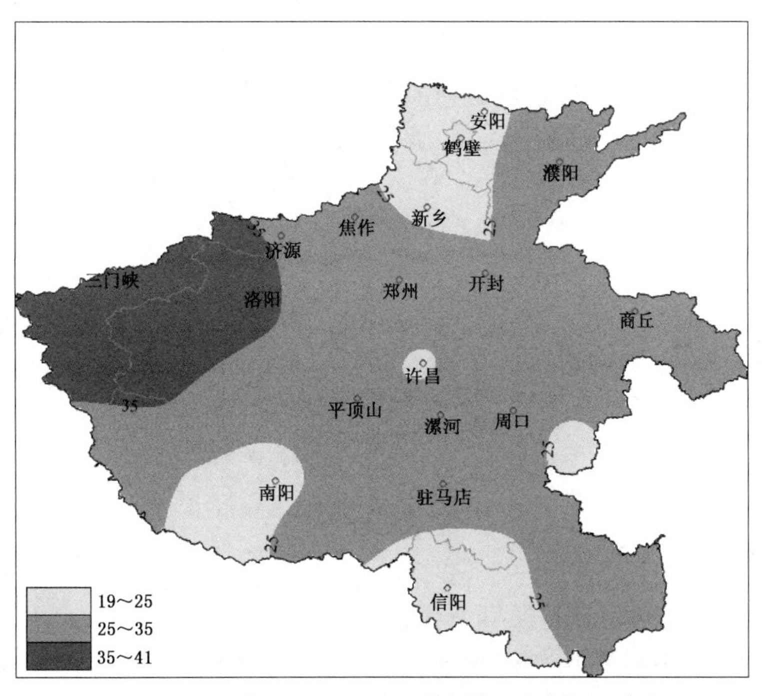

图 5.2　2012 年 1 月 1—7 日河南省周日照时数(h)分布

二、上周作物生长状况及主要农业气象条件评述

周内大部地区冬小麦已陆续进入越冬期，作物发育期接近常年同期或略偏晚。

周内除豫西南、豫南外，其他大部分县(市)平均气温在 0 ℃以下，较常年同期偏低，有效地抑制了部分地区冬小麦前期的旺长势头，对冬小麦的安全越冬和消灭越冬菌源较为有利；各地均无降水，有利于改善前期部分地区土壤偏湿状况，对冬小麦根系深扎、培育冬前壮苗有利；但光照较为不足，对棚室蔬菜生长有一定不利影响。

三、上周主要灾情与土壤墒情分析

据周内各站灾情监测结果显示，周内各地均无明显农业气象灾害发生。

据 2012 年 1 月 8 日全省自动土壤水分监测网 0～50 cm 土壤相对湿度的监测结果显示：豫西、豫东、豫中及淮南极个别县(市)墒情略显不足，前期部分地区的土壤偏湿状况得到较大改善，目前仅豫北、豫东部分县(市)及豫中及豫南局部土壤相对湿度仍大于 90%，为偏湿；其他大部分地区墒情适宜，土壤相对湿度在 60%～90%之间(实测墒情分布见图 5.3)。

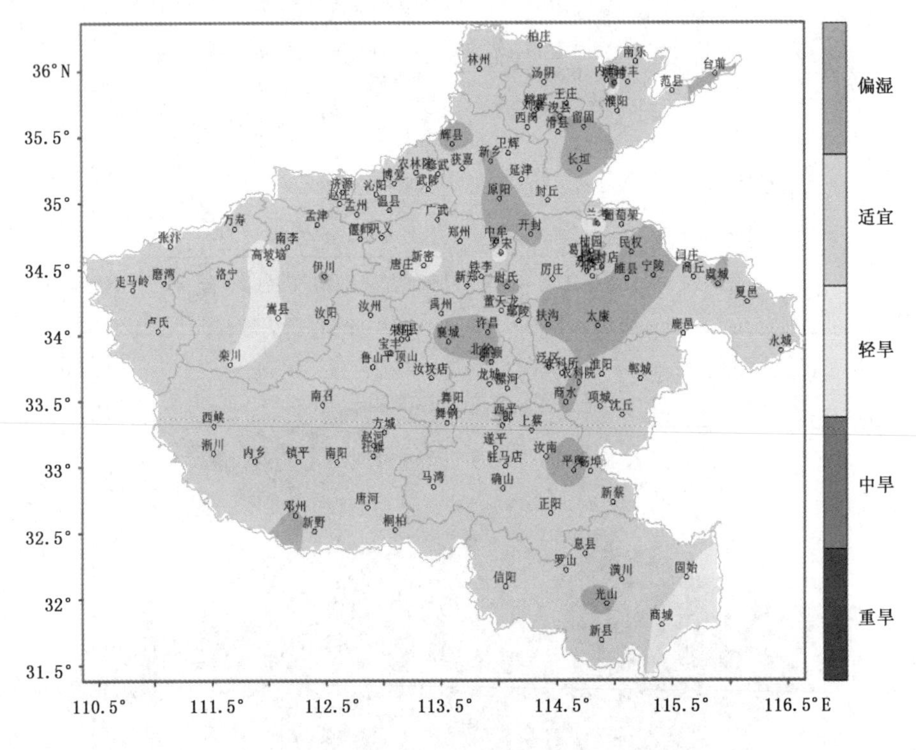

图 5.3　2012 年 1 月 8 日河南省土壤水分分布

四、未来土壤墒情预报

根据实测墒情及下周天气预报，下周全省无大范围雨雪天气，预计至 2012 年 1 月 18 日，各地均无旱情发生；豫北、豫东等地土壤偏湿面积进一步缩小，仅豫北、豫东部分县(市)及豫中、豫西南局部土壤相对湿度仍大于 90%，为偏湿；其他大部分地区墒情适宜，土壤相对湿度在 60%～90%(预报墒情分布见图 5.4)。

五、本周天气与农业

预计未来一周，全省有一次降雪天气过程，时间在周初。周内，偏南地区多阴雨雪天气。全省周降水量比常年同期偏少，周降水量：南部、东南部 2～4 mm，其他地区 1～2 mm；未来

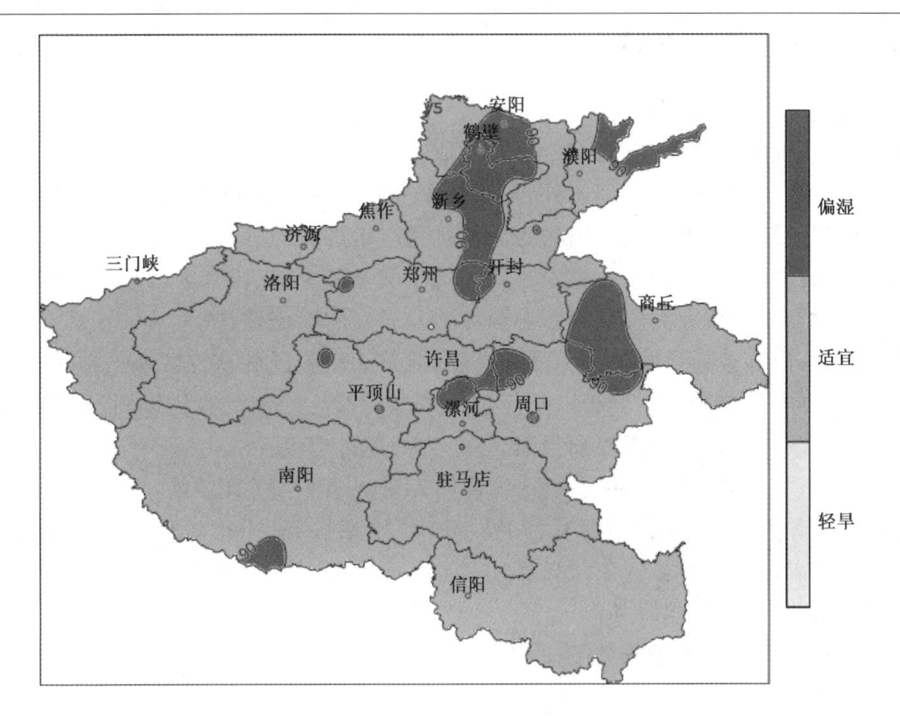

图5.4　2012年1月18日河南省土壤相对湿度预报分布图(0～50 cm)

一周,有两次冷空气影响我省,时间分别在周中期和周末,全省周平均气温接近常年同期,周平均气温:西部山区和北部－2～－1 ℃,南部1～2 ℃,其他地区0 ℃左右,周内极端最低气温:西部山区和北部－9～－7 ℃,南部－5～－3 ℃,其他地区－7～－5 ℃。

根据目前全省作物生长状况、结合土壤墒情及未来天气预报,建议如下:

(1)预计本周有两次冷空气影响我省,各地要加强田间管理,尤其是长势较弱的田块,可适时浅耕培土,保墒防寒,及时追施有机肥,增强作物的抗寒能力。

(2)蔬菜大棚等设施农业要进行加固,及时修补棚膜破损部位,防止强风吹入;日光温室大棚可适当延长覆盖时间,必要时可利用暖风炉或铁炉等设备加温,防止冻害发生。

(3)预计本周我省降水依然偏少,各地要提前做好保墒工作,特别是目前有旱象抬头的地区。

(4)冬季用火较多,各地要注意做好防火工作。

5.3　农业气象日报

农业气象日报主要是在作物播种期、收获期和移栽期等重要农事季节,逐日编制农事季节气象条件利弊影响评价的专题服务产品。主要内容包括农事活动期间的天气条件概况、前期天气条件的影响分析、作物适宜的农事日期建议、各地区从事农事活动的适宜程度预报及农事建议等。目前河南省开展的农业气象日报服务主要有秋收秋种气象服务和夏收夏种气象服务和春耕春播气象服务等,其中在夏收夏种、秋收秋种的关键农事季节还加密提供专门的情报服务,包括播种收获进度、播种收获气象条件分析预测及农事建议等。

5.3.1　夏收夏种气象服务

(1)夏收夏种气象服务内容

河南省夏收夏种气象服务期为每年的5月21日—6月30日。

1)5月21日—6月30日期间，每周发布2次夏收夏种气象服务信息产品，发布时间为周二和周五，遇到对夏收夏种有重大影响的天气过程时增加服务频次，开展针对性服务。

2)根据全省夏收夏种进度，提供麦收区天气实况及其影响、未来天气趋势及其对夏收夏种的可能影响分析评估、重大天气过程影响预评估及应对的措施建议等。

3)服务产品内容包括夏收进度和夏种进度、前三天夏收区和夏种区天气实况及其影响、未来三天天气对夏收和夏种影响分析以及应对的措施建议。绘制夏收进度图、夏收农用天气预报图、夏种进度图和夏种农用天气预报图。

4)各省辖市气象局夏收夏种气象服务：5月21日—6月30日期间，根据本地夏收夏种工作，制定气象服务方案，充分利用电视、广播、12121电话服务、手机短信、电子显示屏、预警大喇叭、各种移动媒体、互联网、气象信息员和气象信息服务站等多种形式，及时为当地政府、有关部门和农民群众开展专题服务。

(2)夏收夏种气象服务任务分工

1)省气象服务中心

负责收集全省夏收进度信息，于发布当日(周二、周五)上午09:00前提供给省气象台决策服务和省农气中心；并于每日17:00前向国家气象中心报送全省夏收进度信息；及时发布夏收夏种期间气象灾害预警信号；及时在12121、电视天气预报节目中播出夏收夏种气象服务信息；通过气象应急短信平台，免费向省农业机械部门提供的农业机械手发送即时小麦机收市场信息和气象信息。

2)省气象台

负责制作夏收进度图和夏种进度图，并于当日10:00前提供给省气象科学研究所农业气象中心；在夏收夏种服务期间，每周二和周五发布麦收区天气实况、未来3天天气趋势，并于当日10:00前提供给省气象科学研究所农业气象中心。综合汇总夏收夏种专题气象服务产品，在发布当日上午11:00前发布并上传至国家气象中心农业气象中心，同时上传至全国气象业务服务信息系统；并传送河南省气象局领导、河南省气象局办公室、河南省气象局应急与减灾处、河南省气象局观测与网络处、河南省气象局科技与预报处及河南省气象科学研究所。夏收夏种气象服务产品题头为《河南省夏收夏种气象服务专报》。每天制作全省麦收专题气象服务材料，及时为河南省委省政府及河南省农业厅、河南省农机局等相关单位提供专项服务，同时呈送河南省气象局领导。若存在对麦收有重大影响的天气过程及时进行服务。及时通过省、市广播电台发布麦收期间的天气预报和预警。

3)省气象科学研究所

根据省气象台提供的夏收进度、麦收区天气实况及未来天气趋势、省科技服务中心提供的全省夏收进度信息和各省辖市局提供的夏种信息，综合各种可能对夏收夏种产生的影响进行分析评估，提供未来适宜收获区、比较适宜收获区、不适宜收获区以及应对的措施建议，并制作夏收农用天气预报图和夏种农用天气预报图，于发布当日上午10:30前提供给省气象台决策服务。对麦收有重大影响的天气过程进行预评估，提出应对的措施建议并提供给省气象台决策服务。

4)省气候中心

做好麦收期间的气候趋势预测及滚动订正,形成的滚动订正预测产品及时提供给省气象台决策服务。

5.3.2 秋收秋种气象服务

(1)秋收秋种气象服务方案

全省秋收秋种气象服务期:9月15日—10月20日。

每周发布两次秋收秋种气象服务信息产品,发布时间为每周二和周五。遇到对秋收作物产量形成、秋收秋种有重大影响的天气过程时应增加服务频次,开展针对性服务。

秋收秋种气象服务产品文字内容:秋收和秋种进度、作物发育进程(主要包括秋收作物水稻、玉米、大豆和秋播作物冬小麦、油菜),秋收和秋种区天气实况及其影响,未来3 d天气对秋收、秋种影响分析,应对的措施建议。其中,在使用农业部门秋收秋种进度时注明“根据农业部门统计”字样。预计将发生或已发生连阴雨、霜冻及干旱等农业气象灾害时,增加农业气象灾害预报和实况评述等内容。

秋收秋种气象服务产品图表内容:秋收农用天气预报图,未来3 d适宜收获区、较适宜收获区、不适宜收获区;秋种农用天气预报图,未来3 d适宜播种区、较适宜播种区、不适宜播种区。预计将发生或已发生连阴雨、霜冻、干旱等农业气象灾害时,增加农业气象灾害落区预报图和实况图。

(2)秋收秋种气象服务流程

1)省气象服务中心根据《河南省秋收气象服务专报》制作全省秋收秋种气象影视服务产品,在当日电视天气预报节目中播出,同时在12121中播出全省秋收气象服务信息,及时发布秋收秋种期间气象灾害预警信号。通过气象应急短信平台,免费向省农业机械部门提供的农业机械手发送即时秋播市场信息和气象信息。在河南兴农网相关栏目及时向公众发布河南省秋收气象服务信息。

2)省气象台将《河南省秋收气象服务专报》及时提供给河南省委省政府及河南省农业厅、河南省农业机械局等相关单位,同时呈送河南省气象局领导,河南省气象局办公室、河南省气象局应急与减灾处、河南省气象局科技与预报处、河南省气象局观测与网络处、河南省气象科学研究所、河南省气象信息网络与技术保障中心和气象服务中心,并通过省、市广播电台发布秋收期间天气预报、预警。秋收秋种期间出现影响秋收秋种的重要灾害性天气时应及时服务。

3)各省辖市气象局、县气象局应制作决策专题气象服务材料,每天调用、订正、发布秋收秋种农用天气预报,及时为各级政府、农业生产管理部门及公众开展服务。

5.3.3 春耕春播农业气象服务

春耕春播农业气象服务是自2012年最新开展的全省性农业气象服务。根据河南省气象局应急与减灾处“关于印发《河南省春耕春播气象服务方案(暂行)》的通知”(气减函〔2012〕6号)开展服务。

(1)春耕春播气象服务方案

1)全省春耕春播气象服务期

4月10—30日。每周发布一期春耕春播气象服务信息产品,发布时间为每周一。遇到对春耕春播有明显影响的天气过程时应增加服务频次,开展针对性服务。

2)春耕春播气象服务产品内容

文字内容:春播进度,天气实况及其对播种和出苗的影响,未来天气对春耕春播影响分析,趋利避害的措施建议。其中,在使用农业部门春播进度时注明“根据农业部门农情调度”字样。预计将发生或已发生低温阴雨、干旱等农业气象灾害时,增加农业气象灾害预报或实况评述等内容。

图表部分:未来一周适宜播种时段的区域分布,分为适宜播种区、较适宜播种区、不适宜播种区。预计将发生或已发生低温阴雨、干旱等农业气象灾害时,增加农业气象灾害落区预报图或实况图。

(2)春耕春播气象服务产品制作流程

1)各省辖市气象局于每周一上午完成本省辖市春耕春播气象服务产品制作,并于每周一上午 10:00 前将本周的春耕春播服务产品传至省气象台决策服务和省气象科学研究所农业气象中心。

2)省气候中心于每周一上午 10:00 前将春耕春播期间的气候趋势预测产品提供给省气象台决策服务和省气象科学研究所农气中心。

3)省气象科学研究所汇总各省辖市局上报信息,结合春耕春播区天气实况及未来天气趋势对春耕春播的可能影响进行分析评估,重点分析天气对播种和出苗的影响,未来天气对春耕春播影响分析,提出趋利避害的措施建议,并制作春耕春播农用天气预报图;预计将发生或已发生低温阴雨、干旱等农业气象灾害时,增加农业气象灾害预报或实况评述等内容。以上材料于每周一上午 12:00 前提供给省气象台决策服务。

4)省气象台每周一 10:00 前将春耕春播区天气实况、未来三天天气趋势提供给省气象科学研究所农业气象中心;每周一制作《河南省春耕春播气象服务专报》,并于 17:00 前上传至国家气象中心农业气象中心,并同时上传至全国气象业务服务信息系统和省气象服务中心。

(3)春耕春播气象服务流程

1)省气象台将《河南省春耕春播气象服务专报》及时提供给省委省政府及省农业厅、省农业机械局等相关单位,同时呈送局领导和省办公室、应急与减灾处、科技与预报处、观测与网络处、省气象科学研究所、气象信息网络与技术保障中心及气象服务中心等,并通过省、市广播电台、电视台和手机短信发布春耕春播期间天气预报和预警。

2)省气象服务中心根据《河南省春耕春播气象服务专报》制作全省春耕春播气象影视服务产品,在每周二电视天气预报节目中播出,同时在 12121 中播出全省春耕春播气象服务信息,及时发布春耕春播期间气象灾害预警信号。在河南兴农网相关栏目及时向公众发布河南省春耕春播气象服务信息。

3)各省辖市气象局要组织做好市级、县级春耕春播气象服务工作,确保全省各级能够及时制作发布春耕春播专题气象服务材料,适时为各级政府、农业生产管理部门及公众服务。

参考文献

毛留喜,吕厚荃.2010.国家级农业气象业务技术综述[J].气象,**36**(7):75-80.

王建林.2009.现代农业气象业务[M].北京:气象出版社.

张雪芬,王启宇,厉玉昇,等.2005.河南省农业气象周报运行系统设计与实现[J].中国农业气象,**26**(1):45-48.

中国气象局.2009.关于印发《现代农业气象业务发展专项规划(2009—2015 年)》的通知(气发〔2009〕350 号).

第 6 章　现代农业气象评估技术

准确、定量地评价气象条件农作物生长的影响及评估农业气象灾害风险对农业生产的影响，对国家和区域农业结构调整，特别是农业可持续发展、农业防灾减灾对策和措施的制定具有重大意义。气象部门对农业气象灾害影响的评估工作一直予以高度重视，但由于技术等原因，目前农业气象业务服务中对农业气象灾害影响的评估仍是以定性评价为主，缺乏对农业气象灾害风险、损失、经济影响的定量分析和动态评估跟踪能力。本章从农业气象灾害风险评估、农业气象灾害损失评估、作物长势综合评价和气象条件对作物生长影响评估等方面阐述了现代农业气象评估技术。

6.1　农业气象灾害风险评估

风险是某一自然灾害发生后所造成的总损失，为了进行风险大小的比较，人们提出了各种风险量化的方法，也称为风险度，对自然灾害风险有不同的定义，相应的风险度的表示也有所不同。自然灾害风险可以描述成：自然灾害程度的概率分布；而气象灾害风险定义为：气象灾害事件发生的可能性以及由其造成后果的严重程度。灾害风险是致灾因素对承灾体可能引起的灾害事件发生的概率及其后果的这两个因素的函数，风险分析体系由风险辨识、风险估算和风险评价与对策组成，风险辨识着重阐明孕灾环境,、致灾因子、孕灾体及其受灾的特征（张继权，2007）。

风险评估是对风险发生的强度和形式进行评定和估计。风险估算是风险体系的核心，根据灾害事件的成因，通过建立估算模型，定量估算致灾因子的强度、发生概率以及承灾体致灾损失等后果。灾害风险评估是制定减灾对策、土地利用规划、社会发展与经济建设规划及保险业开展的基础工作。评估可以通过观察外表或对有关参数进行测试来完成，也可通过分析有关原因及过程，推导出结果。农业气象灾害是自然灾害的重要部分，农业气象灾害风险评估是农业生产管理、农业种植结构规划和调整及农业防灾减灾的重要参考，对农业生产的可持续发展、粮食安全起着重要作用。在未来气候变化的情景下，农业气象灾害风险也越来越大，其风险评估和预测研究将越来越引起政策制定者和学者的关注。

6.1.1　冬小麦干旱风险评估

华北平原是我国重要的小麦生产基地，种植面积和产量占全国的 1/2 左右，本区小麦产量的高低在全国占有举足轻重的地位。该区最严重的农业气象灾害是干旱，据统计，河北省每年都有地区发生春旱，但程度和范围因年而异，发生春旱的频率为 60%～80%，春旱发生范围平均也达 70%以上，尤其是 5 月，其干旱范围达 97%，初夏旱为 55%～90%（苏剑勤 等，1996）；河南省北部地区春旱发生频率为 30%～40%，初夏旱为 40%～50%，加上伏旱和秋旱，在 1380—1949 年的 569 年中，有 406 年出现不同程度的干旱，约 10 年 7 遇，受灾面积平均每年达 96.06 万 hm^2，占河南耕地面积的 15%，其中受灾比较严重的年份可达 461.89 万 hm^2，占全省耕地面积的 70%（朱自玺 等，2003，1987；华北平原作物水分胁迫与干旱研究课题组，1991）。近年来，随着全球气候变暖，本区干旱发生的频率和危害程度呈现上升趋势，成为该区小麦产量稳定上升的重要限制因素（刘昌明 等，1989）。

鉴于华北平原冬小麦产量在我国粮食安全中的重要地位和该区干旱灾害的频繁发生及其严重影响，该区小麦干旱问题历来受到政府部门和科研机构的高度关注。近年来，对干旱灾损的风险区划和评估也引起了有关部门和科研机构的重视，相继开展了相关研究并取得了一些成果（千怀遂 等，2005；李世奎 等，2004；刘荣花 等，2003；邓国，1997；李世奎，1999；刘荣花 等，2003；薛昌颖 等，2003；胡政 等，1999；邵晓梅 等，2001）。在对华北平原冬小麦历史产量资料分析的基础上，对华北平原冬小麦干旱产量灾损风险水平进行区域空间上的分类，可及时、准确地为政府和农业生产部门提供灾害信息，为本区抗灾减灾制定防御和减轻旱灾的措施，最大限度地减轻灾害造成的影响，为我国粮食安全提供科学的气象服务保障。

(1)产量资料的处理

小麦产量资料为建国至 2000 年的逐年单产（kg/hm^2），取自各省统计部门。

产量资料的处理方法采用 3 阶多项式拟合趋势产量，从历年实际产量中分离出气象产量，分析时采用相对气象产量百分率（%）：

$$y'_w = \frac{y - y_t}{y_t} \times 100 \tag{6.1}$$

式中，y'_w 为相对气象产量百分率（%）；y 为实际产量（kg/hm^2）；y_t 为趋势产量（kg/hm^2）。

(2)灾年的确定

将相对气象产量为负值的年份定义为减产年，则对应的相对气象产量为“减产率”。参照农业上划分灾害年型的方法，将相对气象产量减产百分率分为≤10%，10%～20%，20%～30%，>30%四个等级，分别对应于轻旱、中旱、重旱、严重干旱四种干旱类型。

根据以往的研究结果，相对气象产量的序列服从正态分布，由于所用产量资料序列均在 30 年以上，符合大样本序列条件，因此用样本平均值 u 代替总体数学期望，用样本均方差 σ 代替总体方差，建立相对气象产量的概率分布密度函数：

$$y = f_{(x1u,\sigma)} = \frac{1}{\sqrt{2\pi\sigma}} e^{-\frac{1}{2\sigma^2}(x-u)^2} \tag{6.2}$$

其分布函数为

$$F_{(x)} = \int_{-a}^{x} \frac{1}{\sqrt{2\pi\sigma}} e^{-\frac{1}{2\sigma^2}(x-u)^2} dx \tag{6.3}$$

不同程度的减产出现的概率：

$$\int_{x_1}^{x_2} f_{(x)} dx = p_{(x_1 \leqslant x \leqslant x_2)} \tag{6.4}$$

(3)干旱灾损风险因素分析

1)产量灾损的风险强度

干旱是华北平原冬小麦生长季的主要农业气象灾害，是造成本区冬小麦减产的主要因素，冬小麦产量是本区干旱风险的主体，干旱灾害造成产量灾损风险的大小与不同等级的减产率强度及其发生的概率有关。若以 Q 表示灾损的风险强度指数，则其表达式为：

$$Q = \sum_{i=1}^{n} J_i P_i \tag{6.5}$$

式中，J_i为第 i 个干旱等级的减产强度；P_i 为减产强度出现的概率。

根据计算，华北平原干旱灾损的强度风险指数在 4.867～16.669 之间，为了便于分析，将灾损的强度风险指数值进行标准化处理：$x=\frac{x-x_{\min}}{x_{\max}-x_{\min}}$，使之介于 0～1 之间，并将干旱灾损的强度风险指数在 0.35 以下的定义为低值区，0.35～0.55 为中值区，0.55 以上的为高值区。

从图 6.1 可以看出，干旱灾损的强度风险指数的高值区占全区的 15.4%，主要集中于鲁西北和冀东北交界的大片地区，鲁西南、豫东北、豫西北及豫西南的部分地区也有少量分布；中值区占 45.5%，主要分布于豫南、豫北、冀中及鲁西南地区；低值区占 39.1%，集中分布于鲁东南、豫中部和鲁西北地区。

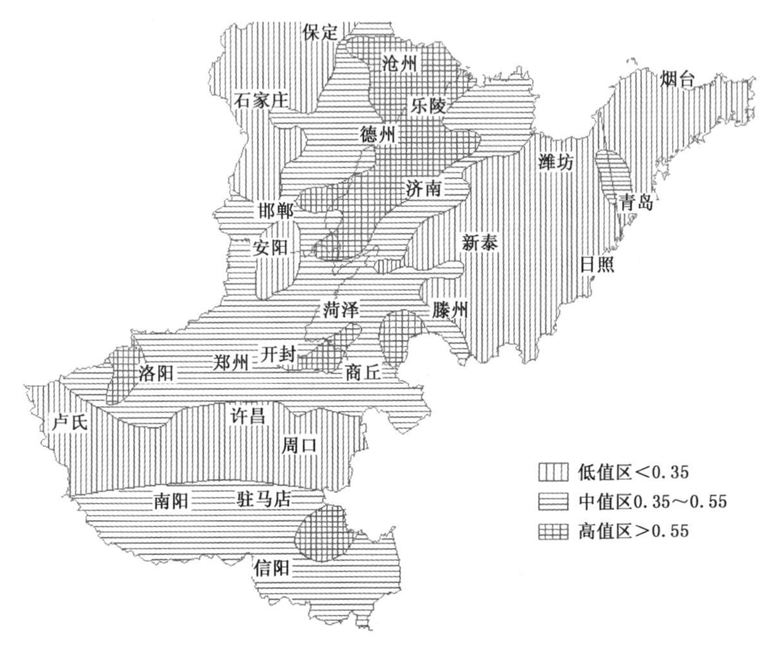

图 6.1　华北平原冬小麦产量灾损的风险

2)冬小麦产量变异系数

冬小麦产量的变异系数是指历年小麦产量的波动情况，可表示为

$$C_v=\frac{1}{\bar{y}}\sqrt{\frac{\sum(y_i-\bar{y})^2}{n-1}} \tag{6.6}$$

式中，C_v 为变异系数；y_i 为历年单产；$\bar{y}$ 为历年平均产量。

变异系数的大小在一定程度上综合体现了一地小麦产量受光、温、水气象要素及其他生态条件影响的波动情况，同时也反映了一地抗灾能力的大小，变异系数大，说明其生态环境相对脆弱，抗灾能力差，灾损的风险大。

计算得出，华北平原各地冬小麦产量的变异系数在 0.364～0.942 之间(见图 6.2)，鲁西北和冀东北交界的地区变异系数较大；除东北地区之外的河南大部地区、河北的西部及山东的部分地区变异系数较小。

3)旱灾年发生频率及平均减产率分布

干旱灾害年份发生的频率是最直接定性反映干旱灾害的一个指标，我们将干旱发生而且相对气象产量为负值的年份定义为干旱灾害年，对干旱灾害年发生频率的统计结果表明：华北平原地区旱灾年发生频率普遍较高，在 34.6%～64.7%，其中豫西南、豫北、豫东北和鲁西南的部分地区发生频率较高，多在 55%以上；而豫东南、山东和河北省的大部分地区旱灾年发生频率稍低，多在 50%以下(见图 6.3)。

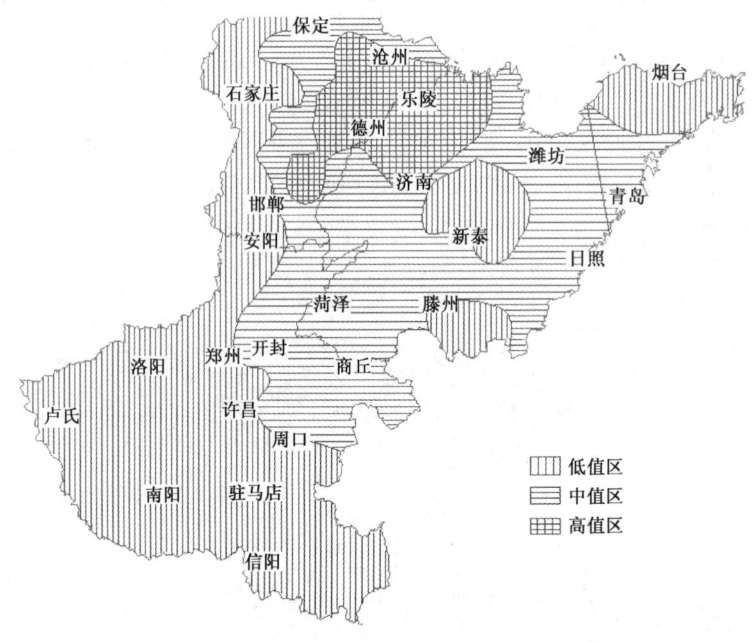

图 6.2　华北平原冬小麦产量变异系数分布

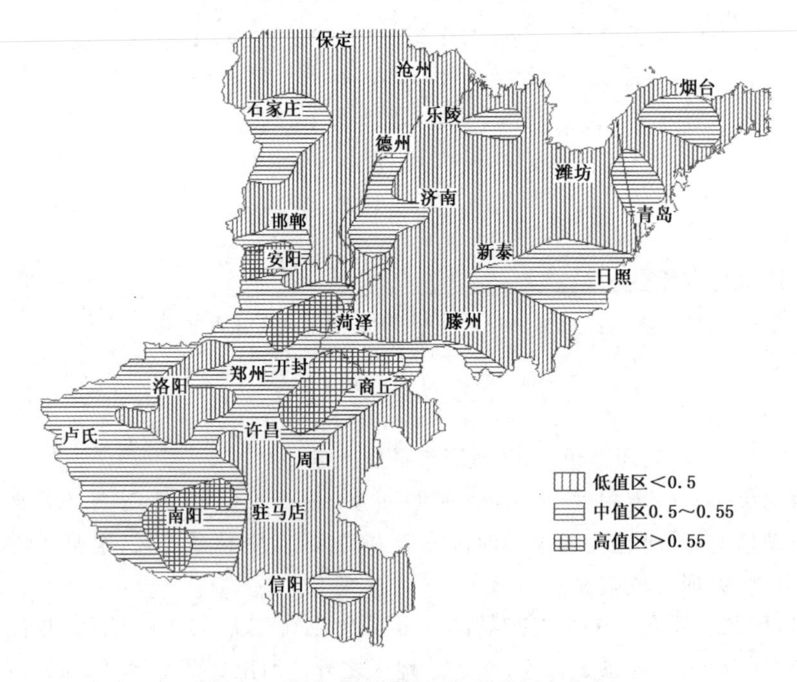

图 6.3　华北地区干旱灾害发生频率分布

此外，旱灾年平均减产率的大小也在一定程度上反映了干旱灾损的强弱，对华北平原冬小麦平均减产率统计的结果表明(图略)，全区域各县小麦平均减产率均在 10%以上，个别地区高达 30%。各地平均减产率存在着明显的地域性差异，平均减产率大于 20%的高值区主要分布于鲁西、豫东北和冀东南三省交界的大片地区，豫西和豫南也分别形成两个减产率高值区；平均减产率较低的地区，分布在豫北、冀中南、鲁东南和豫中部分地区。

(4)冬小麦干旱产量灾损风险评估指数和区划

1)产量灾损风险评估指数

冬小麦产量灾损的综合风险与不同等级的减产率及其发生的概率、各干旱等级出现的概率、灾年产量的变异系数有关，根据分析，构造能够综合反映产量灾损风险程度的冬小麦产量灾损综合风险评估指数：

$$M = C_v f Q = C_v f \sum_{i=1}^{n} J_i P_i \qquad (6.7)$$

式中，C_v 为减产率的变异系数；f 为灾年频率；Q 为产量灾损的强度风险指数。

2)综合风险指数与风险区划

利用式(6.7)对华北平原进行计算的结果表明：产量灾损风险评估指数值域范围在1.232～6.819，将其进行0～1标准化处理：$x=\frac{x-x_{\min}}{x_{\max}-x_{\min}}$，作为干旱产量灾损的综合风险指数，根据综合风险的大小，将华北平原地区划分为三类：产量灾损风险评估指数大于0.5为灾损风险高值区；0.3～0.5为综合风险指数中值区；小于0.3为综合风险指数低值区，并将综合风险指数结果绘制成干旱产量灾损风险区划图(见图6.4)。

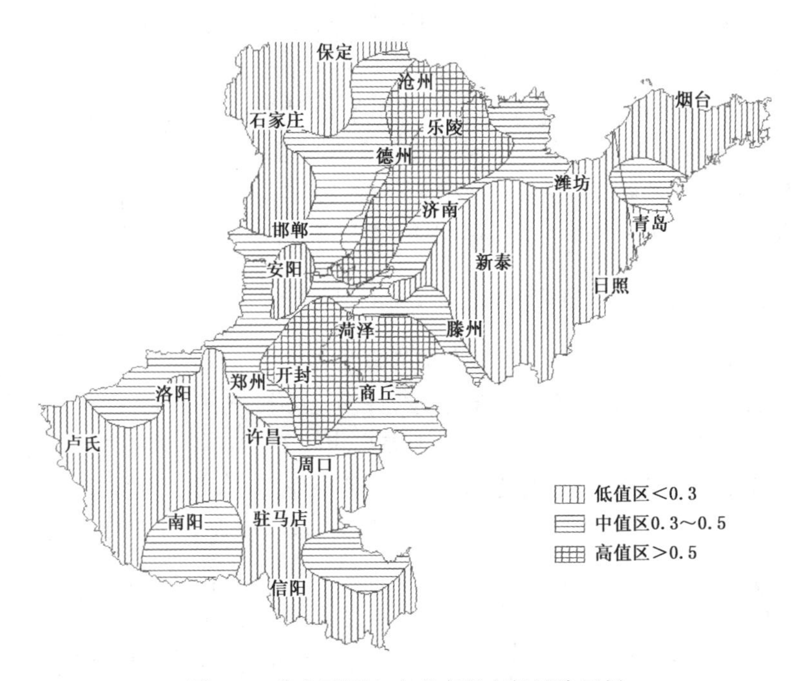

图6.4　华北平原冬小麦产量灾损风险区划

① 灾损风险高值区。华北地区产量灾损风险高值区有50个站点，约占全部站点的19.8%，主要分布于两个区域：a.鲁西、鲁西北与冀东北沧州地区运河东部的交界地区；该区灾损风险高的主要原因是自然条件较差，主要土壤类型为盐化潮土，北部为海积地貌；该区自然降水少，水资源比较贫乏，多为咸水区，宜充分利用咸水资源，搞好咸水优化灌溉。b.豫东北和鲁西南交界地区、豫东地区，该区自然条件也相对较差，土壤类型多为盐碱地，自然降水较

少，应注意土壤的涵养，推广优化灌溉技术。

② 灾损风险中值区。产量灾损风险中值区有86个站点，占34%，该类型区域气候、地貌差异较大，引起干旱灾害发生的因素和旱灾发生的时段各地不尽相同：a. 鲁中山地丘陵区及半岛地区的一小部分地区易发生春旱，应注意涵养水源，推广各种蓄水保墒技术，提高保水保肥能力。b. 冀中部地区—豫北部地区，该区域易发生春季干旱及初夏干热风等，应合理利用有限的水资源，做好节水灌溉。c. 豫中—豫西北的狭长地带，该区主要易发生麦播期干旱和春旱等，宜采取秸秆翻压还田、喷施多功能防旱剂等各种干旱综合防御措施。d. 豫南、豫西南初夏虽然雨水较多，但多为砂姜黑土，土壤物理特性差，易涝也怕旱，该区域易发生初夏旱。

③ 灾损风险低值区。产量灾损风险低值区有117个站点，占46.2%，这些地区相对气候条件较好，小麦高产稳产性较高，对各种综合灾害的抗御能力较强。主要集中于：a. 鲁东南沿海低值区：该区常年降水负距平小于20%，平均减产率较低；本区降水充足，春旱及初夏旱偶有发生，此区以棕壤土居多，保水持肥能力差，应采取深耕、秸秆翻压等措施，提高保水、肥能力。b. 冀西北—豫北低值区：本区为北起燕山南、经太行山东麓、京广线两侧、保定、南至安阳地区的狭长区域，该区易发生春旱及初夏干热风等，中旱三四年一遇。根据山地降水资料的分析（邵晓梅 等，2001）：在太行山燕山山脉的迎风侧，在一定高度内，年平均降水量随高度的升高而增加，即在某一高度降水量达到最大，这是由于受山体的影响，气流在迎风坡上被抬升时，周围气压逐渐降低，空气不断膨胀而绝热冷却。气温越低，空气所能包含的水汽量越少，空气越接近饱和。当气流的饱和水汽压小于实际水汽压时，气流中的水汽就纷纷凝结而成云致雨。因此在太行山燕山山脉的迎风侧，夏秋季节较为丰富的降水为本区冬小麦的顺利播种和苗期生长积累了充足的底墒水，本区冬小麦生长季降水量虽显不足，但地下水资源丰富且水质好，水利条件较好。宜采取喷施多功能防旱剂等各种干旱防御措施；c. 豫南、豫中南—豫西(南)的低风险带：平均减产率均在15%～20%之间，中旱10年一遇，轻旱三四年一遇，麦播时旱害偶有发生，干热风危害也较轻。本区应加强农田基本建设，选用抗逆性强的品种等。

6.1.2 冬小麦晚霜冻灾害风险评估

黄淮麦区是我国的小麦主产区，也是晚霜冻危害最严重的地区之一，其多年发生频率在30%以上。20世纪80年代以来，随着全球变暖，许多地方初霜日推迟，终霜日提前，无霜期延长（余卫东 等，2007；韩荣清 等，2010）。但黄淮麦区由于拔节期提前和主栽品种的春性化，晚霜冻的发生与危害出现了逐渐加重的趋势，给当地冬小麦高产、稳产带来较大影响。及时、客观、准确地评估晚霜冻的范围、程度及霜冻后产量损失，是当前农业生产中急需解决的问题（钟秀丽 等，2007）。

(1)冬小麦晚霜冻风险评估指标

按照灾害风险评估理论，一定区域自然灾害风险一般是由自然灾害危险性、暴露性和易损性三个因素相互作用而形成。

$$F = f(P, L, I) \tag{6.8}$$

定义冬小麦晚霜冻风险指数为：

$$F = \alpha P + \beta L + \gamma I \tag{6.9}$$

式中，F 为冬小麦晚霜冻风险指数；P 为晚霜冻的危险性，用概率表示；L 为灾害的暴露性，用晚霜冻的灾度表示；I 为晚霜冻的脆弱性，用晚霜冻造成的产量损失百分率表示；α、β 和 γ 分别为危险性、暴露性和脆弱性的权重，利用熵权法（张星 等，2007）确定各指标权重系数。

1)冬小麦晚霜冻危险性指标

利用冬小麦拔节后天数(Δd)和日最低气温(T_{min})两个因素构建晚霜冻害指数(张雪芬等,2009):

$$I = f(\Delta d) + g(T_{min}) \tag{6.10}$$

式中,Δd 为冬小麦拔节后天数,未进入拔节期则 $\Delta d<0$;$f(\Delta d)$为与 Δd 有关的分段函数;T_{min} 为逐日最低气温;$g(T_{min})$为与 T_{min} 有关的分段函数。当 $I<5$ 时,未发生霜冻害;$I=5$ 时为轻度霜冻害,$I\geqslant 6$ 为重度霜冻害。$f(\Delta d)$ 和 $g(T_{min})$ 分段取值见表 6.1。

表 6.1　$f(\Delta d)$ 和 $g(T_{min})$ 分段函数取值

取值	0	1	2	3	4	5
Δd(d)	$\Delta d<0$	$1\leqslant\Delta d\leqslant 5$	$6\leqslant\Delta d\leqslant 10$	$11\leqslant\Delta d\leqslant 15$	$\Delta d>16$	$\Delta d>16$
T_{min}(℃)	$T_{min}>1.5$	$0.5\leqslant T_{min}<1.5$	$-0.5\leqslant T_{min}<0.5$	$-1.5\leqslant T_{min}<-0.5$	$-2.5\leqslant T_{min}<-1.5$	$T_{min}<-2.5$

根据小麦晚霜冻害指数公式(6.9)计算出 30 个站的晚霜冻指数,然后采用偏度和峰度对晚霜冻害指数进行正态分布检验,有 22 个站点的数据符合正态分布;对不符合正态分布的序列数据进行双曲正切变换后,有 5 个站点的数据符合正态分布。

根据每一个台站霜冻指数的平均值和方差,求出河南省 27 个代表站冬小麦晚霜冻指数 $F\geqslant 5$(双曲正切变换后的 5 个站 $F\geqslant 1$)的概率(P)。

2)冬小麦晚霜冻暴露性指标

把晚霜冻发生程度和发生天数之和定义为晚霜冻灾度。

$$L = I_{max} + D_I \tag{6.11}$$

式中,I_{max}为当年最大冻害指数;D_I 为当年发生晚霜冻害的天数。晚霜冻害发生程度与发生天数从两个方面反映了当地晚霜冻的发生情况,其值愈大表明晚霜冻造成的影响越大。根据式(6.11)分别计算出 27 个站逐年的 L 值,用 1961—2008 年的平均值代表各站晚霜冻的暴露性。

3)基于作物模型的小麦晚霜冻脆弱性指标

脆弱性用晚霜冻对小麦产量造成的损失量表示。根据田间试验资料在 WOFOST 作物模型中增加了晚霜冻影响过程,并利用该模型进行产量损失提取,在此基础上开展小麦晚霜冻风险评估。

(2)WOFOST 作物模型参数调整及验证

WOFOST 模型是一个根据气象和土壤条件模拟作物根、叶、茎、穗生物量及土壤水分动态的作物机理模型(Boogaard,1998; 邬定荣 等,2003)。该模型引入我国后,许多学者也根据观测资料和试验数据对该模型的部分参数进行了调整和订正并在不同地区进行了应用(马玉平 等,2005;陈振林 等,2007;张建平 等,2008)。本文中 WOFOST 模型中的作物参数是在前人研究成果的基础上,结合河南省冬小麦田间观测资料对部分参数进行适当调整。土壤参数中的凋萎湿度和田间持水量来自各代表站点的实测值。部分参数的取值见表 6.2。

表 6.2　WOFOST 作物模型部分参数的取值

参 数	定 义	取值
TBASEM	出苗最低温度	0.0 ℃
TSUMEM	播种到出苗的积温	130.0 ℃ · d
TSUM1	出苗到开花的积温	1 300.0 ℃ · d

续表

参数	定义	取值
TSUM2	开花到成熟的积温	900.0 ℃·d
LAIEM	出苗时叶面积指数	0.131
TEFFMX	出苗最高有效温度	30.0 ℃
SMFCF	田间持水量	各站实测值(%)
SMW	凋萎湿度	各站实测值(%)

选取郑州、新乡和南阳3个代表站，利用1983—2000年的气象资料和冬小麦产量资料进行WOFOST作物模型的适应性验证。总体上看3个站模拟结果(表略)较好，基本上能够模拟出逐年产量的变化情况。

1)WOFOST作物模型霜冻处理及验证

晚霜冻持续时间一般只有2～7 h，而WOFOST作物模型中对作物生长状况的模拟是以1天为步长进行的，虽然在模型中考虑了日最低气温对作物生长发育速度的影响，但它是用连续7天最低气温的平均值作为指标，这就可能平滑掉晚霜冻对作物生长的影响，尤其是重型晚霜冻造成的作物干物质重负增长，因此需要对模型进行修订，增加晚霜冻发生后对冬小麦叶、茎和穗的影响部分。

现有研究成果认为晚霜冻过程开始是叶片表面结冰，逐渐传导到整株(陶祖文 等，1962；冯玉香 等，1999；胡新 等，1999)。霜冻部位主要发生在叶尖和叶面向上弯曲部位，严重的霜冻可使叶鞘和茎秆受害。叶片和叶鞘受冻后呈水渍状，回暖后融化，水分蒸发，叶色先呈浓绿，干枯后变白色。对幼穗而言，轻度受害的只有顶部小穗不孕，受害较重的大部分小穗不结实甚至形成空穗。人工霜箱及前人多种试验资料表明，轻霜冻一般使1/2左右的叶面受冻，顶部小穗不孕；重霜冻可使3/4以上的叶面受冻，小穗1/2以上部分不结实。按照上述指标在原有WOFOST模型中添加霜冻影响过程。

WOFOST模型中冬小麦叶片重(dry Weight of Living Leaves, WLV)和穗重(dry Weight of living Storage Organs, WSO)的受霜冻影响的损失模拟过程在干物质积累过程中添加。首先根据作物生长过程的日序参数(IDAY)和作物生长阶段参数，综合判断冬小麦是否处于拔节—抽穗期。河南省冬小麦一般在$70 \leqslant IDAY \leqslant 120$(3月10日—4月30日)和$0.5 \leqslant DVS \leqslant 0.7$处于拔节—抽穗期。当生长阶段处于上述时间段内，根据最低气温值(T_{min})和拔节后天数计算霜冻指数I_{max}。若$I_{max}<5$则认为没有晚霜冻害发生，不进行叶重和穗重损失订正；若$I_{max}=5$则认为有轻型晚霜冻害发生，按照叶重损失50%，穗重损失20%进行订正；若$I_{max}>5$则认为有重型晚霜冻害发生，按照叶重损失70%，穗重损失50%进行订正。WOFOST作物模型修改过程见图6.5。

利用修订后的作物模型对上述3站1983—2000年的冬小麦产量再次进行模拟分析，结果显示产量拟合率比修订前都有不同程度的提高。

另外，对比分析了郑州、南阳和新乡3站晚霜冻发生年份模型修订前后模拟误差，结果见表6.3。从表中可以看出模型修订后，大部分发生晚霜冻的年份，修订后的作物模型对产量的模拟，比修订前都有了不同程度的提高。

2)小麦晚霜冻灾害损失识别

首先根据晚霜冻指标确定霜冻发生的具体年份和日期，对出现晚霜冻的年份，利用修改后

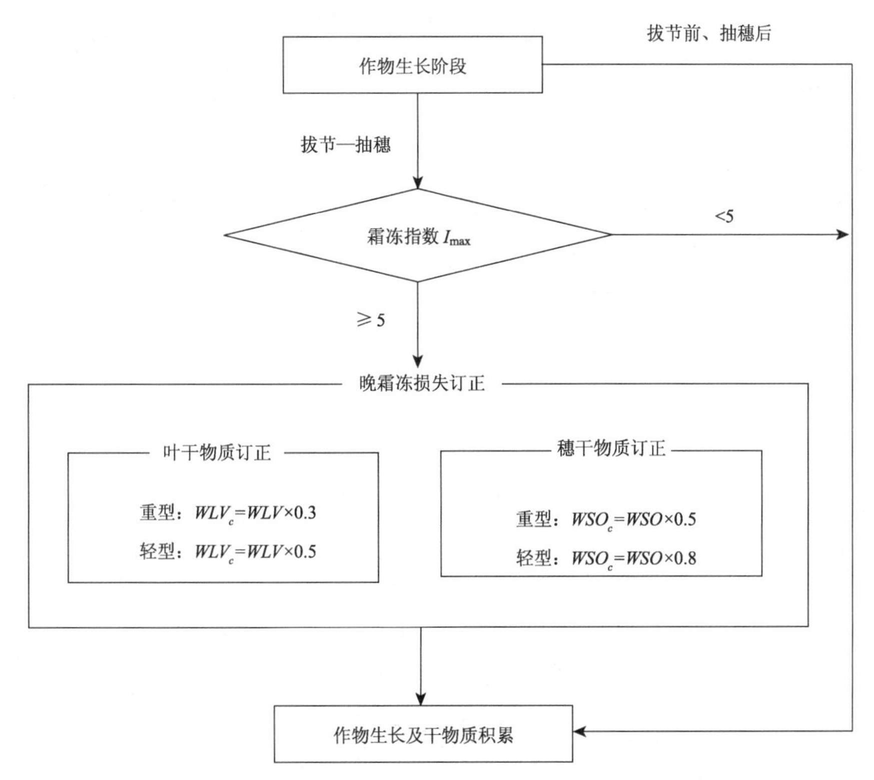

图 6.5　WOFOST 作物模型修改示意图

WLV 和 *WSO* 分别是叶和穗的干物质重，WLV_c 和 WSO_c 分别是订正后的相应干物质量

表 6.3　WOFOST 作物模型修订前后模拟误差对比

站名	晚霜冻年份	晚霜冻类型	模型修订后模拟误差	模型修订前模拟误差
南阳	1991	重	2.7	10.5
	1995	轻	7.7	12.1
新乡	1991	重	−3.5	−9.6
	1993	轻	2.2	5.3
郑州	1992	重	10.8	14.3
	1993	轻	8.8	8.8
	1995	重	3.2	16.9
	1998	重	3.1	3.1

WOFOST 模式进行小麦产量模拟，然后将霜冻发生当日的气象资料中除降水以外的其他资料用该日的 30 年（1971—2000 年）平均值代替，再次进行模拟。分析各种生物量前后两次模拟结果之间的差别，从而确定霜冻对小麦产量的影响量。

按照上述计算方法，对各站晚霜冻的发生年份进行逐年小麦产量灾害损失计算，分析小麦脆弱性的变化，再对灾害损失进行平均，求得各站晚霜冻造成的小麦产量平均灾损值，即为晚霜冻的脆弱性。

$$I_i = \frac{1}{n}\sum_{j=1}^{n} I_j \qquad (6.12)$$

式中，I_i 为第 i 个站点的平均晚霜冻小麦产量灾害损失；n 为第 i 个站点发生晚霜冻的年数；I_j 为第 j 年晚霜冻灾害造成的小麦产量损失率。

(3)冬小麦晚霜冻风险评估

1)冬小麦晚霜冻危险性评估

从河南省各站晚霜冻发生概率分布(见图 6.6)上看，河南省中东部、西南部和北部地区冬小麦晚霜冻发生概率较高，在 15%以上，其中西南部的内乡、东部的沈丘和永城是晚霜冻害的高发区，发生概率在 30%以上，其他地区发生概率在 15%以下。

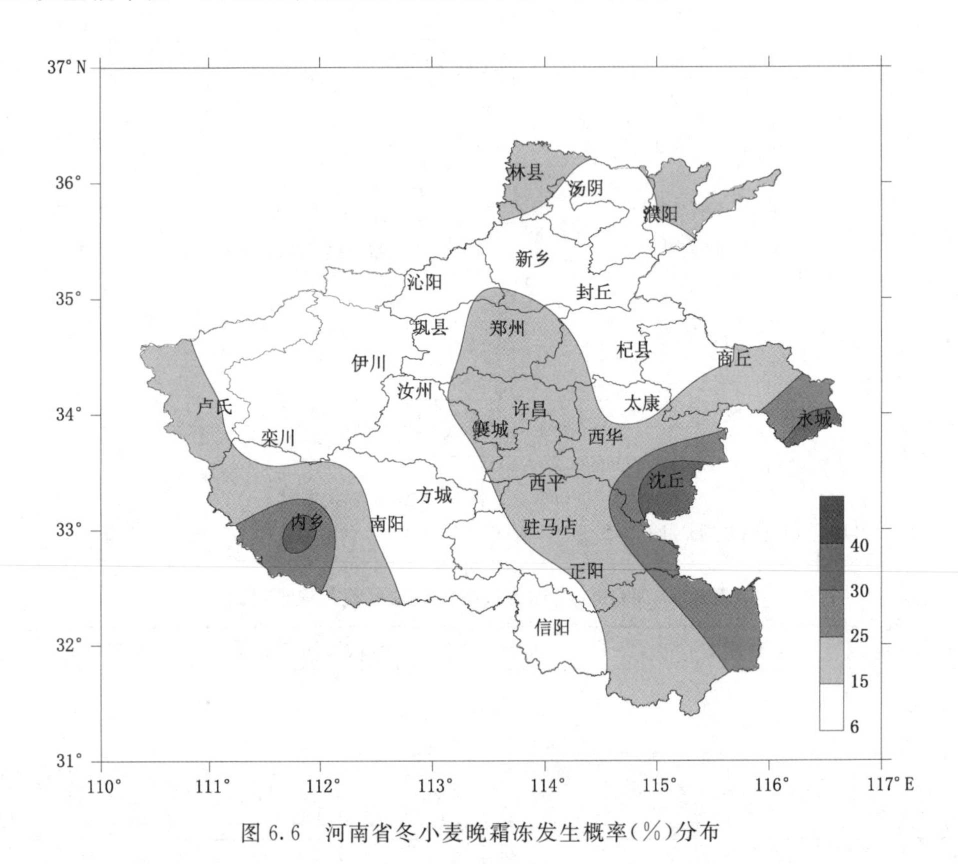

图 6.6 河南省冬小麦晚霜冻发生概率(%)分布

2)小麦晚霜冻暴露性评估

河南省晚霜冻灾度分布和概率分布类似(见图 6.7)。高值中心主要分布在东南部的沈丘和永城、西南部的内乡等地，这些站的灾度值都超过了 0.8。与概率分布不同的是中部的许昌和郑州两站的晚霜冻灾度值相对也比较高，都在 0.6 以上，其他地区灾度一般都在 0.4 以下。

3)小麦晚霜冻脆弱性评估

晚霜冻造成河南省冬小麦产量损失分布自西向东呈逐步减小的趋势(见图 6.8)。晚霜冻对小麦产量影响较大的地区主要分布在河南西部的卢氏和北部沁阳及新乡等地，产量损失一般在 30%以上。这与这一地区地形及气候背景有关，该地区多为丘陵和山区，又是冷空气入境上游区，冷空气一旦入境，小麦首先受到影响，越往东南冷空气逐步减弱，小麦受到影响越小。西南部的方城及东部的沈丘等地小麦产量损失在 20%左右，河南南部的南阳、信阳、东北部的濮阳和中部的杞县、太康等地为产量损失的较小区，平均损失在 10%以下，其他地区在 10%～20%之间。

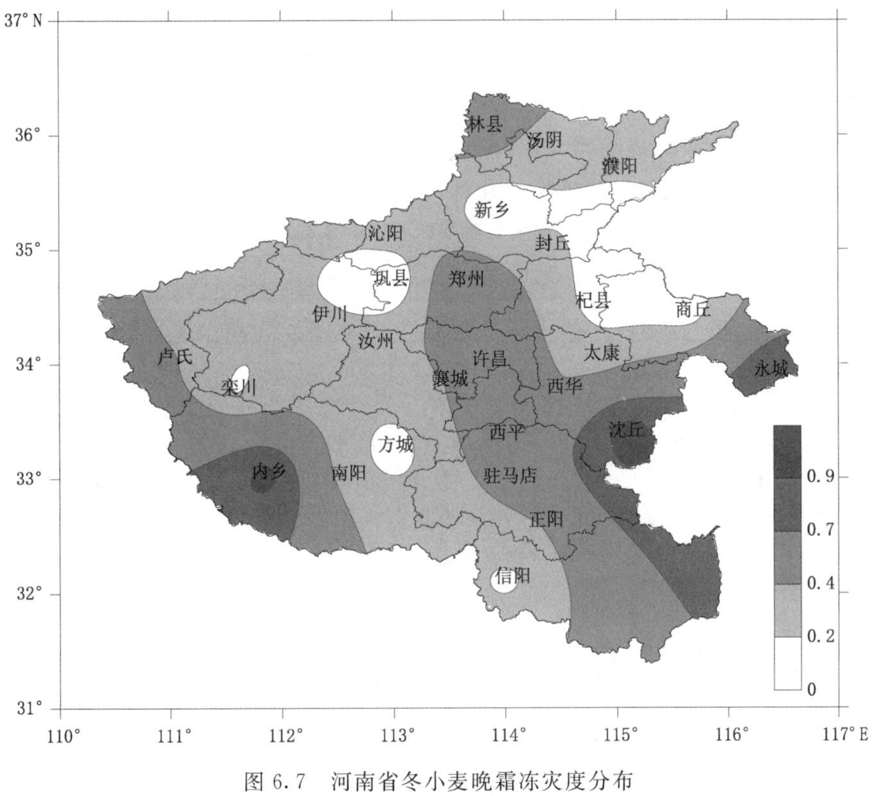

图 6.7　河南省冬小麦晚霜冻灾度分布

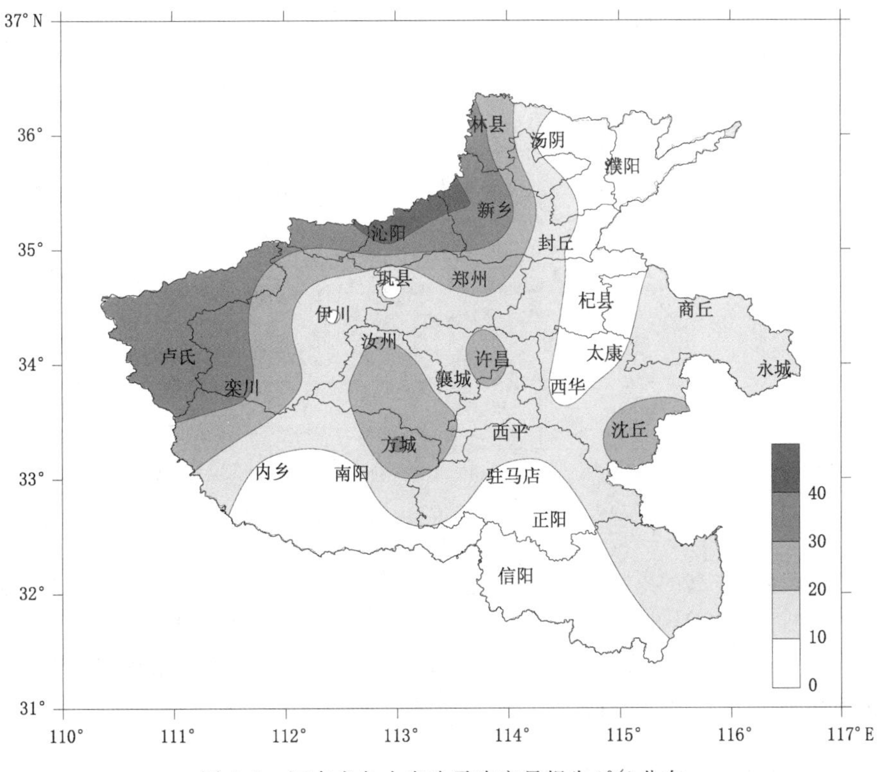

图 6.8　河南省冬小麦晚霜冻产量损失(%)分布

4)冬小麦晚霜冻风险评估

利用熵权法对归一化处理后的危险性、暴露性和脆弱性数据进行分析，确定了晚霜冻三个风险指标的权重分别为 $\alpha=0.346$，$\beta=0.241$，$\gamma=0.413$，并按照式(6.9)加权求和得到河南省冬小麦晚霜冻的风险指数。将晚霜冻风险指数按照从高到低划分为 5 个等级，分别为高风险区、次高风险区、中等风险区、次低风险区和低风险区，风险等级的划分标准见表 6.4。

表 6.4　河南省晚霜冻风险等级划分标准

晚霜冻风险等级	低风险区	次低风险区	中等风险区	次高风险区	高风险区
晚霜冻风险指数(F)	$F<0.20$	$0.20\leqslant F\leqslant 0.39$	$0.40\leqslant F\leqslant 0.56$	$0.57\leqslant F\leqslant 0.70$	$F>0.70$

从图 6.9 中可以看出，冬小麦晚霜冻高风险地区主要分布在河南东部的沈丘；次高风险分布在西部的卢氏、北部的林州及东部的永城一带；北部的新乡、沁阳，中部的郑州、许昌以及西部的栾川、内乡属于中度风险区；低风险区主要分布在西部的伊川、巩义，南部的信阳、南阳，北部的濮阳及中部的杞县、太康等地；其余地区为次低风险区。

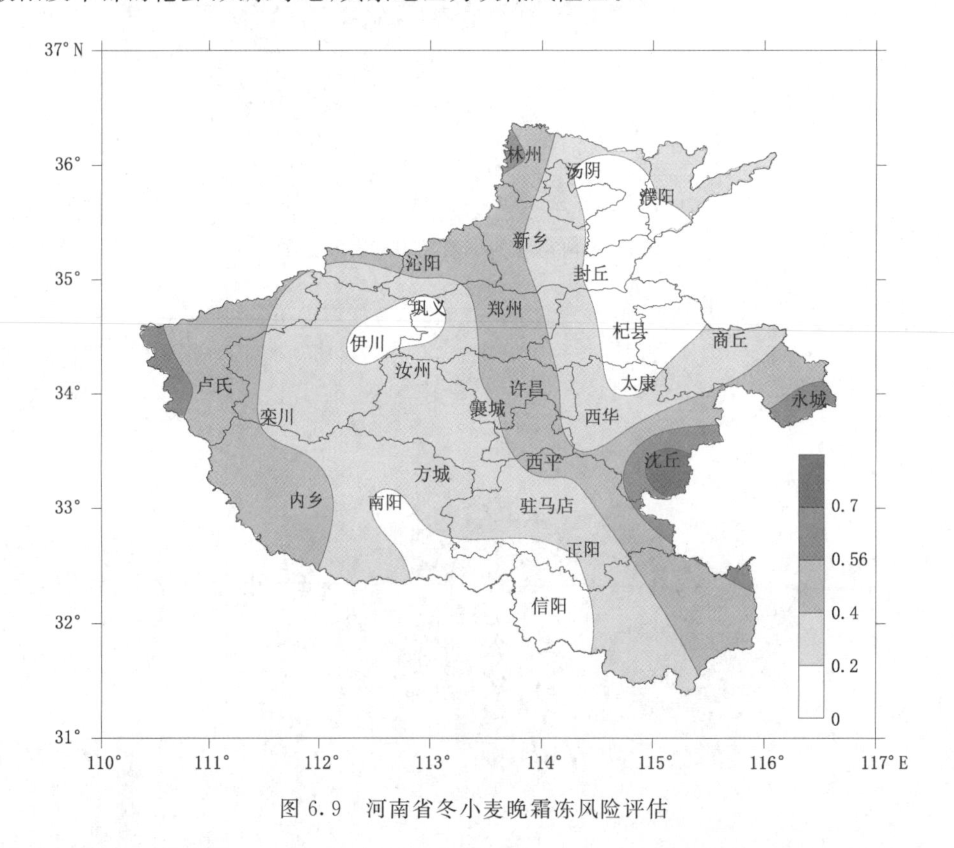

图 6.9　河南省冬小麦晚霜冻风险评估

晚霜冻风险程度较高的地区主要可分为两种情况：一是灾损率较高引起的高风险，例如河南西部卢氏和北部沁阳、林州等地，其晚霜冻灾损率一般接近或超过 30%，其发生概率并不大，只有 15%左右；另一种高概率和高灾度引起的高风险，主要以东部的沈丘和永城等地为代表，发生概率都高于 30%，灾度也都在 0.8 以上。

6.1.3　夏玉米大风倒伏风险评估

玉米是我国第一大粮食作物，在保障我国粮食安全中的地位非常突出。河南是我国夏玉米重要产区,该区玉米播种面积和产量约占全国的十分之一。夏玉米于小麦收割后6月上中旬播种,9月中下旬成熟收获,全生育期90～100 d,主要分布在豫北安阳、鹤壁、豫西北及豫中大部分地区,豫西和豫南夏玉米播种面积占可用耕地面积比例较少,其中信阳地区最少约占6%,见图6.10。受大陆性季风气候的影响,在夏玉米生育期间多种气象灾害频发,大风倒伏一直是制约玉米稳产高产的重要因素,尤其是在玉米生长中后期影响更大。随着农业生产水平的提高,为追求更高产量,一方面种植密度越来越高,植株之间争光争肥,另一方面大量施用氮肥,容易旺长,造成株型过高,秆细纤弱,次生根少,倒伏危害加剧。2009年8月底的大风降雨造成河南省近65万 hm^2 玉米严重倒伏,造成大范围农田严重减产甚至绝收,也影响着全年粮食生产形势的稳定。

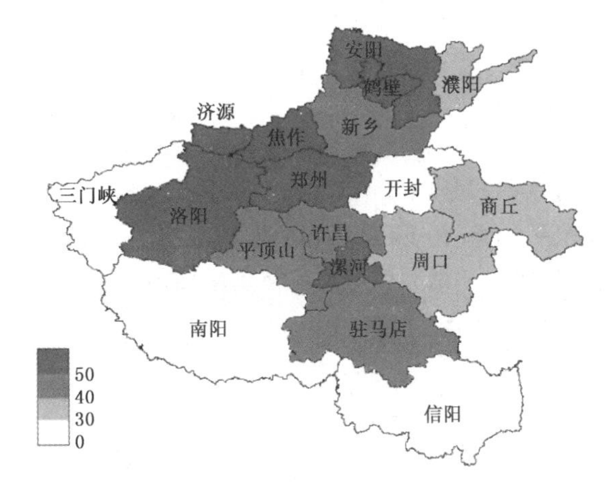

图6.10 夏玉米播种面积占可用耕地面积比例(%)图

(1)大风倒伏指标

大风标准的确定以地面气象观测为准,日最大风速指某时段10 min平均风速的日最大值,日极大风速指某时段内出现的3 s平均风速的日极大值。大风日数的确定:通过专家咨询等方式,以5级风即大于等于8 m/s作为对玉米等高秆作物造成损害的风力下限,即日最大风速大于等于8 m/s为出现一个最大风日,日极大风速大于等于8 m/s为出现一个极大风日。

由于日最大风速资料年代序列长,极大风风速和最大风风速有极显著的相关性,所以以最大风日数(以下简称大风日数)来分析其年际变化及空间分布规律,极大风日数作为空间分布一致性的辅助检验。

(2)大风日数年际变化

由图6.11可见,1980—2009年河南省夏玉米全生育期大风日数最多为1982年11.3 d,最少为2008年2.2 d,近30年大风日数呈显著的下降趋势,平均下降速度2.6 d/10 a。播种—拔节期大风日数约占整个生育期的50%,为比例最大的生育阶段,其变化趋势也与全生育期最为接近,最多为1982年6.5 d,最少为2007年0.6 d,多年呈较显著的下降趋势,平均下降速度1.1 d/10 a。拔节—抽雄期大风日数约占整个生育期的20%,最多年份也小于4 d,多年呈不太显著的下降趋势,平均下降速度0.6 d/10 a。抽雄—乳熟期大风日数约占整个生育期的15%,乳熟—成熟期大风日数约占整个生育期的10%,大风日数在0～1.5 d变化,且变化趋势不显著,这一发育阶段大风灾害的发生频率较小,尤其是2000年后,河南省大部分地区很少发生。

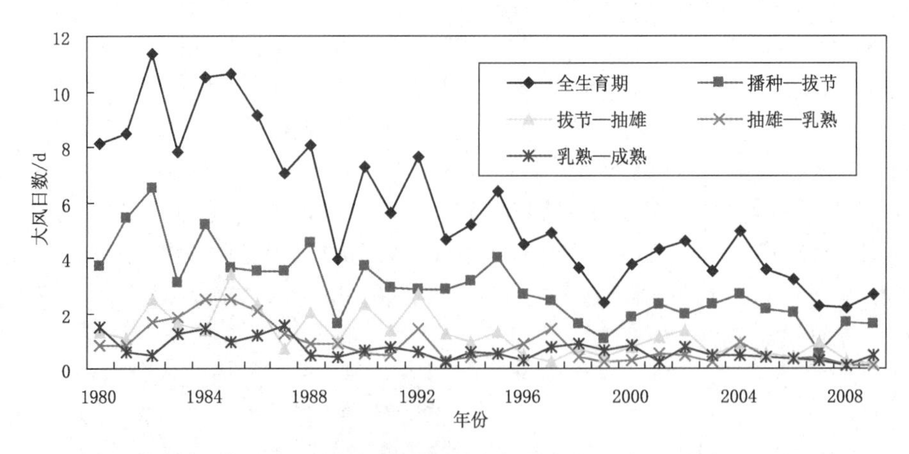

图 6.11 1980—2009 年河南省夏玉米各生育阶段大风日数年际变化

利用 Mann-Kendall 方法(魏凤英,2007)进行了大风日数的气候突变检验(见图 6.12),结果通过了 0.05 的显著性水平检验,由 *UF* 曲线可见自 20 世纪 80 年代中后期至 2004 年玉米全生育期大风日数呈显著的减少趋势,2004 年后又呈增加趋势,根据 *UF* 曲线和 *UB* 曲线的交点位置确定,1990 和 2005 年为两个突变点。

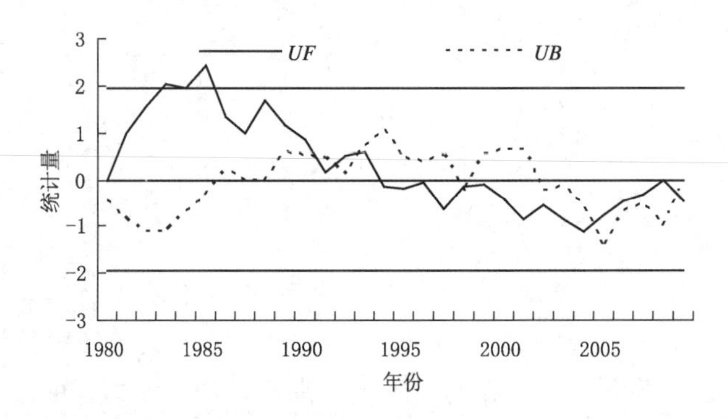

图 6.12 1980—2009 年大风日数突变检验

大风倒伏对夏玉米不同生长阶段影响差异显著,苗期为营养生长阶段,株型小且不易倒伏,即使发生倒伏,只要茎秆不折断仍能恢复正常生长,倾斜较轻的可以自我恢复,倾斜严重的需扶植、稍加培土,一般对产量影响不大;大喇叭口期—乳熟期为倒伏易发期,同时为生殖生长的关键期,对产量影响很大;成熟期倒伏不会对产量造成直接影响,但由于影响收获而损失产量。通过以上分析亦可知,虽然玉米全生育期大风日数呈显著的减少趋势,但大风日数减少的时段主要在玉米苗期,大喇叭口期—成熟期多年变化不显著,所以大风倒伏对夏玉米危害程度并未随全生育期大风日数减少而降低。

(3)各生育阶段大风倒伏风险空间分布

1)大风日数空间分布

河南省夏玉米全生育期大风日数空间分布有较显著的区域性,渑池、孟津一带为高值区,平均大风日数大于 10 d;方成至宝丰、郏县一带,夏玉米全生育期大风日数平均在 10 d 左右。信阳地区的西南部为全省大风日数最高值区,其中新县多年平均达到 20 d。开封、兰考一带为次高值区,全生育期平均大风日数超过 7 d(见图 6.13)。

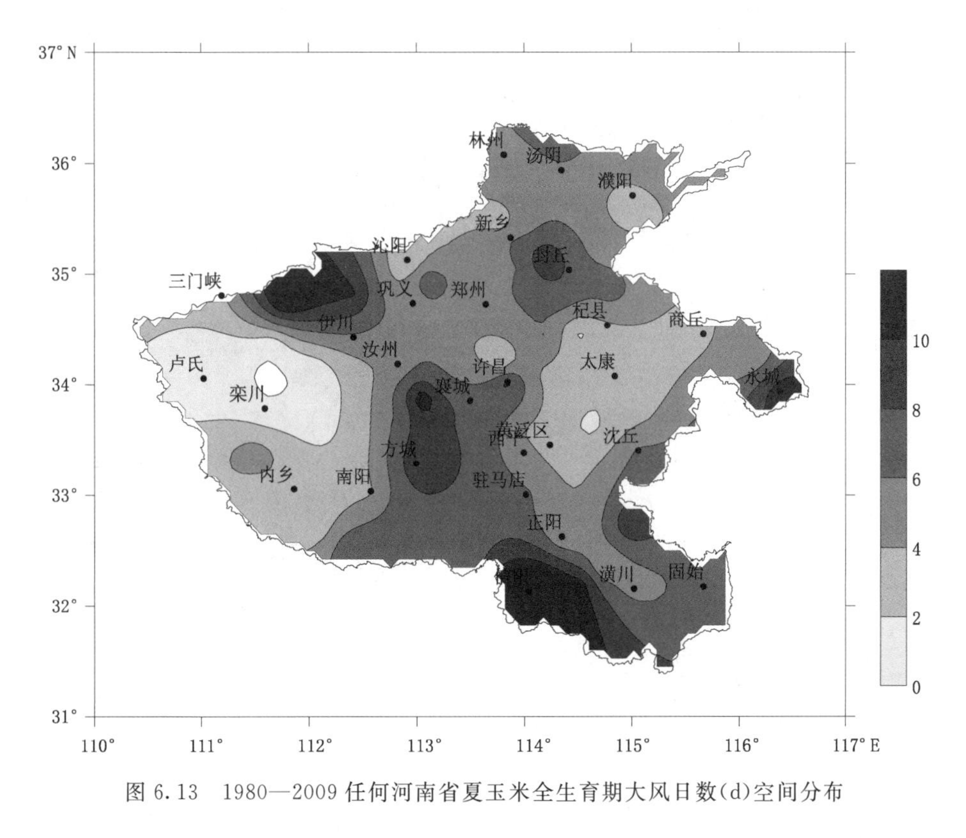

图 6.13　1980—2009 任何河南省夏玉米全生育期大风日数(d)空间分布

由图 6.14 可知河南省夏玉米各个发育阶段大风日数的空间分布同全生育期的分布大致一致(抽雄—乳熟期,及乳熟—成熟期图略)。

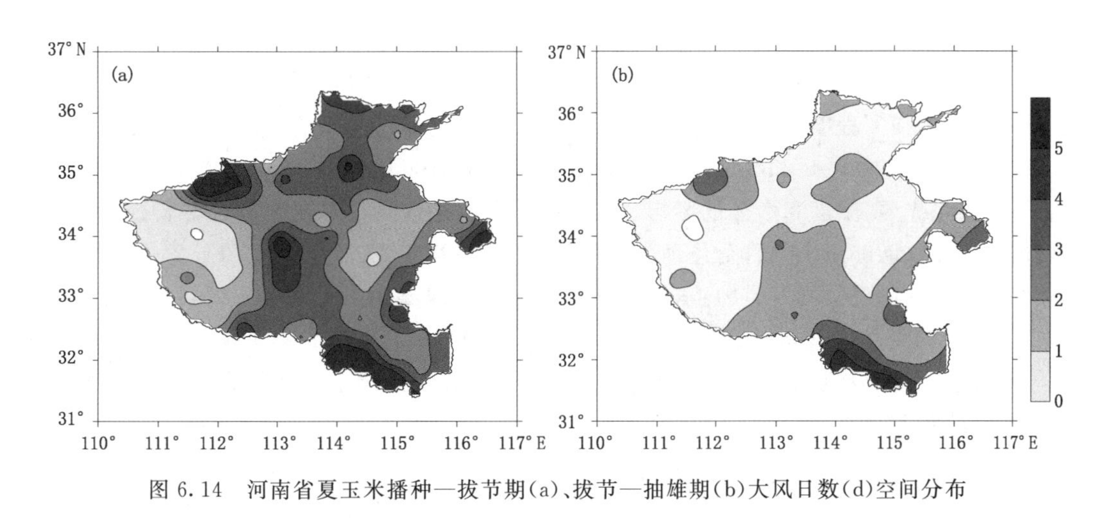

图 6.14　河南省夏玉米播种—拔节期(a)、拔节—抽雄期(b)大风日数(d)空间分布

2)大风日数变化倾向率

河南省夏玉米全生育期大风日数线性倾向率均为负值,即全省大风日数多年变化为一致的减少趋势。其中豫西南、豫西北及豫中部分地区减少最为明显,与最大风日数的空间分布(见图 6.15)比较来看,大风日数多的地区显著减少,而原本大风日数较少地区变化不明显。

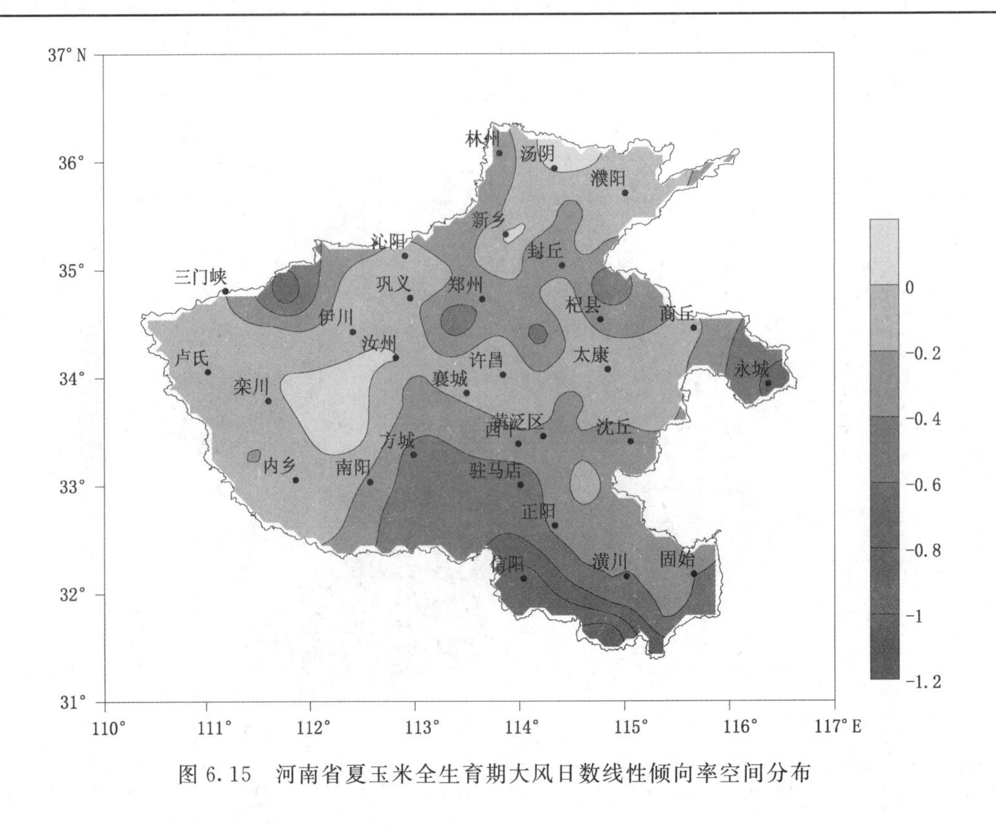

图 6.15　河南省夏玉米全生育期大风日数线性倾向率空间分布

6.2　农业气象灾损评估

6.2.1　农业气象灾损评估的理论依据

农业气象灾害是影响农作物产量和质量的重要灾害之一。定量评估农作物遭受农业气象灾害后其产量的损失程度，是农业生产急需解决的问题，也是农业气象服务的重要内容。

农作物产量(生物产量和经济产量)的形成是时间和环境的函数，环境影响因子中包括气象因子，主要是光照、温度和水分的影响。作物在不同的生育阶段对光温水的要求不同。在适宜的情况下，作物能够正常地进行生理生化过程，积累干物质，如果某种气象要素值超出作物本身所需要的适宜范围，则发生胁迫，如造成严重的后果即出现了气象灾害时，作物就会发生生理生态方面的突变，即作物遭受灾害(魏瑞江 等，2000)。农业气象灾害损失评估一般是在农业气象灾害指标的基础上，估算不同作物、作物不同生育阶段遭受不同程度农业气象灾害后其产量损失的程度。

6.2.2　河南省农业气象灾损评估业务服务

(1)业务服务流程

针对河南省冬小麦及夏玉米等农作物的生长发育特点和农业气象灾害发生特点，省、市、县各级气象部门均有针对性地开展主要农业气象灾害评估业务服务，及时分析评估农业气象灾害对当前或对未来的可能影响并制作发布各类灾害评估业务服务产品，科学指导农业防灾减灾。

农业气象灾害损失评估业务主要以作物生长状况、农业气象灾害实时监测为基础，以中短期天气预报和作物发育期预测为支撑，农业气象灾害影响分析和评估技术为核心，结合灾害现场调查、专家咨询、农业气象会商等多种形式，评估前期或当前发生的农业气象灾害对作物已产生的影响，尽可能地分析灾害对作物未来生产及最终产量的影响程度，制作灾害影响评估业务产品，为各级领导部门及生产者提供科学的防灾、减灾服务。河南省主要农业气象灾害业务服务流程见图6.16。

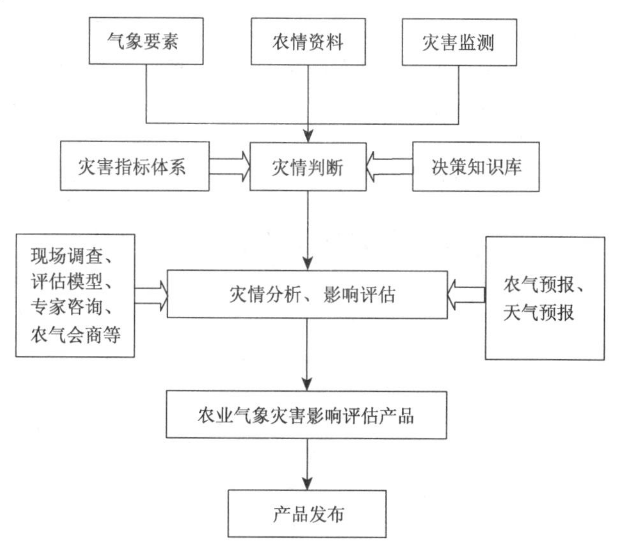

图6.16　河南省主要农业气象灾害损失评估业务服务流程

(2)基础数据及技术支撑

农业气象灾害损失评估所需的基础数据主要包括：

1)基础数据资料：历史逐日气象观测资料、农业气象观测资料、土壤墒情及农业气象灾害实时监测资料。

2)农业气象指标体系：土壤墒情、作物生长发育指标以及主要农作物农业气象灾害指标等。

3)预测预报产品：中短期天气预报、短期气候预测、作物发育期预报和土壤墒情预报等产品。

4)农业气象灾害实地调查资料，灾害影响评估试验研究资料等。

5)农业气象决策知识库。

6)主要农业气象灾害影响评估系统或灾害影响评估模型和技术方法等。

(3)业务服务方案

省级主要农业气象灾害影响评估产品由省农气中心收集各地区灾害资料后统一制作；市级气象部门可调取省级发布的灾害评估结果，结合当地实际情况制作针对性、指导性更强的服务产品；有条件的县(市)气象局参考省、市级灾害评估产品开展相应服务。

当发布农业气象灾害预警信号时，灾害影响评估产品应以重大气象服务专报、领导专报等形式上报当地政府及相关部门，同时可通过电视、报纸、手机短信、大喇叭和网站等公众传媒方式向农民提供服务。局地出现重大农业气象灾害但没有达到预警信号发布条件时，市、县级气象部门应主动制作服务产品，及时开展决策服务和公众服务。服务产品可采用文字、图形图像和表格等多种形式。

(4)农业气象灾损评估业务系统

1)冬小麦干旱灾损评估系统

根据农业气象业务服务的需求，在分析河南省冬小麦干旱发生规律，建立干旱评估指标体系及干旱灾损动态评估技术等研究的基础上，开发了“河南省冬小麦干旱风险动态评估业务服务系统”系统主页面(见图 6.17)。系统主要功能为实现以旬为步长，动态且量化地分析干旱对小麦当前或对未来的可能影响，进行干旱灾损评估。同时系统从孕灾风险、致灾风险、成灾风险及抗旱能力等角度分别计算了气候干旱、农作物旱和产量灾损的风险指数，提供了干旱风险区划结果。系统功能框架见图 6.18。

图 6.17 河南省冬小麦干旱风险动态评估业务服务系统运行主页面

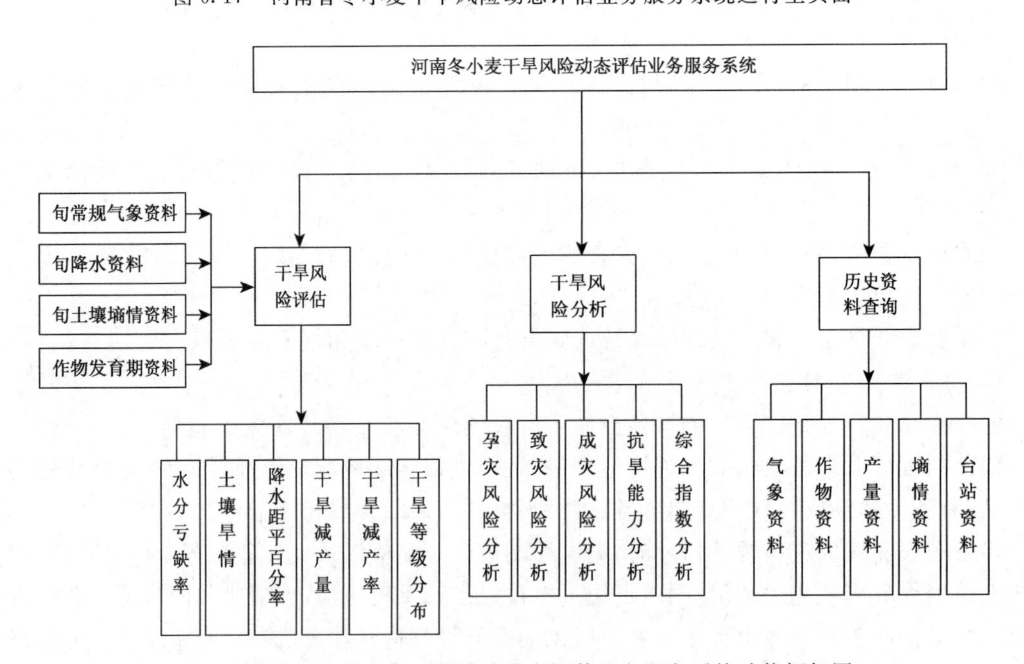

图 6.18 河南省冬小麦干旱风险动态评估业务服务系统功能框架图

干旱风险评估是河南省冬小麦干旱风险动态评估业务服务系统最主要的功能模块。该模块(见图 6.19)以旬为步长,动态定量评估上一旬干旱发生情况及对小麦生长发育的影响程度。系统引入气象资料,土壤墒情资料和发育期资料,计算冬小麦生长的水分亏缺量,并根据水分产量反应系数推算出本旬和播种以来累积的干旱影响减产量及干旱影响减产百分率,生成相应的减产量及减产百分率空间分布图,最后发布本旬干旱影响评估报告,并针对干旱发生时段及强度,提出合理的防御措施和指导建议。输出的评估结果可下发各地(市),为市、县制作冬小麦干旱影响评估材料提供基础数据。

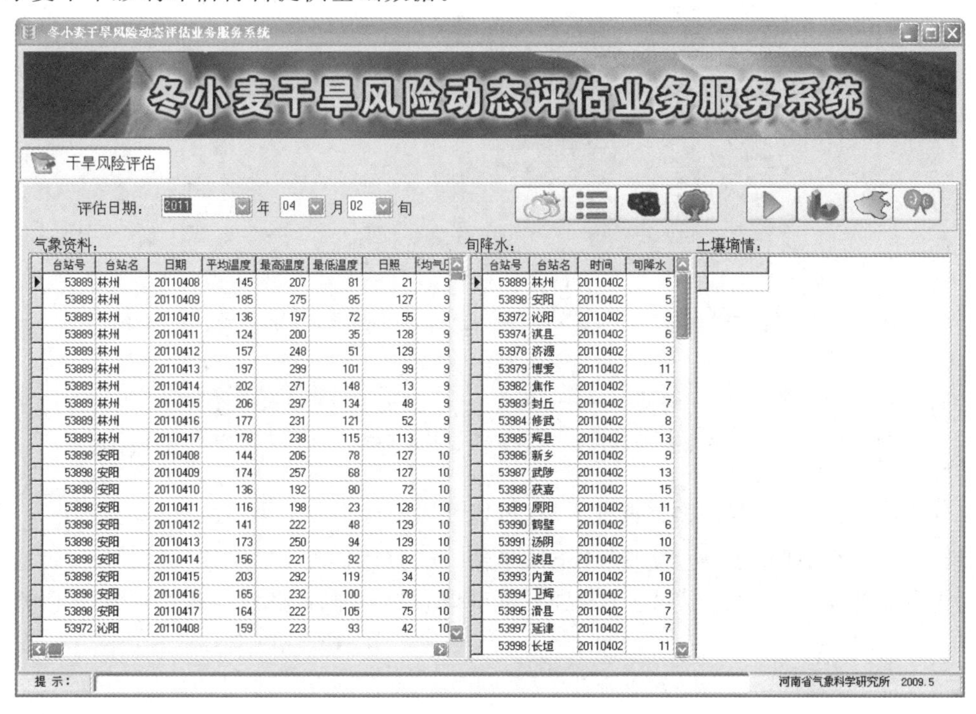

图 6.19　冬小麦干旱风险动态评估业务服务系统界面

由于系统是以旬为步长评估干旱对冬小麦的影响,首先确定评估时段,河南小麦生育期为 10 月上旬—次年 5 月下旬。超过此时段范围为不可评估日期。

按钮功能为读取气象数据,根据设定的评估日期,系统自动从河南省 119 个气象自动站数据库中读取指定的气象资料,原始自动站数据为一天 24 时次的观测数据,根据气象资料“日值”的计算规定,计算获得指定旬的逐日气象数据。其中所需气象要素包括:平均气温、最高气温、最低气温、日照时数、平均大气压、平均水汽压和平均风速。

按钮功能为读取降水资料,由于自动站数据的雨量筒冬天加盖,无法获得降水资料,逐旬的降水数据需通过外部程序读取人工观测数据后再导入干旱评估系统中。

按钮功能为读取土壤湿度资料,土壤湿度数据是直接反应干旱程度的重要指标。数据来源为每旬逢 8 河南省 119 个气象台站人工取土测墒结果,取土烘干后数据集中上报到省气象局,并按统一格式保存。

按钮功能为调整小麦发育期,单击按钮打开“小麦发育期调整”对话框,数据区域为根据历史常年值推算的指定时段的小麦发育期。由于纬度差异及地形差异对小麦发育期造成的不同都较为明显，因而以各个地（市）为调整单元。数据区域默认为灰度显示，当本年值与常年值差别较大时，单击 □调整生育期 复选框，进行相应地（市）的发育期调整，见图 6.20。

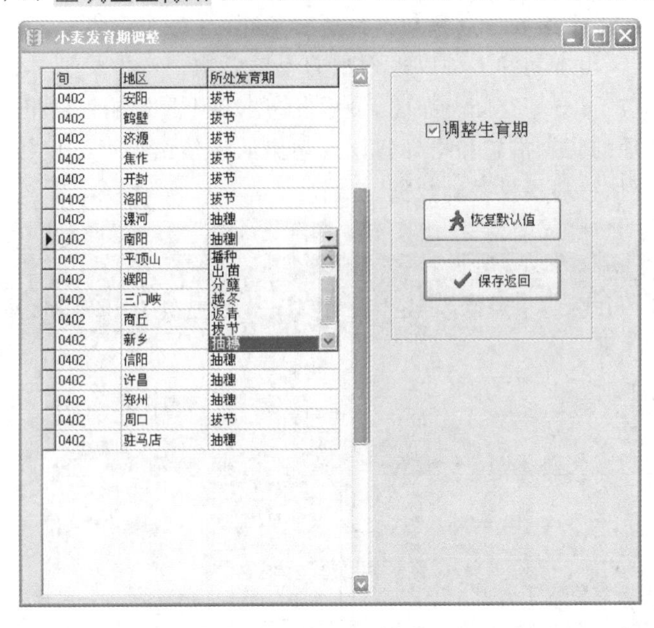

图 6.20　河南省冬小麦干旱风险动态评估业务服务系统的小麦发育期调整界面

以上为数据准备阶段，各项数据导入后，可以开始进行小麦干旱风险评估。单击 ▷ 系统会自动计算各个台站的“水分亏缺量”、“土壤旱情”和“降水距平百分率”（见图 6.21），这些数据既是进行干旱灾损评估的中间运算数据，也可以直接在业务服务中作为干旱评估指标来应用。

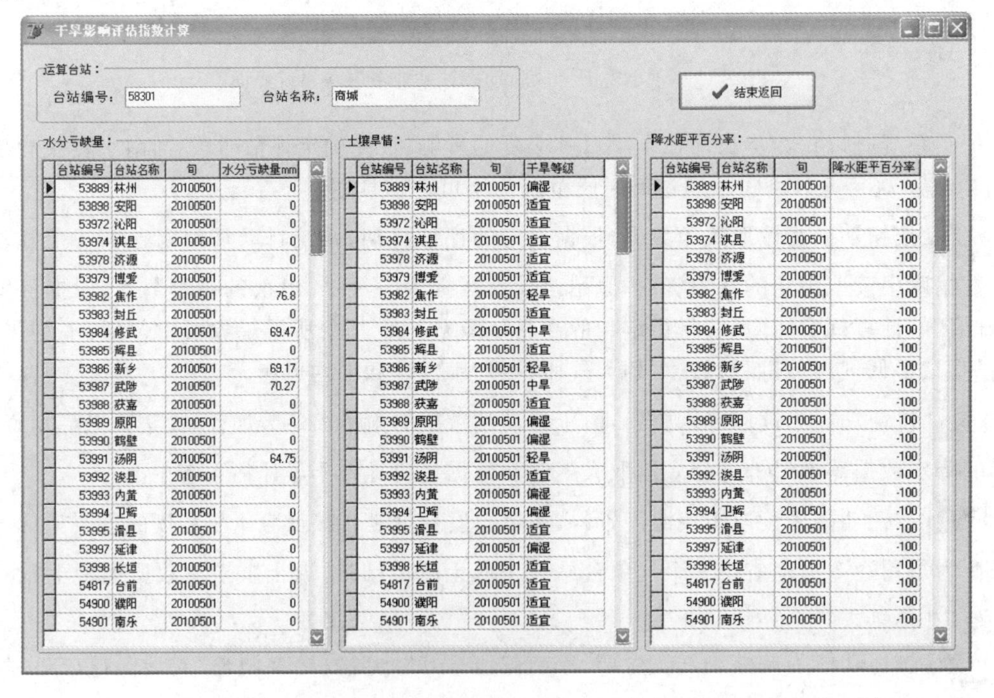

图 6.21　河南省冬小麦干旱风险动态评估业务服务系统的干旱影响指数计算界面

按钮功能为“评估结果数据显示”，在评估运算结束之后，单击该按钮将打开“评估结果数据显示”对话框，列出指定旬的评估结果，包括“平均减产量”和“平均减产率”两个子页面。每个页面都列出了本旬的减产上下限值以及播种以来受干旱影响的累计减产上下限值，阴影显示部分为受到干旱影响的台站。评估的数据结果可保存输出，系统将以“MICAPS 3(一种气象系统交换数据格式)”和“文本文档”两种格式自动保存输出到指定目录，供制作服务材料时其他系统及程序调用(见图 6.22)。

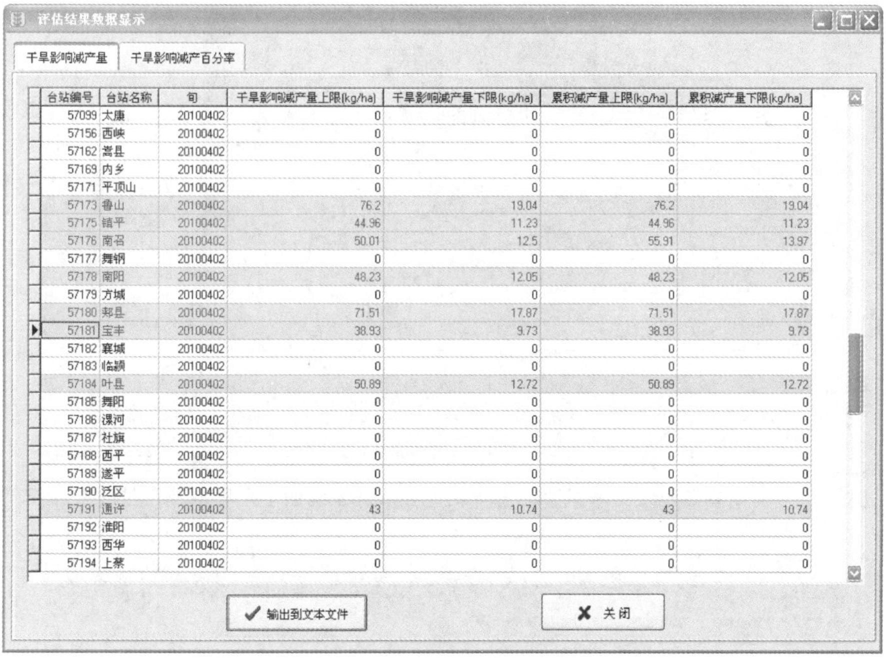

评估结果数据显示

干旱影响减产量 干旱影响减产百分率

台站编号	台站名称	旬	干旱影响减产量上限(kg/ha)	干旱影响减产量下限(kg/ha)	累积减产量上限(kg/ha)	累积减产量下限(kg/ha)
57099	太康	20100402	0	0	0	0
57156	西峡	20100402	0	0	0	0
57162	嵩县	20100402	0	0	0	0
57169	内乡	20100402	0	0	0	0
57171	平顶山	20100402	0	0	0	0
57173	鲁山	20100402	76.2	19.04	76.2	19.04
57175	镇平	20100402	44.96	11.23	44.96	11.23
57176	南召	20100402	50.01	12.5	55.91	13.97
57177	舞钢	20100402	0	0	0	0
57178	南阳	20100402	48.23	12.05	48.23	12.05
57179	方城	20100402	0	0	0	0
57180	郏县	20100402	71.51	17.87	71.51	17.87
57181	宝丰	20100402	38.93	9.73	38.93	9.73
57182	襄城	20100402	0	0	0	0
57183	临颍	20100402	0	0	0	0
57184	叶县	20100402	50.89	12.72	50.89	12.72
57185	舞阳	20100402	0	0	0	0
57186	漯河	20100402	0	0	0	0
57187	社旗	20100402	0	0	0	0
57188	西平	20100402	0	0	0	0
57189	遂平	20100402	0	0	0	0
57190	泛区	20100402	0	0	0	0
57191	通许	20100402	43	10.74	43	10.74
57192	淮阳	20100402	0	0	0	0
57193	西华	20100402	0	0	0	0
57194	上蔡	20100402	0	0	0	0

输出到文本文件 关闭

图 6.22 河南省冬小麦干旱风险动态评估业务服务系统的评估结果数据显示界面

按钮功能为评估结果地图显示，该模块功能是根据干旱灾损的评估结果，自动调用 surfer 8.0 的绘图功能，生成相应的“减产量”(见图 6.23)、“减产百分率”(见图 6.24)及“干旱等级分布”(见图 6.25)等值线图。各等值线图采用定义的色标文件生成，并可以以图片形式保存输出。

按钮功能为生成干旱影响评估报告，由于每旬制作服务材料都需要一定的文字说明，通过自动生成“干旱影响评估报告”可将报告中的常规信息自动加入，节省了业务工作人员的工作量。同时评估报告可根据评估时段对应的小麦发育期，提出此阶段小麦干旱防御可采取的有效措施，及相关有针对性的建议，提高了服务材料的适用性(见图 6.26)。

2)冬小麦晚霜冻灾害损失评估系统

河南省冬小麦晚霜冻灾害损失评估系统主要功能是利用本地的气象资料及作物发育期资料，结合晚霜冻发生指标，分析评估晚霜冻对冬小麦产量损失情况。该系统使用 Visual Basic 6.0 开发，可以在 Windows XP 下运行。另外，由于该系统是利用 WOFOST 作物模型进行各种冬小麦生物量模拟，因此需要同时安装 WOFOST 模型。

文件系统结构以树结构形式设计，按存放的文件或者数据类型分为不同的层次存储(见表 6.5)。

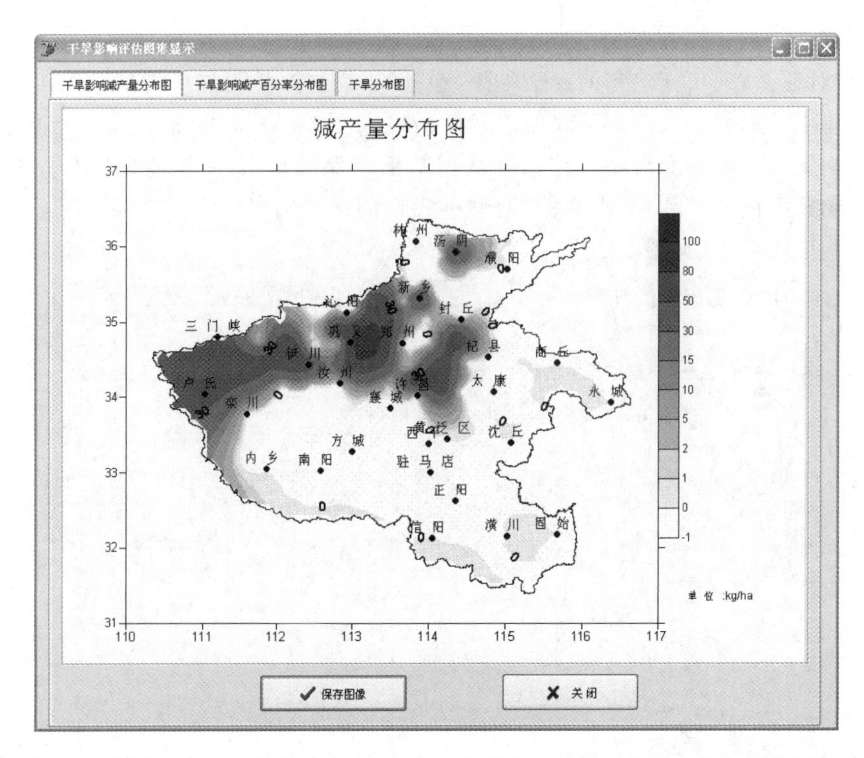

图 6.23　河南省冬小麦干旱风险动态评估业务服务系统的干旱影响减产量分布界面

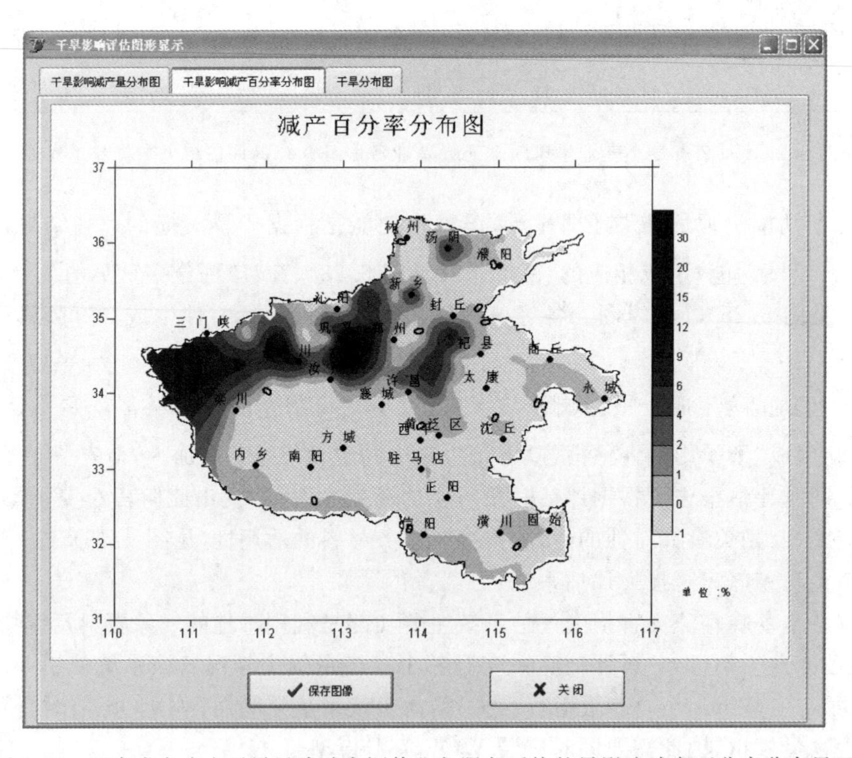

图 6.24　河南省冬小麦干旱风险动态评估业务服务系统的旱影响减产百分率分布界面

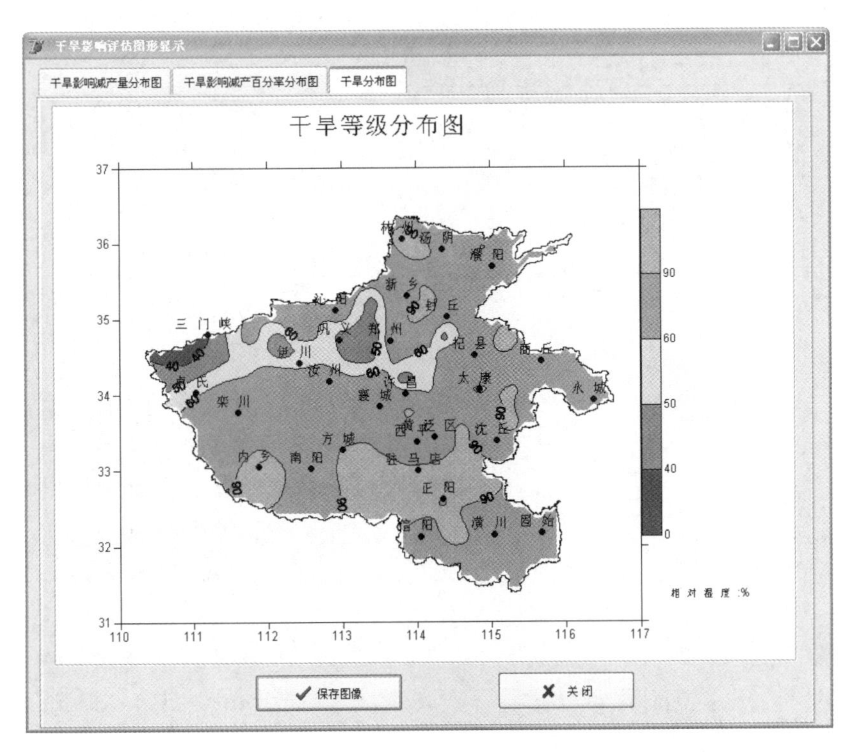

图 6.25　河南省冬小麦干旱风险动态评估业务服务系统的干旱等级分布界面

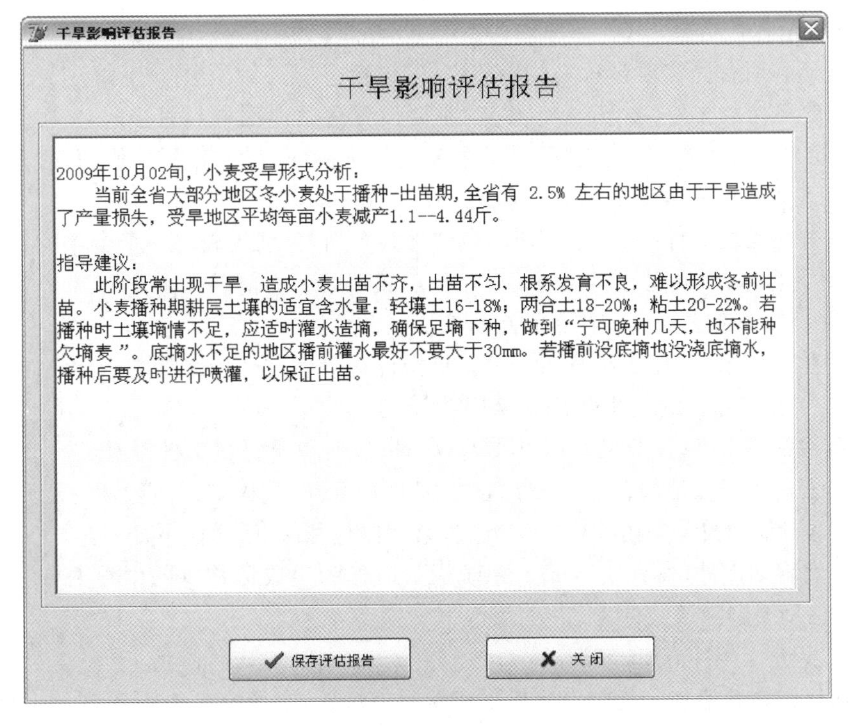

图 6.26　河南省冬小麦干旱风险动态评估业务服务系统的生成评估报告界面

表 6.5 冬小麦晚霜冻灾害损失评估系统目录结构

主目录	一级目录	二级目录	用　途
晚霜冻损失评估系统			系统执行文件
	Sys		存放本地参数
	Input		
		Climate	存放多年气象资料的平均值
		Stage	存放发育期资料
		Tav	存放各台站日平均气温资料
		Temp	存放临时文件夹
	Wcc		WOFOST 模型目录
		Crop	采访作物参数
		Output	采访模型输出文件
		exe	采访模型可执行文件
		Runio	采访模型运行参数
		Soild	存放土壤参数
		Meteo	存放作物模型气象资料
	Output		采访评估结果输出文件

该系统由数据管理、灾损评估及图形显示等部分组成。数据管理包括系统设置、气候平均值计算、资料追加和系统退出功能。灾损评估包括发育期推算和灾损评估两项功能。图形显示主要用于显示评估结果。

① 系统运行时首先需要设置一些参数文件，包括：

a. 系统路径参数文件(pathpara.txt)。主要设置台站地面资料月报表 A 文件存放目录，日平均气温资料文件所在目录，WOFOST 气象资料所在目录，30 年平均值的气候资料所在目录，以及利用日照百分率转换成辐射资料的 a，b 系数；

b. 台站分区参数文件(region.csv)。该文件共 5 列，分别代表每一个台站的台站号、台站汉语拼音、中文名称、序列和分区代码。其中分区代码共 5 中情况(Center，East，West，South，North)，分别用第一个字母代表该台站在研究区域的位置。

c. 台站参数文件(stationcontrol.csv)。该文件共 7 列，分别代表每一个台站的台站号、台站汉语拼音、中文名称、经度、纬度、序号和海拔高度。

d. 各台站常年返青、拔节发育期以及返青—拔节期积温资料文件(积温.csv)。该文件共 6 列，分别代表每一个台站的台站号、台站中文名称、返青期、拔节期、返青—拔节期积温以及序号。其中返青期和拔节期由三位数字组成，第一位是月份，后两位是日期。

e. 空白发育期文件(发育期.xls)。系统运行时作为生成评估年的生育期资料模板用，用户不需修改也不要删除该文件。

② 第二步进行资料追加，包括：

a. 平均气温资料追加。指定资料长度和资料追加形式，系统自动从 A 文件中读取逐日平均气温资料，并生成相应的文件存放至\input\tav 文件夹中。若选取“生成”选项，则系统自动删除原来重名的文件，生成新文件。若选取“追加”选项，则系统自动将新读取的资料追加到相应的文件中，而不删除原有文件。选择该项时，务必事先确定已有的资料长度和要追加的资料不存在重叠部分,否则生成的资料有可能出现问题。

b. 模型数据追加。该项目是从A文件中读取WOFOST模型运行所需要的六种气象资料,然后自动生成固定的文件格式和文件名,存放到\WCC\METEO\CABOWE目录中。目前该模块的资料追加只能实现年内追加,不能实现多年同时追加和跨年度追加。另外,可以实现实时资料和气候资料的同时追加。若选择“实况和气候资料”,则在指定资料长度时要注意“实况资料长度”和“气候时段”不能有重叠部分(见图6.27)。

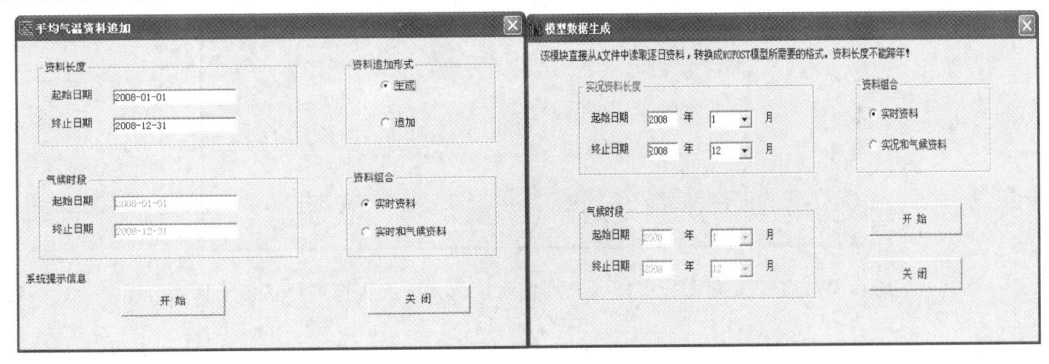

图6.27 冬小麦晚霜冻灾害损失评估系统的气象资料调用和模型生成界面

③ 第三步进行发育期推算。在选定年份后系统自动在\input\stage文件夹中生成选定年的发育期文件,用户可以输入评估年的返青期资料,点击“拔节期推算”,系统自动根据指定年的平均气温资料和返青期—拔节期的积温资料,推算出拔节日期,从而为下一步霜冻判断做准备。对于没有发育期资料的年份,可以选择“返青期使用常年值”或“拔节期使用常年值”(见图6.28)。

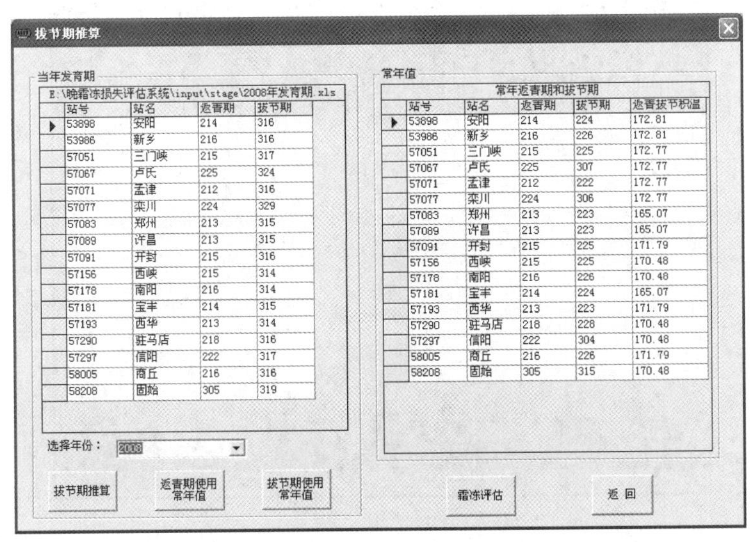

站号	站名	返青期	拔节期
53898	安阳	214	316
53986	新乡	216	316
57051	三门峡	215	317
57067	卢氏	225	324
57071	孟津	212	316
57077	栾川	224	329
57083	郑州	213	315
57089	许昌	213	315
57091	开封	215	316
57156	西峡	215	314
57178	南阳	216	314
57181	宝丰	214	315
57193	西华	213	314
57290	驻马店	218	316
57297	信阳	222	317
58005	商丘	216	316
58208	固始	305	319

站号	站名	返青期	拔节期	返青拔节积温
53898	安阳	214	224	172.81
53986	新乡	216	226	172.81
57051	三门峡	215	225	172.77
57067	卢氏	225	307	172.77
57071	孟津	212	222	172.77
57077	栾川	224	306	172.77
57083	郑州	213	223	165.07
57089	许昌	213	223	165.07
57091	开封	215	225	171.79
57156	西峡	215	225	170.48
57178	南阳	216	226	170.48
57181	宝丰	214	224	165.07
57193	西华	213	223	171.79
57290	驻马店	218	228	170.48
57297	信阳	222	304	170.48
58005	商丘	216	226	171.79
58208	固始	305	315	170.48

图6.28 冬小麦晚霜冻灾害损失评估系统的拔节期推算界面

④ 第四步进行灾损评估。输入评估年份,点击“开始评估”(见图6.29),系统经过霜冻判断—第一次调用作物模型—资料替换—第二次调用作物模型—损失评估等阶段,完成评估后,结果输出在“评估结果”窗口中,同时生成结果文件存放到\output文件夹中。

3)冬小麦干热风和青枯灾损评估系统

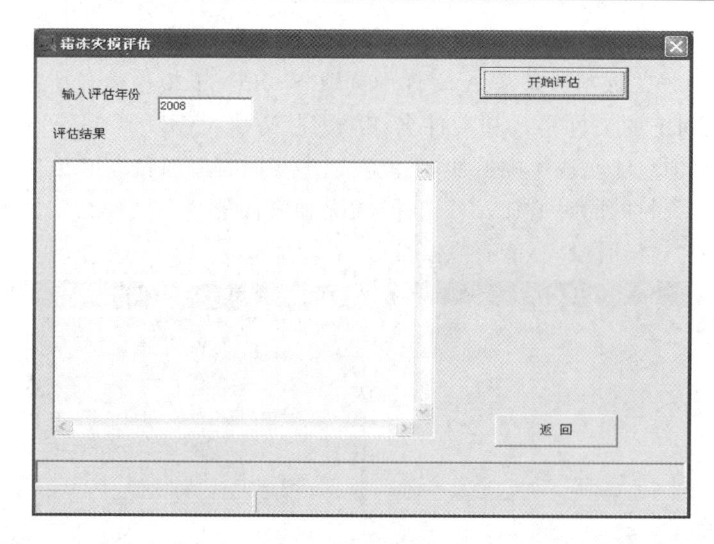

图 6.29　冬小麦晚霜冻灾害损失评估系统的霜冻灾害损失评估结果界面

根据业务需求，河南省开发了冬小麦干热风评估业务服务系统，对小麦干热风发生程度及灾害损失影响进行逐日定量评估(灾损影响分经济灾损和产量灾损)，并且进行评估结果的输出及图表分析。两种灾害可分别进行区域评估和单点评估。系统分为四个模块，分别为小麦干热风影响区域评估和单点评估，以及小麦青枯影响区域评估和单点评估(见图 6.30)。干热风影响评估分为干热风日和干热风过程，根据干热风过程发生的次数及程度计算累积灾损。青枯影响评估则分为日评估和累计灾损评估。

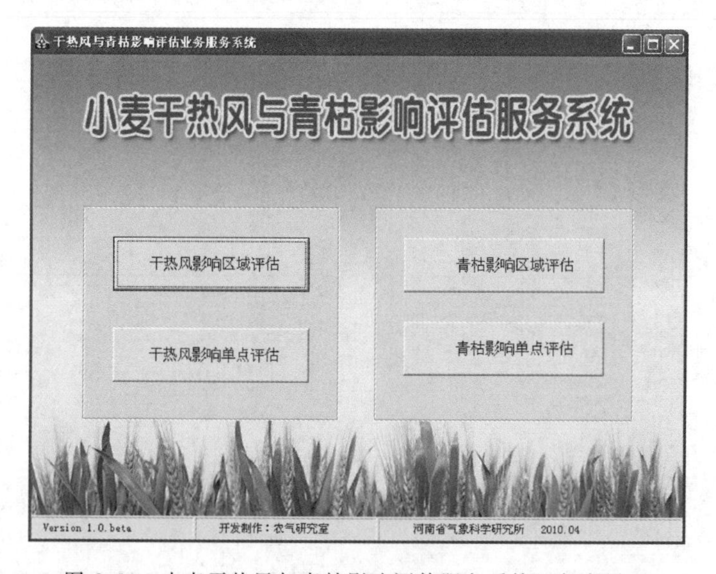

图 6.30　小麦干热风与青枯影响评估服务系统运行主界面

① 小麦干热风影响区域评估。小麦干热风影响评估的方法是首先根据逐日气象条件判断是否有“干热风日”发生，再根据连续几日的“干热风日”发生情况，判断是否有“干热风过程”发生，并根据“干热风过程”的发生程度计算灾损(见图 6.31)。

a. 选择评估日期

确定评估日期，评估日期默认为当前系统日期的前一天，即今天对昨天及其以前的干热风

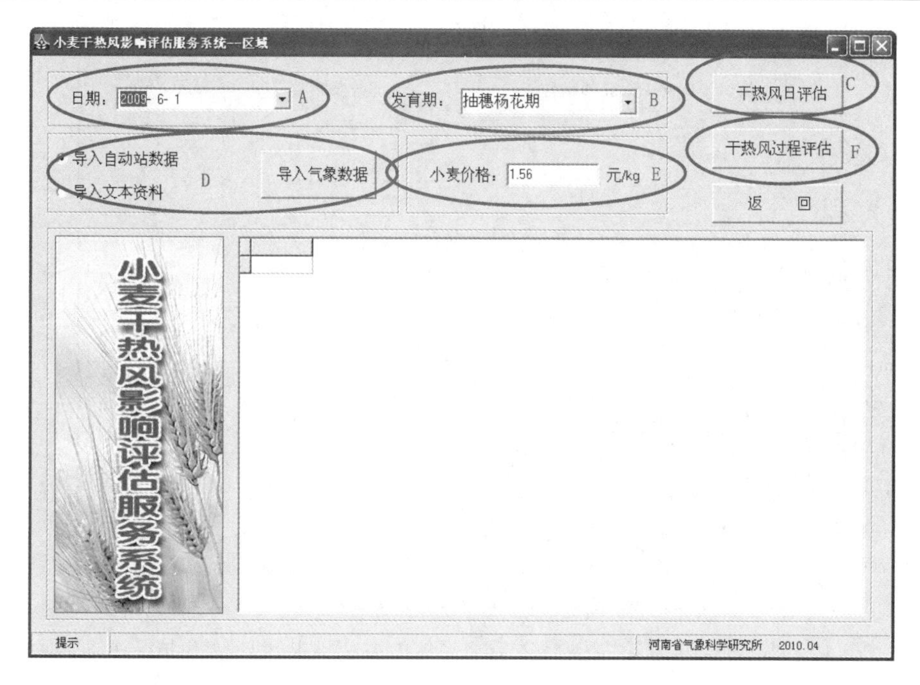

图 6.31　小麦干热风与青枯影响评估服务系统的小麦干热风影响区域评估界面

发生情况进行评估，由于干热风是小麦生长中后期才可能发生的气象灾害，因此限定评估日期在 4 月 20 日—6 月 15 日，超出范围无效。

b. 调整小麦生育期

确定小麦当前所处生育期，如图 6.31 中 B 所示位置，当前小麦生育期资料可由各地上报的农气观测资料获得，根据干热风发生时段可分为：抽穗杨花期、灌浆乳熟期、乳熟成熟期三个阶段。

c. 导入气象资料

导入气象资料的途径有两种——从自动站导入和从外部文件导入，从自动气象站数据库中导入不需要人工干预，由系统自动完成(目前仅适用于对河南省全省的区域评估)。由外部文件导入需提前按规定格式整理好数据文件，另存为文本文件，程序通过对话框选择相应数据文件导入。

d. 调整小麦价格

可以以当前小麦收购价为准，调整图 6.31 中 E 所示处的小麦价格，用于计算经济灾损。

e.“干热风日”评估

以上评估所需资料设定好后，先进行“干热风日”评估，单击“干热风日评估”按钮，系统将弹出新窗口显示评估结果，数据显示区域列出各个站点当前评估日期的“干热风日”的发生情况(无干热风、轻干热风、中干热风和重干热风，见图 6.32)。

数据区域显示的评估结果可以通过保存文件对话框输出，输出文件为文本格式。同时还具有图表分析功能，可以用饼形图查看各程度“干热风日”发生的台站数及其比例(见图6.33)。

f.“干热风过程”评估

“干热风过程”评估是以当年小麦抽穗至评估日期以来“干热风日”的发生程度为基础，判断累计发生的“干热风过程”次数及其危害程度，并计算小麦抽穗以来累计的产量灾损和经济灾损(见图 6.34)。

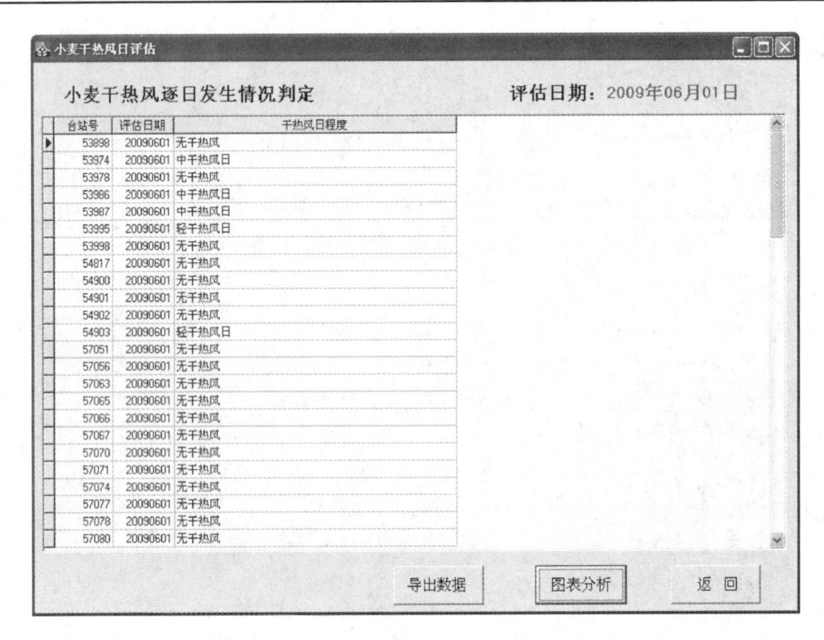

图 6.32　小麦干热风与青枯影响评估服务系统的小麦“干热风日”发生情况评估界面

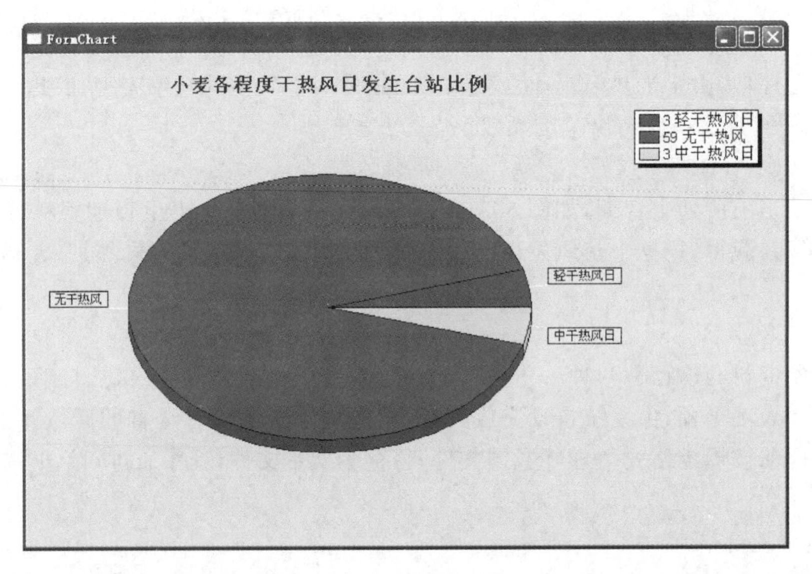

图 6.33　小麦干热风与青枯影响评估服务系统的小麦“干热风日”发生情况图表分析界面

② 小麦干热风影响单点评估。输入部分包括：a. 设定评估日期；b. 选择小麦所处发育期；c. 进行台站编号（自定义数字编号）；d. 输入评估日期的气象资料（最高气温、最小相对湿度及平均风速）；e. 输入小麦价格和近几年趋势产量。

输出的评估结果包括：a. 台站编号和评估日期；b. 评估当天“干热风日”发生情况；c. “干热风过程”评估，包括抽穗以来各程度“干热风过程”发生的累积次数、累计的产量灾损和经济灾损（见图 6.35）。

4）农业气象灾损评估实例——洪涝灾害风险评估

我国地形地势情况复杂，江河多，洪涝灾害发生频繁，水灾多发的几个省份中就包括河南省。近几十年来，由于降雨的时空分布不均，河南省持续性暴雨洪涝灾害发生频繁，给当地国

小麦干热风过程及灾损评估

2009年 小麦抽穗以来干热风发生程度及灾损影响 评估日期：2009年06月04日

台站号	评估日期	轻度干热风过程发生次数	中度干热风过程发生次数	重度干热风过程发生次数	产量损失(kg/ha)	经济灾损(元/ha)
53889	20090604	0	0	0	0	0
53898	20090604	0	0	0	0	0
53972	20090604	0	0	0	0	0
53974	20090604	0	0	0	0	0
53978	20090604	0	0	0	0	0
53979	20090604	0	0	0	0	0
53982	20090604	0	0	0	0	0
53983	20090604	0	0	0	0	0
53984	20090604	0	0	0	0	0
53985	20090604	0	0	0	0	0
53986	20090604	0	0	1	976.76	1523.74
53987	20090604	0	0	0	0	0
53988	20090604	0	0	0	0	0
53989	20090604	0	0	0	0	0
53990	20090604	0	0	0	0	0
53991	20090604	0	0	0	0	0
53992	20090604	0	0	0	0	0
53993	20090604	0	0	0	0	0
53994	20090604	0	0	0	0	0
53995	20090604	0	0	0	0	0
53997	20090604	0	0	0	0	0
53998	20090604	0	0	1	1034.06	1613.13
54817	20090604	0	0	0	0	0
54900	20090604	0	0	0	0	0

导出数据 返 回

图 6.34 小麦干热风与青枯影响评估服务系统的小麦抽穗以来干热风过程发生情况分析界面

图 6.35 小麦干热风与青枯影响评估服务系统的小麦干热风影响单点评估

民经济特别是农业生产以及生态环境等带来很多不利影响，郑州、安阳、商丘、洛阳、平顶山、开封和信阳等地多次发生大的洪涝灾害。下面以河南省为例，基于 2004—2008 年降水数据进行洪涝灾害风险评估研究。

① 洪涝灾害风险评估方法。洪灾风险评估是在危险性分析和易损性分析的基础上计算不同强度洪水可能造成的损失大小，因此洪水灾害风险评估模型的建立从洪水危险性分析和洪灾易损性分析两方面入手。

a. 洪水危险性分析。危险性(Hazard)是指不利事件发生的可能性,危险性分析就是从风险诱发因素出发,研究不利事件发生的可能性,即概率。洪水危险性分析就是研究受洪水威胁地区可能遭受洪水影响的强度和频度,强度可用淹没范围、深度等指标来表示,频度即概率,可以用重现期(多少年一遇)来表示。这里选取降水量、地形(高度和坡度)和河网密度作为衡量洪水危险性的指标因子。

b. 洪灾易损性分析。不同承灾体遭受同一强度的洪水,损失程度会不一样,同一承灾体遭受不同强度洪水损失程度也不一样,即易损性不同。所谓洪灾易损性是指承灾体遭受不同强度洪水可能损失程度,常常可用损失率来表示。洪灾易损性分析是研究区域承灾体易于受到致灾洪水的破坏、伤害或损伤的特征。为此,首先要识别洪水可能威胁和损害的对象并估算其价值,其次估算这些对象可能损失的程度。概括地说,洪灾易损性分析是研究洪水强度与损失率的关系。这里选取人口密度和耕地百分比作为衡量洪灾易损性的指标因子。

根据以上所述,建立洪涝灾害农业损失评价指标体系(见图 6.36):

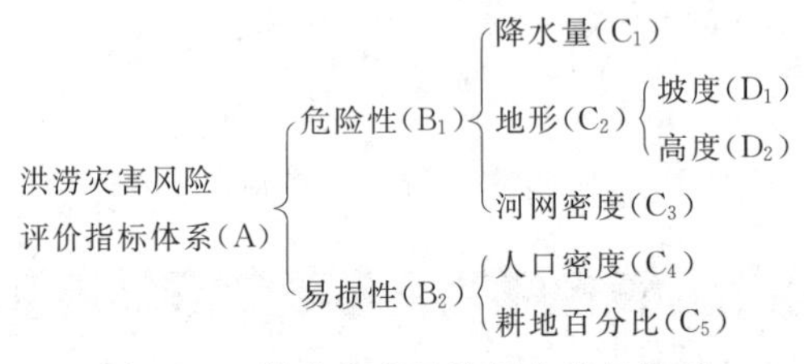

图 6.36 洪涝灾害风险评价指标体系

c. 洪灾农业损失评价指标的量化。如图 6.36 所列的具体指标,用于评价洪涝灾害对农业的影响评估,由于所选指标的单位不同,为了便于计算,将把各指标量化成可用于计算的 0～1 的无向量指标来表示所有因子,区划分析中将有具体量化标准。

从指标性质来看,降水量、河网密度、人口密度和耕地百分比都属于正值,即它们的值越大,表示洪涝灾害风险越大;地形高度和坡度属于负值,即它们的值越大,表示洪涝灾害风险越小。

d. 层次分析法确定各指标权重。本研究用层次分析法(Analytical Hierarchy Process, AHP)来确定指标体系中各个层次的指标的权重(朱茵 等,1999),结果见表 6.6。

表 6.6 AHP 法确定的指标权重

层次	*CR*	代号	该层次权重	相对目标权重
A-B		B_1	0.667	0.667
		B_2	0.333	0.333
B_1-C	0.007 94	C_1	0.539	0.360
		C_2	0.297	0.198
		C_3	0.164	0.109
B_2-C		C_4	0.333	0.111
		C_5	0.667	0.222
C_2-D		D_1	0.500	0.099
		D_2	0.500	0.099

注:*CR* 为随机一致性比率,当 $CR<0.1$ 时,认为成对比较阵具有满意的一致性,否则就必须重新调整成对比较阵

e. 建立洪涝灾害风险评价指数。洪涝灾害风险评价指数是影响洪涝灾害的各个因子与

其各自权重的乘积之和，表达式为：

$$A = \sum_{i=1}^{5} w_i x_i \tag{6.13}$$

式中，w_i 表示各指标权重值，x_i 表示各个指标标准化以后的值。那么把表6.6中各权重代入上式即为本研究的评价指数：

$$A = 0.360C_1 + 0.099(1 - D_1) + 0.099(1 - D_2) + 0.109C_3 + 0.111C_4 + 0.222C_5 \tag{6.14}$$

式中，降水量 C_1、坡度 D_1、高度 D_2、河网密度 C_3、人口密度 C_4 和耕地百分比 C_5 均为标准化以后的值。

② 河南省洪涝灾害风险评估

a. 河南省洪涝灾害危险性分析

(a)河南省降水空间分布特征及其对洪水危险性影响

选取区域内观测站点多年平均(2004—2008年)最大三日雨量，制作等值线图，在ArcGIS下转换成栅格点数据。将多年平均最大三日降雨量转换为对洪水危险程度的影响度(0,1)公式：

$$f(x) = \begin{cases} 0 & x \leqslant 30 \\ \dfrac{x-30}{170} & 30 < x \leqslant 200 \\ 1 & x > 200 \end{cases} \tag{6.15}$$

式中，$f(x)$为降雨影响因子；x 为栅格点雨量数据。式(6.15)表示当最大三日降水量小于等于30 mm的时候，一般不会引起洪灾的发生，所以影响因子赋为0；当最大三日降水量大于30 mm而小于等于200 mm的时候，会引起不同程度的洪灾；当大于200 mm的时候，一般灾害达到极大，影响度一般都赋予最大值1。

根据上式生成降水影响因子。河南省南部的信阳、驻马店地区及南阳部分地区降水影响因子较大，表示这几个地区对洪水危险程度的影响度大(见图6.37)；河南省西部的三门峡地区及洛阳部分地区降水影响因子最小，表示这两个地区对洪水危险程度的影响度最小。

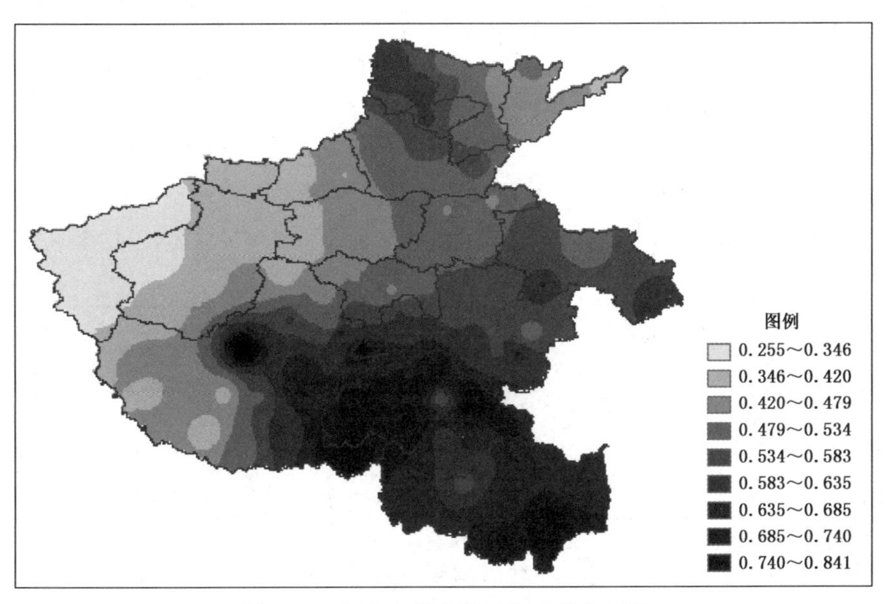

图6.37　河南省降水因子影响度分布图

(b)河南省地形分布特征及其对洪水危险性的影响

利用国家测绘局出版的“全国 1∶25 万基础地理信息数据(2002 年更新版)”电子版高程数据,在 ARCGIS 平台下转换成栅格数据。利用栅格周围 5°×5°领域内栅格高程的标准差作为表征地形变化程度的定量指标。利用 Arc/Info Grid 模块的 Focalstd 函数可以得到该指标。地形越高,受洪灾影响越小,而地形标准差主要反应的是地形的坡度变化,这种变化越大,洪灾影响越小,根据实际地形把高程数据划分为四级,将标准差划分成三级。将高程栅格图层与地形标准差图层在 Arc/Info Grid 模块中利用 Combine 函数进行属性项合并,根据表 6.7 确定地形影响因子(见图 6.38)。

表 6.7　地形因子影响度分类标准

地形高程	地形标准差		
	一级 (0,1]	二级 (1,10]	三级 (10,+∞)
一级(0～100 m)	0.9	0.8	0.7
二级(100～300 m)	0.8	0.7	0.6
三级(300～700 m)	0.7	0.6	0.5
四级(700 m 以上)	0.6	0.5	0.4

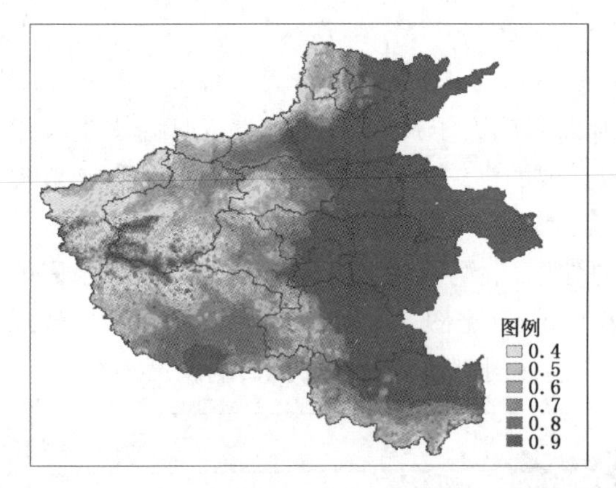

图 6.38　河南省地形因子影响度分布图

从图 6.38 可以看出,河南省西部的三门峡、洛阳、郑州、驻马店及南阳地区地形综合影响因子较小,说明这些地区对洪水危险性影响小;河南省东部的商丘、周口、开封和濮阳等地区地形综合影响因子较大,说明这些地区对洪水危险性影响大。

(c)河南省河网密度对洪水危险性影响

离河道较近的地点更容易遭受洪水的侵袭,即其洪水危险程度较高。不同级别的河流其影响力是不同的,级别越高影响范围和程度越大,同一级别的河流因其所在的地形不同,影响范围和强度也会不同。利用 ArcGIS 缓冲区分析功能建立河流一、二、三级缓冲区。一级缓冲区距离河岸最近,洪灾影响程度最严重,综合考虑地形高程(因为地形越高越不容易受到洪水的影响),确定各级缓冲区宽度,结果见表 6.8。

表 6.8　各级缓冲区宽度分类表　　单位:km

河流级别	地形高程		
	0～50 m	50～200 m	>200 m
一级缓冲区	4	3	2
二级缓冲区	12	9	6
三级缓冲区	24	18	12

利用专家赋值法确定对洪水危险程度影响度:一级缓冲区为 0.9,二级缓冲区为 0.8,三级缓冲区为 0.7,非缓冲区为 0.5。因而得到河网密度影响因子分布图 6.39。

图 6.39 中，黄河及淮河等主要河流河道附近河网密度影响因子较大，说明这些地方对洪水危险性影响大；而其他离河道较远的地方几乎对洪水危险性没有影响。

(d)确定洪涝危险性图

将降水空间影响因子分布图(见图 6.37)、地形对洪水危险程度影响因子分布图(见图 6.38)及河网密度影响因子图(见图 6.39)在 ArcGIS 平台下进行叠加($0.360C_1+0.198C_2+0.109C_3$)，得到洪涝危险性分布图(见图 6.40)。

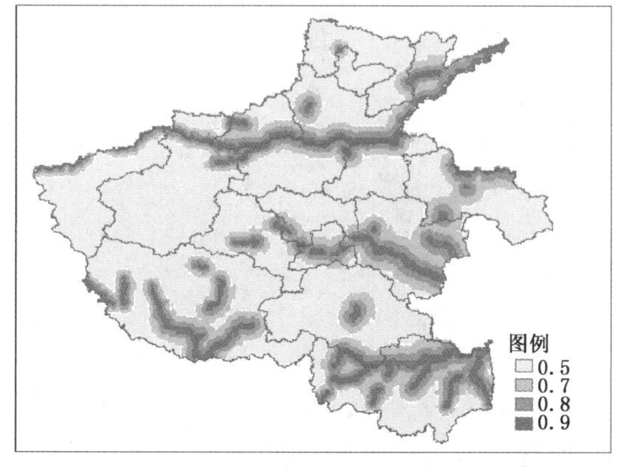

图 6.39　河南省河网密度因子影响度分布图

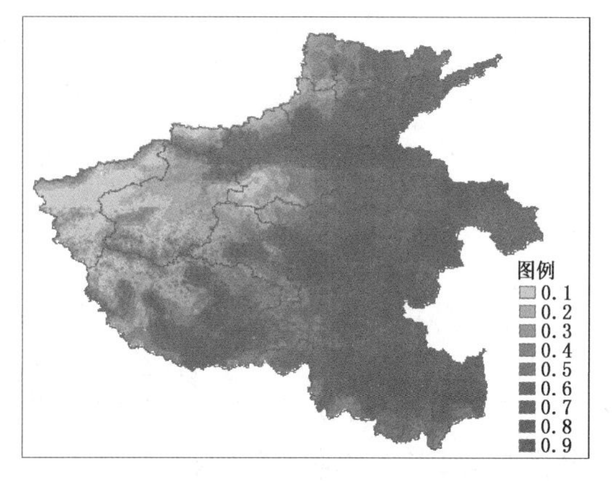

图 6.40　河南省洪涝危险性分布图

由图 6.40 可以看出，洪涝危险性主要受河网分布影响比较大，能明显看到河网分布附近地区洪涝危险性比较大；另外西部山区明显比东部地区危险性小。

b. 洪涝灾害社会经济易损性

统计并计算各县人口密度和耕地百分比，在 ArcGIS 平台下得到分辨率为250 m×250 m的分县栅格图(图略)。根据均差和标准差，将人口密度和耕地百分比分成五类，并赋予不同的影响度(见表 6.9 和表 6.10)。

表 6.9　人口密度分类表

分类号	分类范围(人/km^2)	影响度
1	0～850.58	0.4
2	850.58～1 512.86	0.5
3	1 512.86～2 175.14	0.6
4	2 175.14～2 837.42	0.7
5	2 837.42～3 499.70	0.8
6	3 499.70～4 139.18	0.9

表 6.10　耕地百分比分类表

分类号	分类范围(%)	影响度
1	0～14.1	0.4
2	14.1～32.87	0.5
3	32.87～51.64	0.6
4	51.64～70.41	0.7
5	70.41～89.18	0.8
6	89.18～100	0.9

将各县人口密度和耕地百分比栅格图转换成影响度分布图(图略),并进行叠加(0.111×人口密度+0.222×耕地百分比)得到社会经济易损性影响度分布图(见图 6.41)。

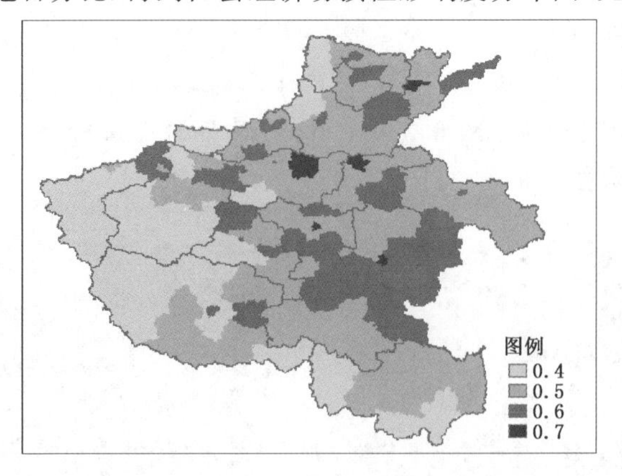

图 6.41　社会经济易损性影响度分布图

由图 6.41 可以看出,郑州市区社会经济易损性影响度最大,这主要和郑州市人口密度大有关;而驻马店、周口、漯河部分地区经济易损性影响度相对较大,可能主要和这些地区的耕地百分比较大有关。西部山区不仅人口密度小,而且耕地百分比也比较小,所以这些地区的经济易损性影响度明显比其他地区小。

c. 河南省洪涝灾害风险评估结果

在 ArcGIS 平台下将洪涝危险性分布图(见图 6.40)和社会经济易损性影响度分布图(见图 6.41)叠加,得到研究区洪涝灾害风险图(见图 6.42)。

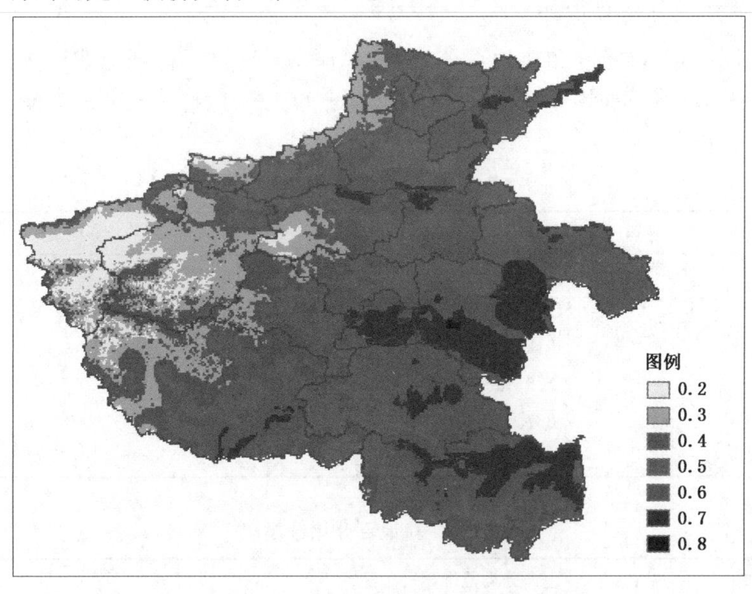

图 6.42　河南省洪涝灾害风险区划图

从图 6.42 可以看出,信阳、驻马店和周口大部分地区发生洪涝的风险比较大,黄河流域的焦作、郑州、开封和安阳、濮阳的部分地区发生洪涝的可能也较大,其他地区不大可能发生洪涝,特别是三门峡、洛阳、济源及南阳北部发生洪涝的概率很小。河南省一般在 6—9 月处于汛期,大强度降水发生的可能性大增,在这期间希望各地根据洪涝灾害风险区域图进行相关预防，合理地安排防灾减灾工作，以便使各地洪涝灾害损失降到最低。

6.3　作物长势综合评估鉴定

作物长势监测评价是农业遥感的一个重要研究领域，长期以来国内农业遥感的研究重点一直集中在遥感估产上，但实际上监测作物生长过程的状况与趋势是农业遥感更为重要的任务。对作物长势的动态监测不仅可以及时了解植被的生长状况、土壤墒情、肥力及植物营养状况，而且便于农业技术人员采取各项措施保障植被的正常生长；同时，可以掌握天气条件对植被的影响及自然灾害、病虫害等对产量造成的损失等。因此，作物长势监测评价为农作物产量预测的重要前提，也为植被生物量，生产力评估农业生态系统管理与可持续发展等提供科学依据。

6.3.1　冬小麦长势评价方法

(1)冬小麦长势评价指标的建立方法

由于作物在生长期内各阶段的生长状况可以用叶面积指数和生物量表示，工作中利用2010—2011 年冬小麦生长发育期观测数据，对冬小麦一、二、三类苗各主要生育期的叶面积指数(LAI)、单株干物质重量和植株高度等生长要素的观测资料进行统计分析，在此基础上确定对冬小麦生长期内各个阶段长势进行监测的农学指标。

冬小麦一、二、三类苗的分类标准主要分为冬前和返青两个阶段。前者指冬小麦从出苗到停止生长(日平均气温稳定通过 0 ℃)的时段。后者指从早春稳定通过 0℃至稳定通过 7℃的时段。

冬前苗情分类标准：

一类苗：叶龄达到 5～6 叶，分蘖 3～5 个；总茎数 60 万～80 万，叶色由鲜绿转深绿，短粗，叶鞘肥厚，适时播种的有 5～7 条次生根，偏晚播的也有 3～5 条；停止生长前幼穗分化不超过二棱期，分蘖节入土深度略深于常年。

二类苗：冬前停止生长前叶龄达到 4～5 叶，每株有分蘖 2～3 个；冬前总茎数 40 万～60 万，叶色由鲜绿转深绿，适时播种的有 4～5 条次生根，偏晚播的也有 2～3 条；停止生长前幼穗分化稍延迟或略超前但不明显；分蘖节入土深度接近常年。

三类苗：冬前停止生长前叶龄仅达到 3 叶，单株无分蘖或只有一个；冬前总茎数 30 万～40 万，叶片小，颜色浅，次生根 1～2 条；停止生长前幼穗分化明显滞后或超前；分蘖节入土深度明显比常年偏浅。

返青期苗情分类标准：

一类苗：返青早于常年，返青后气温平稳上升，提前化冻，土壤水分充足；基本无死苗，地上部叶片枯萎损失明显轻于常年，较早长出新的次生根。

二类苗：返青期接近常年，返青后气温波动不大，冻土化冻时间接近常年，土壤水分尚充足；死苗较少，地上部叶片枯萎损失接近常年，发生少量新的次生根。

三类苗：返青明显晚于常年，返青后气温回升很不稳定有倒春寒；化冻返浆水分迟迟不能到达分蘖节部位；死苗较多或返青长势较弱，地上部叶片枯萎损失明显重于常年，新的次生根很少。

为确保观测数据的客观和代表性，尽量减小不同苗情类别的观测误差，研究中对所有相关作物生长的观测资料进行了归类处理。若此观测值能归为某类观测值，予以保留；如果该观测值出现异常大或异常小，将其剔除出此类样本。一般冬小麦长势越好，各类观测值越大；相反，长势越差，各类观测值越小。因此，剔除的一般是一类苗中异常小的值以及三类苗中异常大的值。将剩下的正常变化范围内的观测值，按照观测时间归为小麦不同生长发育期，求出发育期内所有观测数据(叶面积指数、单株干物质重量和植株高度)的平均值。

(2)冬小麦长势评价农学指标

工作中，通过叶面积指数、单株干物重处在其平均值±20%，植株高度处在其平均值±10%范围来制定冬小麦苗情长势评价指标。将2010—2011年冬小麦生长发育期观测数据，经过分析得到叶面积指数、单株干物质重量和植株高度的苗情指标(见表6.11至表6.13)。

表6.11 冬小麦叶面积指数评价指标

发育期	苗情	叶面积指数			
		平均值	变化范围	±20%范围	指标
出苗	一类苗	0.17	0.10～0.20	0.136～0.204	>0.16
	二类苗	0.13	0.10～0.20	0.10～0.16	0.10～0.16
	三类苗	0.13	0.10～0.20	0.104～0.156	<0.10
分蘖	一类苗	0.65	0.40～0.90	0.52～0.78	>0.54
	二类苗	0.45	0.30～0.60	0.36～0.54	0.36～0.54
	三类苗	0.35	0.30～0.40	0.28～0.42	<0.36
越冬	一类苗	2.20	1.50～3.00	1.76～2.64	>2.28
	二类苗	1.90	1.10～2.70	1.52～2.28	1.52～2.28
	三类苗	1.33	0.60～2.10	1.06～1.59	<1.52
返青	一类苗	1.88	1.50～2.20	1.50～2.25	>1.20
	二类苗	1.00	0.70～1.50	0.80～1.20	0.80～1.20
	三类苗	0.87	0.50～1.60	0.69～1.04	<0.80
拔节	一类苗	4.10	4.10	3.28～4.92	>4.69
	二类苗	3.89	2.30～6.90	3.11～4.69	3.11～4.69
	三类苗	3.00	3.00	2.40～3.60	<3.11
抽穗	一类苗	6.53	5.40～8.40	5.22～7.84	>7.60
	二类苗	6.33	2.80～8.50	5.06～7.60	5.06～7.60
	三类苗	4.30	2.80～7.30	3.44～5.16	<5.06

表6.12 冬小麦长势生物量评价指标 单位:g

发育期	苗情	单株干物重			
		平均值	变化范围	±20%范围	指标
出苗	一类苗	1.92	1.860～1.97	1.54～2.30	>2.22
	二类苗	1.85	1.79～1.90	1.48～2.22	2.22～1.48
	三类苗	1.82	1.82～1.82	1.46～2.18	<1.48
分蘖	一类苗	2.74	1.96～3.52	2.19～3.29	>2.69
	二类苗	1.89	1.64～2.14	1.51～2.69	1.51～2.69
	三类苗	1.80	1.36～2.23	1.44～2.16	<1.51

续表

发育期	苗情	单株干物重			
		平均值	变化范围	±20%范围	指标
越冬	一类苗	6.96	3.61～9.08	5.59～8.35	＞6.60
	二类苗	5.50	1.98～9.00	4.40～6.6	1.52～6.60
	三类苗	5.16	3.25～8.12	4.13～6.19	＜1.52
返青	一类苗	8.24	2.98～11.46	6.59～9.89	＞7.43
	二类苗	6.19	2.09～9.44	4.95～7.43	4.95～7.43
	三类苗	6.34	2.61～11.14	5.07～7.61	＜4.95
拔节	一类苗	8.74	7.15～16.11	6.99～10.49	＞10.11
	二类苗	8.42	8.21～8.62	6.74～10.11	6.74～10.11
	三类苗	8.46	3.49～13.53	6.77～10.15	＜6.74
抽穗	一类苗	44.21	44.21～44.21	35.37～53.05	＞45.89
	二类苗	38.24	25.09～54.32	30.59～45.89	30.59～45.89
	三类苗	21.87	21.87	17.5～26.24	＜30.59

表 6.13　冬小麦长势平均株高评价指标　　单位:cm

发育期	苗情	植株高度			
		平均值	变化范围	±10%范围	指标
出苗	一类苗	14.14	6.00～24.00	12.73～15.55	＞14.70
	二类苗	13.36	5.00～22.00	12.02～14.70	12.02～14.70
	三类苗	13.14	5.00～22.00	11.83～14.45	＜12.02
分蘖	一类苗	20.19	13.00～25.00	18.17～22.21	＞20.42
	二类苗	18.56	11.00～26.00	16.70～20.42	16.70～20.42
	三类苗	17.84	13.00～25.00	16.06～19.62	＜16.70
返青	一类苗	20.81	12.00～28.00	18.73～22.89	＞20.12
	二类苗	18.29	12.00～26.00	16.46～20.12	16.46～20.12
	三类苗	17.48	9.00～25.00	15.73～19.23	＜16.46
拔节	一类苗	40.14	19.00～64.00	36.13～44.15	＞41.33
	二类苗	37.57	18.00～62.00	33.81～41.33	33.81～41.33
	三类苗	37.45	21.00～58.00	33.71～41.19	＜33.81
抽穗	一类苗	64.47	47.00～84.00	58.02～70.92	＞67.64
	二类苗	61.94	49.00～75.00	55.75～67.64	55.75～67.64
	三类苗	58.71	44.00～74.00	52.84～64.58	＜55.75

根据表 6.11 至表 6.13 所示的叶面积指数、单株干物质重量和植株高度的统计结果，确定小麦主要发育期长势综合评估农学指标（见表 6.14）。

表 6.14 冬小麦苗情判断农学指标

发育期	苗情	农学指标		
		叶面积指数	单株干物重(g)	植株高度(cm)
出苗	一类苗	>0.16	>2.22	>14.70
	二类苗	0.10～0.16	1.48～2.22	12.02～14.70
	三类苗	<0.104	<1.48	<12.02
分蘖	一类苗	>0.54	>2.69	>20.42
	二类苗	0.36～0.54	1.51～2.69	16.70～20.42
	三类苗	<0.36	<1.51	<16.70
越冬	一类苗	>2.28	>6.60	
	二类苗	1.52～2.28	4.40～6.60	
	三类苗	<1.52	<4.40	
返青	一类苗	>1.20	>7.43	>20.12
	二类苗	0.80～1.20	4.95～7.43	16.46～20.12
	三类苗	<0.80	<4.95	<16.46
拔节	一类苗	>4.69	>10.11	>41.33
	二类苗	3.11～4.69	6.74～10.11	33.81～41.33
	三类苗	<3.11	<6.74	<33.81
抽穗	一类苗	>7.60	>45.89	>67.64
	二类苗	5.06～7.60	30.59～45.89	55.75～67.64
	三类苗	<5.06	<30.59	<55.75

6.3.2 夏玉米长势评价方法

(1)夏玉米长势评价指标的建立方法

在分析夏玉米各类苗情观测资料时，由于夏玉米的苗情是由农业气象观测人员凭经验得来，没有定量标准。因此，为确保观测数据的客观和代表性，尽量减小不同苗情类别的观测误差，工作中采用标准差对有关数据进行分析：

$$S=\sqrt{\frac{1}{n}\sum_{k=1}^{n}(x_k-\bar{x})^2} \tag{6.16}$$

式中，S 为标准差；n 为观测样本总数；k 为任意样本；x_k 为第 k 个观测样本；$\bar{x}$ 为观测样本的平均值。

求取整体样本的标准差和任意观测值与整体样本平均值的绝对差，比较分析绝对差与标准差。研究认为绝对差在一个标准差的变化范围之内，我们认为此观测值能归为某类观测值分析，给予保留；否则，我们认为该观测值出现异常大或异常小，将其剔除出此类样本。一般，玉米长势越好，各类观测值越大；相反，苗情越差，各类观测值越小。因此，对于一类苗，我们只剔除异常小的值；对于三类苗，我们只剔除异常大的值。

(2)夏玉米长势评价指标

对河南省夏玉米一、二、三类苗7月8日和8月8日两个时期叶面积指数、单株干物重、植株高度等生长要素的观测资料进行统计分析，并结合各类苗情产量分析，制定出夏玉米长势的农学指标。

根据以往经验，我们通过叶面积指数、单株干物重处在其平均值 20%范围内，植株高度处在其平均值 10%范围来制定苗情指标，相应指标见表 6.15 至表 6.17。

表 6.15　河南省夏玉米叶面积指数观测统计农学指标

		平均值	变化范围	±20%范围	指标
7 月 8 日	一类苗	0.75	0.4～1.2	0.60～0.9	>0.67
	二类苗	0.56	0.4～0.75	0.45～0.67	0.45～0.67
	三类苗	0.4	0.1～0.7	0.32～0.48	<0.45
8 月 8 日	一类苗	3.66	2.7～5.5	2.93～4.39	>3.7
	二类苗	3.08	2.6～3.7	2.46～3.7	2.46～3.7
	三类苗	2.64	1.7～3.4	2.11～3.17	<2.46

表 6.16　河南省夏玉米干物重观测统计农学指标

		平均值	变化范围	±20%范围	指标
7 月 8 日	一类苗	44.23	5.64～115.67	35～53	>38
	二类苗	31.52	8.47～58.21	25～38	25～38
	三类苗	20.51	2.16～67	16～25	<25
8 月 8 日	一类苗	627	433～1080	402～752	>587
	二类苗	489	400～577	391～587	391～587
	三类苗	239	65～492	191～287	<391

表 6.17　河南省夏玉米平均株高观测统计农学指标

		平均值	变化范围	±10%	指标
7 月 8 日	一类苗	76	52～106	68～84	>78
	二类苗	71	48～96	64～78	64～78
	三类苗	46	45～80	41～51	<64
8 月 8 日	一类苗	233	189～263	210～256	>240
	二类苗	218	167～240	196～240	196～240
	三类苗	203	168～227	183～223	<196

根据有关指标范围的制定，结果表明，各类苗情的叶面积指数、单株干物重、植株高度等指标值均在苗情观测值的范围之内（表略）。从而说明有关指标范围值的制定有一定的科学性。

（3）NDVI 与农学参数的关系

由河南省气象科学研究所获得 2010 年 7 月上旬和 8 月上旬的 MODIS 晴空资料，进行了 NDVI 最大值合成运算，并通过 ENVI 遥感处理平台的提取点值数据功能，提取了各个观测点的这两个时期的 NDVI 值，并对其进行了同平均株高、叶面积指数和干物重的相关分析，结果见图 6.43 至图 6.48。

从图 6.43 至图 6.48 可以看出，2010 年 7 月 8 日和 8 月 8 日夏玉米 NDVI 与平均株高、叶面积指数以及干物重都呈显著正相关，其中 NDVI 和平均株高呈极显著相关（$p<0.01$），NDVI 和叶面积指数及单株干物重呈显著相关（$p<0.05$）。8 月 8 日的 NDVI 和农学参数的相关

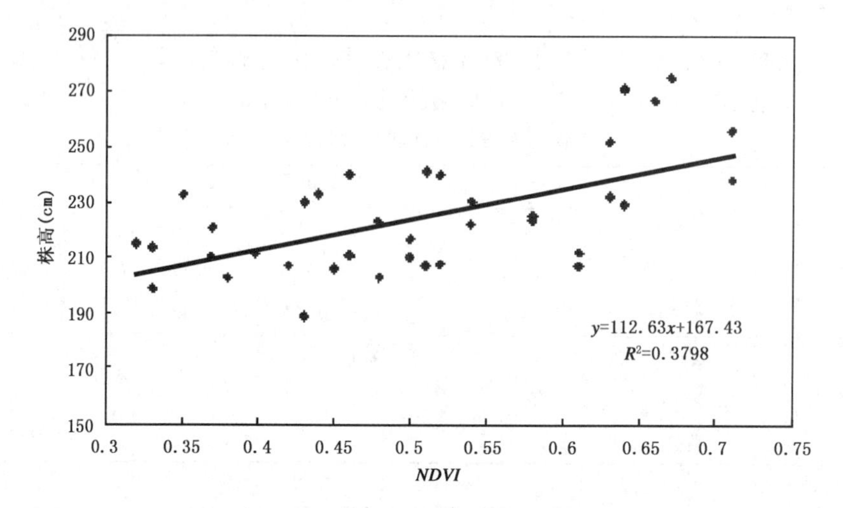

图 6.43 2010 年 8 月 8 日 NDVI 和平均株高的相关分析

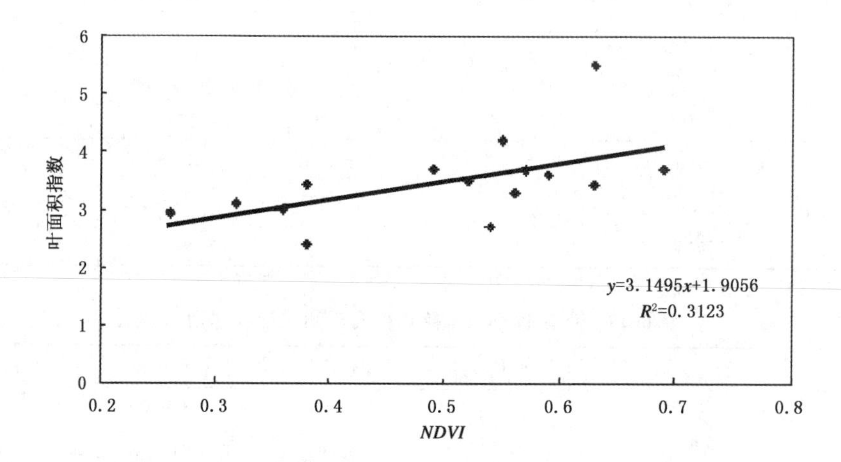

图 6.44 2010 年 8 月 8 日 NDVI 和叶面积指数的相关分析

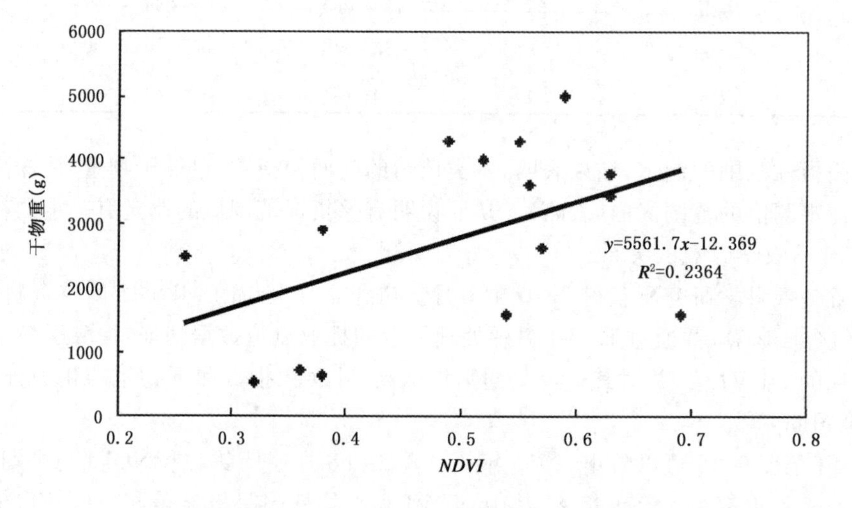

图 6.45 2010 年 8 月 8 日 NDVI 和单株干物重的相关分析

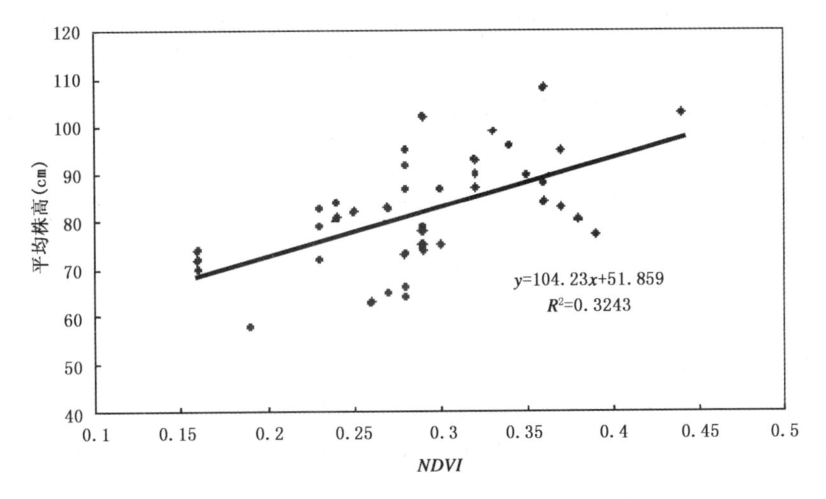

图 6.46　2010 年 7 月 8 日 NDVI 和平均株高的相关分析

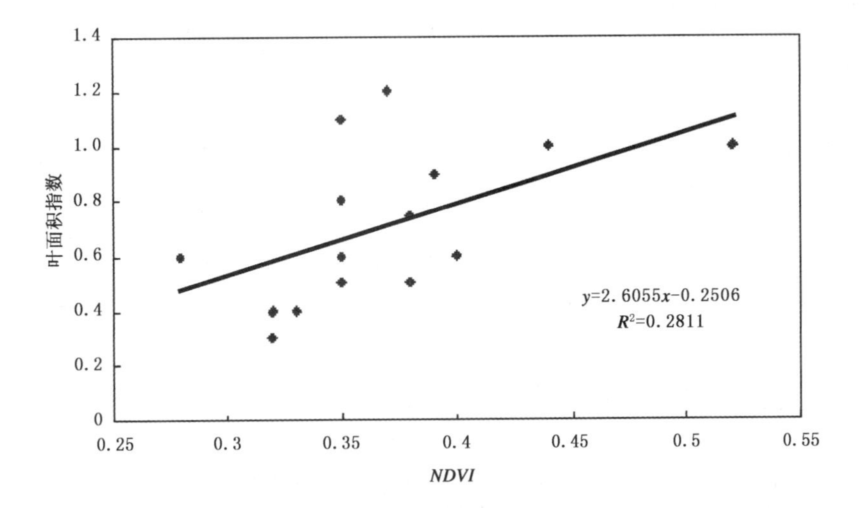

图 6.47　2010 年 7 月 8 日 NDVI 和叶面积指数的相关分析

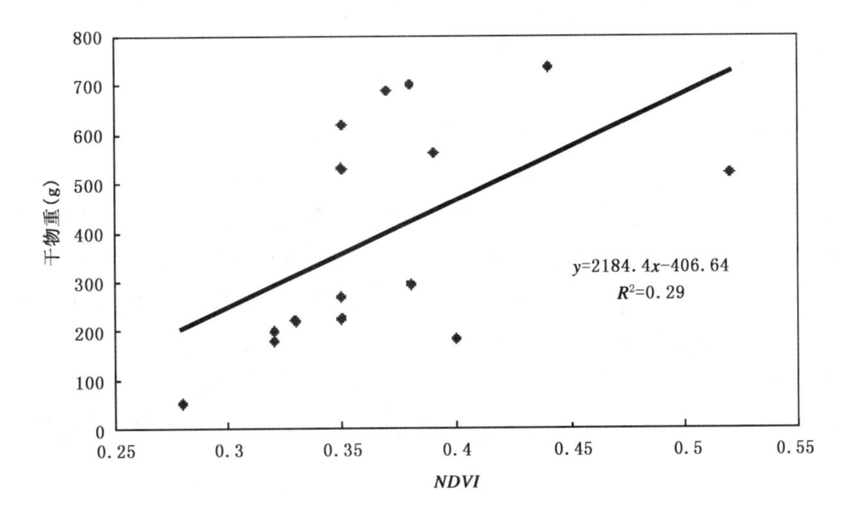

图 6.48　2010 年 7 月 8 日 NDVI 和单株干物重的相关分析

性明显好于7月8日。因此可以通过建立农学参数和NDVI的关系确定夏玉米长势遥感指标。

对NDVI与叶面积指数、单株干物重和平均株高在统计软件SPSS中进行多元线性回归，7月8日建立的回归方程为：

$$Y = 0.050323A + 0.000036B + 0.002333C + 0.11035 \tag{6.17}$$

式中，A为叶面积指数；B为单株干物重(g)；C为平均株高(cm)。

代入农学指标，一类苗$NDVI > 0.33$，三类苗$NDVI < 0.28$，二类苗$0.33 > NDVI > 0.28$，得到2010年7月8日河南省玉米长势遥感指标(见表6.18)。

8月8日建立的回归方程为：

$$Y = 0.0349A + 0.0000189B + 0.004542C - 0.67688 \tag{6.18}$$

代入农学指标，一类苗$NDVI > 0.55$，三类苗$NDVI < 0.31$，二类苗$0.55 > NDVI > 0.31$得到2010年8月8日河南省玉米长势遥感指标(见表6.18)。

表6.18 玉米长势农学指标及遥感指标结果

日期	苗情	叶面积指数	单株干物重(g)	植株高度(cm)	NDVI
7月8日	一类苗	>0.67	>38	>78	>0.33
	二类苗	0.45～0.67	25～38	64～78	0.28～0.33
	三类苗	<0.45	<25	<64	<0.28
8月8日	一类苗	>3.7	>587	>240	>0.55
	二类苗	2.46～3.7	391～587	196～240	0.31～0.55
	三类苗	<2.46	<391	<196	<0.31

6.4 气象条件对作物生长影响的评估

在农业科技水平、农业投入、土壤性状及作物品种特性等基本不变的情况下，气象条件是直接影响作物生长、发育及产量形成的主要因素。因此，根据实时农业气象资料定量评价气象条件对农业生产的影响是气象为农业服务的主要内容之一。

6.4.1 农业气象指标

评估气象条件对作物生长发育影响的基础建立在农业气象指标的基础上，作物生长发育的每个阶段，均有其相对适宜的光、温、水等气象条件的适宜度指标(霍治国，2009)。同时一些农业气象指标由于受气候变化、作物品种更替、农业结构调整、农业科学技术和农业气象科学技术发展等因素的影响，需要进一步界定和完善，一些指标需要重新制定。根据河南省农业气象业务服务的需求，在对原有的农业气象指标进行分析、验证、修订、归纳的基础上，制定了一套较为完整、科学且实用的河南省主要农作物农业气象指标体系(见表6.19)。表6.19至表6.23指标的建立对指导农业生产、提高农产品产量和质量，实现为省、市、县、乡、村、具体农户提供实用性服务，为和谐社会和社会主义新农村建设提供高质量的气象保障服务具有重大意义。

表 6.19　河南省冬小麦生育期农业气象指标

生育期	适宜气象指标	不利气象指标及影响程度
播种	冬性品种：17～19 ℃，半冬性品种：15～17 ℃，春性品种：13～15 ℃；冬前积温 550～650 ℃·d；土壤重量含水量 16%～18%，土壤相对湿度 65%～80%	温度小于 3 ℃播种冬前不能出苗，小于 10 ℃播种，冬前积温小于 350 ℃·d，无冬前分蘖；大于 20 ℃播种使低位蘖缺失，且冬前拔节不利越冬；9 月 20 日—10 月 25 日降水量小于 20 mm 或大于 100 mm
出苗	平均温度 14～16 ℃；土壤重量含水量：沙土 12%～16%，壤土 14%或 16%，黏土小于 16%或大于 20%	土壤相对湿度大于 85%易造成弱苗，小于 60%，易造成苗弱、出苗不齐
分蘖	日平均气温 12～15 ℃；适宜分蘖期内，70 ℃·d 积温产生一个分蘖；土壤相对湿度 70%～80%	温度小于 3 ℃不会分蘖，小于 6 ℃分蘖受抵制，大于 18 ℃分蘖过快、徒长；土壤相对湿度小于 55%或大于 90%不利于分蘖
越冬	气温稳定在 3 ℃以下，严冬分蘖节处最低温度不低于 －13～－15 ℃；土壤重量含水量 15%～20%，土壤相对湿度大于 50%；大风少于 4 d	冬季温度小于－15 ℃，降水小于 15 mm；冬季土壤相对湿度小于 50%，土壤暄虚，可能发生死蘖现象
返青	日平均气温 3～7 ℃，日平均气温大于 0 ℃，根系开始活动；温度回升至 1～4 ℃心叶日增长 0.3 cm；温度大于 5 ℃根系明显伸长，继续分蘖；冬春雨雪充沛大于 30 mm；无大于等于 5 级大风	日平均气温小于 2 ℃，大风多大于等于 5 级，土壤相对湿度小于 60%，降水量小于 10 mm，都不利于返青
起身—拔节	日平均气温 6～8 ℃且持续时间长；日平均日照时数 8～10 h	日平均温度大于 15 ℃不利于小麦生大穗；连阴雨大于 7 天易发生病虫害；气温小于 3 ℃易形成冻害
拔节—孕穗	拔节期的温度 12～14 ℃，孕穗期的气温 15～17 ℃；土壤相对湿度 60%～80%	低温晚霜冻小于 0 ℃；连阴雨大于 6 d 引起湿害，经常伴随白粉病、锈病和纹枯病的蔓延；土壤相对湿度小于 50%，小穗结实率降低；温度大于 17 ℃易旺长，温度小于 12 ℃生长慢
抽穗—开花	适宜温度 18～20 ℃，最高温度 31～32 ℃，最低温度 9～10 ℃；土壤相对湿度 70%～80%，空气相对湿度 60%～80%；风速小于 3 级	连阴雨大于 4 d，土壤相对湿度小于 50%，气温>30 ℃，空气相对湿度小于 50%，都影响正常授粉而降低结实率
灌浆—成熟	灌浆最适温度为 20～22 ℃。在 23～25 ℃时，灌浆时间缩短 5～8 d；在日平均气温 15～16 ℃条件下，灌浆期延长；灌浆末期日平均气温 20～24 ℃时，有利于小高峰的形成	连阴雨天气大于 5 d，温度小于 12 ℃，光合作用减弱，影响灌浆；高温大于 32 ℃且干旱，易形成干热风；或高温干旱后降水量大于 10 mm 引起青枯
收获	晴好天气，无连阴雨；风速小于等于 3 级；无大到暴雨，降水量小于 30 mm	连阴雨大于 3 d；风速大于等于 5 级；出现大到暴雨，大于 30 mm

表 6.20　河南省夏玉米生育期农业气象指标

生育期	适宜气象指标	不利气象指标及影响程度
播种	种子发芽最低温度 8～12 ℃；地温稳定通过 10～12 ℃，平均气温大于 10 ℃即可播种；土壤相对湿度 70%～80%适宜	温度小于 8 ℃，土壤相对湿度小于 50%或大于 85%，不利于播种出苗
苗期	苗期生长最低温度 10 ℃，18～30 ℃适宜；根系生长最低温度 10 ℃，适宜地温 20～24 ℃；苗期降水量 80～180 mm；耕作层土壤相对湿度 60%～70%	温度小于－1 ℃，地温 4～5 ℃，根系停止生长；降水量小于 50 mm，影响幼苗生长；水涝大于 100 mm，幼苗易弱黄或死亡
拔节—抽穗	适宜温度为 24～26 ℃；土壤相对湿度 70%～80%	温度小于 20 ℃，将延迟抽穗；拔节抽穗期前后 20 d 内无透雨，土壤相对湿度＜60%，易出现卡脖旱；连阴雨大于 10 d，光合作用减弱，土壤空气缺乏会发生空秆
开花授粉期	温度为 25～28 ℃，下限平均气温 19～21 ℃；空气相对湿度 65%～90%，晴朗微风小于等于 3 级；开花到成熟需降水量 100～200 mm	空气相对湿度小于 50%，土壤相对湿度小于 50%，花丝枯萎开花甚少；温度小于 18 ℃花粉失去生命力，影响授粉；风速大于等于 5 级易引起柱头干枯；高温大于等于 35 ℃，1～2 h 花粉死亡
灌浆—成熟	温度 20～25 ℃为适宜温度，下限平均气温 15～17 ℃；适宜日照时数 4～12 h；土壤相对湿度 70%～80%	温度大于 25 ℃，或小于 16 ℃影响酶活动，不利于养分积累和运转；土壤相对湿度低于 50%会造成籽粒不饱满，百粒重下降

表 6.21　河南省水稻生育期农业气象指标

生育期	适宜气象指标	不利气象指标及影响程度
播种—出苗	候平均气温 10～12 ℃；催芽播种后，晴好天气 3～5 d 为最佳；地温和水温大于 11 ℃，即可正常扎根长苗	播后温度小于 10 ℃水稻易出现烂秧；低温连阴雨 4～5 d，易引起病虫害且出苗缓慢；温度大于 25 ℃秧苗纤细，移栽后叶子易枯死和受病虫害危害；骤冷暴热，易引起干旱秧苗枯死
移栽—返青	适宜温度 20～25 ℃；天气晴好 4～5 d	风速大于等于 4 级，连阴雨大于 7 d，或高温强日照延迟返青；气温小于 15 ℃难以返青
分蘖	适宜温度为 25～30 ℃；水温 30～34 ℃；降水日数小于4 d	温度小于 18 ℃或大于 30 ℃延迟和减少分蘖；连阴雨大于 5 d 光照少，延迟或减少分蘖，茎秆细弱易得稻瘟病
拔节—孕穗	气温适宜 25～28 ℃对幼穗分化发育最为适宜	温度小于 15 ℃并持续 2 d 以上，会产生严重空壳、瘪粒现象；连阴雨大于 5 d 光照不足，拔节孕穗速度减慢
抽穗—开花	晴朗微风天气，风速小于等于 3 级；气温在 20 ℃以上，最适宜气温 25～30 ℃；空气湿度 70%～80%有利于开花授粉	气温小于 20 ℃、日照不足、连阴雨大于 5 d，风速大于等于 5 级影响正常开花授粉，易形成空壳瘪粒；气温大于 40 ℃颖花易枯焦；气温小于 15 ℃结实率显著减少
成熟	适宜温度 20～25 ℃；昼夜温差大	气温小于 15 ℃，不利于灌浆，成熟期延迟，气温小于 12 ℃，水稻瘪粒增加；成熟时风速大于等于 5 级，雨量大于 50 mm，易引起倒伏掉粒，影响品质和收割；气温大于 35 ℃，结实率和千粒重下降；连阴雨大于 7 d，影响收打晾晒

表 6.22 河南省棉花生育期农业气象指标

生育期	适宜气象指标	不利气象指标及影响程度
播种—出苗	日平均气温 18～20 ℃;土壤相对湿度 55%～70%为宜	播种期气温小于 10 ℃,不利于棉籽胚根分化出苗;苗期地面温度 1～3 ℃,叶子开始受冻,气温小于 1 ℃,植株冻死;连阴雨大于等于 3 d 易播后烂种,造成毁种,植株易得炭疽;地温小于 12 ℃、雨量大于 10 mm,土壤相对湿度大于 60%,病虫害易发生
现蕾期	日平均气温 25～30 ℃;土壤相对湿度 60%～70%为宜	日平均气温小于 20 ℃不能现蕾;现蕾期干旱日数大于 30 d 造成生产受阻,现蕾推迟;长期干旱时突降大到暴雨,日降水量大于 30 mm,因水热不协调,大量花蕾脱落;夜间至上午降雨,花中进水造成花粉破裂、脱落,影响授粉;土壤相对湿度大于 80%,光照不足,引起花蕾脱落
裂铃—吐絮期	日平均气温 20～25 ℃;土壤重量含水量 11%～16%;积温 1 350～1 400 ℃·d 为宜	土壤相对湿度小于 55%,水分供应不足而蕾铃脱落;连阴雨天数大于 5 d 易生病虫害,烂铃徒长,迟熟;成熟期气温小于 16 ℃,棉花纤维停止生长

表 6.23 河南省大豆生育期农业气象指标

生育期	适宜气象指标	不利气象指标及影响程度
播种—出苗	地温稳定通过 15 ℃即可播种;土壤重量含水量在 10%～20%为宜。	地温小于 8 ℃大豆播种后不能发芽,地温小于 14 ℃大豆发芽缓慢;幼苗期温度小于等于−3 ℃幼苗将遭受冻害;连阴雨日数大于 10 d 种子易腐烂
分枝期	适宜气温 20～25 ℃;降水 40～60 mm;土壤重量含水量 18%～20%	气温小于 20 ℃停止生长;降水量大于 70 mm,容易徒长;降水量小于 30 mm,影响分枝生长
开花结荚期	适宜气温 24～26 ℃;相对湿度 70%～80%;降水量 70～130 mm	气温小于 15 ℃或大于 30 ℃对开花不利,落花严重;空气相对湿度大于 90%或小于 20%,不利于开花
成熟期	温度 20 ℃左右;风速小于 3 级,气温小于 35 ℃	气温大于等于 30 ℃大豆成熟,易炸荚;气温小于 15℃不利于成熟;连阴雨大于 7 d,不利于成熟和收打;大豆成熟后期风速大于等于 5 级易炸荚

6.4.2 气象条件对作物生长影响评估服务

气象条件对作物生长影响评估服务产品主要分为定性和定量两种。

定性评估产品以作物生育期气象条件影响分析评价为主,也是作物系列化产品的内容。河南省目前发布的定量影响评估服务产品有“冬小麦冬前生育期评价”、“冬小麦返青期分析”和“冬小麦全生育期评价”、“玉米全生育期评价”、“棉花全生育期评价”等,其他各省也均有类似的服务产品。这类产品主要通过分析作物不同生育期的实际气象条件状况,并与作物生长适宜的农业气象条件进行对比,对气象条件的适宜情况做出定性评价。由于这类产品是在作物某个生育期或全生育期结束后制作,而不是实时动态地跟踪影响评价,因此其时效性较差。

气象条件对作物生长影响定量评估目前还尚未形成统一的业务服务项目,因此也尚未有规范的业务服务产品，但各地区均在探索应用气候适宜度模型或作物生长模拟模型，以其开展实时动态的气象条件跟踪影响评估。

气候适宜度模型是基于模糊数学理论建立的气象因素(光、温、水等)与作物生长发育的动态关系模型，它能客观反映气候条件对作物生长发育的满足程度，可为作物品种的改良与布局、农业投入方案的选择及农业配套设施的改进等提供理论的支持和指导(魏瑞江 等，2007；赵峰 等，2003)。目前针对冬小麦、玉米、水稻和棉花等主要农作物均建立了气候适宜度评价模型(千怀遂 等，2005；任玉玉 等，2006；钟新科 等，2012；刘伟昌 等，2008)，在适宜播种期确定、作物产量预报及生育期气象条件评价等方面都得到了一定程度的应用。

作物生长模拟模型区别于传统的作物—天气统计模型，从农业生态系统物质能量转换等规律出发，以光、温、水、土壤等条件为环境驱动变量，对作物生育期内光合、呼吸和蒸腾等重要生理生态过程进行动态数值模拟，是一种面向生长过程和机理性、实时性、动态性很强的模型，在气候变化影响评估、产量预测、农业生产管理决策，以及精确农业等方面得到了较为广泛地应用。目前我国正在探讨如何尽可能地将作物生长模拟模型应用于日常的农业气象业务服务，农业气象条件实时动态评价也是应用方向之一。如马玉平等(2005)初步尝试了应用区域玉米生长模拟模型进行农业气象条件影响评价，其评价方法主要是利用逐日气象资料和农业气象 AB 报业务系统获得的作物资料驱动作物模拟模型，通过确定不同的评价指标进行平均生物量评价、实时动态评价，以及全生育期气象条件评价。

尽管目前利用作物生长模拟模型开展农业气象条件实时评价仍处于初步探索阶段(吕艳杰 等，2011)，但是应用作物生长模型，特别是与遥感、GIS 技术方法相结合，研制融入遥感、作物模拟和 GIS 等技术的作物生长区域化综合定量评价模型，已经成为现代农业动态定量评价技术发展的趋势。

参考文献

陈振林，张建平，王春乙，等. 2007. 应用 WOFOST 模型模拟低温与干旱对玉米产量的综合影响[J]. 中国农业气象，**28**(4)：440-442.

邓国. 1997. 中国农业灾害与粮食产量风险分析及区划研究[D]. 北京：中国气象科学研究院.

冯玉香，何维勋，孙忠富，等. 1999. 我国冬小麦霜冻害的气候分析[J]，作物学报，**25**(3)：335-340.

韩荣清，李维京，艾婉秀，等. 2010. 中国北方初霜冻日期变化及其对农业的影响[J]. 地理学报，**65**(5)：525-532.

胡新，黄绍华，黄建英，等. 1999. 晚霜冻害与小麦品种的关系——1998 年霜冻害调查报告之一[J]. 中国农业气象，**20**(3)：28-31.

胡政，孙昭民. 1999. 灾害风险评估与保险[M]. 北京：地震出版社.

华北平原作物水分胁迫与干旱研究课题组. 1991. 作物水分胁迫与干旱研究[M]. 郑州：河南省科学技术出版社.

霍治国，王石立，等. 2009. 农业和生物气象灾害[M]. 北京：气象出版社.

李世奎，霍治国，王素艳，等. 2004. 农业气象灾害风险评估体系及模型研究[J]. 自然灾害学报，**13**(1)：77-87.

李世奎. 1999. 中国农业灾害风险评估与对策[M]. 北京：气象出版社.

刘昌明，魏忠义. 1989. 华北平原农业水文及水资源[M]. 北京：科学出版社.

刘荣花，朱自玺，方文松，等. 2003a. 华北平原冬小麦干旱区划初探[J]. 自然灾害学报，**12**(1)：140-144.

刘荣花，朱自玺，方文松，等. 2003b. 华北平原冬小麦干旱灾害风险和灾损评估[J]. 自然灾害学报，**12**(2)：170-174.

刘伟昌，陈怀亮，余卫东，等. 2008. 基于气候适宜度指数的冬小麦动态产量预报技术研究[J]. 气象与环境科学，**31**(2)：21-24.

吕艳杰，王永力，杨德光. 2011. 基于 GIS 的吉林省隧道分蘖期气候适宜性评价[J]. 湖北农业科学，**50**(24)：5 090-5 092.

马玉平，王石立，王馥棠. 2005. 作物模拟模型在农业气象业务应用中的研究初探[J]. 应用气象学报，**16**(3)：293-302.

马玉平，王石立，张黎. 2005. 针对华北小麦越冬的 WOFOST 模型改进[J]. 中国农业气象，**26**(3)：145-149.

千怀遂,焦士兴,赵峰. 2005. 河南省冬小麦气候适宜性变化研究[J]. 生态学杂志,**24**(5):503-507.

任玉玉,千怀遂. 2006. 河南省棉花气候适宜度变化趋势分析[J]. 应用气象学报,**17**(1):87-92.

邵晓梅,刘劲松,许月卿. 2001. 河北省旱涝指标的确定及其时空分布特征研究[J]. 自然灾害学报,**10**(4):133-136.

苏剑勤,程树林,郭迎春. 1996. 河北气候[M]. 北京:气象出版社.

陶祖文,琚克德. 1962. 冬小麦霜冻气象指标的探讨. 气象学报,**32**(3):215-223.

魏凤英. 2007. 现代气候统计诊断与预测技术[M]. 北京:气象出版社:16-17.

魏瑞江,姚树然,王云秀. 2000. 河北省主要农作物农业气象灾害灾损评估方法[J]. 中国农业气象,**21**(1):27-31.

魏瑞江,张文宗,李二杰. 2007. 河北省冬小麦生育期气象条件定量评价模型[J]. 中国农业气象,**28**(4):367-370.

邬定荣,欧阳竹,赵小敏,等. 2003. 作物生长模型 WOFOST 在华北平原的适用性研究[J]. 植物生态学报,**27**(5):594-602.

武晋雯,张玉书,冯锐,等. 2009. 辽宁省作物长势遥感评价方法[J]. 安徽农业科学,**37**(36):18 104-18 107.

薛昌颖,霍治国,李世奎,等. 2003. 华北北部冬小麦干旱和产量灾损的风险评估[J]. 自然灾害学报,**12**(1):131-139.

余卫东,赵国强,陈怀亮. 2007. 气候变化对河南省主要农作物生育期的影响[J]. 中国农业气象,**28**(1):9-12.

张继权,李宁. 2007. 主要气象灾害风险评价与管理的数量化方法及其应用[M]. 北京:北京师范大学出版社:20-115.

张建平,赵艳霞,王春乙,等. 2008. 气候变化情景下东北地区玉米产量变化模拟[J]. 中国生态农业学报,**16**(6):1 448-1 452.

张星,张春桂,陈惠,等. 2007. 熵权理论在定量评价农业气象综合灾情中的应用[J]. 生态学杂志,**26**(11):1907-1910.

张雪芬,郑有飞,王春乙,等. 2009. 冬小麦晚霜冻害时空分布与多时间尺度变化规律分析[J]. 气象学报,**67**(2):321-330.

赵峰,千怀遂,焦士兴. 2003. 农作物气候适宜度模型研究[J]. 资源科学,**25**(3):77-82.

钟新科,刘洛,宋春桥,等. 2012. 基于气候适宜度评价的湖南春玉米优播期分析[J]. 中国农业气象,**33**(1):78-85.

钟秀丽,王道龙,李玉中,等. 2007. 黄淮麦区小麦拔节后霜害的风险评估[J]. 应用气象学报,**18**(1):102-107.

朱茵,孟志勇,阚叔愚. 1999. 用层次分析法计算权重[J]. 北方交通大学学报,**23**(5):119-122.

朱自玺,刘荣花,方文松,等. 2003. 华北地区冬小麦干旱评估指标研究[J]. 自然灾害学报,**12**(1):145-150.

朱自玺,牛现增. 1987. 冬小麦主要生育阶段水分指标的生态分析[J]. 气象科学研究院院刊,**2**(1):81-87.

Boogaard H L, van Diepen C A, Rötter R P, *et al*. 1998. User's Guide for the WOFOST 7.1 Crop Growth Simulation Model and WOFOST Control Center 1.5. Technical Document 52, The Netherlands: DLO Winand Staing Centre, Wageningen. 29-35.

第7章　现代农业气象试验

在农业气象业务服务体系中，农业气象试验站承担着大量试验、研究、示范和推广等任务，是从农业气象科研到业务服务的桥梁和纽带，在农业气象业务服务发展中起到了重要的支撑作用。现有的农业气象试验站是1986年按照分级分区规划和农业生产结构类型布局建设的，全国共建设农业气象试验站近70个(河南省4个)，其中国家级农业气象试验站由中国气象局统一规划布局，以全国综合农业区划二级分区、主要农业生产问题及农业生产结构类型设置，省级农业气象试验站由各省(区、市)气象局根据当地的农业生产状况和需求规划布局。

7.1　农业气象试验站发展需求

随着现代农业的发展，对农业气象试验站的功能定位、条件能力和主要任务等均提出了新的更高的要求，主要包括以下五个方面：

7.1.1　发展保障粮食安全的农业防灾减灾服务的需求

我国干旱、内涝、高温、低温、大风和冰雹等农业气象灾害频发，每年因农业气象灾害造成的粮食损失高达500亿千克左右，开展及时、准确的农业气象灾害监测预报和影响评估，对降低灾害损失、指导农业生产趋利避害，以及保障粮食安全具有重要的意义。但是，由于作物品种的更新、农业耕作制度的变革连同气候变化的影响等，过去的一些农业气象指标已经不能反映当前和未来作物生发育对气象条件的反应和农业气象灾害的影响，迫切需要开展农业气象观测试验研究，验证和修订农业气象指标体系。

7.1.2　发展保障农民增收的设施农业、特色农业等服务的需求

随着我国现代农业的发展，生产效益高的设施农业、特色农业等发展迅猛，需要尽快推进针对设施农业、特色农业生产的全程气象服务产品。然而，有关设施农业、特色农业与气象条件的关系与模型研究基础比较薄弱，一些关键性的指标更是缺乏，迫切需要开展大量的观测试验研究，建立设施农业、特色农业等农业气象指标体系和模型系统。

7.1.3　发展农业应对气候变化的适用技术示范推广服务的需求

大量的研究表明，全球变暖已经成为不争的事实。这将直接导致农业种植结构布局的调整和耕作制度的变化。为推动农业气候资源的开发和高效利用，需要开展大量的农业气象条件鉴定、评估等试验研究工作。同时，在加大农业应对气候变化研究力度的同时，也迫切需要开展研究成果的验证与示范，并以此为基础，推广到农业生产的实践中去。

7.1.4　发展现代农业气象观测仪器设备校验试验的需求

发展现代农业气象业务服务，离不开现代化的农业气象观测。为摆脱相对落后的农业气象观测体系，中国气象局已采取了一系列有效措施，如建立自动土壤水分观测站等；然而，新观测仪器的使用，可能会存在不稳定、不一致、信号衰减等问题，迫切需要开展系统的校验试验，以提高观测资料的连续性和准确性。

7.1.5　发展面向现代农业生产综合气象服务产品示范的需求

现行的农业气象服务产品，以面向政府决策者的服务居多，直接面向农业生产者的服务较少，对农业生产的直接指导作用有待提高。农业气象试验站一般都建立在主要的农业生产地区，与农业生产一线的距离最近，能够直接获取农业生产的服务需求。因此，迫切需要农业气象试验站承担起探索、建立面向现代农业生产综合气象服务产品示范的任务。

7.2　现代农业气象试验站功能定位和发展目标

为满足现代农业对农业气象试验站的需求，现代农业气象试验站应具有更清晰、明确的定位和发展目标。

7.2.1　功能定位

在现代农业气象业务服务体系中，农业气象试验站承担着农业气象试验、研究、示范、推广、观测、服务和培训等任务，是农业气象科研与业务服务的纽带、农业气象业务发展的中试基地和专业人才的培养基地。同时，河南省各农业气象试验站要结合区域特色和自身条件，形成各自独特的功能定位。试验条件较好、科研实力较强的郑州农业气象试验站，以小麦试验为主，兼顾玉米，承担国家级重大试验研究和中试项目，研发业务服务急需的技术方法；信阳市农业气象试验站以水稻试验为主，黄泛区农业气象试验站以集约化方式种植的小麦、玉米试验为主，鹤壁市农业气象试验站以玉米试验为主，兼顾小麦，开展农业气象适用技术中试示范、培训推广及辐射带动，同时开展业务服务。

7.2.2　发展目标

利用五年以上时间，在河南省建成适应现代农业生产区域性布局的农业气象试验站网，具体标准为：有先进的业务服务平台、有广覆盖的产品发布手段、有一定规模的试验用地、有满足试验需求的设施装备、有符合业务发展需要的专业人才。紧密围绕保障河南粮食核心区建设、小康社会建设等的迫切需求，加强试验基础条件与示范、推广、服务能力建设，为现代农业气象指标确定、农业气象灾害监测预警评估、农业气象情报预报服务和农业气象适用技术推广等提供强有力的科技支撑。

7.3　现代农业气象试验站主要任务

根据农业气象试验站的功能定位，现代农业气象试验站应承担下列主要任务：

7.3.1　农业气象试验研究

根据保障粮食安全的农业防灾减灾，以及保障农民增收的设施农业与特色农业等服务的需求，明确试验研究任务，科学设计试验方案，组织全国性或区域性合作，分阶段、按步骤合理安排试验，并加强试验结果的分析研究，按年度、分项目提交试验报告，并且在业务服务中检验试验成果。

积极推进农业气象试验站的发展，提升农业气象试验能力。根据现代农业气象业务服务和科研发展的要求，调整与优化农业气象试验站布局，调整试验任务，加强基础设施建设，充分发挥农业气象试验站的试验、示范及推广功能。根据农业气象试验要求，建设试验场地，加强实验室建设，配备基本试验设施与仪器设备，综合改善试验基础条件。建设具有自主知识产权的农业气象试验分析仪器研发体系，建立试验设备保障体系。

依据国家和地方农业结构和作物布局变化，结合农业与农业气候区划以及站点代表性和基础状况等方面的因素，在现有农业气象试验站的基础上，分级分区规划农业气象试验站布局。国家级农业气象试验站主要体现国家主体功能区划和国家农业总体布局的需要，以种植业、特色农业、设施农业、林业、畜牧业和渔业等类型分类设置，全国总数在50个左右，同时进行观测项目与试验任务的调整；省级农业气象试验站，由各省(区、市)根据基本条件和本区域农业生产的特点和特色农业、设施农业等需求，有针对性地布局建设。

分期分批有序推进农业气象试验站基础条件建设，逐步列装自动化监测、遥感和遥测等观测试验仪器设备，强化农业气象试验站的现代农业气象指标的试验获取能力，加强农业气象试验站对业务产品、观测手段及观测方法等的业务中试、评估、验证，开展农业气象灾害防御技术引用、试验、示范和推广应用，使农业气象试验站的发展切实适应现代农业气象业务服务与科研发展的需要。

7.3.2　农业气象适用技术研发和示范推广

国家级、省级业务科研单位，要及时研发或整理、总结新的农业气象适用技术，特别是促进农业气候资源开发和高效利用、农业高产稳产优质、防灾减灾和应对气候变化的适用技术，相关管理部门要及时组织成果在农业气象试验站的验证与示范，在此基础上，将具有明显效益的科技成果在农业生产实际中推广应用。

7.3.3　现代农业气象观测仪器设备校验试验

相关管理部门要积极安排计划应用于农业气象观测的新仪器设备在农业气象试验站进行对比试验，以校验仪器设备的准确性和稳定性，并对仪器设备的使用进行标定规范。

7.3.4　现代农业生产综合气象服务产品示范

深入农业生产一线，了解农业生产者对气象服务的具体需求，探索、研发现代农业生产综合气象服务示范产品和发布渠道，逐步向各级农业气象业务服务部门辐射。

7.3.5　农业气象观测

农业气象试验站作为农业气象观测站网的重要组成部门，还要结合本地实际，按规定承担常规农业气象观测任务，为农业气象业务服务提供高质量的第一手观测资料。

7.3.6　移动观测和野外调查

根据农业气象灾害和农业病虫害的发生情况，以及农业气象服务的需要，农业气象试验站应积极深入田间地头，开展必要的移动观测和野外调查。

7.3.7　农业气象观测规范的完善与建立

农业气象试验站要根据需要，不断对现行的农业气象观测规范进行修改和完善，同时，还要针对新开展的观测项目和新增加的现代化观测仪器设备，研究确定相应的观测方法与规范。

7.4　现代农业气象试验站能力建设

按照农业气象试验站的类型与功能要求，应逐步配备现代化试验研究仪器和观测设备，完善和更新农业气象试验站的试验条件和技术装备，强化农业气象试验站的科研基础设施和业务服务能力建设。

7.4.1　试验和示范场地建设

(1)办公及实验室

办公室及实验室面积在 800 m^2 以上，水、电、路等配套设施齐全。

(2)观测试验场地

农业气象试验站自有耕地面积或长期租用耕地面积一般不得少于 20 亩，完善试验场地基础条件，改造试验设施，配备与试验研究相适应的农机具，提高农田耕作及管理水平，保证观测试验的顺利开展。

(3)示范推广场地

依托当地万亩示范方、高产创建示范田等，建立农业气象试验站的示范推广基地，面积不低于 100 亩。

7.4.2　仪器装备建设

农业气象试验站必须具备的基本仪器设备有：农业气象常规观测和移动观测设备(如电子天平、干燥箱、GPS 定位仪和便携式观测设备等)；作物长势自动观测设备；土壤水分自动观测设备、土壤理化性质分析设备(含大型蒸渗仪和土壤养分测定仪等)；农田小气候自动观测设备；作物生理生态观测设备(光合作用分析仪、叶面积测定仪和冠层光谱测量仪等)；实验室基础试验分析和生理生化分析仪器设备；必要的农机具和交通工具；具有区域特点的特种观测、试验设备等。

7.4.3　培训场所建设

培训教室面积在 100～150 m^2 之间，达到进行多媒体教学标准，同时需配备必要的教学与实习仪器、设备。

7.4.4　服务能力建设

建立移动观测与野外调查资料处理与传输平台，建立完善农业气象业务服务平台，提高农业气象服务能力。

7.4.5 建设成果效益

(1)积极争取地方政府的支持,能力建设成效显著

河南省气象局与鹤壁市政府签署合作协议,市政府把鹤壁农业气象试验站建设纳入到鹤壁市农业基础设施建设和"十二五"建设规划当中,政府为农业气象试验站解决地方机构和编制,并无偿提供40亩土地、600 m^2 办公场所及每年100万元的科研维持经费;黄泛区农场为黄泛区农业气象试验站提供30亩试验、业务用地,并优化周边基础设施;信阳市政府批准了信阳农业气象试验站的征地计划,划拨36亩土地用于农业气象试验站新址建设及试验用地。

(2)紧密结合当地需求,科学指导农业气象科技示范园建设和运行

在农业气象试验站的指导下,区域内各市、县气象局积极与地方相关部门合作,河南省建立了集观测、试验、示范和服务于一体的现代农业气象科技示范园102个,指导市、县局技术人员开展服务,使科技示范园服务地方特色农业的能力进一步增强。

(3)积极开展试验示范推广,增强农业气象业务服务科技支撑能力

各农业气象试验站围绕业务服务的实际需求,积极开展农业气象指标获取、适用技术试验研究和业务服务技术开发等,按照"试验—总结—示范—推广"的思路,逐步将各项成熟技术成果在业务服务中应用,在科技示范园、万亩示范田进行示范,较好地发挥了其科技支撑和辐射带动作用。

(4)积极应对气候变化,指导市、县开展农业气候区划编制

为科学规划农业生产布局,提高现代农业对气象灾害风险的防控能力,农业气象试验站利用最新试验研究成果,指导市、县气象局开展主要农作物及特色作物的精细化农业气候区划和农业气象灾害风险区划。目前已指导20个县完成大宗作物或特色作物的精细化农业气候区划,以及主要农业气象灾害风险区划。

(5)积极开展人员培训,全面提高农业气象业务服务水平

各农业气象试验站通过接收上挂、交流和访问等人员,促进基层人员业务水平提高,参与河南省农业气象业务技术培训教材编写和授课,全面提高全省农业气象人员的综合素质。农业气象试验站人员牵头组织了服务手册、观测方法等相关业务服务指导图书的编制工作,制作了小麦、玉米和土壤水分观测多媒体教程并由中国气象局综合观测司在全国推广发行,进一步提升河南省农业气象业务服务水平。

7.5 现代农业气象试验站管理

7.5.1 建立科技副站长制度

河南省气象科学研究所与各农业气象试验站建立合作联盟,为各农业气象试验站选派科技副站长,吸收各农业气象试验站科技业务骨干参与省气象局农业气象、农业遥感科技创新团队,并将各农业气象试验站作为其试验基地和项目合作伙伴,联合申报重大科研项目,形成上下联动发展局面。

充分发挥省气象科学研究所的龙头带动作用,为鹤壁、信阳和黄泛区农业气象试验站委派科技副站长,加强对农业气象试验站试验示范及科研工作的指导。选派的科技副站长均为毕

业于“农业气象”专业的硕士或博士，并从事了三年以上农业气象科研业务工作，拥有扎实的理论基础和一定的实际工作经验，是科研所科研业务工作的技术骨干。科技副站长任期三年，任期内科学研究所定期组织技术工作总结，汇报各项工作的完成情况，并且交流总结经验。

根据工作需要，科技副站长每年定期或不定期到农业气象试验站协助开展各项工作。参与农业气象试验站各项试验方案的制定，了解农业气象试验站需求，协助采购相关试验仪器设备，在田间试验的关键期指导工作人员进行试验播种、取样和产量分析。试验结束后，指导试验结果分析，撰写论文，提高工作人员的科研理论水平。遇有重大科技服务和示范推广任务时，协助农业气象试验站制定技术流程和服务方案，与农业气象试验站工作人员一道奔走于田间地头，指导农民生产。另外发挥技术理论优势，协助完成对广大农村气象信息员的培训工作。同时，科技副站长大部分时间在省气象局工作，还可协助加强农业气象试验站与省级相关部门在日常工作方面的联系，起到了上通下达的作用。

7.5.2　加强合作与交流

农业气象试验站是省级科研业务部门的试验基地和示范基地。充分发挥各农业气象试验站的试验条件和区域示范优势，加强农业气象试验站之间的交流合作，加强农业气象试验站与省级业务科研单位之间的合作，优势互补，才能促进共同发展。

(1)建立农业气象试验站联盟，四个农业气象试验站在地理位置上要辐射带动全省，在特色研究领域上各有分工，在项目研究上可以共同参与，在组织管理经验上也可以相互借鉴，因此定期召开农业气象试验站座谈会，交流拓宽发展思路，取长补短。

(2)建立农业气象试验站与省级业务科研单位联合发展的长效机制，将对农业气象试验站的技术指导和项目合作纳入省级业务科研单位的发展规划当中，建立稳定的合作机制。在三年试点期间，各农业气象试验站根据自身科研条件和特色研究领域，积极与省级业务科研单位联合申请承担课题，开展试验研究。其中郑州农业气象试验站承担了四项试验研究项目，鹤壁、信阳农业气象试验站各承担了两项，泛区农业气象试验站承担了一项。通过项目合作及人员交流等方式，提高农业气象试验站的试验示范能力。

7.5.3　编制农业气象试验站发展规划

2011年，各农业气象试验站根据现有基础和特色研究领域，编制了未来五年农业气象试验站发展规划，农业气象试验站发展规划从基础建设、仪器设备、组织结构调整、人员培养及项目申请等各个方面进行规划，提出了操作性强的实施方案，为农业气象试验站未来的发展指明了方向。

7.5.4　加强组织领导和顶层设计

加强组织领导，省气象局充分发挥省级技术和人才优势，组织编写一系列技术流程和指导方案，并参与各农业气象试验站制定未来五年的发展规划，强化顶层设计，努力做到高起点、高标准、高质量和高效率。

7.5.5　稳定骨干人员队伍

加强农业气象试验站人事管理，保证编制到位，同时积极争取地方编制，从而稳定人员队伍。

加强人才队伍培养，一方面积极创造条件引进高素质人才；另一方面通过岗位实践锻炼、选拔具有较扎实的专业知识和丰富实践经验的技术人员，有计划的安排进修培训，采用请进来、走出去等多种形式，加快科技业务骨干的成长。农业气象试验站通过项目带动、上挂下派和参与培训等方式，在科研试验及业务服务技术等方面指导培训基层农业气象业务服务人员，也为河南省培养现代农业气象业务服务人才。

7.5.6 建立稳定的经费投入机制

积极争取国家和地方的科技专项投入，建立稳定的经费支持渠道，同时通过课题申请、项目合作等形式多途径筹措经费，推动农业气象试验站发展。在河南省气象局科学技术项目及“中国气象局·河南省农业气象保障与应用技术重点实验室”基金项目的申报，对农业气象试验站适当倾斜，专门设立农业气象试验站科研专项基金；省气象局从业务服务发展角度，每年确定农业气象试验任务，作为指令性计划下达各农业气象试验站，提高农业气象试验站对业务服务的科技支撑能力。

7.5.7 通过区域、内外共建共享，实现共赢发展

农业气象试验站所在省辖市局与周边市气象局共建区域农业气象试验站，以农业气象试验站为平台，通过人员交流，带着问题来、带着成果走，解决区域农业气象业务服务中急需解决的共性问题；郑州农业气象试验站作为兰州干旱气象研究所的试验基地，利用兰州干旱气象研究所的修购资金（中央级科学事业单位提高科研基础条件建设水平的专项资金），配置大型科研试验设备，改善了科研基础条件。

7.6 农业气象适用技术推广应用

7.6.1 农业干旱综合防御技术

干旱综合防御技术体系指在作物播种前和生长发育早、中、后期均可采用的不同防旱措施，使防旱抗旱贯穿作物生育期始末，主要包括深耕、秸秆翻压还田、充足底墒水、秸秆覆盖、有限灌溉、喷施防旱剂及喷施防干热风制剂等技术。

（1）冬小麦干旱综合防御措施

1）根据年型，选用适宜品种

每年9月初，根据省气象台发布的中长期数值天气预报结果，以卫星遥感墒情监测和气象台站测墒结果为初始场，对10月上中旬麦播期的土壤墒情进行监测预报，根据预报结果和小麦播种期干旱指标初步确定是否需要灌底墒水。如果需要灌溉，则应做好灌溉的准备工作。

同时根据年、季气候预测结果，决定是否选用耐旱品种。灌溉条件好的地区或地下水位较低的地区则可选用水肥需求量大的高产小麦品种。

2）秸秆粉碎还田

在每年9月玉米收获后进行秸秆粉碎还田。随着农村经济的发展，大型农机具大量参与农业生产活动，秸秆粉碎机等农机具已经有较多的利用。通过秸秆粉碎机可直接将玉米秸秆粉碎成1 cm的小段进行还田。

3）增肥土壤，以肥调水

研究结果表明，肥水可以相互调节，具体措施为：①增施有机肥，改善土壤团粒结构，提高土壤保水性能；②增施磷肥，达到以磷促水，以根调水的目的。同时由于粉碎还田的秸秆在腐烂过程中需要耗氮，所以需要增施氮肥。有条件的地方应在施肥前测定土壤肥力，根据土壤肥力情况、不同作物及不同产量水平对肥力的要求，进行配方施肥。

4）灌足底墒水

土地翻耕前如果土壤相对湿度小于85%，且未来一段时间无明显降水或降水量小于20 mm，就应灌溉底墒水，使100 cm土层相对湿度达到85%以上。充足底墒可使100 cm深层土壤有效蓄水量达到约200 mm以上，满足小麦全生育期45%～53%的耗水需求。

5）深耕

深耕可打破犁底层，熟化土壤，增加土壤蓄墒，同时达到翻压秸秆的目的。可利用大型农机具对农田进行深耕，耕作深度要达到30 cm以上。

6）播前拌种

在播前进行拌种，可提高出苗率，预防病虫害。拌种可在播种前一天进行，可选用河南省气象科学研究所生产的多功能防旱剂或市场销售的其他类型的包衣剂或拌种剂。

7）越冬前进行秸秆覆盖

12月中下旬黄淮平原小麦陆续进入越冬期，这时是进行秸秆覆盖的最好时机。因秸秆覆盖后不便进行中耕，覆盖前要进行一次中耕锄草，或者喷施麦田除草剂，以减少后期杂草丛虫的危害（河南省农业科学院，1988）。同时，中耕锄草也是减少土壤水分蒸发的有效措施。覆盖的材料最好选用已腐烂或即将腐烂的麦秸，覆盖量为4 500 kg/hm^{2}左右。

应注意，覆盖时尽量覆盖在麦垄间，不能盖压麦苗。如果对麦苗盖压过多，就会影响小麦的光合作用，从而影响小麦的正常生长，甚至造成减产。

8）返青拔节期进行有限灌溉

根据传统经验，许多地区的农民通常要在越冬前、返青、孕穗和灌浆期进行3～4次灌溉。在水资源日趋紧张的今天，这种灌溉方式显然有很大的盲目性。通过对土壤水分的实时监测，结合土壤水分预报模型，综合考虑未来天气状况和小麦长势，根据有限灌溉指标（返青—拔节期土壤相对湿度是否低于55%）进行灌溉决策，将有限的水资源用在拔节、抽穗这两个小麦关键生育期，这就是有限灌溉的主要内容。有限灌溉可以在满足小麦关键期用水的同时，通过适当的水分胁迫，促使小麦根系下伸，增强小麦的抗旱能力，全生育期可以较传统灌溉减少灌溉1～2次，节水效果明显，也是节约小麦生成成本的主要途径。

应注意，不能使小麦受干旱胁迫的时间过长，过长则会影响小麦的小穗分化，从而影响小麦产量。

小麦有限灌溉要与节水灌溉的具体措施结合起来，才能达到降低生产成本的作用。小麦种植过程中常采用的节水灌溉方式有以下几种：

① 喷灌：喷灌是目前采用较多的一种灌溉方式，其具有输水效率高、地形适应性强和改善田间小气候的特点。对水资源不足、适水性强迫地区尤为适用。一般情况下，喷灌可节水20%～30%。

② 间歇灌：又称波涌灌或涌灌。灌溉水流间歇性地而不是像传统灌溉那样一次使灌溉水流推进到沟的尾部。它由左右转换的间歇阀装置（包括机械阀和电子控制阀两类）控制水流向两组沟（畦）交替供水。由于周期性循环供水，间歇灌具有灌水推进速度快、省水及灌水均匀等优点。间歇灌改善了土壤入渗条件，由于间歇供水使土壤入渗层出现周期性吸湿和脱湿过程，

在这个过程中,水流的平整作用使土壤表面形成致密层,入渗速率和面糙率都大大减少,当水流经过上次灌溉过的田面时,推进速度显著加快,推进长度显著增加,改进了常规连续灌水时的过湿现象,田间深层渗漏减少,为高产节水提供了条件。尤其适用于沟(畦)较长的情况,一般可节水10%~40%。

③ 长畦分段灌和小畦田灌溉:在土地平整程度不是太高的情况下,可采用这种灌溉方法,即采取长畦分段灌溉或把大畦块改变成较小的畦田块,进行灌溉方法。这种灌溉方式可相对提高田块内土地平整程度,从而使灌溉水的均匀度增加,田间深层渗漏和土壤肥分淋失减少,节水效果显著。一般所提倡的畦田长50 m左右,最长不超过80 m,最短30 m,坡度为0.001~0.003,畦田宽2~3 m左右。灌溉时,畦田的放水时间可采用八九成,即水流到达畦长的80%~90%时改水。

9)拔节—灌浆期喷施多功能防旱剂

拔节灌浆期进行叶面喷施多功能防旱剂,可抑制气孔开张度,减少水分蒸腾,还能提高植物体内多种酶的活性和叶绿素含量,调节和刺激作物生长发育,从而实现增强作物抗旱、抗寒、抗干热风和预防病虫害的能力,提高作物产量。

常用的防旱剂有SA型保水剂、抗旱剂一号和FA旱地龙等。以河南省气象科学研究所研制的多功能防旱剂为例,喷施量为50 g防旱剂兑50 kg水,可喷施1亩麦田。喷施应选在晴朗微风的时间进行,如果喷施后6~8 h遇雨,则需重新喷施。

10)小麦生长中后期喷施防旱剂和防干热风制剂

黄淮平原在小麦灌浆期气温较高,植株蒸腾剧烈,拔节以后耗水量占全生育期灌溉量的60%以上。同时绿叶是小麦进行光合作用的主要场所,其多少决定着叶面积指数的大小,也决定着群体同化物的累积量;功能绿叶生长时间的长短也决定着灌浆期的长短,进而决定小麦籽粒的大小。试验表明,喷施多功能防旱剂后在灌浆期功能绿叶片数较自然对照组多0.2~0.6片,叶面积指数高0.24~1.12。喷施多功能防旱剂具有延缓叶片衰老的功能,可实现延长灌浆期,可喷施的制剂还有磷酸二氢钾等,使用方法同上。

(2)夏玉米干旱综合防御措施

夏玉米与冬小麦由于其自身生理特性不同,生长发育时期不同,其防旱措施与冬小麦既有相同之处,又有自身特点。

1)根据年型选用适宜玉米品种

6—8月是黄淮地区的多雨时期,旱涝发生概率都很大,这时应对秋作物生育期气候趋势和墒情进行预测,各地应根据预测结果选用抗旱性能与高产性能不同的玉米品种。

2)防旱剂拌种或种子包衣

夏玉米生育期短,苗期气温高,不利于高产。而采用一些行之有效的种子处理措施,增强种子自身抗性,能达到出苗整齐,培育壮苗的目的,这将更有利于夏玉米的优质高产。对玉米种进行防旱剂拌种或种子包衣,可有效防御病虫害,减轻地老虎、螟虫、蚜虫、黏虫以及丝黑穗病、锈病等病虫害的危害;提高玉米出苗率,出苗率提高1%~15.4%,保苗率提高4.02%~30%,空杆率降低2.1%~4.66%。可选用河南省气象科学研究所研制的多功能防旱剂进行拌种或选购其他类型的种子包衣剂。

3)抢墒播种

灌溉条件不好的玉米田如果在小麦收割前土墒情较好,可抢墒播种,采用麦垄播种,或者铁茬播种的方式。

4)小麦秸秆粉碎翻压还田

这项工作可在有条件的地方进行，小麦收割后不焚烧秸秆，利用专用粉碎机将其粉碎后进行深耕，翻压入土，既有利于环境保护，又达到培肥地力的目的。

5)播后覆盖

夏玉米的覆盖有别于小麦，应在玉米播种后出苗前进行。由于玉米是单子叶植物，出苗能力较强，覆盖并不会影响玉米的出苗。若在出苗后覆盖，则会压住幼苗。可选用麦秸进行覆盖，覆盖量应控制在 4 500 kg/hm^2。

6)玉米蹲苗

玉米蹲苗可控制植株长势，使玉米苗的地上部分生长缓慢，促其生长健壮，缩短节间，抗倒伏。同时，还促使玉米地下部分的根系发达，深扎于地下，增强根系活力和吸收养分、水分的能力，抑制营养生长，促进生殖生长。试验表明，玉米蹲苗后，一般可增产 7%～12%。蹲苗时间一般在玉米出苗后至拔节前进行为佳。通过深中耕，勤中耕，可提高土壤的通透性能，消除土壤板结，改善土壤的物理性状；可散去表墒，保住底墒，促使根系下扎，健壮秧苗，固土牢株。对于土壤肥沃、水肥充足的玉米田，要适当控制浇水，防止苗旺而不壮；对于麦垄点播的玉米，如果土壤干旱，可适当进行浇水。

7)合理施肥

施肥方法和土壤管理直接影响土壤墒情和作物对水、肥的利用率。科学合理施肥一般情况下可增加土壤蓄水 9%～10%，玉米产量可提高 20%以上。具体施用方法为：有机肥、磷肥及钾肥全部作底肥施用，氮肥 80%～90%作底肥施用，其余根据土壤墒情及时追肥，农家肥施用量应在 37 500 kg/hm^2 以上。结合秋耕和土壤肥力，可追施一次氮肥，施肥适宜深度以 20～25 cm 为佳。

8)适时灌溉

根据土壤墒情监测和预报结果及干旱指标，结合玉米的长势，及时进行灌溉。灌溉时应采用节水灌溉方式，夏玉米常用的节水灌溉方法有：

① 沟灌。灌溉水沿玉米行间的灌水沟内流动，靠重力和毛管作用，湿润土壤。沟灌较大水漫灌对土壤的团粒结构破坏轻，灌水后表土疏松，这对质地黏重的土壤更为重要，可避免板结和减少棵间蒸发量。灌水垄沟宜深 18～22 cm。

② 滴灌。滴灌是将具有一定压力的灌溉水，通过滴灌系统，利用滴头或者其他微水器将水源直接输送到玉米根系，灌水均匀度高，不会破坏表土的结构，可大大减少棵间蒸发量，是目前最节水的灌溉技术。

③ 膜上灌。膜上灌是由地膜输水，并通过放苗孔和膜侧旁缝隙入渗到玉米的根系。由于地膜水流阻力小，灌水速度快，深层渗漏少，节水效果显著。目前膜上灌技术多采用打埂膜上灌，即做成 90 cm 左右宽的小畦，把 70 cm 宽的地膜铺于其中；一膜种植两行玉米，膜两侧为土埂，畦长 80～120 m。和常规灌溉相比，膜上灌节水幅度可达到 30%～50%。

④ 控制性分根交替灌溉。分根交替灌溉是近年来新发展的一项节水灌溉技术。即在灌溉时，不是如通常的灌水方式那样逐沟灌溉，而是隔一沟灌一沟。下一次灌溉时，只灌溉上次没有灌水的沟。每沟的灌水量比传统方法增加 30%～50%，这样分根交替灌溉一般可比传统灌溉节水 25%～35%。分根交替灌溉可使玉米根系一侧受到水分胁迫，使其对玉米叶片发出干旱的信号，减小叶片气孔的开张度；而玉米根系的另一侧又能得到水分供应，不对其生长发育造成较大影响。大田试验表明，实施控制性分根交替灌溉的玉米田干物质累积有所减少，而

经济产量与对照组接近或稍高,水分利用效率大大提高。

9)拔节—抽雄期喷施防旱剂

拔节—抽雄期是玉米生长的关键时间,旱涝发生的概率很大,适时喷施多功能防旱剂,可以做到旱时防御干旱,不旱时促进生长的目的。对玉米防旱剂的喷施可参照小麦的喷施方法进行。

7.6.2 农田节水灌溉技术

农作物的高产稳产需要一定的水分消耗,但并非耗水越多越好(马元喜,1992)。小麦、玉米产量与耗水量之间呈抛物线关系,它们的最佳耗水量在 340～360 mm。当耗水量过大时,产量增加并不明显,甚至有减产现象;耗水量偏小时,产量会明显下降。要保证全生育期适宜的耗水量,就需要控制各生育阶段的土壤湿度,使其满足小麦生长的需要。

(1)小麦和夏玉米的适宜水分指标和干旱指标

为了正确进行节水灌溉决策,必须了解作物的适宜水分指标和干旱指标。经过研究,确定了不同土壤类型下冬小麦和夏玉米拔节—成熟期的适宜水分指标下限和干旱指标,表 7.1 为冬小麦、夏玉米干旱指标和适宜水分指标。

表 7.1 冬小麦、夏玉米干旱指标和适宜水分指标

干旱等级	小麦		玉米	
	土壤湿度(%)	相对湿度(%)	土壤湿度(%)	相对湿度(%)
极旱	≤7.5	≤34.0	≤8.5	≤40.0
重旱	7.6～9.0	34.1～40.0	8.6～12.5	40.1～55.0
轻旱	9.1～12.6	40.1～55.0	12.6～15.0	55.1～70.0
适宜	12.7～17.5	55.1～80.0	15.1～18.0	70.1～85.0

(2)作物各阶段水分——产量反应系数

作物在生长发育过程中,任何一段时间的水分亏缺,均可能影响最后的产量,但在不同的生育阶段,水分亏缺对产量的影响是不同的。通过试验确定冬小麦和夏玉米不同生育阶段水分-产量反应系数(见表 7.2)。

表 7.2 冬小麦夏玉米各发育期水分产量反应系数(K_i)

作物	发育期	苗期	越冬期	返青期	拔节期	抽穗开花期	灌浆成熟期
小麦	K_i	0.74	0.62	0.69	1.14	1.29	0.76

作物	发育期	苗期	拔节期	抽雄吐丝期	灌浆成熟期
玉米	K_i	0.56	1.00	1.44	0.68

K_i 值确定之后,即可以计算施行某个灌溉量之后所增加的产量,从而进行经济效益核算和灌溉决策。

(3)以最高产量为目标的灌溉决策

以最高产量为目标的灌溉决策将未来逐日预报的土壤湿度(W_T)与当前作物发育期的适宜水分指标下限(W_P)相比较:当 $W_T \geq W_P$,则不灌溉,灌溉量 $M=0$;当 $W_T < W_P$,则进行灌溉,这时的灌溉量为:

$$M = (0.95F_c - W_T) \times \rho \times h/10 \tag{7.1}$$

式中，F_c 为田间持水量（%）；ρ 为控制层土壤容重（g/cm^3）；h 为控制层深度（cm），为了避免渗漏造成的水分浪费，灌溉量的上限控制在占田间持水量的 95%，即上式中的系数 0.95。

（4）以最佳经济效益为目标的灌溉决策

在某一阶段灌溉与否，以及具体的灌溉量，除考虑该阶段土壤有效水分含量，并与该阶段干旱指标（W_{DL}）和适宜水分指标下限（W_P）进行对比外，还要考虑到该阶段实行灌溉所引起的产量变化和所投入的费用。只有在能取得比较明显的经济效益的前提下，才进行灌溉，这就是以最佳经济效益为目标的灌溉决策模型。

设在第 i 个阶段，根据预报所得出的土壤湿度为 W_{Ti}，如果 $W_{Ti}>W_P$，则不进行灌溉；如果 $W_{Ti}<W_{DL}$，则进行灌溉，否则将影响生理过程的正常进行，最后造成减产。

但是，如果该时段土壤湿度介于轻旱指标与适宜水分指标下限之间时，是否要进行灌溉？灌溉量为多少？这是生产上需要解决的实际问题。为了使其客观化、定量化，我们从经济效益的观点出发，利用目标函数的概念进行分析：

$$\text{目标函数：} B_{ij} = C_1 \Delta Y_{ij} - C_2 H_{ij} - C_3 S_i \tag{7.2}$$

$$\text{约束条件：} H_{ij} < F_c - R_{T-1} - G_{T-1} - W_T \tag{7.3}$$

式中，B_{ij} 为生育阶段 i 试运行第 j 个灌溉量所取得的净收益（元）；C_1 为冬小麦籽粒价格（元/kg），随地区和时间有所不同；C_2 为单位灌水量费用（元/m^3）；C_3 为每灌一次水所花费的劳力、机器折旧等（元/次），它随灌溉量的多少而定；ΔY_{ij} 为第 i 个生育阶段，试运行第 j 个灌溉量后所引起的产量变化；H_{ij} 为第 i 个生育阶段所试运行的第 j 个灌溉量（m^3/hm^2）；S_i 为第 i 个生育阶段的灌溉决策因子，$S_i=0$，不灌，$S_i=1$，灌溉；F_c 为田间持水量（m^3/hm^2）；R_{T-1} 为预报时段内有效降水量（m^3/hm^2）；G_{T-1} 为预报时段内地下水补给量（m^3/hm^2）；W_T 为预报时段内土壤有效含水量（m^3/hm^2）。

决策开始时，首先设 $S_i=1$，即进行灌溉，然后试运行一组设定的灌溉量，即 H_{i1}，H_{i2}…，H_{in}。程序中设定 H_{ij} 的变化范围是 300～1 200 m^3/hm^2，每次增加 50 m^3/hm^2，当 $B_{ij}<0$ 时，则不进行灌溉，$S_i=0$；当 $B_{ij}>0$ 时，取不同灌溉量情况下，所取得的 B_{ij} 最大值，作为灌溉决策的依据，即：

$$B_{ij}^* = \max\{B_{ij}, j = 1,2,\cdots,n\} \tag{7.4}$$

则与 B_{ij}^* 相对应的 H_{ij}^* 即为该阶段所需的灌溉量，这时的灌溉日期即为适宜灌溉期。

7.6.3　晚霜冻综合防御技术

小麦霜冻害是我国北方冬麦区的主要农业气象灾害之一（冯玉香 等，1999），尤其是河南麦区霜冻害发生频繁，对小麦生产危害极大。随着全球变暖的日趋加剧，许多地方初霜日推迟，终霜日提前，无霜期延长，霜冻风险降低（金传达，1979）。但河南麦区由于拔节期提前和主栽品种的春性化，晚霜冻的发生与危害出现了逐渐加重的趋势。因此有必要采取针对性的措施进行综合防霜，以达到减损增产的效果。河南省中东部、西南部和北部地区冬小麦晚霜冻发生概率较高，其中西南部的内乡、东部的沈丘和永城是晚霜冻害的高发区，发生概率在 25%以上，其余地区发生概率在 15%以下（皇甫自起 等，1996）。

（1）增施有机肥

土壤肥力是土壤为植物生长供应和协调养分、水分、空气和热量的能力。土壤肥力越高，土壤三相结构越协调，小麦的生长发育越好，抗御或缓冲灾害的能力就越强。增施有机肥、有机无机相结合是通过提高小麦素质，增加土壤养分、水分，以及推迟小麦生育期等措施来防御霜冻危害,它对初冬冻害、冬季冻害、早春冻害及晚霜冻害都具有较好的防御效果。河南麦区常年每公顷底施优质有机肥 15～25 t,纯氮 120～150 kg,纯磷 90～120 kg,纯钾 90～120 kg,全微量元素 45～60 kg。另外增施有机肥料在提高小麦长势长相的同时,还可推迟小麦的生育期。因此,它是最基础的防霜措施之一。

(2)正确选用品种

小麦品种不同,就有不同的发育特点,其发育进程有快有慢,霜冻来临时,遭受冻害的程度也不同(胡新 等,1999)。小麦品种的抗冻能力是由品种特性所决定的,抗冻能力强弱顺序是冬性品种＞半冬性品种＞弱春性品种＞春性品种。因此,在选择品种时应依据种植茬口合理安排春性或半冬性的抗霜品种,在尽量选择落黄好的前提下,选择小麦返青后发育缓慢拔节晚、分蘖力强、成穗率高的竖叶型中、早熟品种,并进一步加强栽培管理,增强小麦光合能力,提高株体胞液浓度和抗结冰能力。

(3)适期少量晚播躲避霜冻

在农业生产中,由于不知道品种种性而错期播种,造成冻害而减产的情况时有发生(李斌麒 等,2000)。对于河南麦区的主栽品种半冬性品种而言,有"骑寒露种麦,十种九得"的谚语。研究表明寒露(10 月 9 日)播种半冬性小麦品种有 95%的年份能通过自然规律防御霜冻的危害。但近年来也有"适期早播,偏旺越冬"在生产上大面积获得增产;还有"有墒不等时,时到不等墒"取得大面积丰收的实例。

河南麦区半冬性品种从播种到越冬期达到壮苗标准所需大于等于 0 ℃的活动积温指标为 650～750 ℃·d,而春性、弱春性品种为 550～650 ℃·d,当达到上限积温指标时,即是偏旺越冬指标。适宜的抗霜播期的积温指标为:半冬性品种为 600～700 ℃·d,春性、弱春性品种积温指标为 500～600 ℃·d,对应的播期为半冬性品种为 10 月 8—12 日,播量 75～115 kg/hm^2;弱春性、春性品种为 10 月 15—25 日,播量 120～150 kg/hm^2,达到以"播"防霜。各地应根据当地的气候特点和土壤条件,选择适合本地的最佳防霜播期及播量。

(4)冬前和早春镇压

镇压是小麦生产中的常规增产技术,主要作用是:踏实土壤,提高表层土壤容重,增加根层含水量;据试验测定,镇压可使 0～10 cm 土层的土壤容重增加 0.25 g/cm^3,可有效防止根倒伏和因吊根而死亡。冬前与早春镇压,可使 0～5 cm 土层的水分增加 3%左右。镇压可弥封土壤龟裂,促进次生根萌发,防止冷空气进入土壤危害根系及分蘖节。

另外,镇压还具有推迟拔节期,钝化小麦幼穗分化的作用。据试验,小麦第二节伸长时镇压可推迟小麦的拔节期 2～3 d,大分蘖推迟 1～2 d;起身前 10 d 镇压一次,隔 7 d 再镇压一次推迟拔节期 1～2 d,大分蘖推迟 2～3 d;在推迟或钝化幼穗上,以起身前镇压效果较好。拔节期和幼穗分化推迟从理论上和实践上均表明具有一定的防霜作用。

(5)浇水抗霜技术

浇水是抗御和减轻霜冻最主要的措施之一,它对初冬冻害、冬季冻害及春季晚霜冻害都有直接而明显的效果(潘铁夫 等,1983)。霜冻来临前浇水对减轻小麦冻害有明显的效果。据试验观测,小麦孕穗前期,在晴天上午浇水的地块比不浇水的地块,夜间地表最低地温始终高 1 ℃,白天近地面可增温 3～5 ℃,作物叶面增温 2.5 ℃。

浇好拔节水。小麦拔节后的抗寒力明显下降,极易受晚霜冻的危害。研究结果表明,小麦雌、雄蕊分化到药隔前期对低温冻害非常敏感,浇拔节水不仅能提高分蘖成穗率,增加穗粒数,而且有良好的防霜作用。河南麦区大约在 3 月 15—20 日之间,在小麦主茎第二节伸长时浇拔节水较为适宜。

(6)化学抗霜技术

目前生产上应用的防冻剂有两种,一类是可调节株体内酶活性,增强光合能力的有机液肥类化学调控剂;另一类是直接补充糖分以提高植株细胞体内胞液浓度。据试验,在小麦返青—拔节中期施用有机液肥类化学调控剂,10 d后对株体胞液浓度进行测定,结果表明:分别以每公顷喷施1.5 L和3 L(先喷1.5 L隔7 d再喷1.5 L)两种方法处理,分别较喷清水的胞液浓度提高1.0%和1.5%,表明抗寒性能力有所提高。如1993年晚霜冻(最低气温为−0.5～−1.6 ℃)后大面积调查结果,拔节期喷施有机液肥3 L/hm^{2}的小麦冻害较轻,较未喷施的田块平均穗数多112.5万/hm^2(45万～225万/hm^2)。增产效果和抗霜效果较为明显。但该方法在气温低于−4 ℃时效果不明显。

(7)熏烟防霜技术

在霜冻来临前熏烟可提高地表温度1～2 ℃。熏烟的防霜作用主要取决于:①烟幕使下垫面长波辐射的削弱程度;②发烟混合物燃烧时和烟形成时所发出的热量散布状况;③当水汽凝结在烟的吸湿粒子上时发出的热能(冯玉香 等,1996)。

(8)霜后处理措施

在实际应用中,当小麦晚霜冻发生后,应立即调查灾情,解剖幼穗划清冻害级别,对重霜冻的中低产麦田及时追施氮、磷、钾肥,并浇透地水和喷施减霜剂,高产麦田只透浇水,促进潜蘖的萌发和生长,切记不可割除地上绿色部分。对于仅冻伤部分小穗的轻霜冻,在施肥浇水的基础上,喷施小麦减霜剂,可提高穗粒数和千粒重。

总之,在霜冻到来前采取镇压、浇水结合化学调控剂的综合应用,形成集成抗霜技术体系(华正雄 等,1996;孙忠富,2001)。具体措施为:①在11月下旬—12月上旬依据苗情和墒情适时浇封冻水,抗入冬冻害和预防冬季干冷冻害、早春霜冻;②翌年2月下旬—3月上旬小麦返青后进行镇压、划锄再镇压,该项措施可推迟小麦拔节,抗御早春及预防晚霜冻害,并有抑制大分蘖生长,促进小分蘖滋生,提高年前分蘖成穗率的作用;③3月15—25日小麦拔节中后期,幼穗分化达到雌、雄蕊原基形成时,进行追肥浇水,追肥量视苗情而定,一般追施150～225 kg/hm^2,此时追肥浇水不仅可抗御晚霜冻害,还可成大穗,提高穗粒数和成穗质量,为高产奠定基础;④在霜冻到来前6～7 d,喷施化学防霜剂,霜冻前2～3 d喷施抗冻剂;⑤在霜冻前1～2 h采用柴草和发烟罐等措施进行熏烟防霜。

7.6.4 干热风综合防御技术

干热风防御措施通常分为三种:生物防御措施、农业技术防御措施和化学防御措施(袁学所 等,2006;张伯忍,1986)。

(1)生物防御

生物防御是利用生物对干热风的抑制作用,通过培植生物改善生态环境来抵御干热风。种草植树,增加绿色覆盖,从而实现涵养水源、调节气候、改善生态环境,是从根本上防御干热风等气象灾害,达到林茂粮丰的一项战略措施。植树造林,特别是营造防风林,实行林粮间作等,就是在较大范围内改变生态气候来防御干热风的重要生物措施。

1)营造农田防护林

营造农田防护林有降低温度、增加湿度、削弱风速和减少蒸发蒸腾的作用,林网能够有效减弱干热风的强度,缩短干热风的持续时间,减少干热风出现的频率,是防御小麦干热风的战略性措施(熊宝山,1992)。经河北、山东、山西、新疆等省(区)农田林网、林带干热风天气测定,有林网比无林网且树高5倍内,风速平均降低1～3 m/s,温度降低2 ℃左右,空气湿度提高8%～10%,平均增产3%～10%(张廷珠 等,1995)。干热风天气发生时,林网内小麦受害轻,生理活动正常进行,增产效果明显。在干热风危害严重的小麦集中产区,应统筹规划营造防护林,逐步实现农田林网化。

2)实行桐、麦间作

北方麦区采取小麦与泡桐间作的种植方式,可起到降低温度,增加湿度,削弱风速和减少蒸发的作用,因此实行麦桐间作能有效地防御或减轻干热风的危害(山东菏泽地区气象局,1976)。根据山东省林业科学研究所和鄄城县林业局在鄄城县什集公社的观测结果,桐粮间作区的小麦与大田区结果对照,在出现干热风的日子里,桐麦间作区比空旷区的风速降低42%～55%,水面蒸发减少44.7%～50.0%,空气相对湿度增高9%～29%,在全光下,日间中午的气温降低0.4～1.2 ℃。桐麦间作还可以调节光照强度,合理利用光能,有利于小麦的光合作用,增加干物质的积累,提高小麦产量。试验的三年中小麦平均增产22.64%,千粒重增加2.5～6.68 g。淮河以北各地粮林间作和麦桐间作较好的乡村,干热风等自然灾害明显减轻,增产效果明显。

(2)农业技术防御措施

干热风的农业技术防御是运用一些常用的农业技术措施,如选育种子、灌溉施肥和耕作改制等,用于增强小麦对干热风的抗性,改善农田小气候环境,调节播期——使灌浆乳熟阶段错过当地干热风盛行时段,借此减轻干热风对小麦的危害。

1)选用抗干热风的小麦品种

在干热风经常出现的麦区,应注意选择丰产、抗热、抗锈和抗干热风的品种(陆正铎,1983),既能抵抗干热风灾害,又能抵抗因干热风诱发的病害,如小麦的条锈病等。内蒙古农牧业科学院对65个春小麦品种进行抗干热风鉴定后发现,高中秆比矮秆品种抗干热风能力强,千粒重高2～3 g左右;穗下茎长的品种比短的品种抗性强,千粒重高3～4 g;长芒一般比无芒(或顶芒)品种抗干热风能力强;蜡质、茸毛多的品种大多不抗干热风。龚绍先(1981)在经过田间试验后,同样也认为高中秆小麦品种忍耐干热风危害的能力比矮秆品种强,抗寒性偏弱的品种抵抗干热风的能力比抗寒性强的小麦品种强,早熟或早中熟品种在华北地区能够避开干热风的危害,有芒的小麦比无芒的小麦抗干热风能力强。

2)灌浆期合理灌溉

小麦灌浆期灌溉一般在小麦灌浆初期(麦收前2～3周)进行。若小麦生长前期天气干旱少雨,则应早浇灌浆水,酌情浇好麦黄水(华北农业大学干热风科研协作组,1978)。对高肥水麦田,浇麦黄水易引起减产,对这类麦田只要在小麦灌浆期没下透雨,就应在小雨后把水浇足,以免再浇麦黄水。对保水力差的地块,当土壤缺水时,可在麦收前8～10 d浇一次麦黄水。小麦灌溉时,应根据气象预报,如果浇后2～3 d,可能有5级以上大风时,则不要浇水,以免造成倒伏。

河南和山东省的田间试验证明,浇灌浆水可以增强小麦的灌浆速度、延长灌浆时间,一般千粒重可提高1～3 g,产量可增加5%～8%。灌浆水的主要作用是改善小麦灌浆期的田间小气候。据试验,灌溉后2～3 d,中午14时麦田活动面温度可降低1～2 ℃,5 cm地温平均偏低3～5 ℃,麦田活动面相对湿度可以提高5%～10%。灌溉的小气候效应一般可以维持3～5 d。

根据山东、江苏和山西省试验结果,干热风前3～5 d浇水,当干热风来临时,于14时测定穗部气温,可较未浇水麦田降低 0.8～2.0 ℃,5 cm 地温降低 4 ℃左右,株间空气湿度提高 5%～10%,使千粒重增加 1～2 g。

3)采用先进的耕作技术

例如采取增施有机肥和磷肥的方法,适当控制氮肥用量,不仅能保证供给植株所需养分,而且可以改良土壤结构,蓄水保墒,对防御干热风有很大作用(张建军 等,2009);通过加深耕作层,可以熟化土壤,使根系深扎,增强抗干热风能力;适时早播种,培育壮苗,促使小麦早抽穗、早成熟(王化理,1983)。

安徽省萧县皇藏农技站 1981 年对经历重干热风天气条件下的麦田蜡熟期进行土壤水分与千粒重测定。机耕 8 寸深的 20 cm 处土壤含水量为 15.8%,千粒重 37.2 g,畜耕 6 寸* 的土壤含水量只有 13.7%,千粒重 35.8 g。从后期的根系分布情况来着,机耕的 85%的根系分布在 17 cm 土层内;畜耕的 85%的根系分布在 12 cm 土层内。表明加深耕层,熟化土壤利于根系深扎,增强抗干热风能力。

(3)化学防御措施

干热风的化学防御是采用一些化学药剂或化学制品对小麦进行闷种或叶面喷洒,通过改变植株体内的生化过程,改善小麦的生理机能,延长灌浆时间,提高对干热风的抗性,减轻干热风危害。这种防御措施一般可取得增产 5%～10%的效果。叶面喷洒要避开高温、降雨和大风天气,一般在上午露水消失后至 11 时及下午 3 时后至日落前较为适宜。

1)用氯化钙浸种(或闷种)防御干热风

每 500 kg 麦种用 0.5 kg 氯化钙加水 50 kg 拌种,拌后 5～6 h 播种。用氯化钙闷种可使植物细胞钙离子浓度增加,叶片细胞的渗透压和吸水力提高,从而增强叶片保水和根系吸水的能力。叶片含水量提高,又能使细胞原生质凝固温度相应提高,从而增强抗高温和抗脱水性能。试验表明,用此法防御干热风效果好,千粒重可提高 1～2 g,增产 6%～10%。

2)喷磷酸二氢钾溶液

在小麦抽穗和开花期各喷一次质量含量为 0.2%～0.4%的磷酸二氢钾水溶液。每亩每次 50～75 kg,喷后的生理效应主要表现为植株体内磷、钾的含量提高,植株细胞束缚水百分率提高,原生质黏性增大,植株保水力增强,有利于抵抗干热等不良气象条件的危害,增强光合作用,减少叶片失水,加速灌浆进程,提高千粒重。

3)喷施抗旱剂一号

该剂主要成分为黄腐酸,是一种植物生长调节剂。选择在孕穗期前后,亩用 40～50 g 药剂,加水适量全田喷洒,以叶片正反两面都着药为度。不仅能有效抗御干热风的危害,而且可以增加小麦绿叶面积,提高千粒重,增产 15%～20%,达到“一药多效”的目的。

4)喷草木灰浸出液

在小麦孕穗期或抽穗期,每亩喷施 10%的草木灰浸出液 50 kg, 喷洒于叶面后,易被植株吸收,有协调作物生长、促进新陈代谢、加速灌浆过程,以及提高小麦抗旱或抗干热风能力,使小麦成熟早、落黄好、籽粒饱满且增加产量。

5)喷阿司匹林水溶液

在小麦扬花—灌浆期,喷施质量浓度为 0.04%～0.05%的阿司匹林水溶液,可使叶片上气孔处于关闭或半关闭状态,减少麦株蒸腾失水,减轻干热风危害程度。

---

* 1 寸=1/30 m,下同

6)喷氯化钙水溶液

在小麦开花期和灌浆始期各喷一次质量浓度为 0.1%的氯化钙水溶液,每亩每次 50～70 kg,可增强叶片细胞的吸水和保水能力,减少水分蒸发,提高抗御干热风的能力。

7)喷萘乙酸水溶液

在小麦扬花期及灌浆初期,喷施 2 ppm* 萘乙酸水溶液各一次,每次每亩用量 50～75 kg,也可减轻干热风的危害。

8)喷硼砂水溶液

在小麦扬花期每亩用 100 g 硼砂加水 50～60 kg 稀释后喷施,可促进小麦受精,提高结实率,推进灌浆速度,减轻干热风危害。

9)喷石油助长剂

喷施质量浓度为 0.3%左右的石油助长剂,每亩喷溶液 50 kg,飞机喷洒每亩 2.5～3 kg,石油助长剂系植物生长激素,除含 30%环烷酸钠外,还含有微量元素,有促进植物代谢、提高光合效率、协调作物生长和延长叶的功能期等作用,根据山东省及其他地区的试验证明,在小麦扬花、灌浆期喷洒石油助长剂平均增产 5%～7%,千粒重提高 1～2 g,有明显防御干热风效果,使小麦灌浆饱满,提高粒重。

10)喷洒食醋或醋酸溶液

喷洒食醋或醋酸溶液,用食醋 300 g 或醋酸 50 g,加水 40～50 kg,可喷洒 1 亩小麦。宜在孕穗和灌浆初期各喷洒 1 次,对干热风有很好的预防作用。

除了上述喷洒药剂之外,各地还试用了腐殖酸钠、氯化钾、苯氧乙酸、门多克、矮壮素和过磷酸钙等化学药剂防御干热风,均有一定的效果。应当指出,后期喷洒化学药剂只是一种补救措施,从根本上讲,做好农田基本建设和提高栽培管理水平,结合后期喷药,进行综合防御,才能有效地战胜干热风对小麦的危害。

7.6.5 温棚施用 CO_2 技术

二氧化碳(CO_2)是作物光合作用的重要物质,它对作物生长发育起着与水、肥同等重要的作用,常被称为“气肥”。施用二氧化碳是温室大棚作物增产的重要措施。温室大棚是密闭环境,冬季为了保温从而通风较少,上午日出后,作物光合作用加强,大量消耗温室大棚内的二氧化碳,使其含量降低,影响作物光合作用的进行,需要人为补充,以保持或增加作物产量。

温室大棚中的二氧化碳浓度的日变化一般规律是:夜间,由于作物的呼吸作用、土壤微生物活动和有机质分解,使得大棚内二氧化碳浓度增加,可比棚外空气中二氧化碳浓度高近 1 倍;但早晨日出后,作物光合作用加强,又大量消耗温棚内夜间积存的二氧化碳,使其浓度急剧下降。日出后 1 小时,二氧化碳浓度下降至 300 ppm(空气中二氧化碳浓度约为 3 ppm)左右;日出后 2～3 小时后,如不通风换气,其浓度将继续下降,甚至降到作物的二氧化碳补偿点80～100 ppm。这时,由于二氧化碳的浓度过低,叶片的光合作用基本停止。因此,从日出后半小时至通风换气这段时间内,二氧化碳最为缺乏,这已成为作物生长的重要障碍,在这段时间内,人工增施二氧化碳补充棚内该气体的不足是温棚作物增产的基本原理。

二氧化碳施用的基本技术可概括如下:

(1)施用的适宜时期:在肥力较高的土壤上栽种果瓜类蔬菜作物时,为了促进花芽分化、抑

---

* 表示某成分的体积(或质量)分数为 10^{-6},下同

制营养生长，苗期一般不进行二氧化碳施肥，多在定植缓苗后或开花结果之后开始施用，一直到果瓜摘收终止前几天停止。

(2)每天施用时间：晴天从日出后半小时至 1 小时开始施放，至棚内气温上升到 30 ℃左右停止。为了便于掌握，每天上午施放一次，按照预定的施放量在 1～2 min 放完也可，菜农称之为“一次性喂饱”。

(3)适宜浓度：为达到既可增产，又可降低成本，同时还可防止二氧化碳浓度过高对作物造成危害的目的，二氧化碳的浓度应控制在作物二氧化碳饱和点以下(根据棚内作物不同，其饱和点也不同)，一般以不超过 1 000 ppm 为宜。

在施用过程中需注意以下问题：①每天的二氧化碳施放量应灵活掌握，晴天充足施放，多云的天气施放量可减少 20%～30%；而在阴天，一般可比晴天减少 50%；雨雪天可不施用。②连续施用比间歇或时施时停的增产效果要好。③注意栽培管理措施的配套。

目前，国内外人工施放二氧化碳的来源主要有：化学反应法、燃烧产气法、发酵产气法、直接供气法以及使用二氧化碳发生器法。根据我国温棚农业的特点及近年来对众多的二氧化碳气源的对比和分析，一般优选以下三种：①利用工业二氧化碳尾气。如酒精厂所生产的瓶装二氧化碳。②袋装固体二氧化碳发生剂。在离酒精厂较远的温棚蔬菜基地，或对一时无力购买钢瓶的农户来说，这也是一种方便有效的气源。③使用日光温室气肥增施器。

参考文献

别而良特，克拉西科夫. 1957. 霜冻防御及其预报[M]. 元以志，译. 北京：财政经济出版社.

冯玉香，何维勋. 1996. 霜冻的研究[M]. 北京：气象出版社.

冯玉香，何维勋，孙忠富，等. 1999. 我国冬小麦霜冻害的气候分析[J]. 作物学报，(3)：335-340.

龚绍先. 1981. 不同类型小麦品种对干热风抵抗能力的初步研究[J]. 北京农业大学学报，**7**(3)：89-97.

河南省农业科学院. 1988. 河南小麦栽培学[M]. 郑州：河南科学技术出版社.

胡新，黄绍华，黄建英，等. 1999. 晚霜冻害与小麦品种关系[J]. 中国农业气象，(3)：28-30.

华北农业大学干热风科研协作组. 1978. 干热风的危害和防御措施的研究概况[J]. 气象科技，(2)：24-25.

华正雄，郭万胜，等. 1996. 冻害对小麦生育特性的影响及综防技术研究[J]. 江苏农学院学报，**17**(1)：37-42.

皇甫自起，常守乾，李秀花，等. 1996. 豫东地区小麦冻害调查分析[J]. 河南农业科学，(4)：3-4.

金传达. 1979. 漫谈灾害性天气[M]. 合肥：安徽科学技术出版社.

李斌麒，黄昌，陈风生，等. 2000. 苏麦 6 号冻害的发生与预防[J]. 江苏农业科学，(1)：18-20.

陆正铎. 1983. 不同小麦品种抗御干热风能力的研究[J]. 内蒙古农业科技，(4)：20-25.

马元喜. 1992. 小麦超高产应变栽培技术[M]. 北京：中国科学技术出版社.

潘铁夫，方展森，赵洪凯，等. 1983 农作物低温冷害及其防御[M]. 北京：农业出版社.

山东菏泽地区气象局. 1976. 干热风对小麦的危害及防御措施[J]. 气象科技，(2)：12-16.

孙忠富. 2001. 霜冻灾害与防御技术[M]. 北京：中国农业科技出版社.

王化理. 1983. 干热风对小麦的危害和防御措施[J]. 农业科技通讯，(4)：10.

熊宝山. 1992. 小麦的灾害及其防御[M]. 南京：江苏科技出版社：35-40.

袁学所，周礼清. 2006. 安徽省小麦干热风灾害预评估流程[J]. 安徽农学通报，**12**(7)：197-198.

张伯忍. 1986. 安徽省小麦干热风气候分析及区划的研究[J]. 安徽农业科学，**27**(1)：48-55.

张建军，崔宝琪. 2009. 小麦干热风的危害与防御措施[J]. 安徽农学通报，**15**(14)：238-239.

张廷珠，韩方池. 1995. 干热风天气麦田热量、水汽量的湍流交换及其对小麦灌浆速度影响的研究[J]. 干旱地区农业研究，**13**(3)：74-78.

第8章 气候变化对作物影响及农业气候资源开发利用

8.1 气候变化对作物影响评估及服务

重视气候变化对农业影响研究，着力开展气候变化对农业影响的评估与开展服务是现代农业气象业务服务发展的新内容。在全球气候演变的趋势下，气候变化将不容置疑地影响现代农业的生产和发展，科学评估气候变化对农作物的影响，掌握气候变化对农作物影响的规律和机制，是决策部门制定应对气候变化各项对策的科学依据，更是开展适应机制和适应策略研究，降低农业生产脆弱性的重要需求。

8.1.1 冬小麦

(1)影响河南省冬小麦安全生产的气候变化事实

1)河南省冬小麦生长季内太阳辐射和日照时数等光能资源的变化

近50年，冬小麦全生育期太阳总辐射呈较显著的下降趋势，气候变化倾向率为−45.8 MJ/(m^2·10 a)。其30 a滑动平均的结果表明，太阳总辐射在持续减少，尤其是20世纪70年代后减少趋势更为显著。

冬小麦全生育期内日照时数除豫西、豫西南部分地区外，河南全省绝大部分地区的日照时数均呈显著减少趋势，其中豫北、豫东及豫中偏北部减速较快，平均每10 a减少40 h以上，豫北、豫西北大部分地区减少更为明显，平均每10 a减少80 h以上。

2)河南省冬小麦生长季平均气温、界限温度及积温变化

河南省冬小麦在生长季内的平均气温全省均在升高，升温幅度最大的是豫中、豫西北地区以及豫西南和信阳的局部地区，豫西西部和南阳盆地局部气温增幅相对较小。

冬小麦产量与品质形成的关键期(4—6月)，豫北大部、郑州、周口及豫东局部等地气温日较差减少速率较快，在−0.03～0.06 ℃/a。

气温稳定通过17 ℃终日为冬小麦播种的界限温度，豫北局部、豫东大部、豫南局部及豫西西部稳定通过17 ℃终日向后延迟，而豫西北大部和南阳盆地南部则有0.11～0.23 d/a的提前趋势。

河南省气温稳定通过0 ℃终日总体呈推后趋势，但豫北局部、豫中南部、淮南局部等地区稳定通过0 ℃终日略有提前，可能导致这些地区冬小麦越冬期提前。全省气温稳定通过0 ℃初日的线性倾向率表现为一致的负值，表明冬小麦返青日期都有所提前，南部倾向率普遍大于北部，其中南阳大部、驻马店和信阳局部返青日期提前较多。

以稳定通过0 ℃终、初日作为小麦进入和结束越冬的起始日期，越冬前、后大于0 ℃积温均呈显著的增长趋势，其中播种—越冬积温增幅为11.4 ℃·d/10 a，越冬后—成熟积温增幅为43.5 ℃·d/10 a。越冬期负积温呈显著的减少趋势，由20世纪60年代的平均−91.1 ℃·

d/10 a，减少到 90 年代后的－47.8 ℃ · d/10 a；负积温持续天数也逐渐减少。

气温稳定通过 10 ℃初日即冬小麦旺盛生长日期，该日期显著提前，平均每 10 a 提前约 2.6 d。

3)河南省小麦生长季内降水时空分布

河南省小麦全生育期降水量除豫东杞县—商丘一带、驻马店南部、信阳北部部分地区略有增加外，全省大部分地区有减少趋势，尤其是豫西大部递减率达 8 mm/10 a 以上，豫南南部、豫东沈丘—永城一带降水量也在减少，减少幅度超过 4 mm/10 a。降水量时空分布更加不均，加剧了旱涝灾害的发生频率。

4)河南省小麦主要农业气象灾害的变化

近 50 年来，河南省冬小麦轻旱发生范围表现为不显著的逐年递增趋势；中旱范围同样呈线性递增趋势，且递增率与轻旱相当；近 30 年，尤其是 1977 年以来发生重旱的站点在逐渐增多。

河南省冬小麦苗期遭受轻、中、重霜冻的年平均致灾台站比例分别为 72.0%，61.1%和 58.4%。其中，轻、中霜冻致灾范围在波动中显著递减，递减率分别为 6.3%和 7.7%/10 a，年平均发生天数分别以 0.54 和 0.45 d/10 a 的速率减少。重霜冻发生范围和天数变率不显著。

近 50 年，河南省冬小麦晚霜冻的平均发生频率为 20.6%。从总体上看，20 世纪 60 年代发生频率(22.0%)接近常年平均值，70 年代频率明显降低，80 年代以后开始增多，90 年代最高，2000 年以后迅速下降，2000—2008 年平均发生频率仅为 14.2%。

轻干热风的阶段发生频率显著下降。虽然干热风发生频率在减少，但这并不能说明气候变化有利于抑制干热风灾害的发生，进入 21 世纪以来，轻干热风或重干热风的发生天数及涉及的范围都有增加的趋势，对冬小麦灌浆期的负面影响在增大。

5)极端天气气候事件

旱涝频次增加，转换加快(邓可洪 等，2006)。2008 年 1 月中下旬，河南省出现了历史同期罕见的大范围持续性低温雨雪冰冻天气，1 月 10—12，18—20 和 27—28 日全省出现了三次范围较大、强度较强的降雪天气过程，期间全省平均气温之低、雨雪量之多均为有气象记录以来同期极值；2008 年 11 月 1 日—2009 年 2 月 6 日，河南省出现了持续时间长、影响范围广、受旱程度重的严重干旱，中东部和豫西南等地一度达到特旱，对全省冬小麦生产造成了不利影响。

(2)未来气候变化对冬小麦的可能影响

考虑到不同田间管理方式对作物最终产量的影响不同，设定了三种田间管理模式，即全生育期水肥不受限制(水氮生产潜力)、雨养及灌溉(设定未来情景下灌溉方式仍保持传统的三水灌溉模式，即灌越冬水、返青水和灌浆水，灌溉量为每次 60 m^3/亩)，则未来气候变化对河南省冬小麦可能产生如下影响：

1)发育期缩短

冬小麦发育期主要受全生育期温度影响，无论哪种田间管理方式，预计 2011—2050 年平均缩短 4～7 d。最低温度的升高与发育期缩短的关系较为密切(居辉 等，2005；刘颖杰 等，2007)。豫西栾川地区冬小麦发育期缩短天数最多，达 12 天左右，这与西部山区热量条件得到明显提高有关。

2)冬小麦光温生产潜力降低

未来 40 年河南省大部分地区冬小麦光温生产潜力减小 4%～8%，但局部地区也有增产趋势：豫北及广大的豫东平原是河南省光照条件最好的地区，气候变化导致的热量条件增加及降水略增多，有利于该地区作物生产潜力的提高；而豫中大部、豫南局部地区降水日数及降水量进一步增多，会造成土壤偏湿或不能满足冬小麦光照条件，故减产量相对较大。

3)雨养小麦产量有增有减

虽然局部地区随降水增多，产量可能增大，但全省小麦产量整体平均为减产趋势(王培娟 等，2011；熊伟 等，2005)，平均减产2%左右，个别地区如新乡、襄城和太康等减产率较大，且不同情景下各站小麦产量也表现出不显著的递减趋势。由于气温升高导致冬小麦发育进程缩短，干物质积累时间缩短，若维持原有的耕作方式，冬小麦产量将会明显减少，同时，气温升高能在一定程度上促进分蘖增多，但也会形成大量无效分蘖，从而影响作物群体正常生长，最终影响产量。

各年代间雨养小麦产量变化空间差异较大，豫西山区及黄河沿岸局部地区产量可能增加，其他大部分地区小麦产量围绕不同年代的减产中心，均可能出现不同程度的减少。

4)灌溉小麦减产，灌溉水利用率降低

灌溉小麦平均减产4%左右。虽然灌溉可在一定程度上补偿气候变化的负效应，提高作物的抗逆能力，但就模拟结果看，现有的灌溉制度不足以维持现有的产量水平，水分利用效率降低，不利于有限水资源的高效利用(成林 等，2009)。

从空间分布上看，未来10年，全省大部分地区灌溉小麦产量仍略有增加的趋势，但随后这种趋势逐渐减弱为减产，两种不同温室气候排放情景下的易减产区均出现在豫西及豫南的部分地区。

5)雨养小麦产量波动进一步增大，灌溉有一定缓解作用

在现有作物品种、耕作制度及土壤状况等条件不变的情形下，气候变化不仅仅使冬小麦产量有不同程度的减少，也使产量的年际间波动发生变化，小麦生产的稳定性受到严峻考验(陈超 等，2004；田展 等，2006)。雨养小麦产量波动进一步增大，尤其是低产出现的概率增高。在传统的灌溉方式及灌溉量不变的情况下，虽然产量有所降低，但未来40年间产量的变异系数减小，极端高产和极端低产出现的概率也降低，因此灌溉的作用主要体现在降低小麦生产过程中的农业气象灾害风险，提高作物抗逆能力，对获得稳产有一定帮助(成林 等，2011)。

(3)气候变化对河南省冬小麦生产影响评估及建议

受气候变化影响，河南省冬小麦生产的不稳定性增大(肖风劲 等，2006；张强 等，2005)，因此加强气候变化影响评估研究工作，加强田间管理，对提高冬小麦适应气候变化能力有重要意义。

1)由于热量条件发生变化，河南全省冬小麦进入越冬的平均日期略向后延迟，而返青期显著提前，因此，冬小麦实际生长发育总天数呈减少的趋势。其中，播种—越冬的生育期持续天数呈增加趋势；越冬期天数变化差异较大，南部缩短，北部地区因日照增加而越冬期延长；返青后各发育期均表现出不同程度的提前趋势，以拔节和抽穗期提前趋势最为显著；小麦开花—乳熟期持续天数平均每10 a增加2～4 d，这有利于小麦后期灌浆和提高产量。

2)受气候变暖影响，0 ℃等温线明显北移，弱春性品种可种植面积扩大。但是，一方面气候变暖导致小麦发育进程加快，拔节期提前；另一方面春季冷空气活动仍很频繁，小麦受冻害和晚霜冻的风险仍然较大，建议豫北和豫东地区不宜盲目扩种春性、弱春性品种，应多保留偏冬性品种。

3)冬小麦生育期负积温逐渐减少，越冬期持续日数不断缩短，说明冬季越来越暖和，对冬小麦的安全越冬比较有利。在各地小麦品种熟性相对稳定的条件下，热量条件的逐步改善将

缩短小麦生育期。小麦提前成熟收获，在一定程度上也避免了与下茬作物的争时、争地。另一方面，热量条件的增加是由于逐日气温的普遍升高，作物往往得不到有效的抗寒锻炼，其结果即增加了由高温引起的气象灾害的风险，如小麦青枯和干热风等，又使小麦面临极端低温事件如霜冻、冻害等的脆弱性增加(江敏 等，1998)。

4)河南省绝大部分地区冬季最低气温增高，且变化幅度加剧，气温稳定性变差是威胁小麦安全越冬的重要因素之一；豫中和豫西的局部地区极端最低气温有进一步降低的趋势，对小麦生长的威胁增大。

5)轻旱面积的不断扩大，在一定程度上体现了气候干暖化的特征，意味着原本相对湿润的麦区也逐渐开始受到干旱的威胁；中旱发生范围的不断扩大，反映了气候变化导致原本旱情较轻的麦区干旱加剧，干旱损失增加。因作物干旱是一种循序式的灾害，重旱范围的扩大，也反映了轻旱和中旱的持续时间延长，同时表明在气候变化背景下，干旱对农业生产的制约在不断增加，应加强对干旱灾害的监测预警与实时评估工作。

6)由于日平均气温稳定通过 17 ℃终日的推迟，小麦适宜播种期应相应推迟，避免出现越冬前生长过旺，降低越冬期间易遭受冻害的可能性。

8.1.2　夏玉米

(1)河南省夏玉米生长季农业气候资源的变化

1)夏玉米全生育期光能资源明显减少

河南省 30 个农业气象观测站 1961—2008 年太阳辐射的年际波动较大，最大值出现在 1966 年为 1 794 MJ/m^2，最小值出现在 2003 年为 1 258 MJ/m^2，太阳总辐射呈较显著的下降趋势，线性倾向率为 $-50.2\ MJ/(m^2 \cdot 10\ a)$。

全省平均日照时数年代际变化呈显著的下降趋势，平均每 10 a 减少 37.6 h。尤其在 2000 年后，玉米生长季日照时数普遍较少，豫北和豫中的大部分地区减少更为显著。

2)全生育期降水量不显著增加

夏玉米生长季内河南全省平均降水量不显著增加，尤其进入 20 世纪 90 年代后年际间变异较大，且各发育期多年变化是不同的，拔节—抽雄期降水增加较显著，平均每 10 a 增加 4.5 mm，抽雄—灌浆期降水有较显著的减少趋势，平均每 10 a 减少 6.7 mm。降水量变化空间分布不均，豫中、豫东和豫南大部分地区降水增多，而豫北、豫西北及南阳盆地部分地区降水量有减少趋势。

3)夏玉米生长季内温度及热量资源变化不显著

1961—2008 年，夏玉米全生育期平均气温整体变化趋势并不明显，年代际变化大体可以划分为三个阶段，20 世纪 60 年代—80 年代初期呈较显著的下降趋势，平均每 10 a 下降 4.6 ℃，80 年代初期—20 世纪末期，又以 5.2 ℃/10 a 的速率上升，2003 年以后又呈一定的下降趋势。

全生育期积温多年在 2 914～3 181 ℃·d 变化，呈不太显著的下降趋势。豫西局部地区夏玉米全生育期积温减少趋势较为显著，而豫西北部分地区积温略有增加。

4)影响夏玉米生产的界限温度变化趋势明显

日平均气温稳定通过 10 ℃初日为玉米开始播种的温度指标，同时也是玉米生长发育的最低温度，具有重要的生物学意义(陈怀亮 等，1999)。近 50 年，河南省稳定通过 10 ℃初日的年代际变化呈显著的提前趋势，平均每 10 a 提前 2 d，20 世纪 90 年代前变化比较平稳，90 年代后提前趋势明显；日平均气温大于15 ℃终日，即玉米可生长期呈不太显著的推后趋势；日平均气温稳定通过18 ℃初日是玉米开始拔节的界限温度，同时温度低于18 ℃时不利于植株开花授粉，影响灌浆成熟，18 ℃初日的多年变化趋势不显著。

5)玉米可生长日数、适宜生长日数延长

10 ℃初日至15 ℃终日持续日数为玉米的可生长日数，10 ℃初日至20 ℃终日持续日数为玉米的适宜生长日数。近50年，玉米可生长及适宜生长日数均呈较显著增加趋势，可生长日数为每10 a增加2.85 d，适宜生长日数为每10 a增加1.94 d。

(2)夏玉米主要生育期向后延迟，全生育期日数增加

河南省夏玉米平均播种期为6月6日，成熟期平均为9月14日，全生育期总日数为101 d。全省夏玉米主要生育期呈现不同程度的推后趋势(余卫东 等，2007)，其中成熟期推后较为显著，平均每10 a推后1.4 d。全省各区域存在较大差异，北部播种期、出苗期稍有提前，其他生育期推迟；西部和中南部各发育期均有推后趋势；东部地区除乳熟和成熟期有延迟外，之前各生育期提前；西南部在七叶期以前发育期稍有推后，之后各发育期呈提前趋势。

河南省夏玉米全生育期持续日数呈增加的趋势，平均每10 a增加1.4 d。其中，西部和西南部全生育期持续日数平均每10 a分别减少1.2和1.4 d，其他地区呈增加趋势，北部地区生育期延长最为显著，达4.8 d/10 a，明显大于其他地区。

(3)夏玉米干旱范围整体减小、大风日数趋于减少

河南省夏玉米生育期内每年均有轻旱发生，发生范围的年际变化趋势不显著；中旱和重旱涉及范围呈缓慢的下降趋势。

大风倒伏一直是制约玉米稳产高产的重要因素，尤其是在玉米生长中后期影响更大。河南省夏玉米全生育期大风日数显著减少，平均下降速度为2.6 d/10 a。其中，播种—拔节期大风日数平均下降速率为1.1 d/10 a，拔节—抽雄期大风日数平均下降速率0.6 d/10 a，抽雄—乳熟期大风日数变化不明显。

(4)气候变化对河南省夏玉米生产影响评估及建议

受气候变化影响，夏玉米生长季内气候变率可能进一步加大，气候资源时空分布与玉米各生育期需求不相吻合，增加了夏玉米高产稳产的风险。在气候变化情景下，如何保持夏玉米高产稳产，除了育种、栽培等技术的不断进步外，更要探讨气候条件的影响，并通过采取一定的措施，适应新的气候条件。

1)夏玉米全生育期光能资源减少，可能与大气中气溶胶含量增加和阴雨日数增多等有关，一方面对于玉米进行光合作用、积累干物质不利，另一方面可能影响玉米开花授粉，对提高单产不利。

2)夏玉米生育期各地区变化差异较大，但生育期整体呈延长趋势，除西部和西南局部地区以外，其他地区生长持续日数的增加主要表现在抽雄—成熟期持续日数的增加，即生殖生长期延长，这对于玉米后期灌浆攻籽有利。

3)夏玉米全生育期降水量有不太显著的增加趋势，拔节—抽雄期降水增加较显著对玉米苗期生长较为有利，而抽雄—灌浆期降水有较显著的减少趋势，这对于籽粒灌浆及最终产量的形成有一定影响。干旱仍是影响玉米生长的重要因素。

4)虽然大风日数整体呈减少趋势，但减少的时段主要出现在苗期或拔节期，对玉米产量有决定作用的抽雄—乳熟期大风日数并没有明显减少，所以大风倒伏对夏玉米产量的危害并没有减轻。

5)为应对气候变化的负面效应,可考虑以下几点生产建议:①选育生育期较长的玉米品种,以充分利用生育期延长,保证夏玉米有充足的干物质积累时间;②调整玉米适播期,更好地利用气候资源,提高玉米产量;③加强水肥管理,尤其是苗期促进形成壮苗,为籽粒灌浆打下坚实基础;④结合化学防控及种植密度调整,提高植株抗倒伏能力(南纪琴 等,2010)。

8.1.3 水稻

(1)河南省水稻生长季内气候资源发生了显著变化

1961—2008 年(48 a),信阳地区水稻生长季(4—9 月)温度总体呈现升高趋势,但不同阶段变化趋势不一致。日平均气温在 6—7 月呈现为缓慢的降低趋势,每 10 a 降低 0.03 ℃,其他时段均为升高的趋势,特别是 4—5 月,温度升高速度较快,每 10 a 升高 0.44 ℃,8—9 月日平均温度升高速度比较缓慢,每 10 a 升高 0.03 ℃。由于 4—5 月温度升高速度较快,导致水稻整个生长季 4—9 月日平均气温每 10 a 升高 0.14 ℃(薛昌颖 等,2010)。

水稻生长季光照资源显著减少,特别是水稻生长中后期 6—9 月份递减速度较快,日平均日照时数平均每 10 a 减少 0.47 h,水稻生长前期 4—5 月减少速度较慢,平均每 10 a 减少 0.07 h。

水稻生长季降水资源总体表现为缓慢增加的趋势,但不同时段变化趋势不一致,其中 4—5 月降水量减少,平均每 10 a 减少 8.1 mm,6—7 月降水量则呈现显著增加,平均每 10 a 增加 13.9 mm,而 8—9 月降水量又呈缓慢减少趋势,平均每 10 a 减少 1.1 mm。

(2)河南省水稻生育期延长

受气候变化影响,信阳地区水稻播种、移栽和抽穗日期呈现出逐渐提前的变化趋势,特别是播种和移栽日期提前趋势显著,平均每 10 a 分别提前 5.2 和 5.8 d,抽穗日期提前趋势较小,平均每 10 a 提前 1.4 d;水稻成熟日期呈现为逐渐延后的趋势,平均每 10 a 延后 0.2 d。由于移栽期提前趋势较播种期显著造成水稻播种—移栽期长度缩短,平均每 10 a 缩短 0.58 d,而移栽—抽穗和抽穗—成熟期则逐渐延长,平均每 10 a 分别延长 4.4 和 1.6 d,可见水稻移栽—抽穗期延长的趋势最为显著。

(3)河南省水稻生长季主要农业气象灾害变化

水稻孕穗期、开花期和灌浆期如遇 35 ℃以上高温天气,均会造成产量降低。1961 年以来,信阳地区水稻生长季 4—9 月 35 ℃以上高温天气出现日数总体上逐渐减少,平均每 10 a 减少 0.62 d。在年代际变化上,以 20 世纪 60 和 70 年代出现高温热害日数最多,平均每年分别出现 9 和 6 d;80 年代出现日数最少,平均每年出现 2 d;90 年代开始又呈增多趋势,平均每年出现 5 d;21 世纪前 10 a 平均每年出现 6 d。

8.2 农业气候资源开发利用

农业气候资源反映了一个地区的气候条件对农业生产发展的潜在能力,它是光照、温度、降水等气象因子的数量或强度或它们的组合(李继由,1995;魏丽,2000;亢翠霞,2006)。它的开发利用对于农业生产可持续发展具有重要意义。随着现代农业技术手段的不断进步,对气候资源的挖掘能力日渐增强,通过基础气候资源分析、精细化的农业气候资源区划、灾害风险区划,以及气象灾害防御规划等措施,认识农业气候资源潜势、科学开发和利用本地气候资源,充分发挥区域资源优势,对农业生产结构调整和趋利避害的进行科学发展有着重要的现实意义(Todorov,1983;丁裕国 等,2007)。

8.2.1 河南省精细化农业气候区划

农业气候区划是反映农业生产与气候关系的专业性气候区划,做好农业气候区划不但能揭示不同地区农业气候的区域分异规律,阐明各个农业气候区的制约因素、现状特点、变化趋势和发展潜力,而且还可根据农业气候相似理论和地域分布规律,为合理配置农业生产、改进耕作制度以及引入和推广新产品等提供气候依据。

国内在20世纪60年代开始进行农业气候区划研究(李世奎,1998),80年代开展了大规模的气候资源调查和农业气候区划工作。20世纪80年代以来,学者们开始利用小网格计算方法研究气候资源的空间展开(苏永秀 等,2003;马晓群 等,2003;欧阳宗继 等,1996);90年代末中国气象局组织了第三次农业气候区划试点,以格点气候资料及GIS进行了省、地、县级细网格气候资源研究及农业气候区划(冯晓云 等,2005;郭兆夏 等,2000,2004;何燕 等,2006;黄淑娥 等,2001;金志凤 等,2003;刘敏 等,2003)。

近20年来,在全球气候变化背景下,中国的天气气候条件也发生了明显的变化,特别是20世纪90年代以来,异常的气候事件呈现出明显增多的趋势,旧的农业气候区划已经不能满足当前的实际需求。与此同时,农业气候区划的内涵与范畴、理论与方法在实践中也相应地被延伸与扩展,突破与更新。尤其是地理信息系统等的兴起和蓬勃发展,使农业气候区划技术条件发生了巨大变化,在农业资源开发应用中展示出广阔的前景(余卫东 等,2010a,2010b;郭文利 等,2004)。许多相关研究也为农业气候区划由平面走向立体、由静态走向动态提供了良好的技术环境。

(1)河南省优质小麦精细化农业气候区划

河南省是全国小麦主产区和商品粮产区之一。小麦播种面积、总产量均居全国之首。全省常年小麦播种面积在4 700多万 hm^2,约占全国小麦播种面积的20%,总产约占全国小麦总产量的20%以上。随着以优质小麦为主的农业种植业结构调整,河南省的小麦生产由以追求数量增长为主转到以提高质量和效益为主的轨道上,达到优质与高产并重,质量与效益并举,生产与加工结合,逐步形成不同区域、各具特色的优质小麦生产和加工格局。1998年之前,河南省优质小麦面积以零星种植为主。2007年,优质小麦播种面积迅速发展到280万 hm^2,占麦播总面积的50%以上,优质专用小麦种植面积居全国第一位,这充分说明河南在全国小麦特别是优质小麦生产中的重要地位和发展潜力。

1)河南省气候资源及优质小麦区划指标

① 河南省气候资源与优质小麦生产

河南省属于北亚热带到暖温带过渡地区,以伏牛山主脉和淮河干流为界,其北部为暖温带半湿润气候,属于黄淮平原冬麦区,占全省麦田面积的80%左右;以南为北亚热带湿润气候,属于长江中下游冬麦区。小麦播种期,一般在10月上旬—10月下旬,5月底—6月初收获,全生育期220～240 d。

河南省小麦生育期间总的气候特点是:秋季温度适宜;中部和南部多数年份秋雨较多,麦田底墒充足,西部和北部播种期间降雨量年际间变幅较大;冬季少严寒,雨雪稀少;春季气温回升快,光照充足,常遇春旱;入夏气温偏高,易受干热风危害。这样的气候条件形成了河南小麦的生长发育具有“两长一短”的特点,即分蘖期长,幼穗分化期长,籽粒灌浆期短。

优质专用小麦是指营养品质好、精粉率高、食品烘烤品质好和蒸煮品质好的小麦。1998

年，国家质量技术监督局实施了中国优质专用小麦品种品质国家标准，1999 年又制定和发布了强筋小麦和弱筋小麦品质指标。一般以籽粒容重、硬度、出粉率、降落值、蛋白质含量、面筋含量和面团稳定时间等指标把小麦分为强筋小麦、中筋小麦和弱筋小麦。

大量研究证明，小麦籽粒品质不仅由品种本身的遗传特性所决定，而且受气候、土壤、耕作制度及栽培措施等环境条件以及品种与环境的相互作用的影响。在影响小麦品质的诸多生态因素中，气候因素是主导因素，对品质性状的作用更重要。同一小麦品种在不同地区种植所表现出的品质差异，在很大程度上因气候条件变化而转移。在影响小麦品质的主要气候因子中，以小麦生育期间的温度、光照和水分最为重要，尤其是小麦抽穗—成熟期的温度、光照和水分变化更为重要。

a. 温度

温度是小麦的重要生态因子，它不仅左右着小麦的生长发育，而且也影响光合产物的形成、积累和分配转移及呼吸作用等重要生理过程，并对小麦品质有重要影响。

许多试验表明气温比土壤温度对小麦品质的影响作用更大，尤其是在小麦开花—成熟期，该时期是小麦籽粒产量和品质形成的关键时期，也是温度对小麦品质影响的最重要阶段。小麦灌浆期间昼/夜温度从 25 ℃/15 ℃上升到 35 ℃/25 ℃时，灌浆期明显缩短，灌浆速率显著下降，籽粒蛋白质含量降低（曹广才，1990）。

刘淑贞等（1989）的研究证明，小麦开花—成熟期是气温影响蛋白质含量的关键时刻，尤其是成熟前的 15～20 d，若气温在 15～32 ℃，随着温度升高，籽粒干物质积累和氮、磷的累积速度加快，粒重增加，蛋白质含量随温度的升高而增加；若温度大于 32 ℃，则灌浆期明显缩短，籽粒重和蛋白质含量下降。因此，成熟前 2～3 周内最高气温大于 32 ℃对提高籽粒蛋白质含量不利。崔读昌（1987）认为，抽穗—成熟日平均气温每升高 1 ℃，蛋白质含量增加 0.436 2%。尚勋武等（2003）也认为，灌浆期间适宜的高温有利于面粉筋力的改善，但当日平均气温大于 30 ℃时，蛋白质积累受到限制，面粉筋力也随之下降

曹广才（1990）研究认为，抽穗—成熟期间的温度日较差与蛋白质含量、日均温与湿面筋含量皆表现为正相关，日均温与反映面粉中“α-淀粉酶”活性大小的降落值呈显著负相关。

高温对碳水化合物积累的影响大于对蛋白质积累的影响。研究表明，在日均温度小于 30 ℃时，随温度升高，蛋白质含量逐步提高，但大于 30 ℃时反而影响品质（曹广才 等，1994；田纪春，1995）；而有些研究则认为，籽粒充实期间较高的温度一般能提高蛋白质含量，但相同的气候变异在所有试点和年份间没有相同的影响。我国小麦生态研究试验结果说明，开花—成熟期平均气温在 18～22 ℃左右，对蛋白质含量有较大影响，气温适中有利于蛋白质在籽粒中积累。

河南省年平均气温为 12～15 ℃，1 月平均气温为－1～－3 ℃，无霜期 195～245 d，初霜期在 10 月中下旬，终霜期在 3 月下旬—4 月中下旬。在小麦生育期间，大于等于 0 ℃积温除豫西、豫北山区小于 1 800 ℃ · d 外，绝大部分地区均为 1 900～2 250 ℃ · d（见图 8.1）；只要适期播种，冬前利于培育壮苗的大于等于 0 ℃积温大部分地区均能达到 550～650 ℃ · d。根据近 30 年的资料统计，除了在强寒流侵袭下少数麦区有短暂的小于－22 ℃的极端低温外，其余麦区的多年平均极端最低气温均在－10～－14 ℃，小麦安全越冬保证率较高。但是，由于气温年际变化大，秋冬季降温时间早晚与快慢不同，一般春季气温上升较快，5 月下旬高温多风，以及有些年份 3—4 月的晚霜冻，对小麦高产稳产均有不良影响。

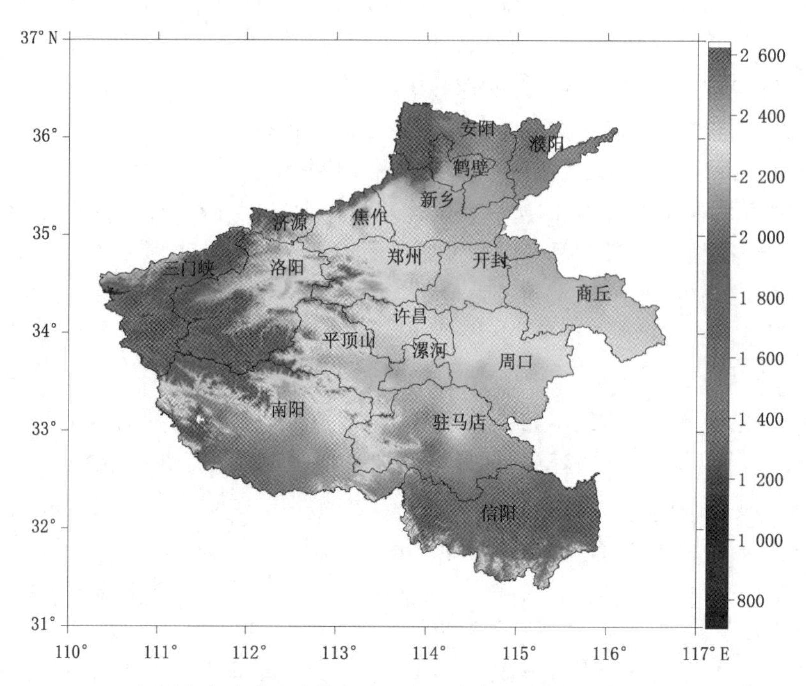

图 8.1　1971—2000 年河南省小麦生育期间(10 月—次年 5 月)大于等于 0 ℃积温(℃ · d)分布

b. 日照

小麦籽粒灌浆期间较充足的光照有利于糖分和淀粉的合成,籽粒产量高,蛋白质数量和质量亦提高。通过对河南省 2000—2001 年气候因子与优质品种品质性状的积分回归分析表明(王绍中,1995;吴洪颜 等,2002),小麦籽粒蛋白质含量、湿面筋含量和吸水率受日照时数的影响变幅最大,其次是降水量,受平均气温的影响变幅最小;而与加工品质关系比较密切的沉降值、面团形成时间,以及稳定时间受旬平均温度的影响变幅最大,其次是降水量受日照时数的影响变化较小。

河南省光能资源丰富,光照时数充足。小麦全生育期日照时数除豫南和豫西南部分地区小于 1 300 h 外,绝大部分地区均为 1 300～1 600 h(见图 8.2),光照充足,完全能够满足小麦生长发育和产量形成的需要。日照时数自南向北递增,在抽穗—成熟期间(4 月下旬—5 月底),河南省大部分地区以晴朗天气为主,日均可照时数 13～14 h,累计实照时数 250～350 h,唯有淮南麦区常常阴雨连绵,光照不足,影响小麦籽粒的形成与灌浆,使得同一小麦品种的千粒重较黄河以北低 4～7 g,且品质较差,成为豫南多湿稻茬麦区限制因素之一。

c. 水分

水分影响小麦的品质,小麦水分来自于自然降水和土壤水分。一般认为,随着降水量的增加,小麦籽粒蛋白质含量会有下降趋势。过多的降水会降低面筋的弹性,以致降低面包的烘烤品质。水分影响品质的主要时期在小麦生育后期,即抽穗—乳熟阶段。若该期降水多,土壤湿度过大,会使麦谷蛋白含量降低,蛋白质和面筋含量减少,从而降低面筋弹性。

水分对小麦品质的影响,主要包括:第一,灌溉或降水后土壤水分充足,利于小麦植株的生长发育,分蘖大量发生,对土壤中的氮元素的消耗增多。如果中后期不能及时补充氮素,势必造成籽粒中氮素缺乏,蛋白质含量下降。第二,小麦生育后期,如果降水过多,土壤水分充足,大量碳水化合物稀释了籽粒中有限的氮素,这种倾向在土壤供氮不足的条件下尤为明显。而

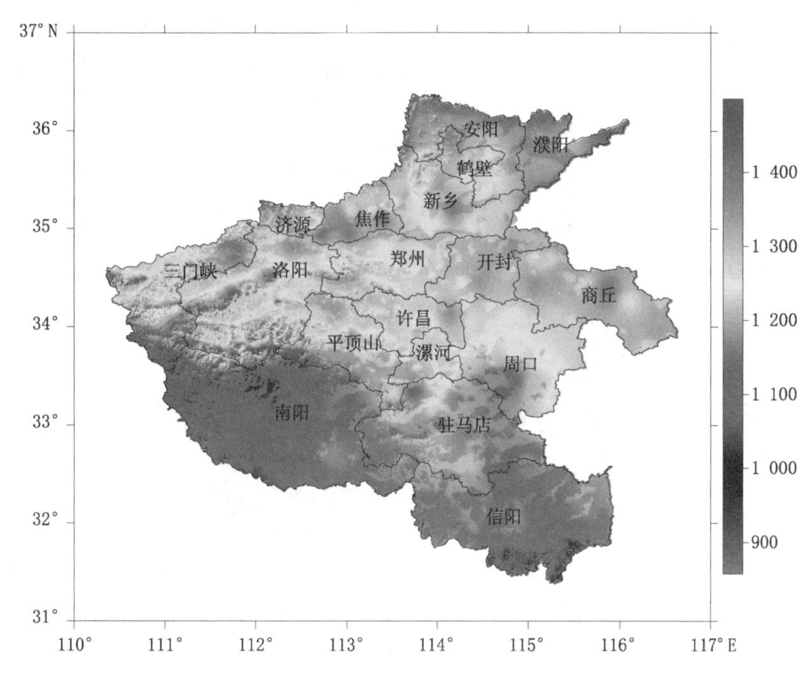

图 8.2　1971—2000 年河南省小麦生育期间(10 月—次年 5 月)日照时数(h)分布

干旱时,小麦生长发育受阻,籽粒比较瘦瘪,产量下降,蛋白质含量相对增加。另外,干旱缺水不利于小麦籽粒中葡萄糖合成淀粉过程的进行,而对可溶性氮化合物合成蛋白质的影响较小,因此旱地小麦在灌浆期缺水时,小麦籽粒的蛋白质含量一般较高。

灌溉对小麦品质的影响不仅与灌水量有关,而且也与灌水时期及次数有关。一般随着灌水量增大、灌水次数增多和浇水时间的推迟,籽粒蛋白质和赖氨酸含量降低。国家小麦工程技术研究中心 2000 年的试验也表明,小麦抽穗后灌 2 水、3 水比灌 1 水的蛋白质含量低,且灌水时间推迟,降低幅度更明显。河南省西北部和西部旱地小麦的品质之所以较好,其原因也在于灌浆期间土壤水分相对较低的缘故。

综合多年来的研究和生产实践证明,限制河南小麦生产的主要气候因子是降水,河南省多年平均状况表明:降水在小麦各生育期分配不均,地域差异明显,降雨量分布趋势呈现南多北少,南北差异大,且从豫东南向豫西北方向递减;豫南麦区全生育期降水量为 500～600 mm,麦播时常因雨水过大而晚播,春季多雨,湿害重,光照差,病虫害盛行,生育后期日照少,昼夜温差小,直接影响小麦籽粒灌浆强度;黄河以北至省界全生育期降水量为 220～250 mm,小麦整个生育期间均感缺水,尤其是春旱严重;黄河以南至淮河以北多为 300～500 mm(见图 8.3)。

河南省的小麦拔节—抽穗期为小麦需水临界期,此期约需 80～100 mm 的降水。从多年降水资料看:黄河以北多年平均降水 40～50 mm,常年缺水 40～50 mm,处于旱季,80～100 mm 的保证率仅为 7%左右;黄河以南—北纬 34°以北(许昌以北)降水多为 50～70 mm,水分也不足,沙颍河以南—淮河以北为 80～110 mm,南阳盆地降水为 80～90 mm,淮河以南—北纬 32°以北地区为 110～120 mm,大别山区商城、新县一带达 180～200 mm,处于阴雨连绵时段,常因降水较多而形成小麦湿害。因此,此阶段自然降水除淮南外,大部分地区降水不能满足拔节—抽穗所需水量,对小麦增产有较大影响。

抽穗至成熟也是需水较关键时期。对河南来说,小麦此期需水量为 80～110 mm,土壤水分保

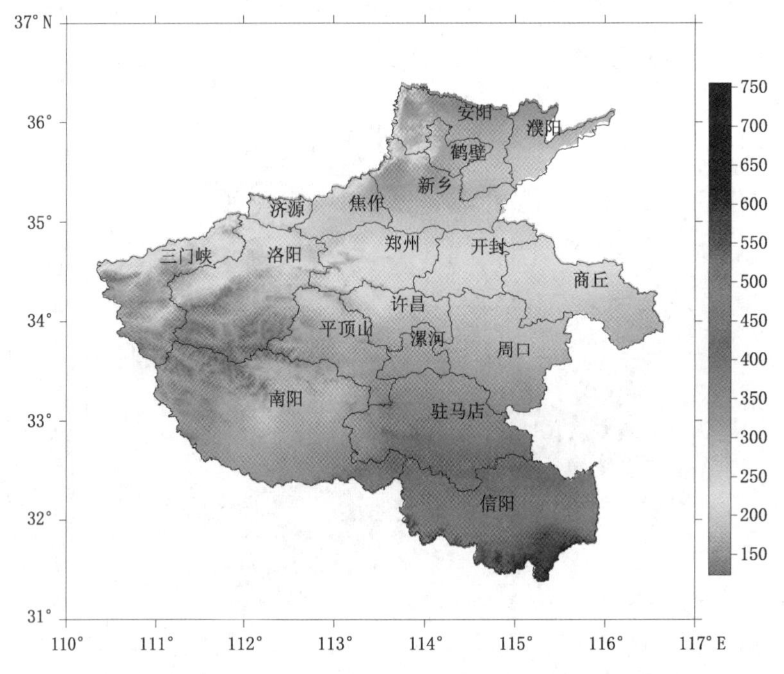

图 8.3 1971—2000 年河南省小麦全生育期(10 月—次年 5 月)降水量(mm)分布图

持田间持水量的 70%～75%为宜。此期降水南北差异较明显,黄河以北常年为 40～50 mm,黄河以南—沙颍河以北为 60～80 mm,沙颍河以南—淮河以北为 90～110 mm,淮河以南为 140～200 mm。因此,豫北降水较少,豫中、豫东降水也不足,加上此地后期常发生干热风危害,生产上应采取相应措施加以预防,淮南应注意排水防涝。

总之,小麦生育期雨水虽较适中,但降水季节分配不均,年际变化大,常有旱涝发生,其生育期降水变率黄河以南在 20%～25%,以北高达 30%。因此,充分认识和掌握河南降水特点,合理利用水分资源,提高水分利用效率,使其为河南省小麦生产发挥更大的作用。

② 河南省优质小麦农业气候区划指标

河南省小麦区划研究成果较多,早在 1984 年河南省小麦高稳优低研究协作组将全省划分为 10 个生态类型区。王绍中等(1995)在 1993 年完成了河南省小麦品质区划,2000 年又利用强筋和弱筋品种对 1993 年的区划结果进行修订,按照强筋、中筋和弱筋将河南省小麦重新划分为五个品质生态区。在 2002 年的河南省优质专用小麦种植区划中,将河南省划分为六个优质专用小麦种植区。随后,河南省部分省辖市也分别进行了品质生态区划研究。与此同时,我国北方的一些省也根据本省的气象、土壤和小麦品质表现,对本省的小麦品质进行了生态区划(吴天琪 等,2002;赵广才 等,2007;王龙俊 等,2002)。这些区划成果为发挥区域资源优势,优化小麦品种布局,因地制宜发展专用优质小麦提供了依据。

参考已有优质专用小麦区划研究成果,充分考虑河南省小麦生产和农业气候特点,按照合理配置资源、优化品质结构、提高种植效益的原则,提出河南省优质小麦农业气候区划指标。选取全生育期降水量(mm)、全生育期大于等于 0 ℃积温(℃ · d)、3—4 月日照时数(h)、3—4 月雨日(d)、5 月日照时数(h)、5 月降水量(mm)和 5 月平均气温日较差(℃)七个气候要素作为优质专用小麦农业气候区划因子,并按照强筋、中筋和弱筋小麦的适宜种植指标进行分级。河南省优质专用小麦农业气候区划指标及其分级见表 8.1。

表 8.1　河南省优质专用小麦农业气候区划指标

因子	强筋适宜区	中筋适宜区	弱筋适宜区
全生育期降水(mm)	＜260	260～400	＞400
全生育期≥0 ℃积温(℃·d)	＜2 300	2 300～2 400	＞2 400
3—4月日照时数(h)	＞360	330～360	＜300
5月降水量(mm)	＜60	60～90	＞90
3—4月雨日(d)	＜13	13～17	＞17
5月平均气温日较差(℃)	＞13.0	12.0～13.0	＜12.0
5月日照时数(h)	＞230	200～230	＜200
分值	3	2	1

2)资料处理与区划方法

① 资料与处理

区划使用的资料是河南省114个站的地面气象观测资料,资料序列长度是1971—2000年。地理信息资料采用国家基础地理信息中心提供的1∶25万河南省基础地理背景数据。运用GIS技术将1∶25万等高线数据转成高分辨率(1 000 m×1 000 m)的数字地形模型(DEM),在此基础上进行数字地形定量分类技术研究。

利用河南省114个气象站的气候观测资料及对应站点的经度、纬度、海拔高度地理信息数据,将经度、纬度和高度作为自变量,把区划指标因子作为因变量,建立气候要素网格推算的多元回归方程,对气候资料进行了格点化处理,各种指标因子的推算公式见表8.2。

表 8.2　河南省农业气候区划指标空间推算模型

区划指标	方程表达式	复相关系数	F值
全生育期降水(R)	$R_{10-6}=21.415\ LN-81.570\ LA+0.136\ H+594.656$	0.951	350.46
全生育期≥0 ℃积温$\sum T$	$\sum T=-55.59LN-100.939LA-0.779H+12175.551$	0.869	113.27
3—4月日照时数(S)	$S_{3-4}=7.61LN+23.293LA+0.027H-1309.4$	0.886	134.19
3—4月雨日(D)	$D_{3-4}=0.274LN-2.990LA+0.007H+84.259$	0.966	508.22
5月降水量(R)	$R_5=464LN-18.039LA+0.029H+171.088$	0.909	175.58
5月日照时数(S)	$S_5=2.828LN+15.644LA+0.011H-637.101$	0.909	173.89
5月平均气温日较差(T)	$T=-0.085LN+0.722LA+0.001H-2.931$	0.729	41.55

注:LN为经度(°),LA为纬度(°),H为海拔高度(m)。上述每个关系式均通过$\alpha=0.01$的显著性水平检验,方程回归效果较好

② 区划指标的小网格推算及区划结果分级

将经度、纬度和海拔高度信息数据代入上述多元回归方程,推算出每个区划因子在0.01°×0.01°网格上的分布。采取打分法,按照表8.1中的优质专用小麦区划因子进行分级打分,即给每一个分级指标都赋予一定的分值。如全生育期降水,当降水量小于260 mm时,赋予3分,降水量在260～400 mm之间,赋予2分,当降水量大于400 mm时,赋予1分,其他指标的分值赋予以此类推。

然后按照下式对每个区划因子的分值进行叠加处理得到总分数

$$B=\sum_{i=1}^{7}\alpha_i b_i \tag{8.1}$$

式中，b_i 为第 i 个因子的得分值；α_i 为第 i 个因子的影响权重。根据不同气候因子对河南省优质专用小麦种植影响程度的不同赋予不同的权重。本次区划研究中将5月降水量的因子权重赋值为2.0，其余因子权重都为1.0。根据七个指标按照不同权重叠加后总分数的大小，将河南省优质专用小麦种植划分为强筋小麦适宜区、强筋中筋小麦过渡区、中筋小麦适宜种植区、中筋弱筋小麦过渡区和弱筋小麦适宜种植区（见表8.3）。最后为不同的区域赋予不同的颜色，并叠加经纬度，从而制作出河南省优质专用小麦农业气候区划图（见图8.4）。

表8.3　河南省优质小麦区划分级标准

分区	强筋适宜区	强筋中筋过渡区	中筋适宜区	中筋弱筋过渡区	弱筋适宜区
分值(B)	$B>21$	$17<B\leqslant 21$	$13<B\leqslant 17$	$10<B\leqslant 13$	$B\leqslant 10$

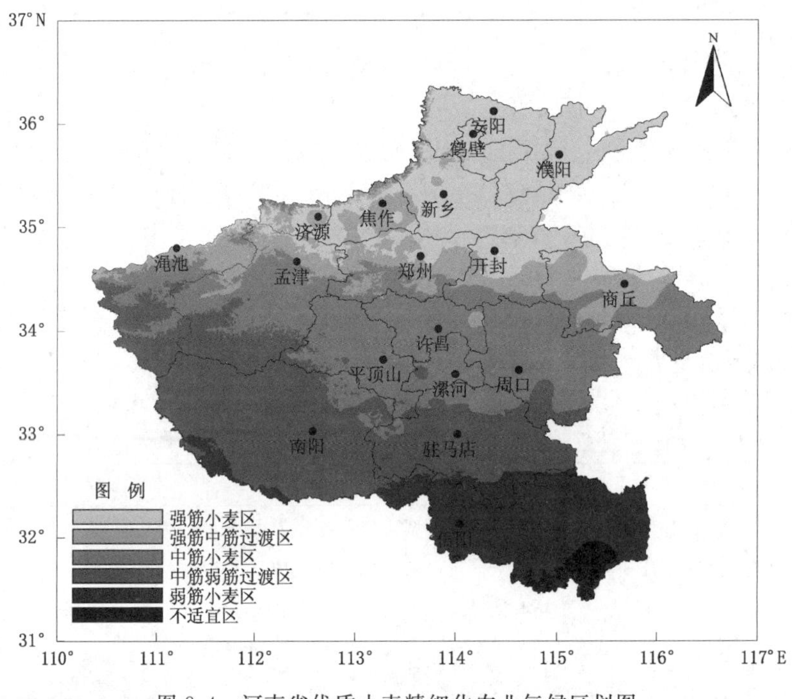

图8.4　河南省优质小麦精细化农业气候区划图

3)河南省优质小麦农业气候分区及评述

① 强筋小麦适宜种植区。此区主要在豫北和豫西北，包括安阳、濮阳、焦作、鹤壁、新乡中北部和洛阳东北部等地。该区小麦生育期内大于等于0 ℃的积温2 000～2 200 ℃·d，全生育期日照时数1 400～1 600 h，小麦生育期降水160～230 mm。光温条件较好，冬季温度适宜，光照充足，有利于培育冬前壮苗和安全越冬，拔节期春旱概率较高，多数年份小麦生育受到一定的水分胁迫，但由于地下水源丰富，灌溉条件良好，能缓和自然降水少的矛盾。灌浆期少雨且气温日较差大，大部分麦田适合优质强筋小麦种植。

② 强筋、中筋小麦过渡区。该区位于河南省中北部，主要包括商丘西部、郑州、开封、洛阳中部和三门峡北部地区。小麦生育期间大于等于0 ℃的积温2 100～2 300 ℃·d左右，日照时数1 350～1 450 h，小麦生育期间降水200～250 mm。春季日照充足，但冬春干旱季节大风出现频率较高，小麦生育后期常出现干热风。5月平均气温日较差12～13 ℃，5月灌浆期降水量40～60 mm，日照充足，在土壤肥力较高的黏土和壤土地区可以种植优质强筋小麦，是优质

强筋小麦和中筋小麦的种植过渡区。

③ 中筋小麦适宜种植区。主要范围是东中部平原和西部部分山区，包括商丘、开封、郑州、周口、许昌、洛阳和三门峡部分市(县)。该区小麦全生育期间大于等于 0 ℃的积温为 2 200～2 400 ℃·d，日照时数 1 300～1 400 h，小麦生育期降水 200～300 mm，春季降水变率大，连阴雨天气较少，光照充足，对穗粒形成较为有利。小麦生育后期气温日较差常大于 12 ℃，有利于千粒重的提高。该区的主要问题是自然降水偏少且生育期内分布不尽匹配。干旱往往影响小麦正常生长和光资源的充分利用。此外，春季低温霜冻对小麦有一定影响。该区是河南省的主要产麦地带，小麦种植面积大，商品率高，可作为优质中筋小麦生产基地。

④ 中筋、弱筋种植小麦过渡区。该区位于河南省的中南部，包括漯河全部、平顶山、周口、驻马店、平顶山和南阳的大部分地区。全生育期大于等于 0 ℃的积温为 2 300～2 500 ℃·d，日照时数 1 200～1 350 h，小麦全生育期降水量 300～400 mm，正常年份可以满足小麦对水分的需要。主要问题是春季连阴雨天气较多、光照不足且气温偏低，多雨年份常有湿害发生，而在缺雨年份又受到干旱威胁，这是影响小麦高产稳产的主要因素。5 月灌浆期日较差较小，加之抽穗后经常降水较多，对小麦灌浆攻籽粒重影响较大，是本区小麦常年粒重较低，品质较差的主要原因。此外，该区在小麦收获时易出现多雨天气，穗发芽现象时常发生，使之丰产不能丰收。

⑤ 豫南弱筋小麦适宜种植区。该区包括信阳市全部、南阳市东南部和驻马店市南部各县，属于长江流域麦区。气候属于北亚热带，水稻种植面积较大，旱地土壤以黄棕壤和砂姜黑土为主。小麦生育期大于等于 0 ℃的积温大于 2 500 ℃·d，日照时数 1 150～1 250 h，小麦全生育期降水 450～600 mm。冬前气温高，播种较晚，麦苗生长弱。春季多雨且连阴雨频繁，多数年份湿害严重，对小麦穗形成不利。小麦灌浆期间高温、多雨、日较差较小，不利于小麦籽粒蛋白质和面筋的形成，面团强度较低，不利于强筋小麦生产，适合发展优质弱筋小麦。

发展优质专用小麦需注意在选择优质品种的基础上，还应把不同类型优质小麦品种选择在最适宜或较适宜区种植，这样才能保持其优良品质特性。

(2)河南省玉米精细化农业气候区划

1)河南省气候资源及玉米区划指标

玉米原产热带，是一种喜温、喜光、高光效的 C_4 作物，在我国农业生产中占有重要地位(薛生梁 等，2003；余卫东 等，2010a)。河南省处于北亚热带与暖温带过渡的地带，具有四季分明、雨热同期、气候多样等气候特征。温度适中，降水丰沛，光照充足，适于玉米的生长，生产潜力很大。玉米是河南第二大粮食作物，在河南农业生产中占有重要地位，2008 年河南省玉米播种面积 282 万 hm^2，总产 1 615 万 t。

① 河南省气候资源与玉米生产

a. 热量资源

河南省近年来多实行冬小麦—夏玉米一年两熟制。由于受这种播种制度和热量条件的限制，一般玉米种植品种以早熟或中熟为主，部分地区还在小麦收获前进行麦垄点种。这样可以充分利用气候资源，提高玉米产量，同时可以及时腾茬，为冬小麦适时播种提供可靠保证。

玉米生育期对温度条件的要求因品种和熟性的不同而异。一般说来，在日平均气温稳定通过 10 ℃以后开始播种，日平均气温大于 20 ℃终日以前为适宜生长期，日平均气温大于 15 ℃终日以前为可生长期。即可生长期为日平均气温大于 10 ℃初日—大于 15 ℃终日，适宜生长期为大于 10 ℃初日—大于 20 ℃终日。

单熟玉米品种全生育期要求大于等于 10 ℃的积温 2 100～2 300 ℃ · d,生育期 85～90 d;中早熟玉米要求大于等于 10 ℃的积温 2 300～2 500 ℃ · d,生育期 95～100 d;中熟品种要求大于等于 10 ℃的积温 2 500～2 700 ℃ · d,生育期 105～115 d。河南省 6—9 月日平均气温大于等于 10 ℃的积温全省各地多在 2 600～3 100 ℃ · d,绝大部分地区的热量条件可以满足早熟、中早熟和中熟玉米品种生育的需要(见图 8.5)。

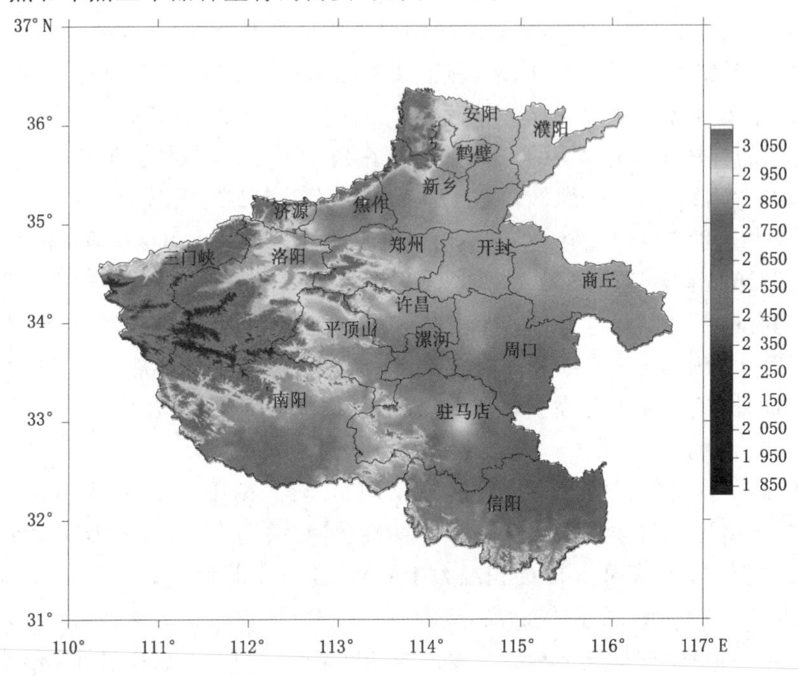

图 8.5　1971—2000 年河南省夏玉米生育期间大于等于 10 ℃积温(℃ · d)分布

玉米生长发育的最低温度为 10 ℃,苗期适宜温度为 15～20 ℃,当日平均气温达到 18 ℃以上时,玉米植株开始拔节,在一定的温度范围内,随着温度的升高而加快生长。拔节—吐丝期的适宜温度为 24～27 ℃,开花—授粉期的适宜温度为 25～27 ℃,高于 32 ℃或小于18 ℃均有损开花授粉。吐丝—成熟期的适宜温度 18～24 ℃,乳熟期日平均气温小于 20 ℃灌浆速度显著减慢,16 ℃为灌浆下限温度指标,温度小于 16 ℃时影响淀粉转运和物质积累。

玉米生育期间,河南省 6 月全省平均气温为 23～26 ℃,大部分地区在 25～26 ℃。对玉米的苗期生长来说,温度正常略偏高。7 月全省大部分地区平均气温为 27 ℃左右。此时玉米处于拔节—抽雄阶段,要求较高的温度条件,大部分地区均能满足玉米生育需要并稍偏高。8 月全省平均气温为 23～27 ℃,此时玉米处于抽雄—乳熟期,气温对玉米开花授粉和灌浆十分有利。河南玉米多在 9 月上、中旬成熟并收获,此时的温度与玉米灌浆和成熟期对温度的要求基本吻合。

b. 降水资源

玉米一生需水量较多,不同产量水平、不同生育阶段,玉米需水量不同。河南省夏玉米生育期间降水资源较为丰富,总的降水量和时间分布基本能满足玉米生育的需求,与玉米需水关键期也较吻合。但是由于降水年际变化大,时空分布不均,尤其是 6 月全省地区间降水变率最大,苗期常发生初夏旱和初夏涝。7 和 8 月夏季风鼎盛时期降水集中,容易形成暴雨,给玉米生产带来不利影响。

早熟品种的玉米需水量一般为 300～375 mm,中熟品种为 275～400 mm,晚熟品种为

400～475 mm。不同生育阶段对水分要求也不同。拔节前耗水量一般不超过 80 mm,拔节—灌浆期,耗水量占全生育期总耗水量的 40%～50%,这一阶段耗水量大约在 150～200 mm。尤其是抽雄前 10 天—后 20 天为夏玉米需水临界期,也是需水高峰期。灌浆至收获耗水量在 80～100 mm。

河南省 6—9 月的降水量为 300～800 mm,其中绝大部分地区在 400～600 mm(见图 8.6),从总量上看可以满足玉米一生的需水要求。其中播种—拔节期间,降水量为 120～260 mm,基本满足生育前期的耗水需求。拔节—乳熟期间,全省降水量为 145～225 mm,与玉米此时的需水量尚有一定差距。乳熟—收获期间,全省降水量 20～45 mm,与玉米实际需求也有一定差距。

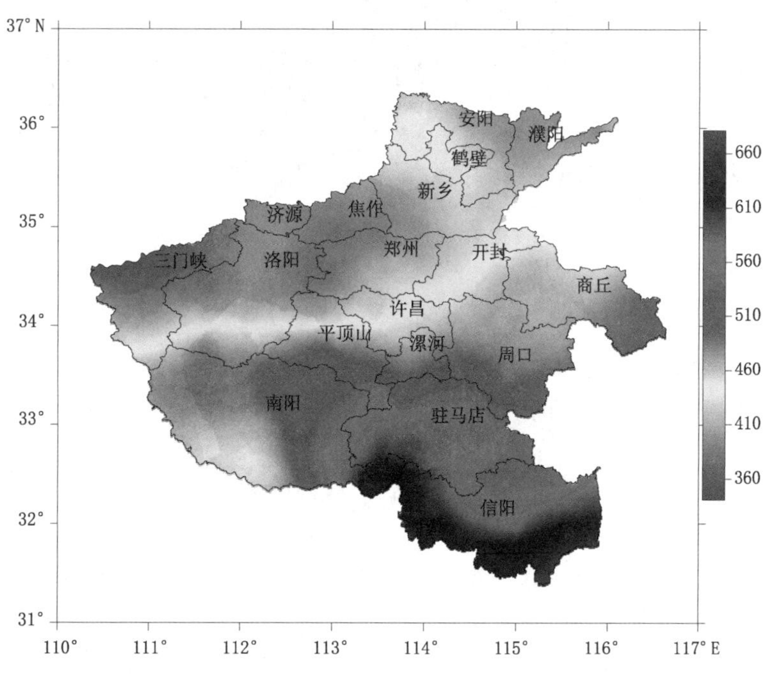

图 8.6　1971—2000 年河南省夏玉米生育期间降水量(mm)分布

c. 光能资源

玉米是喜光的短日照作物,全生育期需日照时数 600～800 h,平均每天 7～11 h。玉米光饱和点高,光补偿点低,因此光能利用率高,有利于干物质积累,故其生长速度快,产量高。

在玉米生育期内河南省各地日照时数大约为 650～750 h(见图 8.7),基本上能满足玉米生育需要。其中播种—拔节期日照时数为 300 h 左右,呈北多南少之势;拔节—乳熟期日照时数多在 300 h 以上,呈北少南多之势。

d. 河南省夏玉米生产中限制气候因素

播种时期干旱。初夏季节是夏玉米播种时期,初夏旱是河南省气候特点之一。由于干旱影响夏玉米适时播种的年份占 15%～40%,东南部出现频率较小,西北部出现频率较大。夏玉米临界播期,北部早,南部晚,北部临界播期为 6 月 10 日,中部 6 月 15 日,南部 6 月 20 日。晚于临界播期,每晚种一天,每亩减产 5～7.5 kg。初夏旱影响夏玉米适时播种是限制河南省夏玉米生产的重要气候因素之一。

拔节—抽穗期的干旱。7 月下旬—8 月中旬正是河南省夏玉米拔节抽穗开花授粉时期,也是夏玉米需水量最大,对水分最敏感时期,此时正是河南省雨季,和夏玉米需水规律配合较好;

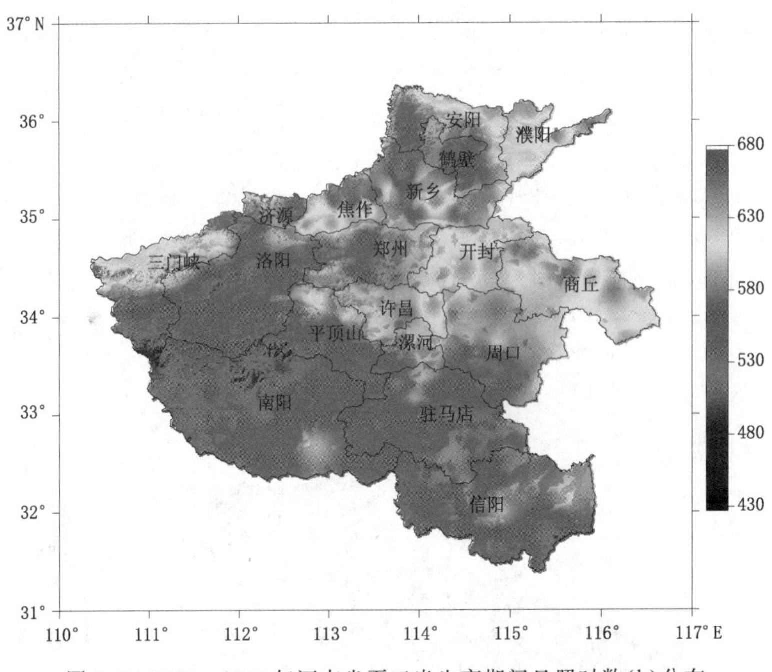

图 8.7　1971—2000 年河南省夏玉米生育期间日照时数(h)分布

但是也有少雨年份，形成“卡脖旱”，对夏玉米产量影响严重，是河南省夏玉米生产中的主要限制因素。7 月下旬—8 月中旬各旬雨量小于 50 mm 且三旬总雨量小于 100 mm，即形成“卡脖旱”。

另外，对河南省夏玉米生产会造成不利影响的气候因素还包括开花授粉时的阴雨、孕穗开花期的雨涝以及后期的大风冰雹等灾害。

② 河南省玉米区划指标。玉米种植的垂直分布受海拔高度和地形的影响，年降水量小于 350 mm 的地区，无灌溉条件一般不能种植玉米。根据全国各地的气候、地形条件和种植制度的差异，我国大致分为五个玉米种植气候区，其中河南省属于黄淮平原夏播玉米适宜种植区，这一区域也是我国玉米种植面积最大的区域。时子明(1983)在 20 世纪 80 年代以“卡脖旱”和初夏旱发生频率、全生育期大于等于 12 ℃的活动积温、降水量及日照时数等指标，将河南省夏玉米气候资源划分为四个类型区。陈怀亮等(1999)在此成果基础上，加入地理信息和日最高气温大于等于 35 ℃的平均日数等辅助指标，运用聚类分析的方法，将河南省划分为 5 个玉米气候生态区。何守法等(2009)则把小麦和夏玉米两熟种植区作为一个整体进行研究，利用河南省 26 个代表县(市)气候条件、土壤肥力及历年小麦和夏玉米平均产量等指标，提取七个主成分，采用类平均和聚类分析将河南小麦和夏玉米两熟制种植区划分为六个不同的生态区。

根据上述玉米区划研究成果，充分考虑河南省夏玉米生产和农业气候特点，按照合理配置资源、优化品质结构和提高种植效益的原则，提出河南省夏玉米农业气候区划指标体系。选取全生育期降水量(mm)、全生育期日平均气温大于等于 10 ℃积温(℃ · d)、全生育期日照时数(h)、苗期(6 月上旬—中旬)降水量(mm)、拔节—抽穗期(7 月下旬—8 月中旬)降水量(mm)和中后期(7 月中旬—9 月上旬)大风日数(d)等六个气候要素作为河南省夏玉米农业气候区划因子，并按照适宜区、次适宜区和不适宜区进行分级(见表 8.4)。

表 8.4　河南省夏玉米精细化农业气候区划因子

因　　子	适宜区	次适宜区	不适宜区
全生育期降水量(mm)	450～550	300～400 或 500～550	<300 或>550
全生育期日照时数(h)	>600	500～600	<500
全生育期≥10 ℃活动积温(℃·d)	>2 600	2 400～2 600	<2 400
6 月上旬—6 月中旬降水(mm)	35～50	30～35 或 50～60	<30 或>60
7 月下旬—8 月中旬降水(mm)	60～80	45～60 或 60～90	<45 或>90
7 月中旬—9 月上旬日最大风速大于 10 m/s 的日数(d)	0	1	>1

2)资料处理与区划方法

① 区划资料处理。区划使用的资料是河南省 114 个站的地面气象观测资料，资料长度是 1971—2000 年。地理信息资料采用国家基础地理信息中心提供的 1∶25 万河南省基础地理背景数据。在考虑气候要素与经度、纬度、海拔等因子的基础上，利用梯度距离平方反比法进行光、温、水等气候要素的空间格点值的推算。

② 区划方法。模数数学法是进行事物分类研究的常用方法，也是农业气候区划工作中的常用方法。如王连喜(2009)等曾尝试采用模糊数学中的软划分方法，利用 3—9 月的降水、平均气温、日照时数、干燥度及大于等于 10 ℃积温作为分类指标对宁夏全区进行分类，得到了与以往区划结果基本一致，但又有所区别的分区结果。另外，赵娟等(2007)、刘依兰等(1997)、王燕(2000)分别运用模糊聚类分析方法对不同区划指标进行了分析，完成了相应的农业气候区划工作，取得了很好的效果。本次区划采用模糊聚类方法，根据区划指标对上述区划因子分别构建如下模糊隶属度函数：

全生育期日照时数

$$S_S=\begin{cases}0 & S<500\\ \dfrac{S-500}{600-500} & 500\leqslant S\leqslant 600\\ 1 & S>600\end{cases}\tag{8.2}$$

全生育期积温

$$S_{\sum t}=\begin{cases}0 & \sum t<2\,400\\ \dfrac{\sum t-2400}{2600-2400} & 2\,400\leqslant \sum t\leqslant 2\,600\\ 1 & \sum t>2\,600\end{cases}\tag{8.3}$$

全生育期降水

$$S_{Ra}=\begin{cases}0 & R_a<300\text{ 或 }R_a>550\\ \dfrac{R_a-300}{400-300} & 300\leqslant R_a<400\\ \dfrac{550-R_a}{550-500} & 500<R_a<550\\ 1 & 400\leqslant R_a\leqslant 500\end{cases}\tag{8.4}$$

苗期降水

$$S_{Rj}=\begin{cases}0 & R_j<30\text{ 或 }R_j>60\\ \dfrac{R_j-30}{35-30} & 30<R_j\leqslant 35\\ \dfrac{60-R_j}{60-50} & 50<R_j<60\\ 1 & 35\leqslant R_j\leqslant 50\end{cases}\tag{8.5}$$

拔节—抽雄期降水

$$S_{Rg}=\begin{cases}0 & R_g<45\text{ 或 }R_g>90\\ \dfrac{R_g-45}{60-45} & 45\leqslant R_g\leqslant 60\\ \dfrac{90-R_g}{90-80} & 80<R_g<90\\ 1 & 60\leqslant R_g\leqslant 80\end{cases}\tag{8.6}$$

7 月中旬—9 月上旬大风日数

$$S_F=\begin{cases}1 & F=0\\ 1-F & 0<F\leqslant 1\\ 0 & F>1\end{cases}\tag{8.7}$$

考虑到不同因子在气候适应性评价中强度的差异，分别对不同的区划因子赋予不同的权重，对隶属度的计算结果进行加权平均即得到综合区划指标：

$$B=\sum_{j=1}^{6}W_jS_j\tag{8.8}$$

式中，B 为综合模糊隶属度；j 为不同气象要素；S_j 为每个气象要素的隶属度值；W_j 为不同气象要素的权重值。本次区划中上述六个区划因子的权重取值见表 8.5。

表 8.5 河南省夏玉米农业气候指标权重分配表

分区	全生育期日照时数	全生育期降水量	全生育期大于等于 10 ℃积温	苗期降水	拔节—抽雄期降水	中后期大风日数
分值(B)	0.17	0.17	0.16	0.17	0.16	<0.17

根据计算结果，结合河南省玉米种植实际情况，确定河南省玉米精细化农业气候区划分级指标(见表 8.6)。

表 8.6 河南省夏玉米农业气候区划分级标准

分区	适宜区	次适宜区	不适宜区
分值(B)	$B\geqslant 0.65$	$0.45\leqslant B<0.65$	$B<0.45$

利用该分区指标和千米网格的农业气候资料，得到河南省夏玉米种植精细化农业气候区划图(见图 8.8)。

3)河南省优质玉米农业气候分区及评述

① 最适宜种植区。该区域主要分布在河南中部、东部和西南部，6—9 月总降水量为 350～550 mm，日照时数为 550～650 h，大于等于 10 ℃活动积温为 2 900～3 100 ℃ · d。夏玉米拔节、抽穗和开花期降水适宜，“卡脖旱”频率较低。本区是河南省夏玉米种植的最有利区

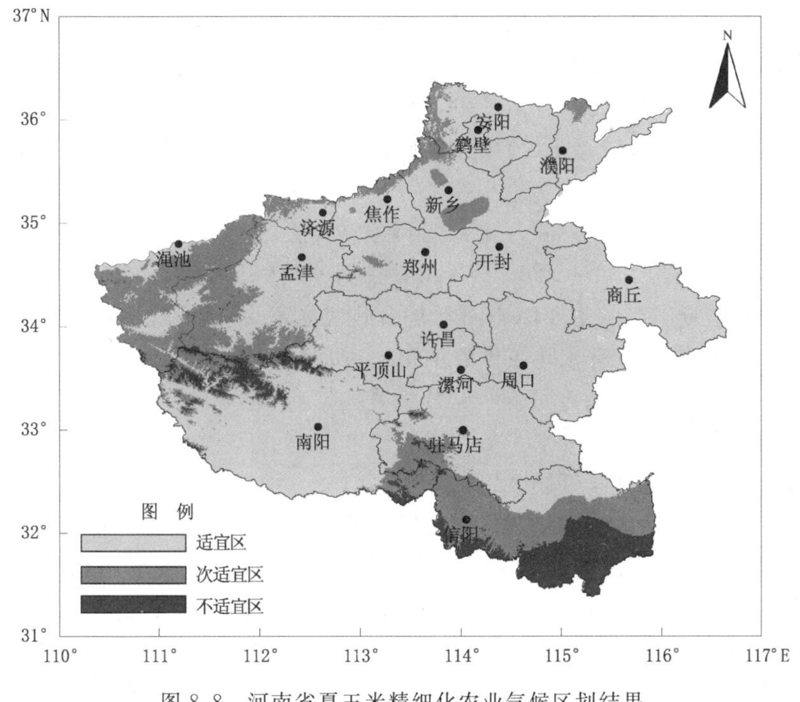

图 8.8　河南省夏玉米精细化农业气候区划结果

域，不利因素主要是初夏旱，影响适时播种，造成水热条件与夏玉米各生育期要求不相适应，使产量降低。

② 次适宜区。本区是介于适宜气候区和不适宜气候区之间的过渡区，主要分布在豫北北部、太行山区、豫西丘陵及淮河南部三个地方。

北部次适宜区主要包括濮阳北部、安阳北部和太行山区，这一地区夏玉米生育期间降水量 400～450 mm，日照时数为 550～650 h，大于等于 10 ℃活动积温 2 800～3 000 ℃ · d。本区除了播种时期经常遇到干旱外，还由于秋季降温早而且降温较快，后期热量紧张，影响玉米的灌浆成熟。适宜进行麦垄套种，争取早播早成熟，对增加粒重有重要作用。

西部次适宜地区主要分布在洛阳西南部和三门峡的东南部，本区作为黄土高原的一部分，以海拔 200～500 m 的丘陵区为主。这一地区夏玉米生育期间降水量 300～400 mm，日照时数为 500～600 h，大于等于 10 ℃活动积温 2 600～2 800 ℃ · d。本区影响玉米生长的因素是水资源差、降水偏少且地下水开发利用难度大，大部分地区水源靠自然降水。初夏旱频率较高，常常影响适时播种。晚播后，多因后期热量条件不足，影响灌浆成熟。

南部次适宜区主要包括南阳东南部和驻马店南部及信阳北部等地。这一区域夏玉米生育期间降水量 550～600 mm，日照时数为 500～600 h，大于等于 10 ℃活动积温 2 900～3 100 ℃ · d。本区光热水资源都比较丰富，但是与夏玉米各生育期需水规律配合不理想，夏季雨量过分集中易造成洪涝灾害。另外，该区夏季温度高、气温日较差小、灌浆速度慢且千粒重低，这些均影响了这一地区夏玉米生产的发展。针对本地区易发生洪涝灾害的特点，应选择地势高和排水良好的田地种植玉米。

③ 不适宜区。本区主要包括豫南的信阳以及西部伏牛山区两个区域。其中豫南地区 6—9 月降水量大于 600 mm，日照时数为 500～600 h，大于等于 10 ℃活动积温 2 700～2 900 ℃ · d。这一地区光热水资源虽然丰富，但是与夏玉米各生育期需水规律配合不当，不适宜夏玉米

生产。前期降雨多，玉米苗期降雨量大于 150 mm 的概率大于 50%，因此苗期易受涝害；抽雄前后干旱较重，“卡脖旱”频率达 40%～50%；本区夏季雨量过分集中，强度大且来势猛，容易造成洪涝灾害。此外，由于温度高且雨量多，玉米生长发育快，抽雄前后，雌穗分化短而迅速，穗子小；抽雄授粉后，气温日较差小、灌浆速度慢且千粒重低，这些均影响了这一地区夏玉米生产的发展。

西部太行山和伏牛山区地势高、气温低且降水少。夏玉米生育期降水量 350～450 mm；大于等于 10 ℃活动积温 1 900～2 200 ℃ · d，最热月平均气温为 21～25 ℃；全生育期日照时数 450～600 h。种植夏玉米的主要障碍因素是山区气候寒冷，适宜生育期短，积温少，限制了高产晚熟品种的推广，本区只有水热条件好的川地适宜种植夏玉米，大面积的山地不适宜夏玉米种植。在海拔 500～600 m 高度可实行常规的麦垄套种；在 800～1 200 m 的山地一般不种植夏玉米，只能实行小麦套种春玉米。

(3)河南省棉花精细化农业气候区划

棉花是一种喜光喜温的短日照作物，生长期和收获期均很长。全国棉花生态区域划分的主要依据是热量条件。黄滋康等(2002)采用大于等于 10 ℃积温为主导指标，以大于等于 0 ℃的日数和无霜期为辅助指标。将全国棉区划分为：特早熟、早熟、次早熟(早中熟)、中早熟、中熟和晚熟六个棉花熟性生态区和十个亚区。冯泽芳(1948)根据气候、棉花生产地区和棉种适应性，把全国分为黄河流域、长江流域及西南三大棉区；到 20 世纪 50 年代将西南棉区扩大为华南棉区，并增加了北部(特早熟)和西北内陆两棉区。80 年代中国农学会、中国农业科学院棉花研究所和北京农业大学等单位在五大棉区基础上，将黄河流域分为华北平原、黄淮平原、黑龙港、黄土高原及京津唐 5 个亚区；将长江流域分为长江上游、长江中游沿江、长江中游丘陵、长江下游及南襄盆地 5 个亚区。这些棉区的划分对棉花品种、耕作栽培等起了重要的指导作用。

随着社会经济的发展，20 世纪 80 年代，南方棉花种植面积比重迅速下降，北方的山东、河南、河北和新疆 4 个主产省(区)棉花种植面积增长，中国棉花主产区发生了由南向北迁移的现象。到 20 世纪 90 年代，中国棉花主产区又发生了由南方地区和黄河流域向西北迁移的现象。黄河流域棉花种植面积占全国的比重明显下降，新疆的棉花种植面积继续增加，到 2005 年新疆棉花种植面积占全国的 27.2%，成为全国棉花种植面积最大的省(区)。

1)河南省气候资源及棉花区划指标

① 河南省棉花生产现状。河南地处暖温带与亚热带过渡地带，地跨长江流域和黄河流域两大棉区，植棉区多为冲积平原，光、热、水资源条件较好，自然条件适宜棉花生长发育，有利于棉花的优质高产，是农业部确定的全国棉花发展优势区域之一。近年来，全省植棉面积一直稳定在 70 万 hm^2 左右，总产 65 万 t 以上，面积和总产均约占全国的五分之一。2008 年，河南省棉花种植面积 60.6 万 hm^2，总产 66.37 万 t(见图 8.9)。

② 河南省棉花生产与气候条件。关于气候对河南省棉花的影响已经做过许多的工作。千怀遂等(2006)建立了棉花气候适宜度模型和风险度指标，对河南省棉花气候风险度进行了研究；任玉玉等(2004)利用构建的光照时数、温度、降水量及三因子综合影响的气候适宜度函数，采用分层聚类法将河南棉花种植分为较不适区、较适宜区和适宜区；马新明等(2006)基于作物生产潜力的研究基础，利用 GIS 技术计算了河南省各县(市)棉花的光、温、水、土生产潜力，分析了河南省棉花生产潜力数值分布和空间分布特征。上述研究为河南省棉花生产的合理布局提供了一定的科学依据。

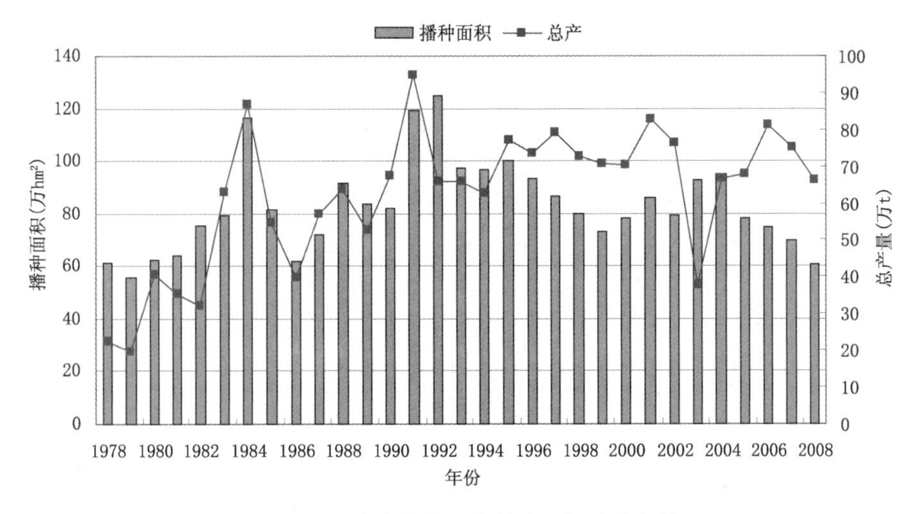

图8.9　河南省棉花历年播种面积及总产量

上述区划研究都是简单分析气象站的地面观测资料，区划结果也都是基于行政单元的分布界线。但稀疏的气候观测站点，不足以精确地反映整个空间气候状况。河南省地貌类型多样，分布复杂。西部海拔高且起伏大，东部地势低而平坦。在西部中山与东部平原之间广泛分布着高矮不同的低山丘陵，复杂的地形使各地气候变化趋势多样。气候变化引起河南省棉花适宜区及各地种植制度、品种类型和关键期的变动。棉花生产的气候风险度也不同。因此利用"3S"技术进行河南省棉花精细化农业气候区划研究，建立典型地区千米网格的精细化农业气候资源时空分布模型，可大大提高区划成果的精确度，使区划结果由基于行政基本单元发展为基于相对均质的地理网格单元(齐斌 等，2011)。

2)资料处理与区划方法

本次区划使用的资料是河南省114个站的地面气象观测资料，资料序列长度是1971—2000年。地理信息资料采用国家基础地理信息中心提供的1：25万河南省基础地理背景数据。运用GIS技术将1：25万等高线数据转成高分辨率(1 000 m×1 000 m)的数字地形模型(DEM)，在此基础上进行数字地形定量分类技术研究。

在考虑气候要素与经度、纬度、海拔、高度、坡度和坡向等地形因子(这里地形因子只选用前三项)的基础上利用梯度距离平方反比法进行光温水等气候资料的空间分布推算。

$$Z=\frac{\left[\sum_{i=1}^{n}\frac{Z_i+(X-X_i)C_x+(Y-Y_i)C_y+(E-E_i)\times C_e}{d_i^2}\right]}{\sum_{i=1}^{n}\frac{1}{d_i^2}} \tag{8.9}$$

式中，Z_i 为进行空间插值的气象要素；X 和 X_i 为待估点与气象站点的 X 轴坐标值；Y 和 Y_i 为待估点与气象站点的 Y 轴坐标值；E 和 E_i 为待估点与气象站点的海拔高程；C_x，C_y 和 C_e 分别为站点气象要素与 X，Y 和海拔高程的回归系数；d_i 为待估点到 i 站点的距离；n 为用于插值的气象站点数目。

梯度距离平方反比法在距离权重的基础上考虑了气象要素随海拔、经度和纬度的梯度变化，其误差相对较小。

① 棉花的气候适宜度函数。温度、降水量和日照时数的高低直接决定了棉花生长发育的适宜程度，其值过高或过低都可为棉花的生长发育带来风险。千怀遂等(2006)、任玉玉等

(2004)根据前人研究成果,结合河南省实际情况,提出了能够反映河南省棉花生产不同生育阶段的降水量、温度和日照时数的气候适宜度函数:

$$S_r = \begin{cases} R/R_l & \text{当 } R < R_l \\ 1 & \text{当 } R_l < R < R_h \\ R_h/R & \text{当 } R > R_h \end{cases} \tag{8.10}$$

$$S_t = \frac{(T-T_1)(T_2-T)^B}{(T_0-T_1)(T_2-T_0)^B}, \tag{8.11}$$

其中

$$B = \frac{T_2-T_0}{T_0-T_1}$$

播种期和吐絮期:

$$S_s = e^{-[(S-S_0)/b]^2} \tag{8.12}$$

除播种期和吐絮期以外的其他生育期:

$$S_s = \begin{cases} e^{-[(S-S_0)/b]^2} & S < S_0 \\ 1 & S \geqslant S_0 \end{cases} \tag{8.13}$$

式中,S_r,S_t 和 S_s 分别为棉花生育期间降水、温度和光照的适宜度;R,T 和 S 分别为降水(mm)、温度(℃)和日照(h)的观测值;R_l 和 R_h 分别是生育期内作物适宜水量的下限和上限;T_1,T_2 和 T_0 分别为棉花在该时段内的下限温度、上限温度和最适温度。以光照时数达可照时数的70%(即日照百分率)为临界点,认为日照百分率达到70%以上,棉花对光照条件的反应即达到适宜状态。S_0 表示日照百分率为70%的日照时数,b 为经验常数。模型中各参数取值见表8.7。河南省棉花各生育期起止时间见表8.8。

表8.7 河南省棉花各生育期参数值

生育期	播种期	出苗期	现蕾期	花铃期	吐絮期
T_0	26	26	28	26	26
T_1	10	15	19	15	15
T_2	35	35	35	35	32
S_0	9.15	9.24	9.32	8.56	7.71
b	4.94	4.98	5.03	4.67	4.16
R_1	7.8	7.8	21.0	37.0	20.3
R_2	8.7	8.7	23.0	39.0	21.7

表8.8 河南省棉花生育期起止时间

生育期	播种	出苗	现蕾	花铃	吐絮
开始时间	4月中旬	5月上旬	6月下旬	7月中旬	9月中旬
结束时间	4月下旬	6月中旬	7月上旬	9月上旬	11月上旬

② 河南省棉花综合气候适宜度模型。对上述5个生育期内光照、温度和降水的气候适宜度值进行平均得到河南省棉花全生育期单因子气候适宜度结果:

$$S_j = \frac{1}{5}\sum_{i=1}^{5} S_i \tag{8.14}$$

式中,S_j 为单因子气候适宜度;i 为播种—吐絮5个发育期;S_i 为每个发育期的适宜度值。

考虑到不同因子在气候适应性评价中强度的差异，对式(8.14)的计算结果进行加权平均，即得到包括温度、降水量和日照时数的河南省棉花综合适宜度模型：

$$B = \sum_{j=1}^{3} W_j S_j \tag{8.15}$$

式中，B 为全生育期综合气候适宜度；j 为不同气象要素；S_j 为每个气象要素的全生育期适宜度值；W_j 为不同要素的权重值，采取相对权重法进行计算：

a. 首先判断是否存在明显的限制因子。找出评价单元中气候适宜度最小的因子，即 $S_m = \min(S_j)$。若 $S_m > 0.2$ 则认为此评价单元没有明显的限制因子；若 $S_m \leqslant 0.2$，则认为此评价单元中存在明显的限制因子。

b. 如果不存在明显的限制因子，则此评价单元中某个因子的相对权重是由其限制性$(1-S_j)$及其他因子的限制共同决定的：

$$W_j = \frac{(1-S_j)^2}{\sum_{j=1}^{n}(1-S_j)^2} \quad 0.2 < S_m \leqslant 1.0 \tag{8.16}$$

c. 如果存在显著的限制因子，则该限制因子的相对权重较大，相对权重为 $1-S_m$，而其他因子相对权重之和为 S_m，则：

$$W_j = \begin{cases} \dfrac{(1-S_j)^2}{\sum_{j=1}^{n}(1-S_j)^2} \times S_m & S_m \leqslant 0.2, S_j \neq S_m \\ 1-S_m & S_m \leqslant 0.2, S_j = S_m \end{cases} \tag{8.17}$$

3)河南省棉花农业气候分区及评述

以中华人民共和国农业部《棉花优势区域布局规划》(朱启荣，2009)为依据，河南省进一步稳定高产棉区、集中棉区，压缩低产棉区、分散棉区，使全省棉花生产向优势产区集中。到2015年河南省棉花种植面积稳定在 70 万 hm^2 左右，总产保持在 80 万 t 左右。近几年将进一步加大棉田调整力度，将棉田由非宜棉区向宜棉区转移。稳定豫东棉区和南阳盆地棉区，适当缩减豫东南棉区和豫北棉区，逐步取消豫西棉区的商品棉花面积。通过几年的调整，使棉花集中产区的种植面积和总产分别占全省的 97%和 99%，形成各具特色的优质棉生产基地。

根据综合气候适宜度计算结果，结合河南省棉花种植实际情况，综合考虑确定河南省棉花精细化农业气候区划分级指标(见表 8.9)。

表 8.9　河南省棉花农业气候区划分级标准

分区	适宜区	次适宜区	不适宜区
分值(B)	$B>0.28$	$0.25 \leqslant B \leqslant 0.28$	$B<0.25$

利用该分区指标和千米网格的农业气候资料，得到河南省棉花种植精细化农业气候区划图(见图 8.10)。

① 适宜区。本区主要集中在河南北部平原和南阳盆地。其中豫北地区全生育期保证率80% 的降水量为 460～490 mm。相对棉花生长而言，该区域春季降水过多，超过棉花正常生长所需的适宜水量，秋季降水骤减，不能满足棉花正常生长的适宜水量。本区降水适宜度在全省处于中等偏下水平，尤其是吐絮后期适宜度仅高于豫西丘陵地区，但全生育期内的季节变化比较平缓。该区年平均气温 14～15 ℃，无霜期 204～240 d，全生育期积温大多在 4 400～4 500 ℃ · d 之间，热量资源充足，基本可以满足棉花的正常生长。受倒春寒和秋季低温的影

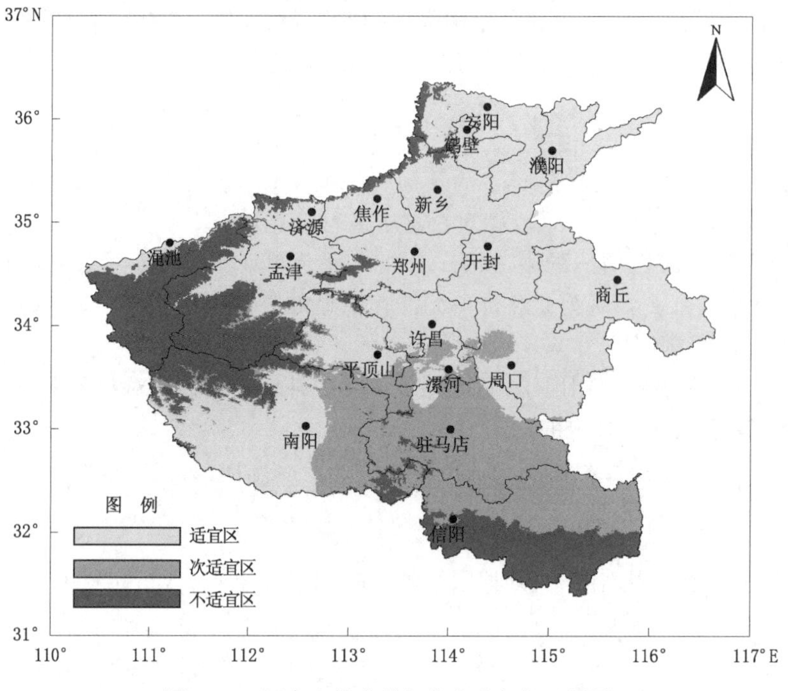

图 8.10 河南省棉花精细化农业气候区划图

响，播种—出苗期的适宜度较低，对棉花生产有较大限制。光照资源丰富，光、热、水协调较好。

南阳地区位于亚热带的北缘，地形背山向阳，热量资源丰富，气候温和。年均温度在 15 ℃以上，无霜期 220～240 d，大于等于 10 ℃积温为 4 700～4 800 ℃ · d。播种—出苗期及吐絮期易受冻害。总体而言，本区温度适宜，由于 7—8 月降水量大，光照不足，吐絮期光照时数及强度降低，光照资源不能达到作物正常生长的要求，易受寡照危害。

② 次适宜区。该区主要分布在中部、中南部和东部地区各市县。该区位于半湿润区南部，全生育期降水量在 600～800 mm，能够满足棉花生长的正常需水量，因水分的季节配置不好，春季有较多的水分盈余，秋季降水不足，适宜度的季节变化明显，夏季高于春、秋季。豫中是华北平原的南界，全生育期积温 4 500～4 600 ℃ · d，热量条件略逊于淮南。播种—出苗期的低温冻害对本区的棉花生产有较大的限制作用。本区阴雨天气少于淮南区，雨量少于西部山地，光照资源基本能满足棉花生长发育的需要，全生育期各旬大部分光照适宜。秋季虽阴雨天气减少，但光照时数下降趋势强于适宜光照时数的下降，适宜度随之下降。

③ 不适宜区。该区主要分布在淮河以南地区。淮南属亚热带气候区，雨量充沛，全生育期降水量 850～1 050 mm，大于棉花正常需水量，降水适宜度有较明显的季节变化。尤其是播种—出苗期水分盈余量大，适宜度较低。年平均气温在 15 ℃以上，大部分地区的全生育期积温达到 4 600 ℃ · d 以上，热量资源丰富，从出苗后期—吐絮前期适宜度均较高，但播种期和吐絮后期的低温天气对棉花生产仍有一定的限制作用。本区温度适宜度的季节变化较河南省其他地区和缓，均值较高而极差较低。该区的阴雨日数多，光照资源不足，是本区光照适宜度较低的主要原因。淮南区的光照适宜度在全省处于较低的水平。

8.2.2 河南省农业气象灾害风险区划

河南主要农业气象灾害包括干旱、洪涝、连阴雨、晚霜冻、干热风、青枯、高温及大风等。各试点市(县)根据当地农业生产特点，选择影响范围广，致灾程度重的主要灾种开展风险区划。

灾害风险区划所用资料包括试点县及周边所有县站地面气象观测资料，农业气象观测资料，其中气象资料序列长度为1970—2010年，农业气象观测资料为有观测记录开始至2010年；根据不同灾种区划指标确定的需求进行分类处理。地理信息资料采用国家基础地理信息中心提供的1∶25万河南省基础地理背景数据。

(1)干旱

根据干旱发生时段可分为春旱、初夏旱、伏旱和秋旱。

1)春旱发生时段一般指3—5月中旬的干旱，这个时期正直小麦拔节—抽穗和春作物播种期，需水量较大。

2)初夏旱时段为5月下旬—6月上、中旬。是河南夏玉米的播种—幼苗期，干旱缺水影响夏玉米正常播种。

3)伏旱时段为7月中旬—8月中旬。此期气温高，蒸发量大，作物处于旺盛生长阶段，干旱对各种作物都有较大影响。

4)秋旱时段为8月下旬—10月下旬。此时经历大秋作物成熟期和小麦播种期，对全年粮食产量影响较大。

综合评定某一地区各时段干旱发生的风险需构建干旱风险指数，它是干旱强度和发生概率的函数，可以表达为：

$$I = F(G,P) = \sum_{i=1}^{n} G_i P_i \tag{8.18}$$

式中，I为干旱风险指数；G_i为不同干旱等级（降水负距平）；P_i为不同等级干旱发生的概率；n为干旱等级总数。利用式(8.18)计算各站点的干旱风险指数，并将I序列进行(0,1)标准化处理，即可以得到各站点干旱风险值。

(2)洪涝

洪涝灾害风险区划，应以降水量空间分配为主导因子，同时考虑地形及土壤质地等因素的影响。洪涝灾害常常由于短时降水量大，积水不能迅速排出而造成，因此暴雨日数可作为反映洪涝灾害发生的风险程度的一个客观指标。以日降雨量大于等于50 mm为暴雨标准，统计试点市(县)及周边各市(县)站历史气象资料，计算年平均暴雨日数，作为暴雨风险区划指标。对于区划结果应根据各乡镇地形及土壤质地等因子进行订正。

(3)连阴雨

连阴雨天气指连续3～5 d以上的阴雨天气现象(中间有短暂的日照)。影响河南农业生产较大的主要是玉米花期阴雨，河南夏玉米开花吐丝一般在8月上旬，以大于等于3 d以上的阴雨寡照或过程降雨量大于等于30 mm定义为一次阴雨过程，统计历年玉米花期阴雨发生次数，并计算发生概率，制定作物连阴雨风险区划指标。

(4)晚霜冻

霜冻是指在一年的温暖时期里，土壤表面和植物表面的温度下降到足以引起农作物受伤害或者死亡的一种低温冻害。影响河南农业生产的主要是小麦晚霜冻。

根据小麦晚霜冻发生气象指标，统计各站点历年轻、重霜冻(轻、重霜冻指标见表8.10)发生概率，构建冬小麦晚霜冻发生风险综合指数

$$I_c = a_1 P_{c1} + a_2 P_{c2} \tag{8.19}$$

式中，I_c为晚霜冻发生风险综合指数；a_1和a_2分别为轻、重霜冻权重系数；P_{c1}和P_{c2}分别为各

等级霜冻发生概率，对 I_c 进行(0,1)标准化处理作为小麦晚霜冻风险区划指数。

表 8.10　冬小麦拔节后的霜冻灾害等级划分指标

拔节后天数(d)		1～5	6～10	11～15	>16
轻霜冻	最低气温(℃)	−2.5～−1.5	−1.5～−0.5	−0.5～0.5	0.5～1.5
重霜冻	最低气温(℃)	−3.5～−2.5	−2.5～−1.5	−1.5～−0.5	−0.5～0.5

(5)干热风

根据小麦干热风发生指标，统计各站点历史上发生轻、重干热风天气过程(冬小麦干热风指标见表 8.11)的概率，资料统计时段 4 月下旬—5 月下旬，构建冬小麦干热风发生风险综合指数

$$I_d = a_1 P_{d1} + a_2 P_{d2} \tag{8.20}$$

式中，I_d 为晚霜冻发生风险综合指数；a_1 和 a_2 分别为轻、重干热风过程权重系数；P_{d1} 和 P_{d2} 分别为各等级干热风过程发生概率。对 I_d 进行(0,1)标准化处理作为小麦干热风风险区划指数。

表 8.11　冬小麦干热风灾害等级指标

干热风日	重	14 时：气温≥32 ℃，相对湿度≤25%，风速≥3 m/s
	轻	14 时：气温≥30 ℃，相对湿度≤30%，风速≥3 m/s
干热风天气过程	重	连续出现 2 d 以上重干热风或 3 d 以上轻干热风
	轻	连续出现 2 d 轻干热风或一轻一重干热风

(6)青枯

根据小麦干热风发生指标，统计各站点历史上发生轻、中、重青枯灾害(冬小麦青枯划分指标见表 8.12)的概率，资料统计时段 4 月下旬—5 月下旬，构建冬小麦青枯发生风险综合指数

$$I_q = a_1 P_{q1} + a_2 P_{q2} + a_3 P_{q3} \tag{8.21}$$

式中，I_q 为青枯发生风险综合指数；a_1，a_2 和 a_3 分别为轻、中、重干热风过程权重系数；P_{q1}，P_{q2} 和 P_{q3} 分别为各等级青枯发生概率。对 I_q 进行(0,1)标准化处理作为小麦青枯风险区划指数。

表 8.12　冬小麦青枯灾害等级指标

青枯	过程降水 4～9 mm，过程后最高气温≥29.0 ℃	轻
	过程降水 9～18 mm，过程后最高气温≥29.0 ℃	中
	过程降水≥18 mm，过程后最高气温≥30.0 ℃	重

(7)大风

大风也是影响农业生产的主要气象灾害之一，大风灾害常伴有强降雨，其会造成农作物大面积倒伏，影响产量，尤其对作物生长中后期威胁较大。通过专家咨询等方式，河南省以 5 级风，即日最大风速大于等于 8 m/s 作为对玉米等高秆作物造成损害的风力下限，即日最大风速大于等于 8 m/s 为出现一个大风日数。统计试点市(县)及周边各县站大风日数，作为大风灾害风险区划指标。

8.2.3　气象灾害防御规划

(1)气象灾害防御规划编制的目的与意义

我国是世界上气象灾害最严重的国家之一，气象灾害所造成的损失占所有自然灾害总损

失的70%以上。气象灾害种类多、分布广、发生频率高且造成损失重。在全球气候持续变暖的大背景下，各类极端天气气候事件发生更加频繁，气象灾害造成的损失和影响不断加重。防御气象灾害已经成为国家公共安全事业的重要组成部分，成为政府履行社会管理和公共服务职能的重要体现，是国家重要的基础性公益事业。编制气象灾害防御规划，指导各级气象防灾体系建设，强化气象防灾减灾能力和应对气候变化能力，对于落实科学发展观、全面建设小康社会和构建社会主义和谐社会具有十分重要的意义。

(2)当前我国气象灾害防御能力存在不足

面对国家经济社会发展的迫切需求，当前我国气象灾害防御能力仍存在以下薄弱环节：气象灾害防御布局重点不够明确，一些国民经济关键行业和主要战略经济区的气象灾害易损性越来越大，气象灾害造成的损失越来越重，成为气象灾害防御的薄弱环节；气象灾害综合监测预警能力有待进一步提高，体现在当前气象业务体系中就是对于突发气象灾害的监测能力弱、预报时效短、预报准确率仍不能满足气象灾害防御需求；气象灾害预警信息传播尚未完全覆盖广大农村和偏远地区，预警信息的针对性、及时性不够；气象灾害风险评估制度尚未建立，缺乏精细的气象灾害风险区划，重点工程建设的气象灾害风险评估尚未全面开展，气候可行性论证对城乡规划编制工作的支撑仍显不足；气象灾害防御方案和应急预案不够完善，部分已有的气象灾害防御方案和应急预案可操作性不强，缺乏气象灾害专项防御方案和应急预案；全社会气象灾害综合防御体系不够健全，部门联动防御气象灾害的机制不健全，部门间信息共享不充分，社区、乡村等基层单位防御气象灾害能力弱，缺乏必要的防灾知识培训和应急演练，全社会综合防灾体系不完备。面对气象灾害频发易发的趋势，气象灾害监测预警、防御和应急救援能力与经济社会发展和人民生命财产安全需求不相适应的矛盾日益突出，气象灾害防御的形势更加严峻。

(3)构建社会主义和谐社会对气象灾害防御提出了更高要求

以人为本，全面协调可持续发展的要求，对气象灾害防御的针对性、及时性和有效性提出了更高要求，尤其是如何科学防灾、依法防灾，最大限度地减少灾害造成的人员伤亡和经济损失，最大限度地减轻防灾的经济成本和社会负担，成为气象灾害防御亟待解决的问题。随着全球气候变暖，极端天气气候事件发生频率加大。流域性特大洪涝、区域性严重干旱、高温热浪、极端低温、特大雪灾和冰冻等灾害出现的可能性增大。受全球气候变暖、污染物排放和城市建设的影响，大气气溶胶含量增加，雾、霾、酸雨，以及光化学烟雾等事件也呈增多、增强趋势，对气象灾害防御提出了新的挑战。我国经济快速发展，社会财富大大增加，人民生活水平显著提高，气象灾害对经济社会安全运行和人民生命财产安全构成更加严重威胁。气象灾害对农业、林业、水利、环境、能源、交通运输、电力、通讯等高敏感行业的影响度越来越大，造成的损失越来越重，严重威胁着这些国民经济行业的安全运行。同时，气象灾害、气候变化及其伴生的水资源短缺、土地荒漠化、大气环境变差等问题都给经济社会发展和人民生命财产安全带来更加严重的影响。

(4)气象灾害防御规划编制的指导思想和目标

气象灾害防御规划的编制以科学发展观为指导，建立健全政府领导、部门联动、社会参与的气象灾害防御机制，充分发挥各部门、各地区、各行业的作用，综合运用科技、行政、法律等手段，着力加强气象灾害监测预警、预报服务、应对准备、应急处置工作，提高全社会防灾减灾意识，全面提高气象灾害防御能力，保障人民生命财产安全、经济发展和社会和谐稳定。气象灾害防御规划主要遵循以下原则：

坚持以人为本，趋利避害的原则；

坚持预防为主，防抗结合的原则；

坚持统筹规划，突出重点的原则；

坚持依法防灾，科学应对的原则。

气象灾害防御规划编制的目标是提高气象灾害监测、预警、评估及其信息发布能力，健全气象灾害防御方案，增强全社会气象灾害防御意识和知识水平，完善“政府领导、部门联动、社会参与”的气象灾害防御工作机制和“功能齐全、科学高效、覆盖城乡”的气象防灾减灾体系，建设一批对国计民生具有基础性、全局性和关键性作用的气象灾害防御工程，减轻各种气象灾害对经济社会发展的影响。

(5)气象灾害防御规划编制的主要任务

1)提高气象灾害监测预警能力

建立结构合理、布局适当、功能齐备的气象灾害综合探测系统，构建气象灾害综合信息共享平台；发展精细化气象预报业务和公共气象服务平台；加强气象灾害预警的发布，显著提升对气象灾害的监测和预警能力。主要包括以下几个方面：一是提高气象灾害综合探测能力；二是完善气象灾害信息网络；三是提高气象灾害预警能力；四是加强气象灾害预警信息发布。

2)加强气象灾害风险评估

按照《国家综合减灾“十一五”规划》的相关要求全面开展气象灾害风险调查和隐患排查，开展重大工程气象灾害风险评估和气候可行性论证，在城乡规划编制过程中充分考虑气象灾害风险因素，为有效防御气象灾害提供科学依据。通过加强气象灾害风险调查和隐患排查，建立气象灾害风险评估和气候可行性论证制度，及加强气候变化影响评估从而加强气象灾害风险评估。

3)提高气象灾害综合防范能力

制定并实施气象灾害防御方案，加强组织领导，完善工作机制，完善防灾法规和标准，开展气象灾害防御科学普及，形成政府领导、部门联动、社会参与、功能齐全、科学高效、覆盖城乡的气象灾害综合防御体系。主要包括制定并实施气象灾害防御方案，加强气象灾害防御法规和标准体系建设，加强气象灾害防御科普宣传教育工作。

4)提高气象灾害应急处置能力

完善气象灾害应急预案，加强各级气象灾害应急救援指挥体系建设，完善应急响应工作机制，形成科学决策、统一指挥、分级管理、反应灵敏、协调有序、运转高效的气象灾害应急救援体系。包括：完善气象灾害应急预案，提高气象灾害应急处置能力，提高基层气象灾害综合防御能力。

8.2.4　政策性农业保险

政策性农业保险是以保险公司市场化经营为依托，政府通过保费补贴等政策扶持，对种植业、养殖业因遭受自然灾害和意外事故造成的经济损失提供的直接物化成本保险。政策性农业保险将财政手段与市场机制相对接，创新政府救灾方式，提高财政资金使用效益，分散农业风险，促进农民收入可持续增长，为世贸组织所允许的支持农业发展的“绿箱政策”。

(1)政策性农业保险的特点

1)农业风险的内容与可保险范围

农业是弱质产业，其风险可分为四种：一是自然风险，即由自然灾害(主要是各类气象及衍生灾害)造成的欠产歉收;二是市场风险,主要指因农产品市场价格波动导致农民收入的减少;三是社会风险,有时又称为行为风险,是指由于个人或团体的社会行为不当所造成的风险;四是制度风险,即制度在变革过程中,由于其结果的不可预见性,使制度的实际收益与预期收益发生背离的可能性。一般而言,政策性农业保险主要针对自然风险和市场风险。其中对自然灾害的保险最为普遍和重要。

2)政策性农业保险和商业性农业保险的区别

政策性农业保险是指国家为了实现保护和发展农业的目的,对其实行一定政策和资金扶持的农业保险险种。它与商业性保险有着本质的区别:

① 从保险目的上来看,政策性农业保险以实施贯彻政府政策为首要目标,有着明确的公共利益取向;而商业性保险是以营利为目的,属于保险公司的个体行为。

② 从保险形式上看,政策性农业保险既可采取强制性形式,也可采用自愿参保的方式;而商业性保险则表现为自愿和非强制性的特点。

③ 从保险费的赔偿设计上来看,政策性农业保险通常带有相对固定金额的特点;而商业性保险的保费设计具有对称的、非固定金额的特征。

(2)建立政策性农业保险体系的必要性

1)我国现有农业风险保障机制不足以保护农民利益,实现农业可持续发展

目前我国农业风险保障机制主要存在以下缺陷:一是农业保险公司容易出现经营亏损、导致业务萎缩,承包面积下降;二是财政救助和紧急贷款缺少稳定性和风险共担机制;三是其他与农业有关的风险保障制度发育相对迟缓。我国农业风险的保障不能单纯只靠财政救济和银行贷款,必须建立一种政策性农业保险体系,从制度上予以保障。

2)建立政策性农业保险对发展农业生产、增加农民收入的意义

农村经济的发展必须要依靠“三驾”马车,一是农业科技的进步和运用,它是农村经济发展的“动力加速器”;二是农村金融体制的建立和完善,它是农业发展的“润滑剂”;三是农业保险机制,它是农业发展的“稳定器”,此三者缺一不可;而“稳定器”是农业发展的基础条件。建立政策性农业保险是发展农业的一个重要“稳定器”;建立政策性农业保险有利于化解商业性农业保险的困境,纠正商业性农业保险供给的不充分状况;我国加入 WTO 以后迫切要求发展政策性农业保险,以保护和促进我国农业的可持续发展。

(3)政策性农业保险发展现状

近年来,农业保险在各级政府政策的大力支持下保持了较快发展势头。2003 年,党的十六届三中全会通过的《中共中央关于完善社会主义市场经济体制若干问题的决定》明确提出“探索建立政策性农业保险制度”,这标志着我国农业保险的第三轮试验开始。此后从 2004—2009 年,连续六年的中央一号文件均对农业保险的发展提出要求,其中 2009 年中央一号文件明确提出“加快发展政策性农业保险,扩大试点范围,增加险种,加大中央财政对中西部地区保费补贴力度,加快建立农业再保险体系和财政支持的巨灾风险分散机制,鼓励在农村发展互助合作保险和商业保险业务”。2013 年 3 月 1 日国务院正式颁布实施《农业保险条例》,规定国家支持发展多种形式的农业保险,健全政策性农业保险制度,建立财政支持的农业保险大灾风险分散机制。目前政策性农业保险试点工作稳步推进,服务领域不断拓,组织形式向多元化方向发展,政策性农业保险的功能作用正得到逐步发挥。

(4)现阶段政策性农业保险发展中存在的主要问题及原因分析。

农业保险是处理农业非系统性风险的重要财务安排,是市场经济条件下现代农业发展的

三大支柱(农业科技、农村金融和农业保险)之一,是世贸组织允许各国支持农业的“绿箱”政策之一。自2004年在全国范围内积极开展政策性农业保险试点改革以来,我国政策性农业保险可以说取得了巨大的实质性进展。在政府各种利好政策的推动下我国政策性农业保险迎来了黄金发展机遇期。但随着试点工作的进一步推进和深入,诸多制约政策性农业保险向前发展的问题也逐渐显露出来:

1)对政策性农业保险的认识不够明确。主要表现在:地方政府对于政策性农业保险的政策目标和导向不明确;农业保险的政策性经营方式不够明确。

2)农民收入水平低,保险意识淡薄。在政策性农业保险试点地区逐渐铺展的进程中,农户对于政策性农业保险有效需求不足的现实仍掣肘农业保险的发展。主要原因在于政策性农业保险的高成本、高费率与农户家庭低收入之间的矛盾;依赖思想严重和保险意识淡薄是制约我国政策性农业保险发展的重要因素;此外农业生产普遍规模小、效益低,难以承担额外保险成本。

3)保险公司经营管理技术水平落后。农业保险的保险利益有别于一般财产险的保险利益,是一种事先难以准确确定的预期利益。农业保险的标的大多是活的生物,它们的生长、饲养都离不开人的行为作用,而且农业风险大多来源于人类难以驾驭的大自然,如洪灾、旱灾、雹灾和疫灾等,具有风险单位大、区域性强、发生频率高、损失规模大等特点。因此,农业保险经营有其独特的技术要求,普通财产保险经营技术难以奏效。而我国目前农业保险的专业人才匮乏,农业保险经营技术还非常落后。主要表现在以下几个方面:

① 农业风险监测技术落后。主要表现在农业风险的识别、衡量、预测、预警以及信息统计与管理等方面,远远不能满足我国农业保险发展的需要。

② 农业保险定价技术落后。农业保险定价要以风险区划前提、以精算理论为基础,而由于各种主客观原因我国农业风险区划几近空白,精算技术甚为薄弱,又缺乏完备的统计数据资料支持,费率的厘定带有很大程度的主观性和盲目性,未能准确反应保险标的的真实风险水平,导致严重的逆选择。

③ 产品开发技术落后。集中表现在产品质量低、针对性差,真正根据农民收入水平、风险状况量身定做的产品少之又少,难以满足农民的保障需求。

④ 定损理赔技术落后,我国不仅农业灾害损失的测定技术落后,而且没有制定统一的赔偿标准,理赔中出现很大的随意性,易引发严重的道德风险。

4)地方政府对政策性农业保险的财政补贴缺乏长效机制。2005年以来。积极推进政策性农业保险试点的各省、自治区、直辖市,虽然对参保农户的保险费支出给予了一部分财政补贴(有的补贴保险费的50%,有的补贴35%),但是试点如果全面铺开以后,财政补贴的压力必然增加,而中央的财政扶持手段和力度是一个未知数,没有任何有关的政策期许和支持承诺,最重要的是在没有建立巨灾补偿基金和农业保险法定再保险的条件下,真的发生大灾需要巨额赔付时,地方财政的力量有限。使得“保费补得起,但来了大灾却赔不起”。因此,尽管中央要求积极扶植政策性农业保险的发展,没有政策上的支持,大多数地区不敢贸然行事,大多是等待观望。这是农业保险发展缓慢的又一个重要原因。

5)巨灾风险分散体系和农业保险再保险机制的缺失。农业生产易受巨灾风险事故的袭击,大面积气象灾害在我国各地的发生频率都很高。例如,在1997—2006年,旱灾对农业的影响占所有灾害影响的54%,因此,农业保险必须建立巨灾风险分散机制。而2009年初我国北方主要冬麦区所遭受的罕见旱灾再次暴露了我国巨灾风险分散体制的“缺位”。据有关部门统计，截至 2009 年 2 月 5 日，全国农作物受旱面积 1.55 亿亩，其中冬麦主产区受旱面积 1.43 亿亩，重旱 4 635 万亩、干枯 116 万亩，在特大旱灾面前，农民们并没享受到政策性农业保险的雨露。在十多个遭受旱灾的省(区、市)中，只有安徽省明确将旱灾列为政策性农业保险的保险责任，而其产生的旱灾赔付款目前也只有区区 2.4 万元。而目前，尚无一个省(区、市)在试验之初就着手建立"巨灾补偿准备金"。同时，部分试验的省(区、市)也没有安排再保险。缺乏巨灾赔偿准备，也无分散风险的其他安排，这样的农业保险试验经营无疑成了一着"险棋"，等于将风险都集中到了各级地方政府身上，这也是目前地方政府试验政策性农业保险的隐忧所在。

6)目前政策性农业保险保费补贴方式存在诸多隐患。目前我国政策性农业保险在实际的执行过程中，形成了一种"政府财政补贴＋保险公司商业经营＋农户自愿参保"的制度安排。为使得这一制度安排更好地发挥效力，有关部门要求，必须在农民缴足保费、基层财政补贴到位之后，中央和省级财政的补贴才会随之落实的一种"补贴联动"的补贴方式，这种补贴方式虽然有避免地方政府道德风险和"钓鱼"问题的设计意图，但其中也存在着诸多弊端：

① 这种方式使得政策性农业保险的保费来源陷入中央政府、地方政府和农户的博弈之中，不利于建立农民对政策性农业保险的信任机制；

② 上级财政资金拨付存在滞后性，这不仅影响政策性农业保险资金的到位率，也会导致政策性农业保险的基层管理部门和保险公司在制定保险保障水平和保险补偿方案时过于保守；

③ 这种"补贴联动"方式将产生不公平现象，使得相对富裕的地区先一步和过多享受上级政府财政的补贴，而那些粮食主产区或西部经济落后地区，虽然更需要政策性农业保险，但限于财力可能会导致上级财政补贴的不到位或到位不及时，产生明显的补贴累退效应。同时，财政状况良好的地区，往往农民的收入水平也相应较高，自身抵御农业风险的能力也相应较强，从而限制了政策性农业保险保障功能的效力发挥。

(5)加快发展我国政策性农业保险的对策建议

1)进一步加大政策扶持力度

发展政策性农业保险离不开政府扶持，世界上 40 多个推行政策性农业保险的国家根据本国实际都相应采取了不同的政策扶持方式。政府加大对农业保险的支持是世界各国支持保护农业的普遍做法。也是世贸组织允许各国支持农业的"绿箱"政策之一。随着政策性农业保险试点的逐渐铺开，政府必须进一步加大对政策性农业保险的扶持力度，以确保试点工作稳步持续的推进。

① 定税收优惠政策。对农业保险提供税收优惠是国际普遍的做法，也是目前应予以重视的。现行税制规定的农业保险免征营业税和印花税的范围仅限定在种植业和养殖业方面。当前我国农业正处于由传统农业向现代农业转变的关键时期，我们应充分发挥农业保险在服务"三农"中的应有作用，根据产业结构的调整和农村经济社会的发展需要，制订税收优惠政策，逐步扩大政策性农业保险的覆盖范围。参照国际经验和我国现行对涉农企业的税收优惠政策，进一步实行税收优惠政策。

② 进一步完善农业保险的补贴政策。一方面提供经营管理费用补贴和再保险费补贴，以激励其经营农业保险，增加农业保险的供给。这两项补贴实际上在 2006 年的"国十条"里已经明确提出，而我们需要做的只是在条件成熟时付诸实践；另一方面对参保农民实行的保费补贴方式，建立保费补贴的长效机制。随着政策性农业保险的全面铺开，结合 2009 年中央一号文件中的要求，中央财政应加大对中西部欠发达地区的补贴力度，并通过差异化补贴政策，调动

地方政府、保险公司和农户的积极性，逐步建立鼓励和扶持政策性农业保险保费补贴的长效机制，保证政策性农业保险的可持续健康发展。

2)构建多层次的农业巨灾风险分散机制

农业风险具有高度关联性和巨大的不确定性，致使农业风险损失在空间上很难分散，结合发达国家经验来看如果在农业保险设计上没有一个完善的农业巨灾风险分散机制，一旦农业巨灾损失发生，单独的商业性保险公司很难独立承担与消化。而目前我国政策性农业保险试点与经营具有较强的区域性，分散风险的能力更差，2008 年初雪灾造成的巨大损失和 2009 年初北方主要冬麦区的罕见旱灾，充分体现出了建立农业巨灾风险分散机制的迫切性。现行条件下可通过以下三条途径建立农业巨灾风险分散机制：

① 提高试点地区政策性农业保险的覆盖率。在不断增加试点地区的同时，努力提高试点地区内农户的参保率。通过农业保险单位的增加，在直接保险层面上通过大数法则在更广空间上实现风险分散。

② 建立农业保险再保险机制。由于自身经济条件的限制和农业保险经营难度大、赔付率高等特点，农业保险承担风险责任的能力和赔付能力有限。在此情况下必须通过再保险方式，在更大空间范围内分散风险、分摊损失。

③ 设立巨灾风险基金或巨灾风险的融资机制。由于农业风险具有高度关联性，致使农业风险在时间和空间上难以分散，很容易形成农业巨灾损失，吞噬农业保险公司的所有准备金和资本金，制约其可持续发展。因此需要建立政府主导下的全国范围内的农业巨灾风险基金，对遭遇巨灾损失的农业保险公司提供一定程度的补偿，增强抵抗巨灾风险的能力。

3)加强政策性农业保险宣传教育

政策性农业保险作为一种重要的风险损失的补偿方式，在大部分地区还远未被农村居民所接受。农民的保险意识非常浅薄，对农业保险的作用还心存疑惑，农民既不信任又不适应交钱让社会来保护自己。为此应加大宣传力度，通过农民喜闻乐见的多种渠道和方式，加大农业保险知识的普及力度，培育农民保险意识，加强农业人口对保险职能的认识，使其认识到保险是稳定生活、恢复生产和保障经济有效的风险管理手段，进而自觉地参加保险，从而提高政策性农业保险的参保率和覆盖面，推动政策性农业保险稳步向前发展。

4)设立政策性农业保险监管机构

目前，我国农业保险的监督管理主要由中国保险监督管理委员会(以下简称保监会)来实施，但政策性保险的监管与商业性保险的监管在监管性质、监管内容及监管规则等方面均有很大的差异，尤其是农业保险业务管理比商业保险业务管理要复杂得多，它不仅在展业、承保、防灾减损和理赔等业务经营管理层面上复杂，还涉及农业、气象、金融、投资、财政和税务等若干领域，更主要地体现在其政策性本质所要求的跨部际协调上。为了避免出现因各自为政、分割管理、资源分散配置而导致的高投入、低效率局面，有必要借鉴外国先进经验，考虑在适当的时机，以目前保监会政策性农业保险监管部门和人员为基础，联合中华人民共和国国家发展和改革委员会、中华人民共和国农业部、中华人民共和国财政部、中国气象局等有关部委，成立专门的政策性农业保险监管机构，以适应政策性农业保险的快速发展。农业保险的管理机构需要履行的职责应该包括：

① 根据中央政府和省政府授权，制定和执行有关政策性农业保险的政策；

② 组织全国或全省进行农业风险区划分区和费率分区工作；

③ 研究农业风险和风险管理，精算费率，设计政策性农业保险的标准(或示范)条款；

④ 筹集、管理和使用大灾准备基金；

⑤ 协调各地、各个参与农业保险的主体之间的关系；

⑥ 根据中央政府或省政府的授权，代表中央政府或者省政府管理、审核和拨付财政补贴资金。

参考文献

曹广才．1990．温光条件对小麦籽粒蛋白质含量的影响[M]．杭州：浙江科学技术出版社．

曹广才，王绍中．1994．小麦品质生态[M]．北京：中国科学技术出版社．

陈超，金之庆，郑有飞，等．2004．CO_2 倍增时气候及其变率变化对黄淮海平原冬小生产的影响[J]．江苏农业学报，**20**(1)：7-12．

陈怀亮，张雪芬．1999．玉米生产农业气象服务指南[M]．北京：气象出版社：19-21．

成林，李树岩，刘荣花，等．2009．限量灌溉下冬小麦水分利用效率模拟[J]．生态学杂志，**28**(10)：2147-2152．

成林，刘荣花，马志红．2011．增温对河南省冬小麦产量的影响分析[J]．中国生态农业学报，**19**(4)：854-859．

崔读昌．1987．我国北方旱地农业的分类分区研究[J]．农业气象，(3)：49-53．

邓可洪，居辉，熊伟，等．2006．气候变化对中国农业的影响研究进展．中国农学通报，**22**(5)：439-441．

丁裕国，张耀存，刘吉峰．2007．一种新的气候分型区划方法[J]．大气科学，**31**(1)：129-136．

冯晓云，王建源．2005．基于 GIS 的山东农业气候资源及区划研究[J]．中国农业资源与区划，**26**(2)：60-62．

冯泽芳．1948．中国之棉区与棉种[A]//农林部棉产改进处．冯泽芳先生棉业论文选集[C]．北京：中国棉业出版社：124-131．

郭文利，王志华，赵新平，等．2004．北京地区优质板栗细网格农业气候区划[J]．应用气象学报，**15**(3)：382-384．

郭兆夏，朱琳，陈明彬，等．2004．基于 GIS 商州市农业气候区划信息服务系统[J]．陕西气象，(6)：37-40．

郭兆夏，朱琳，叶殿秀，等．2000．GIS 在气候资源分析及农业气候区划中的应用[J]．西北大学学报：自然科学版，**30**(4)：357-359．

何守法，董中东，詹克慧，等．2009．河南小麦和夏玉米两熟制种植区的划分研究[J]．自然资源学报，**24**(6)：1115-1122．

何燕，李政，廖雪萍，等．2006．GIS 支持下的巴西陆稻 IAPAR-9 再生稻合理布局气候区划[J]．中国农业气象，**27**(4)：310-313．

黄淑娥，殷建敏，王怀清．2001．“3S”技术在县级农业气候区划中的应用[J]．中国农业气象，**22**(4)：40-42．

黄滋康，崔读昌．2002．中国棉花生态区划[J]．棉花学报，**14**(3)：185-190．

吉中礼．1986．对农业气候区划中水分指标的改进[J]．干旱地区农业研究，(1)：14-19．

江敏，金之庆，高亮之，等．1998．全球气候变化对中国冬小麦生产的阶段性影响[J]．江苏农业学报，**14**(2)：90-95．

金志凤，尚华勤．2003．GIS 技术在常山县胡柚种植气候区划中的应用[J]．农业工程学报，**19**(3)：153-155．

居辉，熊伟，许吟隆，等．2005．气候变化对我国小麦产量的影响[J]．作物学报，**31**(10)：1 340-1 343．

亢翠霞，李梧森，赵建林．2006．石家庄市农业资源区划研究[J]．中国农业资源与区划，**27**(4)：10-13．

李继由．1995．农业气候资源理论及其充分利用[J]．自然资源，(1)：1-8．

李世奎．1998．中国农业气候区划研究[J]．中国农业资源与区划，(3)：49-52．

刘敏，向华，杨卉，等．2003．GIS 支持下的三峡库区湖北段农业气候资源评估与区划[J]．中国农业气象，**24**(2)：38-42．

刘淑贞，曹广才．1989．冬型小麦品种开花至成熟的气候条件对籽粒蛋白质含量影响[J]．耕作与栽培，(6)：60-65．

刘依兰，边巴扎西．1997．西藏林芝地区耕作制度气候区划[J]．中国农业气象，**18**(1)：27-29．

刘颖杰，林而达．2007．气候变暖对中国不同地区农业的影响[J]．气候变化研究进展，**3**(4)：229-233．

马晓群，王效瑞，徐敏，等．2003．GIS 在农业气候区划中的应用[J]．安徽农业大学学报，**30**(1)：105-108．

马新明，周永娟，陈伟强，等．2006．基于 GIS 的河南省棉花自然生产潜力研究[J]．棉花学报，**18**(5)：289-293．

南纪琴，肖俊夫，刘战东．2010．黄淮海夏玉米高产栽培技术研究[J]．中国农学通报，**26**(21)：106-110．

欧阳宗继，赵新平，赵有中，等．1996．山区局地气候的小网格研究方法[J]．农业工程学报，**12**(3)：144-148．

庞庭颐．2001．西山区夏凉气候资源的合理开发与利用[J]．广西气象，**22**(1)：47-51．

裴浩，敖艳红，李云鹏，等．2000．内蒙古阿拉善地区气候区划研究[J]．干旱区资源与环境，**14**(3)：46-56．

齐斌，余卫东，袁建昱，等．2011．河南省棉花精细化农业气候区划[J]．中国农业气象，**32**(4)：571-575．

千怀遂，任玉玉，李明霞．2006．河南省棉花的气候风险研究[J]．地理学报，**61**(3)：319-326．

乔丽，杜继稳，江志红，等. 2009. 陕西省生态农业干旱区划研究[J]. 干旱区地理，**32**(1)：112-118.

任玉玉，千怀遂，刘青青. 2004. 河南省棉花气候适宜度分析[J]. 农业现代化研究，**25**(3)：231-235.

尚勋武，康志钰，柴守玺，等. 2003. 甘肃省小麦品质生态区划和优质小麦产业化发展建议[J]. 甘肃农业科技，**25**(3)：112-114.

时子明. 1983. 河南自然条件与自然资源[M]. 郑州：河南科学技术出版社.

苏永秀，李政. 2003. 地理信息系统在县级农业气候区划中的应用[J]. 广西农业生物科学，**22**(1)：46-49.

苏占胜，秦其明，陈晓光，等. 2006. GIS 技术在宁夏枸杞气候区划中的应用[J]. 资源科学，**28**(6)：68-72.

田纪春，梁作勤，庞祥梅，等. 1994. 小麦的籽粒产量与蛋白质含量[J]. 山东农业大学学报，**25**(4)：483-486.

田展，刘纪远，曹明奎. 2006. 气候变化对中国黄淮海农业区小麦生产影响模拟研究[J]. 自然资源学报，**21**(4)：598-607.

Todorov A V. 1983. 作物农业气候区划[J]. 王石立，译. 气象科技，(1)：63-65.

王馥棠. 2002. 近十年来我国气候变暖影响研究的若干进展[J]. 应用气象学报，**13**(6)：755-766.

王连喜. 2009. 宁夏农业气候资源及其分析[M]. 银川：宁夏人民出版社.

王龙俊，陈荣振，朱新开，等. 2002. 江苏省小麦品质区划研究初报[J]. 江苏农业科学，(2)：15-27.

王培娟，张佳华，谢东辉，等. 2011. A2 和 B2 情景下冀鲁豫冬小麦气象产量估算[J]. 应用气象学报，**22**(5)：549-557.

王绍中，刘发魁，张玲，等. 1995. 小麦品质生态及品质区划研究Ⅲ：河南省小麦品质生态区划[J]. 河南农业科学，(12)：3-9.

王燕. 2000. 用模糊聚类分析法对某地区气候区划[J]. 集宁师专学报，**22**(4)：30-32.

魏丽，殷剑敏，王怀清. 2000. GIS 支持下的江西省冬季农业合理布局气候区划[J]. 江西气象科技，**23**(1)：27-32.

吴洪颜，黄毓华，田心如. 2002. 基于 GIS 的徐州地区冬小麦气候分析[J]. 气象科学，**22**(3)：362-367.

吴天琪，郭洪海，张希军，等. 2002. 山东省优质专用小麦种植区划研究[J]. 中国农业资源与区划，**23**(5)：1-5.

肖风劲，张海东，王春乙，等. 2006. 气候变化对我国农业的可能影响及适应对策[J]. 自然灾害学报，**15**(6)：327-331.

熊伟，许吟隆，林而达. 2005. 气候变化导致的冬小麦产量波动及应对措施模拟[J]. 农业资源与环境科学，**21**(5)：380-385.

薛昌颖，刘荣花，吴骞. 2010. 气候变暖对信阳地区水稻生育期的影响[J]. 中国农业气象，**31**(3)：353-357.

薛生梁，刘明春，张惠玲. 2003. 河西走廊玉米生态气候分析与适生种植气候区划[J]. 中国农业气象，**24**(2)：12-15.

余华盛，南成虎，田良才. 1995. 中国普通小麦生态区划及生态分类 I：中国普通小麦生态区划[J]. 华北农学报，**10**(4)：6-3.

余卫东，陈怀亮. 2010a. 河南省夏玉米精细化农业气候区划研究[J]. 气象与环境科学，**33**(2)：14-19.

余卫东，陈怀亮. 2010b. 河南省优质小麦精细化农业气候区划研究[J]. 中国农学通报，**26**(11)：381-385.

余卫东，赵国强，陈怀亮. 2007. 气候变化对河南省主要农作物生育期的影响[J]. 中国农业气象，**28**(1)：9-12.

张强，韩永翔，宋连春. 2005. 全球气候变化及其影响因素研究进展综述[J]. 地球科学进展，**20**(9)990-998.

赵广才，常旭虹，刘利华，等. 2007. 河北省小麦品质区划研究[J]. 麦类作物学报，**27**(6)：1 042-1 046.

赵娟，陈浩. 2007. 新疆玉米种植农业区划的模糊聚类[J]. 黄山学院学报，**9**(3)：6-8.

钟秀丽，王道龙，赵鹏，等. 2008. 黄淮麦区小麦拔节后霜冻的农业气候区划[J]. 中国生态农业学报，**16**(1)：11-15.

朱启荣. 2009. 中国棉花主产区生产布局分析[J]. 中国农村经济，(4)：31-38.

Francisco J M, Daniel S. 2009. Dynamic adaptation of maize and wheat production to climate change [J]. *Climatic Change*, **94**：143-156.

Jones J W, Hoogenboom G, Porter C H, *et al*. 2003. The DSSAT cropping system model [J]. *European Journal of Agronomy*, **18**：235-265.

第 9 章　现代农业气象业务服务平台

现代农业气象业务服务体系的初步形成，在提升各级业务能力的同时，也丰富了农业气象业务服务产品，河南省已逐渐形成了具有本省特色的农业气象业务服务产品体系。该体系围绕保障大宗粮食作物生产安全为核心，同时兼顾各地特色作物，通过形式多样的服务产品，满足不同服务对象的需求。在现代农业气象试点建设过程中，大量现代化的观测设备投入业务应用，为了将各类观测数据更好地应用于农业气象服务，组织研发了省级和市县级现代农业气象业务平台，实现了农业气象业务工作的自动化、网络化运作，也为各类农业气象数据的分析与加工提供了软件支持。农业气象信息服务是现代农业气象业务服务工作的重要环节，也是农业气象工作服务大众、产生效益的必由之路。河南省在加强服务产品规范、服务效果考核等工作的基础上，集约化开发了省、市、县一体化的河南省现代农业气象服务平台。通过以上举措，河南省现代农业气象业务服务水平得到显著提高。

9.1　现代农业气象业务服务产品的类别与形式

随着现代农业气象业务深入开展及各类科研成果相继应用于日常业务，农业气象服务产品日益丰富，并形成了具有河南省特色的农业气象业务服务产品体系。根据农业气象业务特点，各种服务产品可归纳为农业气象情报业务服务产品和农业气象预报业务服务产品两大类，每一大类又分别具有若干个产品形式，服务内容涉及大宗粮油作物全生育期系列化服务、主要农业气象灾害评估、关键农事活动农用天气预报、病虫害气象等级预报和作物产量预报等，可分别满足不同服务对象对服务内容与时效性的需求。

9.1.1　现代农业气象业务服务产品类别

现代农业气象业务服务产品，主要分为农业气象情报业务服务产品和农业气象预报业务服务产品两大类。农业气象情报服务产品是农业气象情报信息提取和加工的结果，是广大用户非常需要的农业气象信息。农业气象预报服务产品是一种专业性的预报产品，与预报对象自身规律和环境气象条件演变的物理过程有关。具体服务产品类别见表 9.1 至表 9.4。

(1)农业气象情报业务服务产品

农业气象情报产品大致分为三类：定期产品、不定期产品和临时服务信息。定期产品有明确的发布时间要求，按时间序列和空间区域进行综合分析，能够较全面地反映某一区域气象条件对农情和墒情的主要影响和变化。不定期产品的发布时间不固定，主要指针对某一个专题而编写的分析报告，其内容和形式多样，针对性强，简明扼要。临时服务信息是指根据用户临时提出的服务需求开展的一些口头咨询服务或非正式发布的一些情报信息及文字素材。目前情报业务服务产品产生要有“农业气象旬(周)报”、“农业气象月报”、“农业气象季报”、“农业气象年报”、“土壤水分监测公报”、“农业气象条件分析”、“灾情、农情分析报告”，以及“某一天气过程对农业生产影响分析报告”等。

(2)农业气象预报业务服务产品

在我国农业气象业务服务中，常见的农业气象预报有农作物产量预报、农用天气预报、农业病虫害发生发展气象等级预报、农作物发育期预报、农田土壤水分预报及农业气象灾害预报。其中农业气象灾害预报又包含霜冻预报、寒露风预报、低温冷害预报、干热风预报和农业干旱预报等。

表 9.1　国家级农业气象信息服务产品列表

产品分类	产品内容	产品范围
作物气象诊断分析	旬月报 土壤墒情监测公报 作物生长状况诊断分析	粮食生产区
农业气象预报产品	农用天气预报 粮食作物产量预报 发育期预报 墒情预报 病虫害气象条件预报	粮食生产区
农业气象灾害预警评估	农业旱涝监测评估	粮食生产区
农业气象灾害预警评估	东北地区低温冷害 黄淮海小麦晚霜冻和干热风 南方水稻高温热害和寒露风	区域
精细化农业气候区划	粮食作物精细化农业气候区划	粮食生产区

表 9.2　省级农业气象服务产品列表

产品分类	产品内容	产品范围
作物气象诊断分析	旬月报 土壤墒情监测公报 作物生长状况诊断分析	粮食生产县
农业气象预报产品	农用天气预报 粮食作物产量预报 发育期预报 墒情预报 病虫害气象条件预报	粮食生产县
农业气象灾害预警评估	农业旱涝预警评估 其他主要农业气象灾害预警评估	粮食生产县
精细化农业气候区划	粮食作物精细化农业气候区划	粮食生产县
农业气候可行性论证	引种、布局、农业工程的气候适应性论证	粮食生产县

表 9.3　市级农业气象服务产品列表

产品分类	产品内容	产品范围
作物气象诊断分析	旬月报	全市范围
	作物生长状况诊断分析	
农业气象预报产品	农用天气预报	
	粮食作物产量预报	
	发育期预报	
	病虫害气象条件预报	
农业气象灾害预警评估	农业旱涝预警评估	
	其他主要农业气象灾害预警评估	
农业气候可行性论证	引种、布局、农业工程的气候适应性论证	

表 9.4　县级农业气象服务产品列表

产品分类	产品内容	产品范围
作物气象诊断分析	旬月报	全县范围
	作物生长状况诊断分析	
农业气象预报产品	农用天气预报	
	粮食作物产量预报	
	病虫害气象条件预报	
农业气象灾害预警评估	农业旱涝预警评估	
	其他主要农业气象灾害预警评估	

9.1.2　现代农业气象业务服务产品形式

(1)农业气象情报业务服务产品形式

1)农业气象旬(周)报、月报、季报、年报

农业气象旬(周)报:农业气象旬(周)报主要内容是对每旬(周)的农业气象条件做出评价,对未来一旬(周)的农业气象条件做出展望并提出相应的农业生产对策建议。通常包括以下几部分内容:本旬(周)天气、农作物生长发育与农业气象条件分析和下一旬(周)农业气候及生产建议等。

"本旬(周)天气"主要描述一旬(周)的光、温、水分布,以及气象条件与常年同期相比较的正常与异常状况。

"农作物生长发育与农业气象条件分析"主要内容为介绍主要作物的发育期进程,评述气象条件及主要农业气象灾害对农作物生长发育利弊影响。评价方法是根据农业气象条件正常与异常状况,结合各种作物的生长发育指标,对各种作物生长发育的农业气象条件做出利弊影响分析。

"下一旬(周)农业气候及生产建议(或称展望与建议)"指未来一旬(周)内可能出现的有利和不利农业气象条件,并提出相应的对策建议。主要编制原理是根据季节、农作物所处的发育期阶段与适宜指标、前期条件造成的农作物生长状况及常年可能出现的农业气象问题等,结合中期天气预报,做出未来一旬(周)的农业气象条件是否有利的判断,并提出有针对性的措施建

议作为决策参考意见。

为了使用户更详细、更具体地了解旬(周)报内容,在产品中还有与内容相匹配的图表,包括旬(周)平均气温图及旬(周)平均气温距平图、旬(周)降水量及旬(周)降水量距平百分率图、旬(周)日照时数图、各种作物的生育期图和主要农业气象灾害图,有时根据内容需要还可能配有极端最低气温图、降水日数图、高低温日数图等。

农业气象月报:农业气象月报主要内容是评价过去一个月内气象条件对农业生产的影响。通常有"本月天气"、"作物生长发育及农业气象条件评述"、"下一月农业气候及生产建议"等栏目,各栏目主要内容与农业气象旬(周)报大致相似。"本月天气"主要反映过去一个月的气温、降水、日照的分布及其与常年同期比较正常与异常状况。"作物生长发育及农业气象条件评述"评述过去一个月光、温、水三要素的配合协调程度及对农业生产的利弊影响,介绍重要的气象与农业气象灾害及其对农业的危害。"下一月农业气候及生产建议"指对未来一个月的农业气候条件做出展望,并提出相应的农业生产措施。

农业气象季报、年报:农业气象季报、年报产品的内容与农业气象旬(月)报也大致相似,主要内容有过去一季或年的气象要素的分布状况,气象条件对主要农作物生长发育和产量结构的影响,以及季(年)内主要气象、农业气象灾害的影响范围、强度、作物受害程度的分析。与农业气象旬(周)报不同的是,一般季报或年报中不进行下一季或下一年的农业气象条件利弊影响的预测。

2)作物生育期农业气象条件评价产品

作物生育期农业气象条件评价产品是指在作物收获完毕或某一个发育期结束后编制专题产品,对一些大宗粮食作物和本省重要的经济作物的全生育期或部分关键生育期的农业气象条件进行评述。

3)关键农事季节农事活动气象条件评价

在作物播种期、收获期和移栽期等重要农事季节,编制农事季节气象条件利弊影响评价的专题产品。主要内容有作物适宜的农事日期建议、农事活动期间的天气条件分析和农事建议等。这类产品有春播期气象条件影响分析、秋收秋种气象服务专报等。

4)农业气象灾害影响评估产品

针对一些在作物关键生育期发生的农业气象灾害,在灾害发生过程中或灾害结束后,对灾害的影响程度做出评估,并提出一些具体针对性的农业生产建议。这类产品的主要内容包括灾害发生时间和影响范围,灾害对作物影响,以及灾前、灾中、灾后采取的防灾减灾措施。

5)某一天气过程对农业生产影响分析报告

在决策或公众服务的过程中,有时需要对一次极端或剧烈变化的天气过程对农业生产的影响做出分析评价,主要内容有这次天气过程的特点、发生范围、利弊影响和农业生产建议等,比如降雨、降雪及大风降温天气对农业生产的影响。

(2)农业气象预报业务服务产品形式

1)粮食作物产量预报

粮食作物产量预报主要包括粮食总产预报、小麦产量预报、玉米产量预报、双季早稻产量预报、一季稻产量预报、双季晚稻产量预报和大豆产量预报。

2)经济作物产量预报

经济作物产量预报主要包括棉花产量预报、油菜产量预报和花生产量预报等。

3)名优特小宗农产品产量预报

名优特小宗农产品产量预报主要包括绿豆、红小豆、板栗、金丝小枣和优质水果等农产品产量预报。近几年随着特色农业发展，各地已经逐步开展此类预报服务。

4)农用天气预报

农用天气预报主要包括播种、灌溉、施肥、喷药、收获，以及作物生长发育过程灾害性天气预报等。

5)主要农作物病虫害发生发展气象等级预报

主要农作物病虫害发生发展气象等级预报主要包括小麦条锈病气象等级预报、小麦白粉病气象等级预报、小麦蚜虫气象等级预报、玉米螟气象等级预报、玉米大斑病气象等级预报、玉米小斑病气象等级预报、玉米黏虫气象等级预报、稻飞虱气象等级预报、大豆蚜气象等级预报和棉铃虫气象等级预报等。

6)农作物发育期预报

农作物发育期预报主要包括大宗作物的播种期和收获期预报，针对特色农业开展了花卉开花期预报和烟叶移栽期预报等。

7)农田土壤水分预报

农田土壤水分预报是指根据各地农事活动、作物生长发育进程及农田土壤水分的变化情况，结合未来预报适时开展的预报服务。根据预报精细化程度可分为单站离散点土壤水分预报与区域格点化土壤墒情预报。

8)农业气象灾害预报

农业气象灾害预报主要包括农业干旱监测预报、晚霜冻害监测预报及干热风监测预报等。

9.2　现代农业气象业务服务产品制作加工

随着现代农业气象业务服务试点建设的深入开展，各类农业气象观测数据日益丰富，业务服务内容也得到进一步的优化与完善。由于业务服务发展带来的大数据量、强时效性、高质量化及分析处理的日益复杂化等变化，传统手工或以分散、简单的小程序接收、处理、分析、制作农业气象业务服务产品的办法已远远不能满足业务发展的需求，必须发展现代化、自动化、一体化的农业气象业务分析处理与服务产品加工平台。为此，在现代农业气象业务服务试点工作中，着力组织研发了省级和市(县)级现代农业气象业务平台，并在推广应用中不断改进完善。

9.2.1　省级现代农业气象业务服务平台

河南省气象科学研究所于2010年组织省、市气象局相关业务技术人员开发了省级农业气象业务服务平台。该平台于2011年初在河南省气象局农业气象服务中心进行业务运行，经过不间断的升级完善，目前已成为省级农业气象业务值班人员的主要业务软件，承担了省级农业气象情报业务、预报业务、灾害预警与评估业务等多项业务服务功能。平台在开发理念、观测资料传输和农业气象灾害评估等方面具有较好的推广价值。

(1)省级现代农业气象业务服务平台综述

1)省级现代农业气象业务服务平台基本情况

省级现代农业气象业务服务平台主要使用对象为省级农业气象业务人员，功能上基本涵盖了当前河南省省级的主要农业气象业务与服务内容。省级平台以Visual C#为主开发语言,基于 Client/Server(C/S)的软件系统体系结构。在客户机上安装业务平台软件,大部分日常业务可在客户机上独立运行,同时平台也需要依托多个服务器端,用于报文的下载发送、产品共享发布及各类数据资料的查询入库等操作。服务器端主要包括 FTP 服务器、农业气象产品服务器(文件服务器)和多个数据服务器。平台基于微软的".Net"系统框架进行开发,能够较好地兼容当前主流的操作系统。

2)省级现代农业气象业务服务平台系统功能

省级现代农业气象业务服务平台的功能结构依据河南省现有业务服务体系进行设计,其主要系统功能包括农业气象情报处理系统、农业气象预报系统、农业气象灾害评估系统、资料共享发布系统及数据管理系统五大功能(见图 9.1)。在平台开发过程中,为实现全省农业气象基础数据的共享与交换,同步建设了河南省农业气象基础数据库,并在省级平台中开发了相应的数据管理系统。

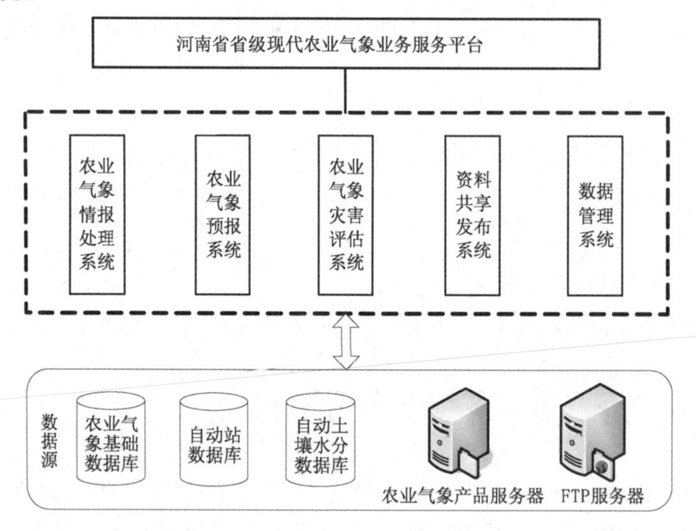

图 9.1 省级现代农业气象业务服务平台主要系统功能结构

3)省级现代农业气象业务服务平台运行环境

① 省级现代农业气象业务服务平台所需的硬件设备最低配置

内存:推荐 1 G 以上;

硬盘:省级农业气象业务服务平台需 200 MB 空闲硬盘空间;

CPU:主频 2 GHz;

局域网:河南省气象局内部局域网;

服务器:运行农业气象基础数据库、自动站数据库和自动土壤水分数据库的多台数据服务器,存放农业气象服务产品的文件服务器。

② 省级现代农业气象业务服务平台所需的支持软件

操作系统:Microsoft Windows XP,Microsoft Windows 2003,Microsoft Windows Vista,Microsoft Windows Server 2008,Microsoft Windows 7 等 32 位操作系统,并且安装.Net Framework 3.5 及以上运行环境;

数据服务器:Microsoft SQL Server 2000 及以上版本;

其他软件:Surfer 9.0,IBM Lotus Notes 7.0,Microsoft Office 2003 及以上版本。

(2)河南省农业气象基础数据库

在河南省气象系统局域网中设立了农业气象数据服务器，并在该服务器上部署了SQLServer2000 数据库，实现了全省农业气象基础数据的共享与交换。该数据服务器主要用来存储全省各类农业气象数据信息，由省气象局农业气象中心负责数据库的日常维护工作。各市、县级气象局可通过市（县）级农业气象业务服务平台访问该数据服务器，实现各类数据的查询与分析。

农业气象基础数据库可供省—市—县三级农业气象业务部门同时使用，该数据库对河南省原有各类农业气象数据资源进行了有效整合，可满足省级与市（县）级业务服务需要，避免了重复建设。

河南省农业气象基础数据库目前主要有两大类数据资源，分别为农业气象基础数据库与农业气象指标数据库。农业气象基础数据库由 35 个数据表组成表 9.5，农业气象指标数据库由 10 个数据表组成（见表 9.6）。

表 9.5　农业气象基础数据库各数据表信息

表名	中文表名	表名	中文表名
Station	站点信息表	qxdeklzab	AB 报旬气象资料表
gcnqsszl	AB 报旬作物资料表	zqlzab	AB 报旬灾情资料表
qxdwmonth	地温月值表	gcjctrsd	加测墒情资料表
jdsdgcb	实测墒情资料表（土壤重量含水率）	xdsdgcb	实测墒情资料表（土壤相对湿度）
meteday_Auto	自动站逐日气象资料表	wheat2	冬小麦观测地段基本情况及定点观测表
wheat3	冬小麦冬前监测资料表	wheat4	冬小麦返青监测资料表
wheat5	冬小麦 4 月 8 日监测资料表	wheat6	冬小麦 5 月 8 日监测资料表
wheat7	冬小麦产量分析报告表	wheat8	冬小麦灌浆进程记录表
cron2	夏玉米观测地段基本情况及定点观测表	cron3	夏玉米 7 月 8 日监测资料表
cron4	夏玉米 8 月 8 日监测资料表	cron5	夏玉米产量资料分析表
cotton2	棉花观测地段基本情况及定点观测表	cotton3	棉花 7 月 8 日监测资料表
cotton4	棉花 8 月 8 日监测资料表	cotton5	棉花产量资料分析表
cotton6	棉花固定地段发育期资料表	rice2	水稻定点观测地段基本资料表
rice3	水稻返青期监测资料表	rice4	水稻拔节期监测资料表
rice5	水稻乳熟期监测资料表	rice6	水稻灌浆进程记录表
rice7	水稻产量分析报告表	TS1	特色作物观测地段及定点资料表
TS2	特色作物发育期观测资料表	TS3	特色作物生长状况观测资料表
TS4	特色作物产量与品质分析资料表		

表 9.6　农业气象指标数据库各数据表信息

表名	中文表名	表名	中文表名
Wheat_Temperature	小麦适宜气温表	Maize_Temperature	玉米适宜气温表
Wheat_sumSunlight	小麦适宜日照时数表	Maize_sumSunlight	玉米适宜日照时数表
Wheat_sumTemperature	小麦适宜积温表	Maize_sumTemperature	玉米适宜积温表
Wheat_SoilMoisture	小麦适宜土壤相对湿度表	Maize_SoilMoisture	玉米适宜土壤相对湿度表
Wheat_Drought	小麦干旱指标表	Maize_Drought	玉米干旱指标表

(3)省级现代农业气象业务服务平台的主要功能

1)情报处理系统

情报处理系统包括报文收发、旬(月)报处理、周报处理、墒情报处理、作物观测报表处理和等值线分析等功能。

① 报文收发。报文收发功能主要用来实现各类报文数据的采集,可通过该功能模块采集旬(月)报、周报、加测墒情报、墒情报及作物观测报表等多种报码信息。报文收发功能界面见图9.2,业务人员可通过相应功能按钮实现报码文件的下载和打包处理,经检测无缺站及无错误信息后,将打包后的报码文件进行上传发送。报文收发功能模块的具体操作流程见图9.3。

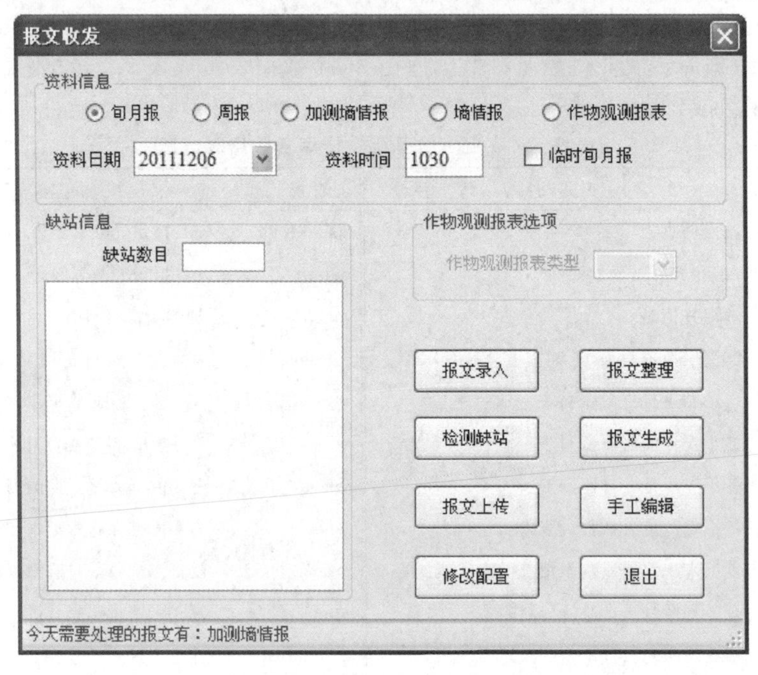

图9.2　省级现代农业气象业务服务报文收发窗口界面

② 情报解译处理系统。情报解译处理系统包括旬(月)报、周报、墒情报及作物观测报表的解译及入库处理,主要实现将打包后的各类报码文件进行预检验处理和解译,并将解译结果存入农业气象基础数据库中。各模块还支持报码文件快速检索功能,通过台站号可迅速定位至该台站报码位置,快速完成对报码的修改编辑操作。报码解译完毕后,解译后的内容会以表格形式呈现给业务人员,同时也在相应目录下生成数据集文件,供后续的信息分析与处理操作。报码处理模块界面见图9.4,图中以旬(月)报处理模块为例。

在墒情报处理模块,系统加入了统计分析功能,业务人员可对任意一次的墒情监测结果进行简单的统计分析,系统会给出本次测墒结果中出现各级旱情的站点数目与百分比、墒情适宜站点的数目与百分比。同时业务人员也可以选择与上次测墒结果对比,系统会给出每个站点的墒情变化情况。

③ 等值线分析。在农业气象日常业务服务中进行等值线分析作图是必不可少的工具,省级平台在开发过程中采用Surfer Active X Automation接口技术,通过编程控制Surfer软件绘制等值线图形时用到的方法和属性,开发出了支持多文件格式的等值线分析工具,在日常业务服务中发挥了重要作用。功能界面见图9.5。

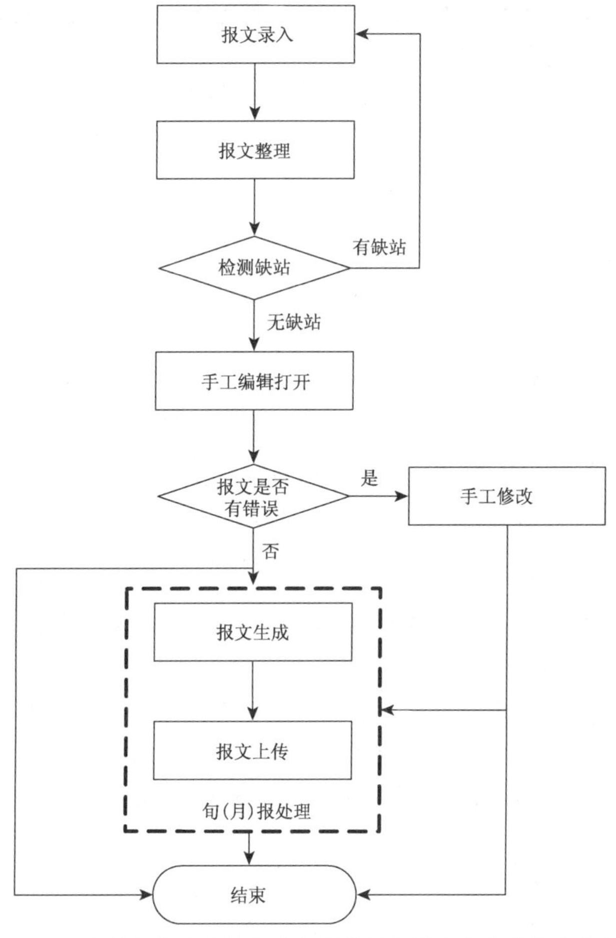

图 9.3　省级现代农业气象业务服务平台报文收发操作流程图

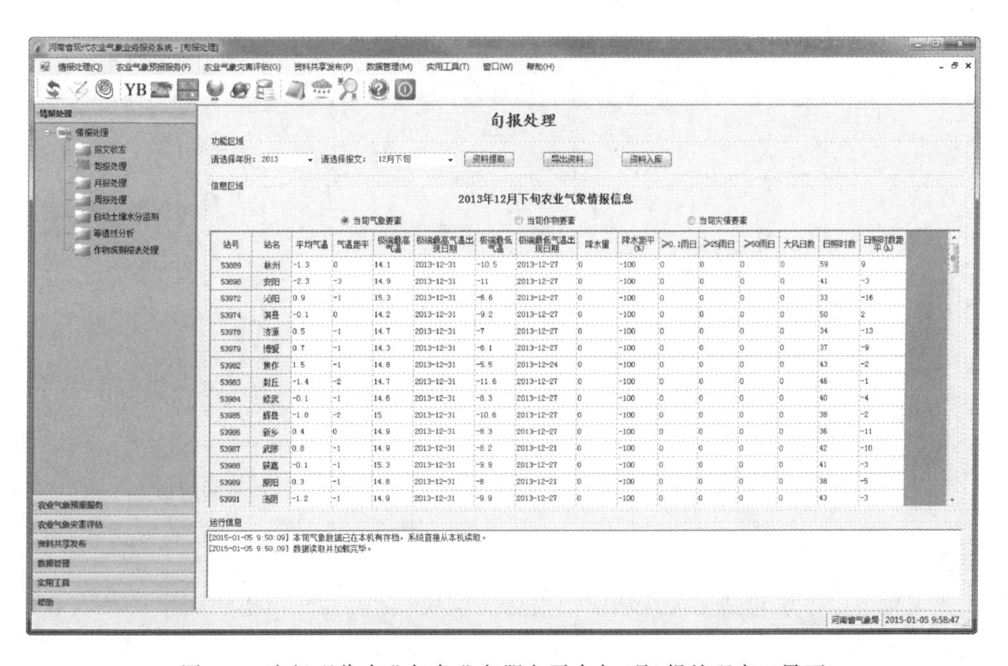

图 9.4　省级现代农业气象业务服务平台旬(月)报处理窗口界面

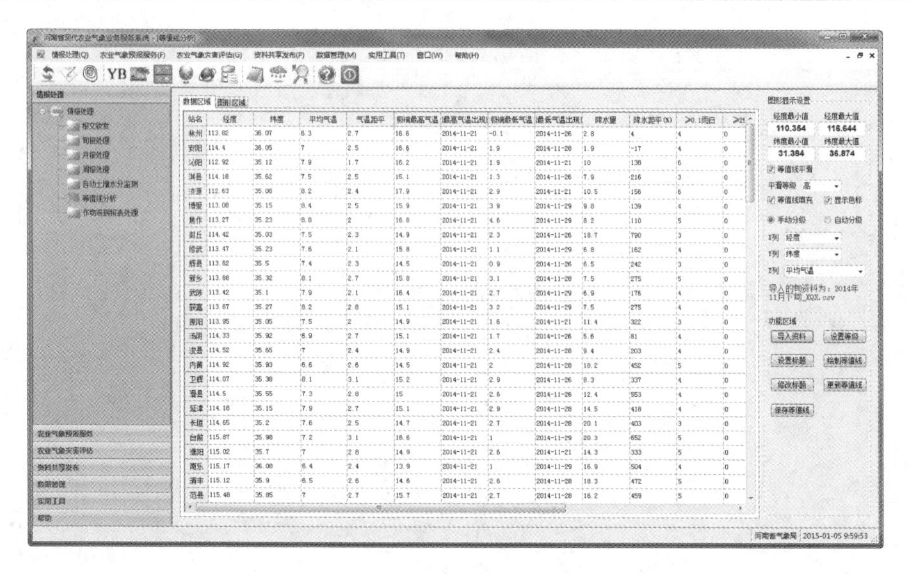

图 9.5 省级现代农业气象业务服务平台等值线分析工具

该等值线分析工具支持将省级平台生成的各类数据集文件、带台站号的标准数据文件，以及带经纬度的标准数据文件作为数据输入文件进行等值线分析。业务人员可通过交互式窗口直接操作等值线的等级、线型及填充颜色等。系统对温度、降水量、日照时数和土壤墒情等常用资料的等级预设了色标文件，方便利用这些数据资料分析绘图。系统同时支持等值线图形中图题信息及图例信息的编辑操作。业务值班中通过该工具绘制的图形见图 9.6。

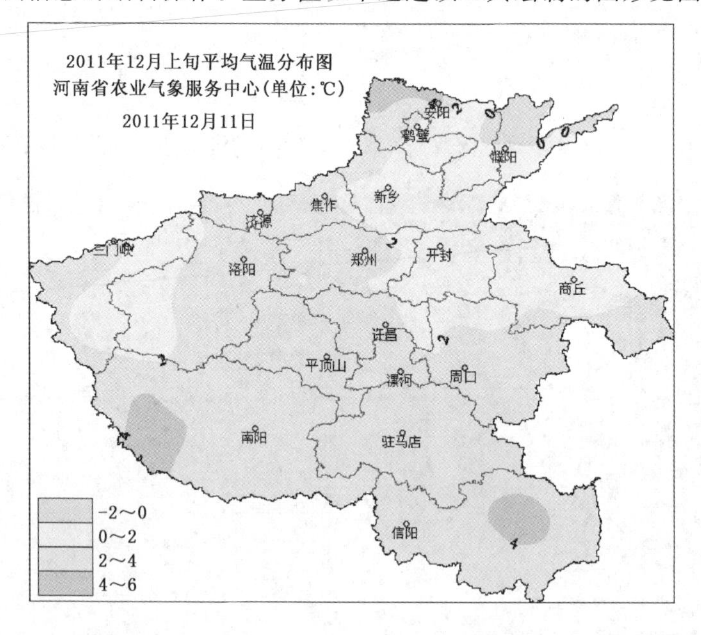

图 9.6 省级现代农业气象业务服务平台等值线分析工具绘制的图形

2)农业气象预报系统

农业气象预报系统包括离散点墒情预报功能模块、农用天气预报功能模块及农业气象预报系统功能模块。

① 离散点土壤墒情预报。离散点土壤墒情预报模块主要实现对未来一段时期内的土壤

墒情状况进行预报，它使用实测墒情资料（人工测墒和自动测墒）与天气预报资料，运用土壤水分蒸散模型，对未来一段时期内的土壤水分状况进行模拟。该功能模块以向导形式的窗口实现业务流程中的各项操作，业务人员仅需按照窗口的引导便可完成该项预报业务，易于快速上手操作。预报系统共设计了五步操作，分别为选择日期（图 9.7a）—引入预报值（图 9.7b）—引入实测墒情（图 9.7c）—引入近期气象资料（图 9.7d）—输出预报结果（图 9.7e）。

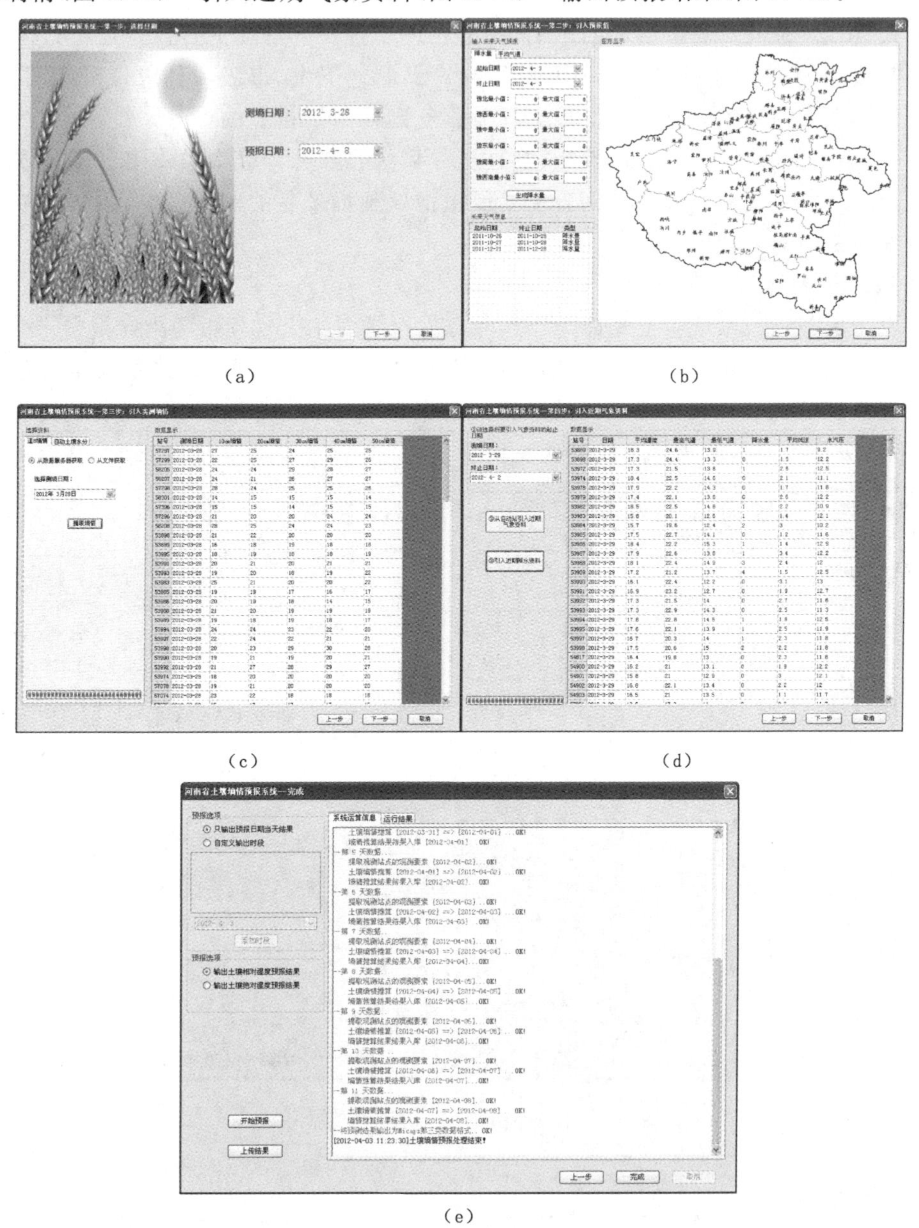

图 9.7　离散点墒情预报各步骤界面

(a)选择预算日期；(b)引入天气预报值；(c)引入实测墒情数据；(d)引入近期气象资料；(e)输出预报结果

离散点土壤墒情预报模块可实现一段时期内的逐日滚动预报，业务人员可自定义输出方式为单天预报结论输出或预报时段内任意日期预报结论的输出，也可以选择预报结论以土壤重量含水率的形式或者土壤相对湿度的形式输出。系统最终输出的土壤墒情预报结果文件会以 MICAPS 第三类数据文件格式进行存放，该种格式可以被市（县）级现代农业气象业务服务平台识别，方便市（县）级业务人员进行调用。

② 农用天气预报

农用天气预报依托天气预报、短期气候预测和农业气象预报，以现代农业生产活动的农业气象指标为依据，建立判识农事活动适宜程度的模型，利用模型判定农事活动适宜气象等级，分析未来天气气候条件对农事活动的影响，提出合理安排农事活动的建议。通过近两年的业务探索和实践，河南省已形成农用天气预报指导产品制作下发、市级和县级订正反馈、省级根据反馈再订正发布的完整业务体系。根据各项业务流程制作相应的业务系统，目前可制作分发针对喷药（肥）、施肥、灌溉、储藏、晾晒、夏收夏种和秋收秋种等九大类农事活动的农用天气预报产品。省级农业气象业务服务平台主要承担指导预报产品的制作分发、收集反馈信息并再次订正发布两项业务内容。

a. 省级农用天气预报系统

省级农用天气预报系统主要功能为制作并分发全省农用天气预报的指导报文。业务人员通过该系统设定各类农用天气预报的气象指标及制作时段，系统可手动或每天定时自动生成全省目前已开展的九大类农用天气预报产品。生成完毕后，会按业务流程规定时间完成分发操作，供市县级业务人员调用。系统界面见图 9.8。

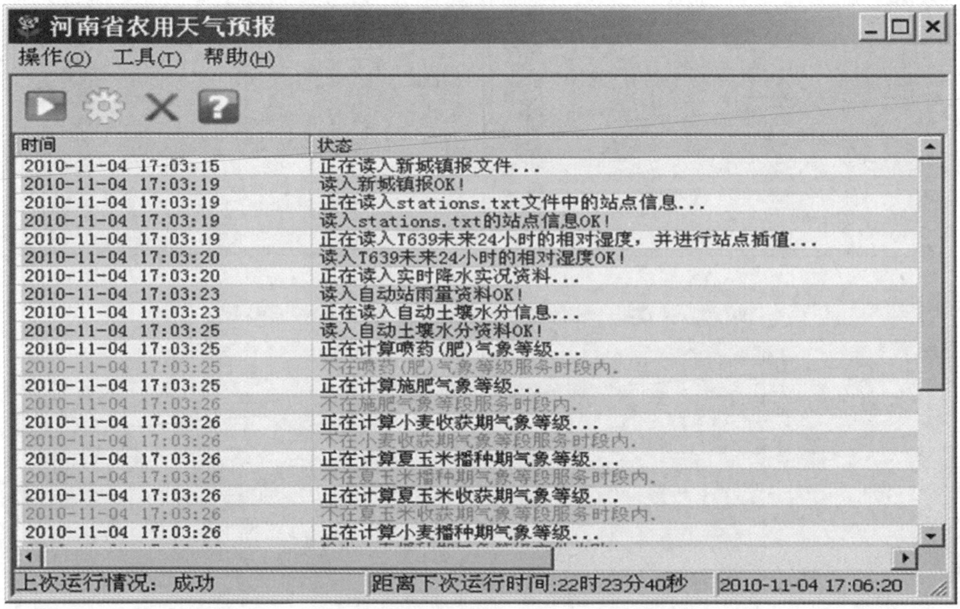

图 9.8　省级农用天气预报系统主界面

b. 农用天气预报订正与发布系统

农用天气预报订正与发布系统主要实现对各地（市）反馈的订正报进行收集，并与省局下发的指导报内容进行比对，用不同的颜色标示出预报等级发生改变的站点，业务人员可对地（市）反馈的订正报结果再次进行订正，确认无误后，表示将最终结果以预报数据文件、图形文件及文本文件三种形式进行发布。

③ 农业气象预报系统

在省级业务平台中集成了农业气象预报模块，业务人员可以利用历史作物产量资料、病虫害资料、气象资料、海温资料及遥感资料等，通过设置预报对象、预报因子及统计方法，系统会依据设定的各项参数自动分析处理，从而开展作物产量预报、农业气象灾害预报、病虫害预报等多种农业气象预报服务，使用界面见图 9.9。

作物产量预报

预报对象	模式名称	预报方法	地区	创建者
小麦单产	遥感模型	逐步回归	河南省	农气中心
小麦单产1	遥感模型	固定模式	河南省	农气中心
小麦单产2	遥感模型	固定模式	河南省	农气中心

图 9.9　农业气象预报系统界面

该模块主要用编程语言实现了常规的数理统计预报方法，在众多的因子中，通过预报对象和预报因子之间的相关分析来筛选出独立性和相关性较好的预报因子，利用多元回归与逐步回归方法等建立预报对象和所选预报因子之间的方程来进行预报。系统将预报因子构建、筛选及模式生成的整个处理流程定义为一个预报模型，业务人员在构建模型时无须关心诸如入选因子、方程形式及系数等细节问题，只需要关心输入的基本因子、处理方法及最终输出结果。预报模型文件的引入，不仅便于业务人员管理预报模型，而且也在一定程度上提高了预报模型的稳定性。系统在基本因子处理方法上还引入了最优化因子处理方法，提高了因子和预报对象之间的相关性；同时设计了表达式解释器，可对基本因子做复杂的处理与变换，进一步增加了模型的通用性和方便性，不仅可方便地应用于农业气象预报业务中，也可作为科研分析的常用工具。

3)农业气象灾害评估系统

① 农业干旱评估

河南省冬小麦干旱风险动态评估业务服务系统模块主要分为干旱风险分析、干旱风险评估、干旱风险预估及历史资料查询四个模块，其中干旱风险分析和干旱风险评估模块已基本建设完成并投入业务使用。

a. 干旱风险分析

从孕灾风险、致灾风险、成灾风险及抗旱能力等角度分别计算了气候干旱、作物干旱和产量灾损的风险指数，并对每种风险指数进行风险分析与区域划分(见图 9.10)，为进一步灾损评估与制定防御措施提供参考依据。

b. 干旱风险评估

该模块以旬为步长，动态定量评估上一旬干旱发生情况及对小麦生长发育的影响程度。系统通过引入气象资料，土壤墒情资料和发育期资料(见图 9.11)，计算冬小麦生长的水分亏缺量，并根据水分产量反应系数推算出本旬和播种以来累积的干旱影响减产量及干旱影响减产百分率，生成相应的减产量及减产百分比空间分布图，最后发布本旬干旱影响评估报告，并针对干旱发生时段及强度，提出合理的防御措施和指导建议。

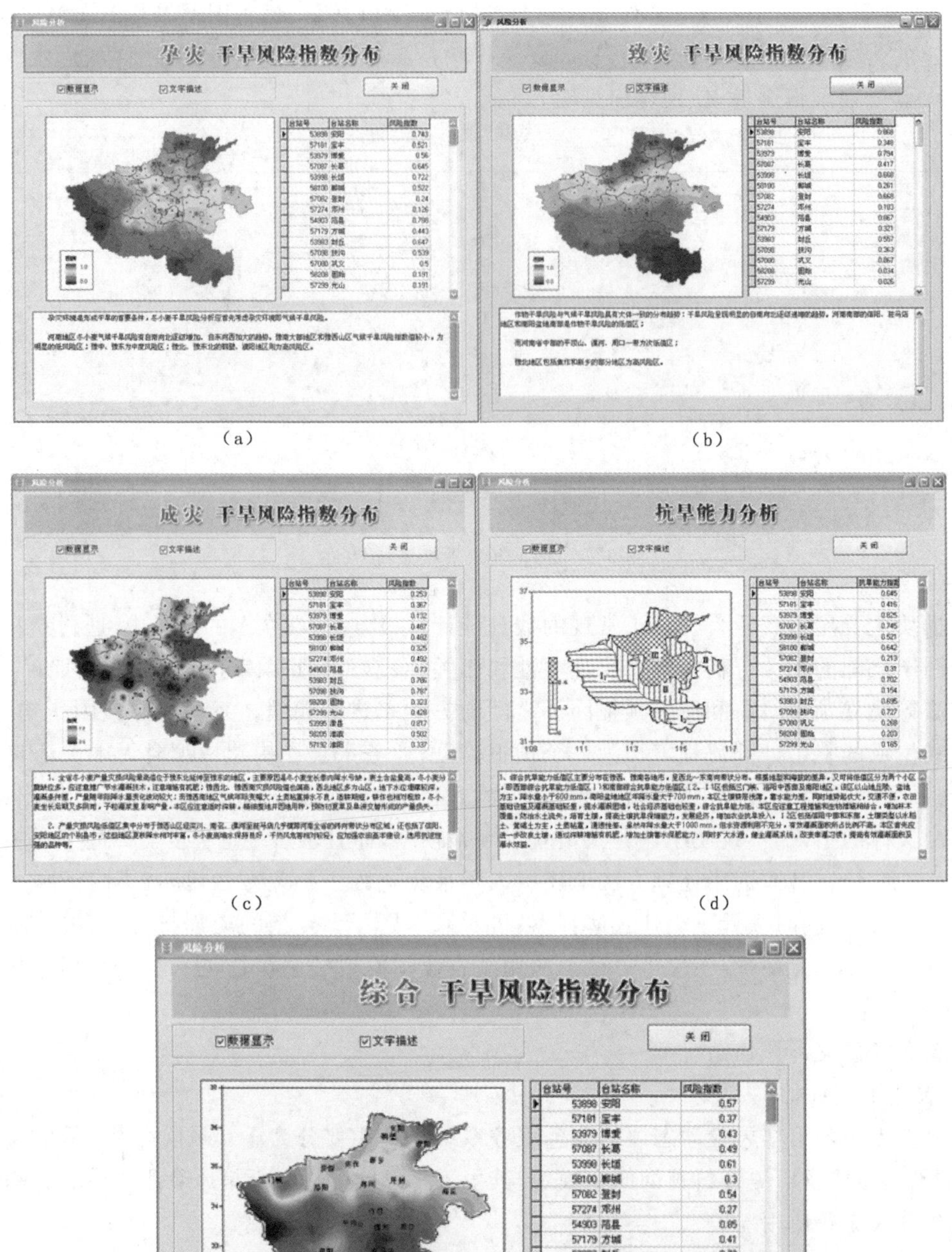

(a) (b) (c) (d) (e)

图 9.10 干旱风险分析模块各风险指数分析界面

(a)孕灾风险指数;(b)致灾风险指数;(c)成灾风险指数;(d)抗旱能力;(e)综合干旱风险指数

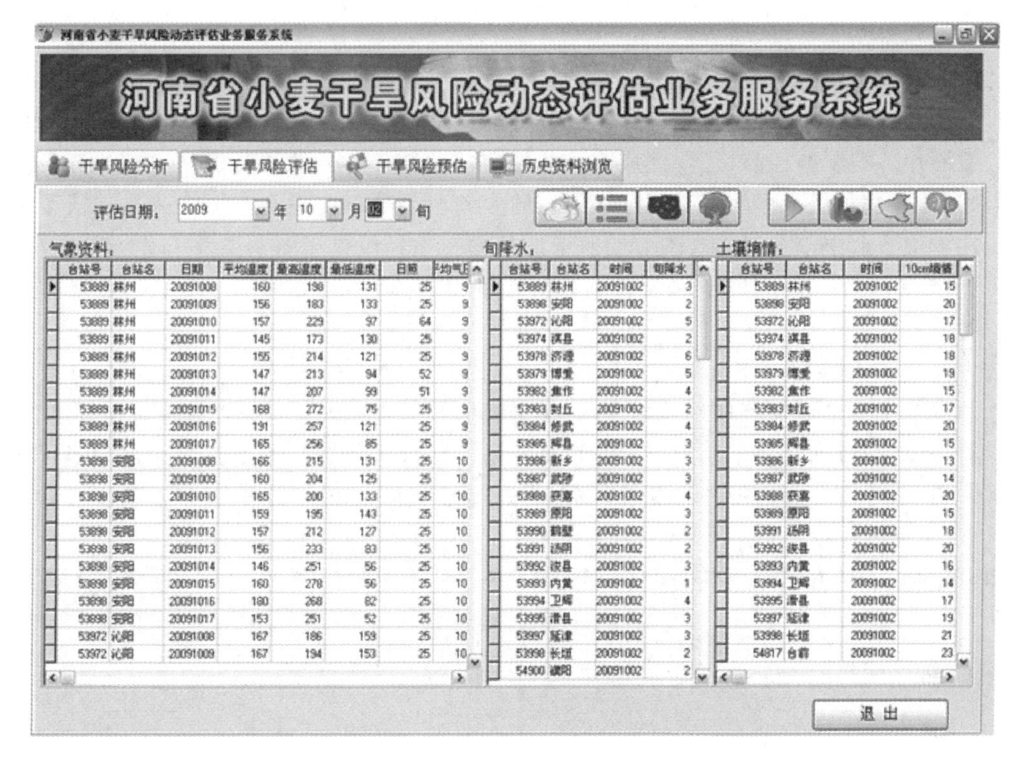

图 9.11　干旱风险评估界面

② 晚霜冻灾害评估

河南省小麦晚霜冻灾害评估系统模块可实现对小麦晚霜冻害的监测与评估工作。系统通过调用各台站逐日气象资料，依据各地冬小麦所处的发育期，自动比对小麦晚霜冻害发生指标进行判识，实现小麦晚霜冻害的监测工作。系统同时支持将监测结果以数据文件和图形文件的形式进行输出，供市(县)级业务服务平台进行调用。若监测结果中出现晚霜冻害，系统会调用晚霜冻害的评估模块依据发生冻害的等级进行评估(见图 9.12)。

图 9.12　晚霜冻灾害评估界面

(a)系统界面；(b)监测结果界面

4)资料共享发布系统

随着农业气象业务的发展,随之而来的各类业务与服务产品逐渐增多,加之各部门对农业气象服务产品的需求也日益迫切,各类产品的共享与发布也更加烦琐。业务人员日常值班时,除了负责制作各类服务产品,还要完成产品的发布及发送任务。往往一份材料需要分发到多个部门,且分发途径也不尽相同,因此,多渠道的服务产品共享与发布为业务人员造成了很大不便。在省级平台中依据河南省现有的服务产品发布途径设计了资料共享与发布功能模块,目前可支持 Notes、E-mail、FTP 与文件共享等多种发布途径,有效解决了服务产品共享与发布的难题。

为方便业务人员通过 Notes 和 E-mail 形式进行产品发送,系统在 Notes&Email 发送功能选项内设计了分发地址管理功能,业务人员可根据各类业务需要对分发账户进行分组管理,待到进行分发时,可通过各个账户组进行批量发送。文件上传共享主要是多个部门通过文件共享或 FTP 上传的方式进行产品发送,该模块内置系统时间校准功能,满足上传文件对世界时的需要(见图 9.13)。

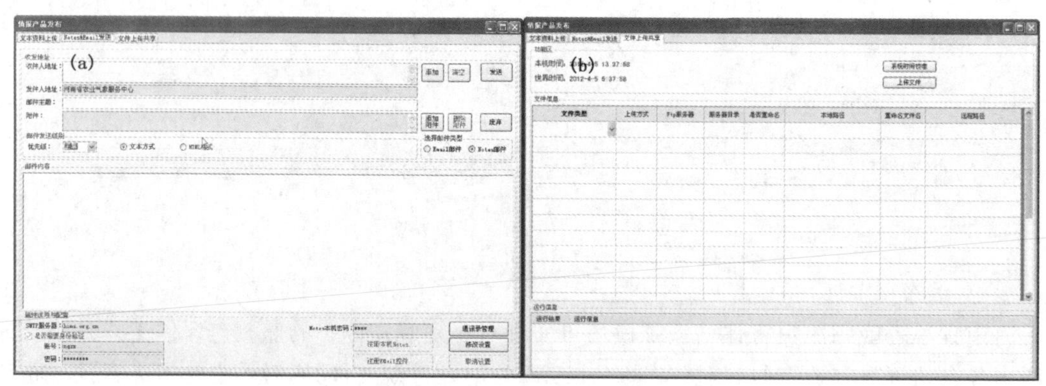

图 9.13 资料共享发布系统界面

(a)Notes 和 E-mail 发布功能;(b)文件上传共享功能

5)数据管理系统

① 数据库管理

由于河南省农业气象基础数据服务器部署在河南省气象系统局域网中,数据库的管理及维护工作可通过网络完成,省级及市(县)级平台的开发人员具有服务器的访问及管理权限。省级管理人员拥有数据库的最高管理权限,可直接操作服务器进行数据管理。市、县级管理人员只能通过局域网远程登录服务器进行数据管理,并且市、县级管理人员只有部分管理权限。

省级平台中开发了针对农业气象基础数据库的管理系统,通过该系统可实现数据库的备份、恢复、分离及附加等常用管理功能,但进行管理操作时需要相应的管理权限(见图 9.14)。

② 常用数据资料查询

常用数据资料查询功能模块为业务人员提供了针对农业气象基础数据库的查询功能,通过该功能可实现常用数据的简单查询与高级查询操作,并支持将查询结果以 Excel 文件格式进行导出。

a. 简单数据查询功能

业务人员通过选择所要查询的数据表,并在字段信息列表中选择要查询的字段;而需要进行条件查询时,可通过设置作为条件的字段名称、条件运算符号及条件值完成查询。同时系统

图 9.14 农业气象基础数据库管理界面

还加入了排序及数值还原等功能，业务人员只需通过简单的鼠标选择操作，便可完成复杂的查询功能(见图 9.15)。

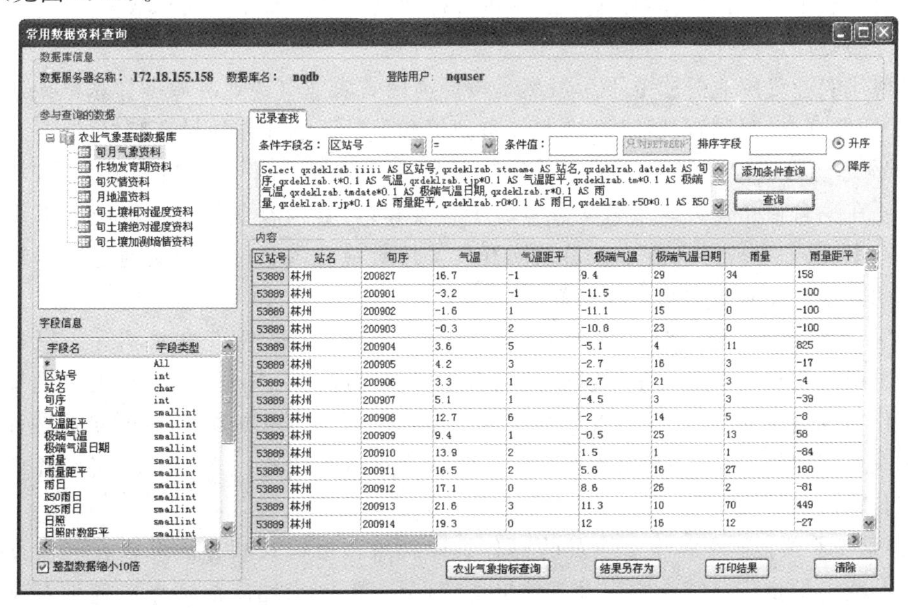

图 9.15 常用数据资料查询窗口界面

b. 高级数据查询功能

系统同样支持业务人员直接在记录查找区域中的查询语句框内输入 SQL 查询语句进行高级数据检索。

c. 农业气象指标查询

省级平台在常用数据资料查询界面内设计了农业气象指标查询功能，通过该功能可对冬小麦、玉米和棉花三种作物不同发育时期的各类适宜气象指标进行查询。

(4)平台主要特色

1)平台开发集约化

在省级现代农业气象业务服务平台的开发过程中考虑了省、市、县三级农业气象部门的业务服务需求，充分有效地整合了各类数据资源，建立了全省统一的农业气象数据服务器。省、市、县三级集约化地进行数据库建设，避免了重复劳动，同时也充分利用了数据资源。通过数据共享和业务服务产品的交换，省级平台与市(县)级平台实现了有效衔接。

2)数据产品标准化

业务服务平台开发之初便约定了采用 MICAPS 第三类标准数据格式作为各类农业气象指导产品统一的文件格式。MICAPS 第三类数据格式不仅符合农业气象数据产品的要求，易于实现各类数据产品的标准化操作，同时也可以使农业气象产品在 MICAPS 平台下与天气预报信息一同分析显示。通过标准化的数据产品，两个平台实现了有效衔接，省局下发的各类农业气象指导产品可直接用于市、县级农业气象部门开展服务，提升了市、县级气象部门农业气象服务的能力。

3)服务产品多样化

该平台除了可以制作旬报、周报、月报等常规农业气象服务产品外，还可以制作干旱损失动态评估产品、土壤水分动态模拟与预报产品，以及全省实时自动土壤水分观测网监测产品等。另外，平台还建设了较为完整的小麦、玉米和棉花等作物的气象指标数据库，以及河南省各种常见农业气象灾害指标库，通过该系统可便捷地查询和分析相关指标数据。

4)平台的推广价值

省级现代农业气象业务服务平台虽然是按照河南省农业气象业务服务体系框架进行设计的，但是在开发理念、观测资料传输、农业气象预报和干旱评估等方面具有较好的推广价值。

① 开发理念方面。省级业务服务平台与市、县级业务服务平台是相对独立的，每个都可单独推广。在平台最初建设阶段就充分考虑了省级和市、县级农业气象业务服务工作的差异性，联合省、市、县三级业务和技术人员共同开发。相对独立的系统之间又通过统一的数据库和标准化的数据产品有机地结合在一起。

② 农业气象观测资料传输。平台中专门开发了小麦、玉米、棉花和水稻等大宗农作物及特色农作物观测资料上报及收集系统。基层台站可以通过这一系统在规定的时间内按照固定的格式将作物观测资料及时上传，省局可通过收集整理上报的观测资料，及时掌握各种作物的生长状况及监测数据，用于各类服务产品中。各省都可以利用这一功能模块实现各自区域的观测资料传输。

③ 农业气象预报。平台中所涉及的部分农业气象预报模式和方法可以在气候背景相同或相近的临近省份推广。其中农用天气预报系统，只需根据当地气候特点对各种农业气象指标参数进行修订，并将修订后的参数应用于预报系统中，就可以在不同的区域推广应用。

④ 干旱灾害评估。农业干旱评估考虑的评估因子及相应指标在黄淮地区都具有通用性，因此农业干旱评估系统在黄淮小麦主产区具有较好的推广应用价值。

9.2.2 市(县)级现代农业气象业务服务平台

市(县)级现代农业气象业务服务平台是为适应河南省市、县气象部门现代农业气象业务服务需求而开发的综合性且集成化的业务系统。该系统通过气象信息宽带网，调取省级业务单位基本气象观测、农业气象观测、农业气象预报、农业病虫害气象等级预报、农业气象灾害预警、卫星遥感资料及精细化天气预报等数据库信息，分析处理生成矢量图、图表和文字等数据信息，基于 GIS 实现数据的多层叠加，方便导出图形用于服务产品制作。

(1)系统综述

1)系统基本情况

市(县)级现代农业气象业务平台是河南省现代农业气象业务系统的重要组成部分，为满足市(县)级农业气象业务人员需要开发的工作平台。市(县)级现代农业气象业务平台利用 GIS 技术，采用 Visual Basic 2008 及 Visual C++2008 作为开发语言，基于微软.Net 系统框架进行开发，对目前主流操作系统有较好的兼容性，并且保证了系统的稳定运行。

该平台在功能上基本涵盖了当前主要农业气象业务内容，实现了农业气象业务工作的集成化、自动化和网络化运作，还充分利用了河南省农业气象基础数据库、自动站数据库、自动土壤水分数据库、区域站数据库及单雨量站数据库等多个数据库资源。市、县农业气象业务人员通过简单操作平台，便可快捷地进行资料的查询与分析，制作出形式多样的服务产品。该业务平台基本满足了河南省市、县当前现代农业气象业务发展的需求，为现代农业气象试点建设提供了软件平台支持。

2)系统结构

系统结构见图 9.16。

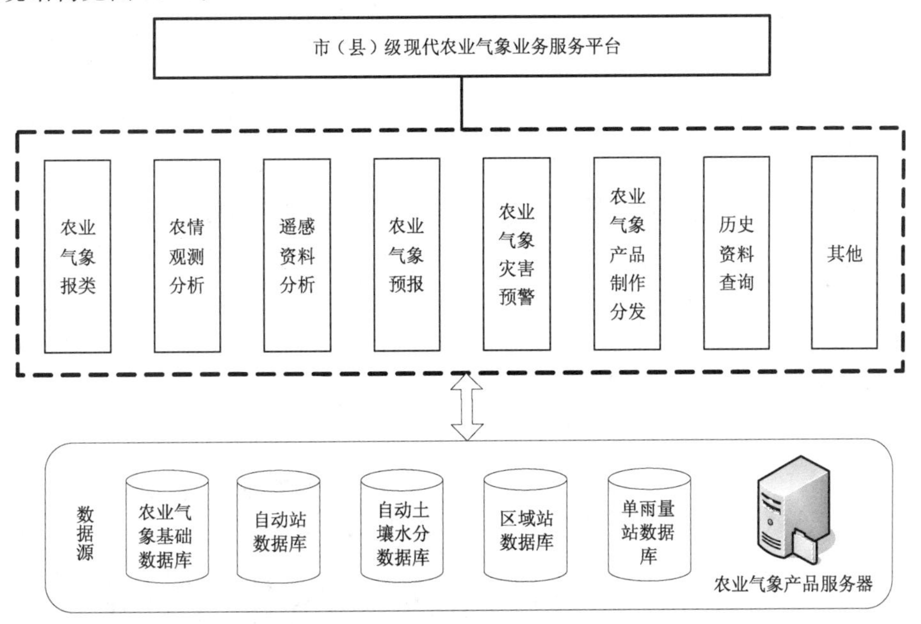

图 9.16　系统主要功能结构图

3)系统功能简介

市(县)级现代农业气象业务平台主要使用对象为市、县气象局农业气象业务服务人员，该系统是为适应河南省市、县气象部门现代农业气象业务服务需求而开发的基于 GIS 的综合业务系统。主要功能包括农业气象报类、农情观测分析、遥感资料分析、农业气象预报、农业气象灾害预警、农业气象产品制作分发、历史资料查询及其他一些实用功能。

(2)运行环境

1)硬件设备要求

本系统所需的硬件设备最低配置：

内存：推荐 1 G 以上；

硬盘：市(县)级农业气象业务服务平台约需 1 G 空闲硬盘空间；

CPU：主频 2 GHz；

局域网：内部局域网连接；

服务器：运行农业气象基础数据库、自动站数据库、自动土壤水分数据库、区域站数据库及单雨量站数据库的多台数据服务器，存放农业气象服务产品的文件服务器。

2)支持软件

操作系统：Microsoft Windows XP 及以上 32 位操作系统，并安装.Net Framework 3.5 及以上运行环境。另需安装 ArcGIS Engine Runtime 9.3。

工具软件：Surfer 9.0，Microsoft Office 2003 及以上版本。

3)数据结构

农业气象基础数据库、MICAPS 格式数据文件(旬月报文件、周报文件、墒情报文件、农用天气预报、土壤墒情预报、干旱评估、病虫害预报)。

(3)系统功能简介

市(县)级现代农业气象业务服务平台包含的工作流程主要有：综合气象观测、农业气象预报预警、农业气象服务产品制作分发和农业气象历史资料查询四个部分。在每一部分树形结构内包含若干小项，单击树形结构末端小项实现与单击同名菜单同样功能。

1)系统启动与配置

系统启动后主界面见图 9.17。

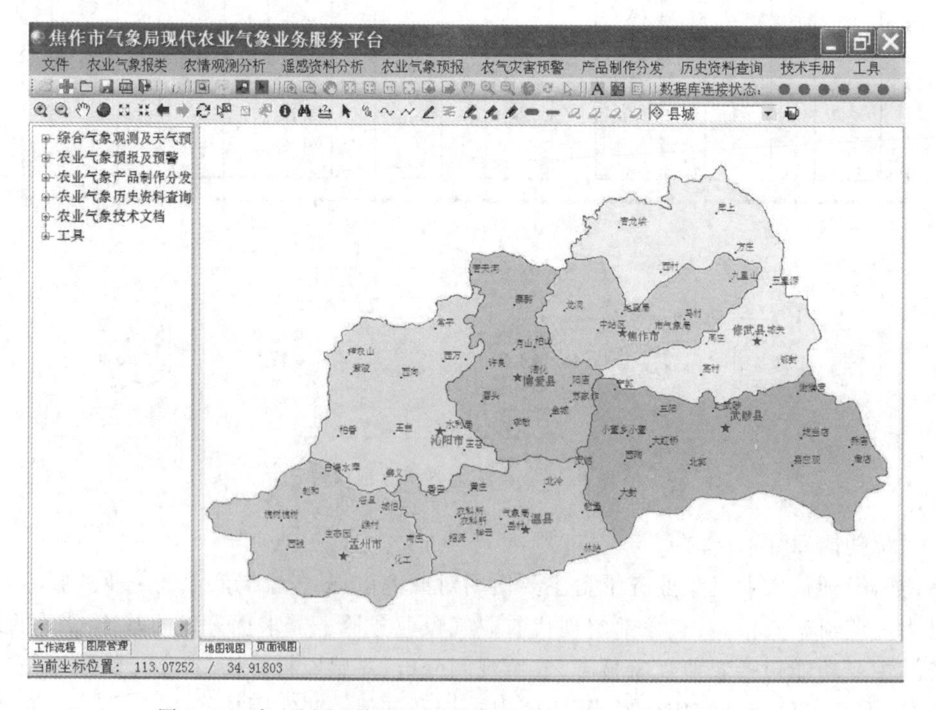

图 9.17　市、县级现代农业气象服务业务平台系统启动主界面

系统安装完成后，第一次运行时系统窗口显示默认地理信息数据。配置本地数据需要：选择"工具"菜单下的"文件配置"栏目，打开配置窗口（见图9.18），如果是地（市）局用户从第一个下拉框中选择地（市）名，单击"确定"即可；如果是县、市气象局用户在第一个下拉框中选择地（市）名后，在第二个下拉框选择县（市）名称，单击"确定"即可。

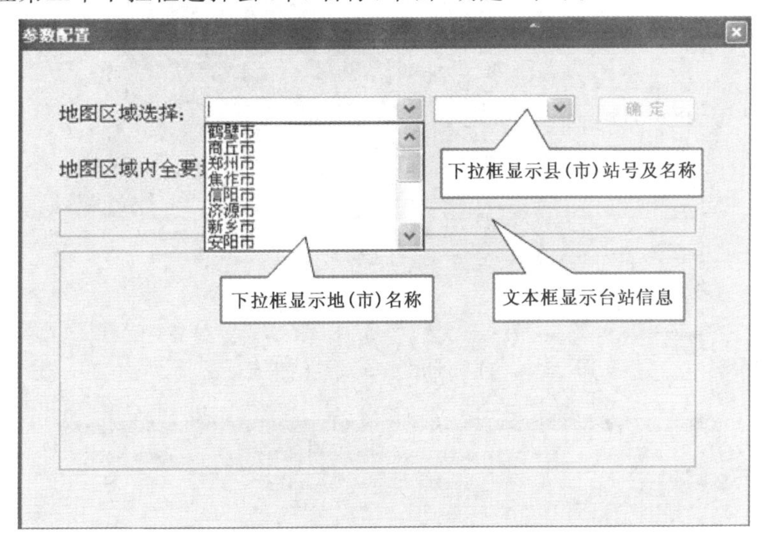

图9.18　市、县级现代农业气象服务业务平台系统配置窗口

2)系统菜单功能

①"文件"菜单中包含了系统的一些通用功能：

——打开新的MXD地理数据文档；

——添加GIS数据，包括可以添加各类ArcGIS格式地理信息数据；

——关闭系统显示的所有图形文件（属于GIS软件常用功能）；

——把显示的图形另存为一个MXD文档文件；

——把生成的图形产品导出为JPG格式文件，用于图形产品分发；

——退出系统。

②"农业气象报类"菜单包括农业气象综合编报（农气周报、墒情报和旬月报的编报与发报）、农业气象报表（主要作物产量预报观测地段监测资料、特色作物观测的收录及其观测报表的传输）和农业气象综合发报。

③"农情观测分析"菜单包括天气预报显示（城镇精细化预报、乡镇预报和周月季预报）、科技示范园区显示、作物发育期显示、自动站资料显示（区域站和全要素自动站）、土壤墒情资料显示、自动监测墒情浏览，以及自动监测墒情分析（见图9.19）。

④"遥感资料分析"菜单包括县级或市级遥感图显示（见图9.20）及火点分析。

⑤"农业气象预报"菜单包括农用天气预报（喷药肥、施肥、灌溉、小麦播种、小麦收获、夏玉米播种、夏玉米收获、晾晒和储藏）、土壤墒情预报（见图9.21）、作物病虫害气象等级预报（小麦条锈病、小麦白粉病、小麦麦蚜虫、小麦吸浆虫、玉米玉米螟和棉花棉铃虫），以及农用天气预报订正。

⑥"农业气象灾害预警"菜单包括农业干旱、秋季洪涝、晚霜东和干热风等预警产品以及冬小麦干旱评估、冬小麦干热风及青枯评估等产品在平台上的分析显示。

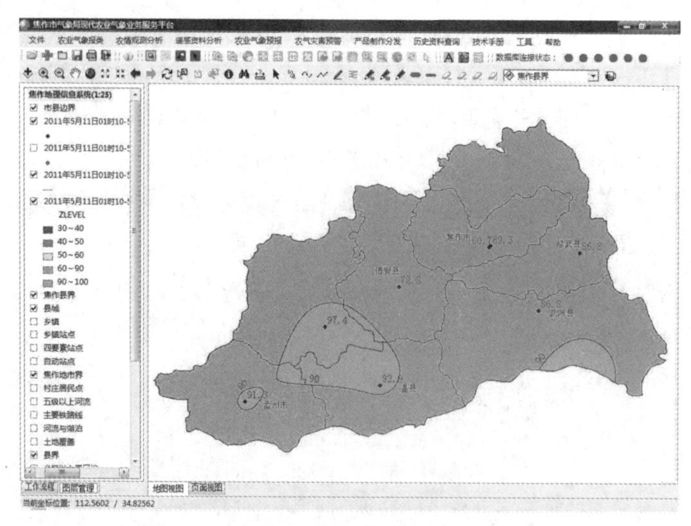

图 9.19　自动土壤水分观测结果显示界面

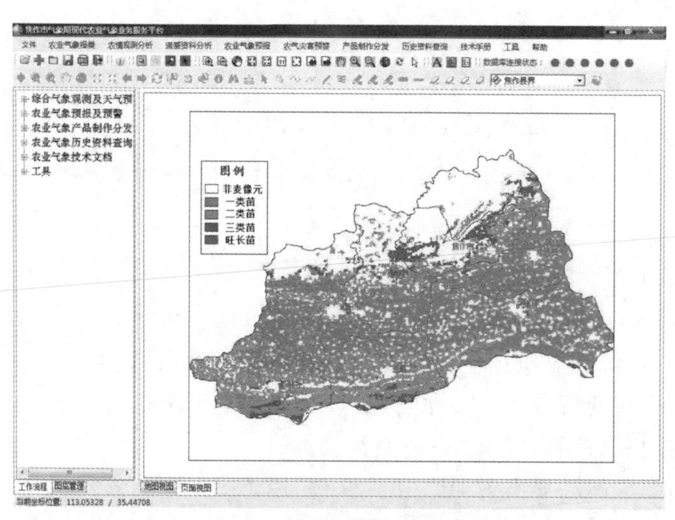

图 9.20　遥感苗情分析界面

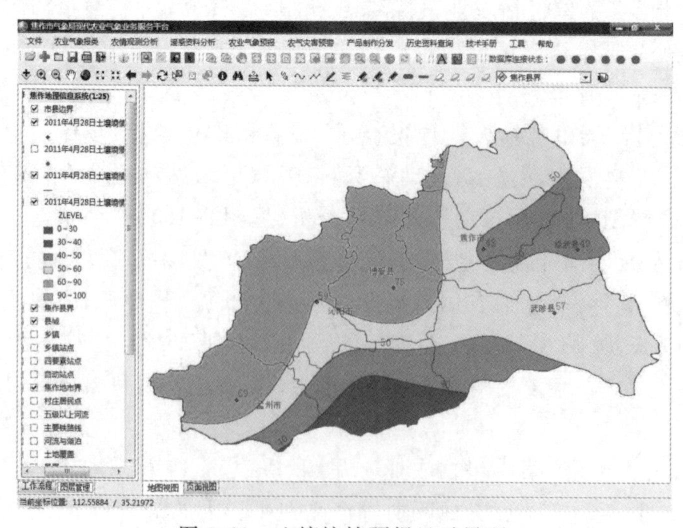

图 9.21　土壤墒情预报显示界面

⑦"产品制作发布"菜单包括产品制作、产品列表、农业气象产品分发(通过 Notes 邮件、E-mail外部用户邮件和 FTP 分发)、短信平台,以及内部共享。

⑧"历史资料查询"菜单项包括温度资料(见图 9.22)、降水资料、日照资料、墒情资料、发育期资料、光温水距平分析(见图 9.23)和单站资料分析(图表分析、稳定通过及回归分析)。

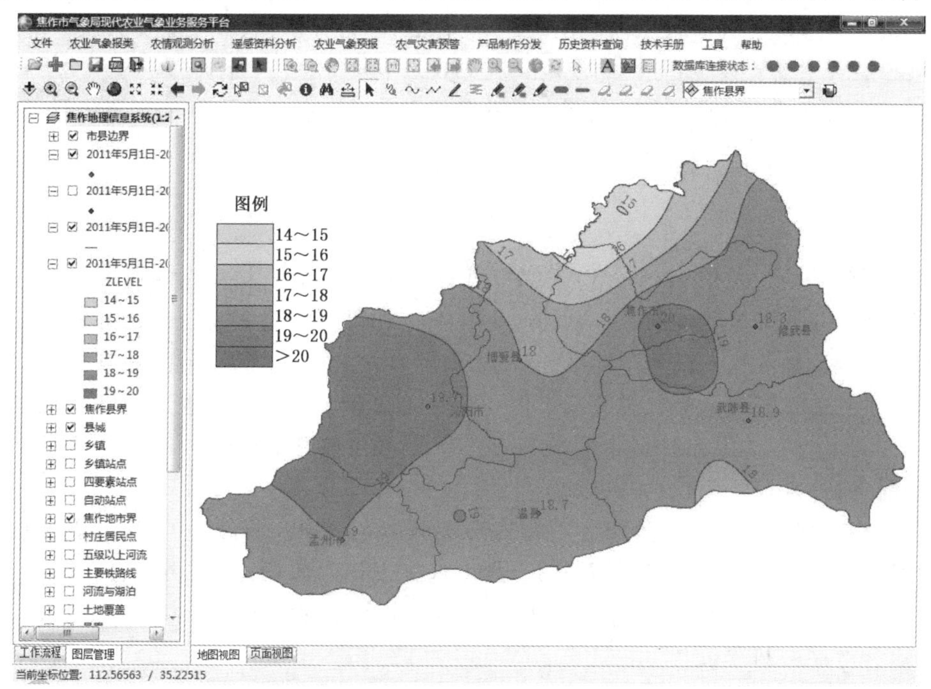

图 9.22　温度资料提取

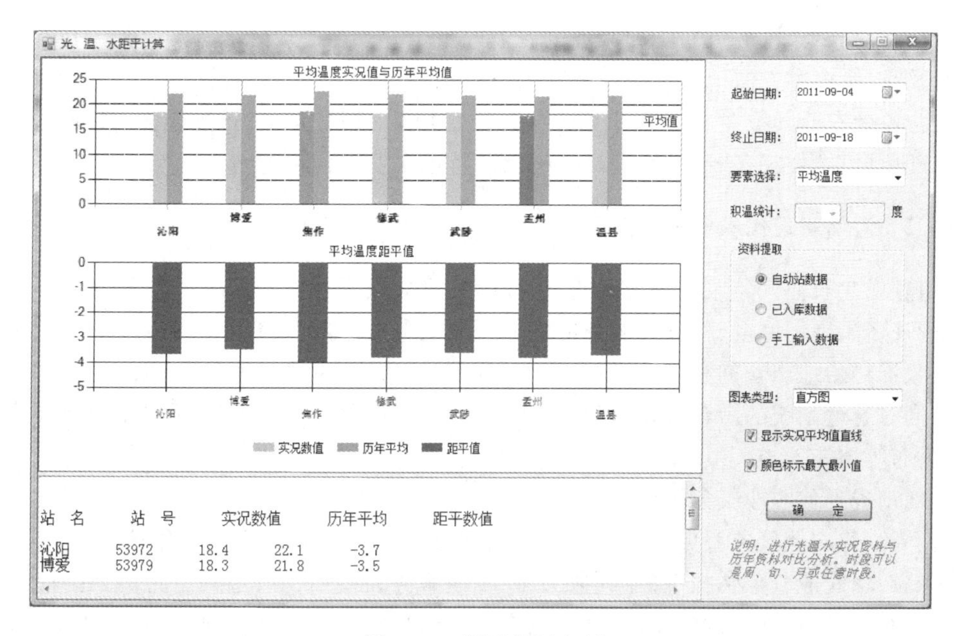

站 名	站 号	实况数值	历年平均	距平数值
沁阳	53972	18.4	22.1	-3.7
博爱	53979	18.3	21.8	-3.5

图 9.23　距平分析实例

⑨"工具"菜单项包括文件配置、色标配置、菜单配置、外部程序调用、ADO 文件入库和农气产品自动下载。

9.3　现代农业气象信息服务

农业气象信息服务是现代农业气象业务的核心内容之一，是气象服务的窗口之一，也是农业气象工作产生经济和社会效益的必由之路。为此，在河南现代农业气象业务服务中，狠抓现代农业气象服务平台建设、服务产品规范和服务效果考核等工作，特别是集约开发了省、市、县一体化的河南省现代农业气象服务平台，有力促进了全省农业气象服务的规范化开展。

9.3.1　产品的发布途径

(1)MAS平台发布

MAS平台是基于短信、彩信、WAP及手机客户端等为主的移动终端所开展的一种气象信息化应用服务，具有短信群发、短信调查、个性发送和投诉建议等功能。该平台以气象信息员、气象协理员及种养殖大户为主要服务对象，除了日常开展天气温馨提示、灾情反馈及信息交流之外，还可适时发布重要农业气象灾害预警及关键农事季节生产建议等信息，进一步拉近了气象部门与乡村各类服务对象的距离，有效扩大了气象信息的覆盖面，最终实现农业气象服务信息进村入户到田头。

市(县)级现代农业气象业务服务平台将GIS技术与MAS平台有机结合，以气象信息员空间数据库为数据基础，通过在数字地图上划区选择发送对象，并可按类别进行筛选，最终通过调用MAS平台进行信息发布，有效提高了各类服务信息的发布效率。

(2)服务产品网站发布

在互联网快速发展的今天，通过网络获取各类信息已成为最为便捷的途径，现代农业气象业务服务产品网站在农业气象服务中也起到了至关重要的作用。经过多年探索发展，河南省已建成省、市、县、乡、村五级共享和服务的农业气象信息服务网，农业气象业务人员通过网站后台管理维护系统可方便地对各类服务产品进行上传、编辑与审核操作。

目前，各级农业气象业务人员可发布以下九大类别的服务产品：遥感监测、实测墒情、农气情报、农气预报、农气灾害、预报预警、气候资源、特色农业和价格行情。

9.3.2　河南省现代农业气象服务平台

河南省现代农业气象服务平台的建设目标是：建立以“气象为农服务”为主题，省、市、县三级业务管理，省、市、县、乡、村五级服务的农业气象信息服务网，实现全省农业气象服务产品的浏览，气象资料的地图查询和显示，特色农业、预警信息及农事建议的发布，以及专家在线指导等功能；同时通过系统的后台管理程序，可实现网站信息维护、用户管理、预警信息及农事建议的短信发布等功能。

(1)河南省现代农业气象服务平台系统综述

河南省现代农业气象服务平台系统分为两部分。第一部分为农业气象信息服务网，提供农业气象预报、农业气象情报、农业气象灾害、专题服务、特色农业、遥感监测、土壤墒情和气候资源等农业气象服务产品的浏览及下载；具有预警信息、农事建议的提醒和专家在线指导等功能；可以对全省自动雨量站资料，气温、气压、风向风速、湿度和地表温度等气象要素资料，地温、自动土壤水分站墒情、闪电定位产品等其他资料进行查询，并在地图上显示。第二部分为后台管理系统，包括了各级网站页面及栏目定制、农业气象服务产品维护、用户管理、用户留言管理和预警信息及农事建议的短信发布等功能(见图9.24)。

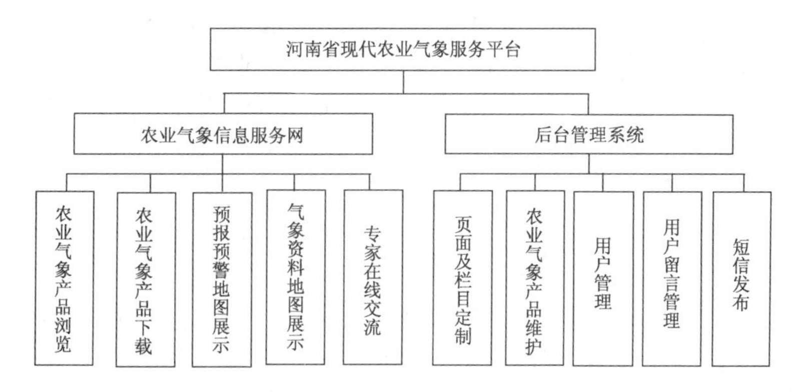

图9.24 河南省现代农业气象服务平台功能结构图

系统要求省、市、县三级不同地区登录“农业气象信息服务网”后缺省访问的是本地定制的页面,也可通过导航访问其他地区;不同用户可根据不同的需求及管理权限登录后台管理程序进行管理。

系统建设充分利用河南省气象局现有的网络环境和服务器等软、硬件基础设施,以及河南省气象部门多年积累的各种农业气象产品及历史监测数据等资料。根据系统的应用需求,按照系统软件工程的思想和方法,将整个系统结构化和模块化,采用分层构架方式进行设计。河南省现代农业气象服务平台的总体架构见图9.25。

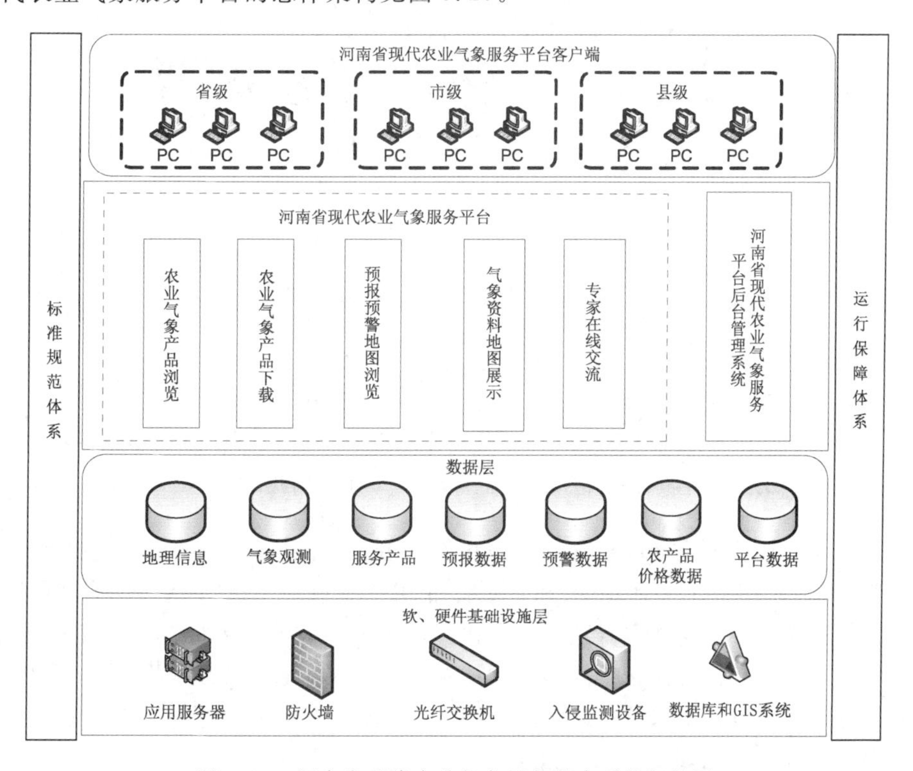

图9.25 河南省现代农业气象服务平台系统架构图

根据系统运行的实际需求,硬件设备包括数据库服务器、Web应用服务器和存储服务系统，还包括了防火墙、路由器和交换机及 PC 终端等。系统运行还需要数据库和 GIS 平台等软件平台的支撑。数据库服务器采用 MySQL 数据库，GIS 采用 SuperMap GIS 平台。本系统采用 B/S 架构，解决了统一部署、统一存储、分布式平台的管理维护的难题，实现了省、市、县三级管理，省、市、县、乡、村五级农业气象信息的共享。平台部署在省级服务器上，产品也存储在省级服务器上，各市(县)级用户可以通过 Internet 网络或局域网对产品进行更新维护。

(2)农业气象信息服务网

1)网站首页

与省、市、县三级气象业务机构对应，网站分为省、市、县三级，每一级分别有各自的首页和相应的栏目及内容。首页是整个平台功能的缩略展示，其中包含了网站页眉、导航菜单、地图天气、预报预警、天气实况、新闻、服务产品列表及友情链接等。导航菜单包含了“农气预报”、“农气情报”、“农气灾害”、“专题服务”、“遥感监测”、“土壤墒情”、“气候资源”、“特色农业”、“价格信息”、“专家连线”和“资料查询”等模块(见图 9.26)。

图 9.26　河南省农业气象信息服务网网站首页

后台管理系统提供了页面配置功能。省级和各市、县可根据各地的特殊情况和实际需要，删除或修改网页上的服务产品菜单项和首页上的相应栏目。通过“区域选择”功能可以展示省、市、县三级服务产品。初次登录进入的首页显示为河南省的省级最新农业气象服务产品列表及各地(市)天气预报。通过选择市级行政区域，网站进入到该市的网页中，打开的网页为该市的最新服务产品列表及各县天气预报；进而可以在该市的下一级别中选择所属县，并且显示该县级的最新服务产品列表及天气预报。

2)模块介绍

① 天气预报预警。网站各级首页将最新的城市天气预报和预警加载在地图中显示。天气预报分为 24,48 和 72 h。预报和预警可以在地图上切换，默认显示的信息是预报产品。将

鼠标移动到地图的图标上，将显示该预报或预警的详细信息。首页地图右侧为以表格方式显示的城市天气预报和滚动显示的预警信息列表(见图 9.27)。将鼠标移动到预警信息列表上，将显示该预警的详细内容。

图 9.27　天气预报预警界面

② 农气预报。农气预报产品包括农用天气预报、作物产量与品质预报、农业干旱监测预报、发育期与物候预报和病虫害气象等级预报等服务产品(见图 9.28)。

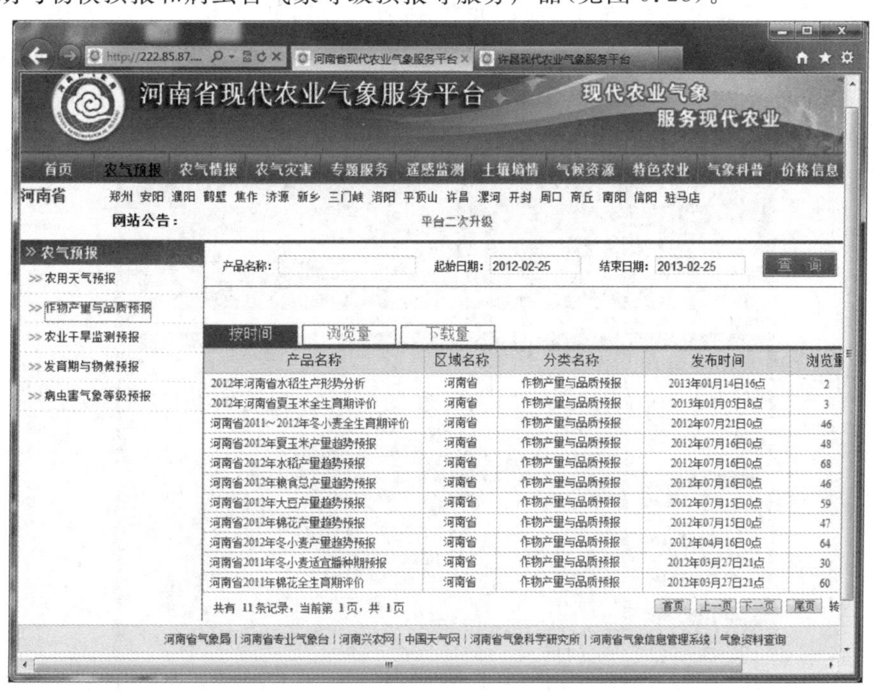

产品名称	区域名称	分类名称	发布时间	浏览量
2012年河南省水稻生产形势分析	河南省	作物产量与品质预报	2013年01月14日16点	2
2012年河南省夏玉米全生育期评价	河南省	作物产量与品质预报	2013年01月05日8点	3
河南省2011～2012年冬小麦全生育期评价	河南省	作物产量与品质预报	2012年07月21日0点	46
河南省2012年夏玉米产量趋势预报	河南省	作物产量与品质预报	2012年07月16日0点	48
河南省2012年水稻产量趋势预报	河南省	作物产量与品质预报	2012年07月16日0点	68
河南省2012年粮食总产量趋势预报	河南省	作物产量与品质预报	2012年07月16日0点	46
河南省2012年大豆产量趋势预报	河南省	作物产量与品质预报	2012年07月15日0点	59
河南省2012年棉花产量趋势预报	河南省	作物产量与品质预报	2012年07月15日0点	47
河南省2012年冬小麦产量趋势预报	河南省	作物产量与品质预报	2012年04月16日0点	64
河南省2011年冬小麦适宜播种期预报	河南省	作物产量与品质预报	2012年03月27日21点	30
河南省2011年棉花全生育期评价	河南省	作物产量与品质预报	2012年03月27日21点	60

图 9.28　农气预报产品列表界面

用鼠标选择产品列表，则可查阅、下载相应的产品（见图 9.29）。

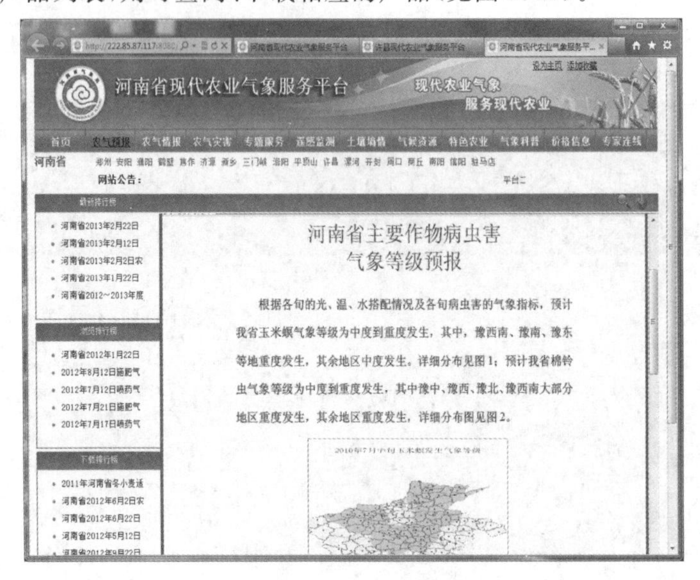

图 9.29　农气预报产品

③ 农气情报。农气情报产品包括农气旬报、农气月报和农气周报。

④ 农气灾害。农气灾害产品包括农气灾害预估、农气灾害评估、农气灾害预报和森林火险等级产品。

⑤ 专题服务。专题服务包括专题分析、春季农业气象服务、夏收夏种气象服务专报和秋收秋种气象服务专报。

⑥ 遥感监测。遥感监测包括苗情墒情分析、森林火点监测、水体洪涝分析和其他监测。

⑦ 土壤墒情。土壤墒情栏目中有墒情监测公报和自动测墒服务产品。其中自动测墒产品由部署在全省的 140 多套自动土壤水分站每小时一次的连续土壤水分资料分析生成。图 9.30为 2012 年 12 月 11 日许昌自动测墒服务产品。

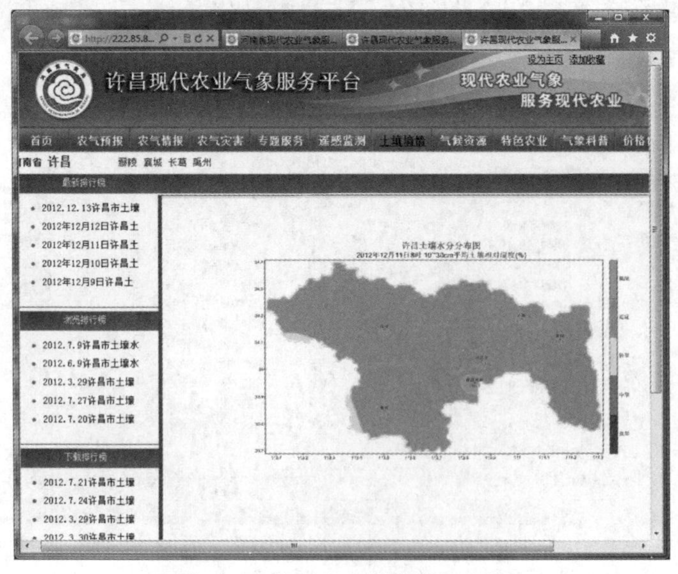

图 9.30　许昌自动测墒服务产品

⑧ 气候资源。气候资源栏目包括农业气候区划和气候变化影响分析。

⑨ 特色农业。特色农业中包括设施农业和特色农业两个子栏目。

⑩ 气象科普。气象科普包括农业气象、气象常识、防灾减灾及气象与生活等气象科普知识。

⑪ 价格信息。价格信息栏目可以将当前主要蔬菜的价格信息在列表中展示,还可以通过查看某种蔬菜的价格趋势行情,来指导农作物的生产(见图 9.31)。

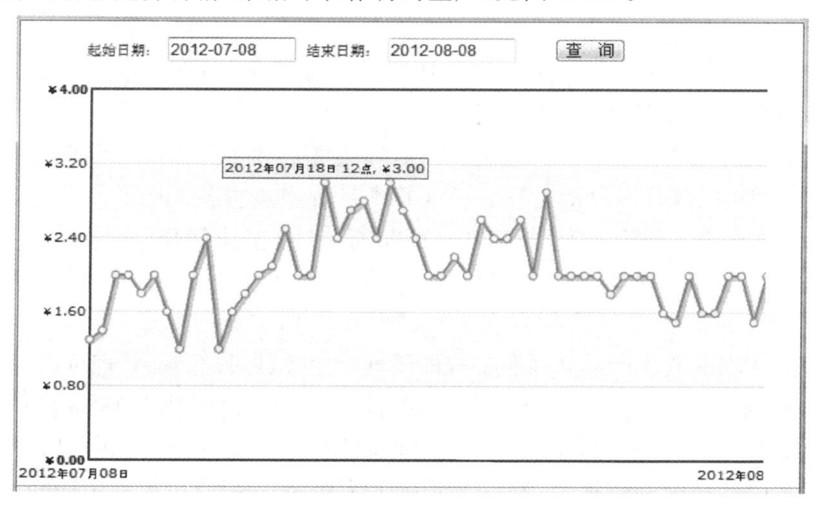

图 9.31　蔬菜价格信息

⑫ 专家连线。专家连线模块为用户提供了在线留言功能,所有用户都可以进行提问。所提问题需要管理员审核后,才能由专家进行解答并提交显示于网站上供用户查看。

⑬ 基于 GIS 的资料查询。基于 GIS 的资料查询主要是将气象数据在 GIS 地图上展示(见图 9.32),使得资料的显示更加直观和形象。农业气象业务人员通过授权后,可随时查看当前或历史气象资料。该模块可查询显示的资料包括雨量监测数据、七要素监测数据、土壤墒情数据、紫外线观测数据和闪电观测数据。

图 9.32　基于 GIS 的资料查询界面

资料查询功能有以下特点：

a. 可叠加地名和地形地貌等地理信息；

b. 可叠加多个资料图层并对图层进行删除、显示、隐藏和调节透明度等操作；

c. 可分别选择全省范围内任意的行政区域进行剪切，从而使生成的服务产品具有针对性；

d. 其中雨量、七要素和土壤墒情数据可以在地图上生成色斑图；

e. 可方便地进行平移地图、拉框放大、拉框缩小、全幅显示、截屏及保存地图等操作。

(3)后台管理系统

后台管理系统为管理人员提供了产品上传、产品分类管理、用户管理、留言管理、信息员管理和页面配置等功能，方便对服务平台进行管理和维护。

具有管理权限的用户包括超级管理员、管理员、业务员和专家。超级管理员只有一个，负责所有管理员的创建、修改及删除工作。各级管理员分别负责各级的产品分类管理、用户管理、留言管理、气象信息员管理、短信管理和页面配置。业务员由管理员创建和维护，分别负责上传各级农业气象服务产品、新闻和公告信息。专家负责回答经过管理员审核的问题。

1)产品管理

产品管理包含农业气象产品新闻和公告的管理。业务员通过产品管理可以对农业气象产品进行添加、修改和删除等操作。具体操作方法：打开后台系统，输入业务员的用户名和密码，成功登录后台管理系统(见图 9.33)；点击“后台管理”下的“产品管理”按钮，打开“产品管理界面”，左侧显示的是产品类别名称，右侧是产品内容列表；从左侧的树控件中选择产品类型，然后点击“上传”按钮，选择需要上传的服务材料文档即可；如果需要删除服务产品，在产品内容列表中选择该产品，点击“删除”按钮，即可成功删除该产品数据；新闻和公告的管理，具有相似的管理界面，操作方法也基本相同。

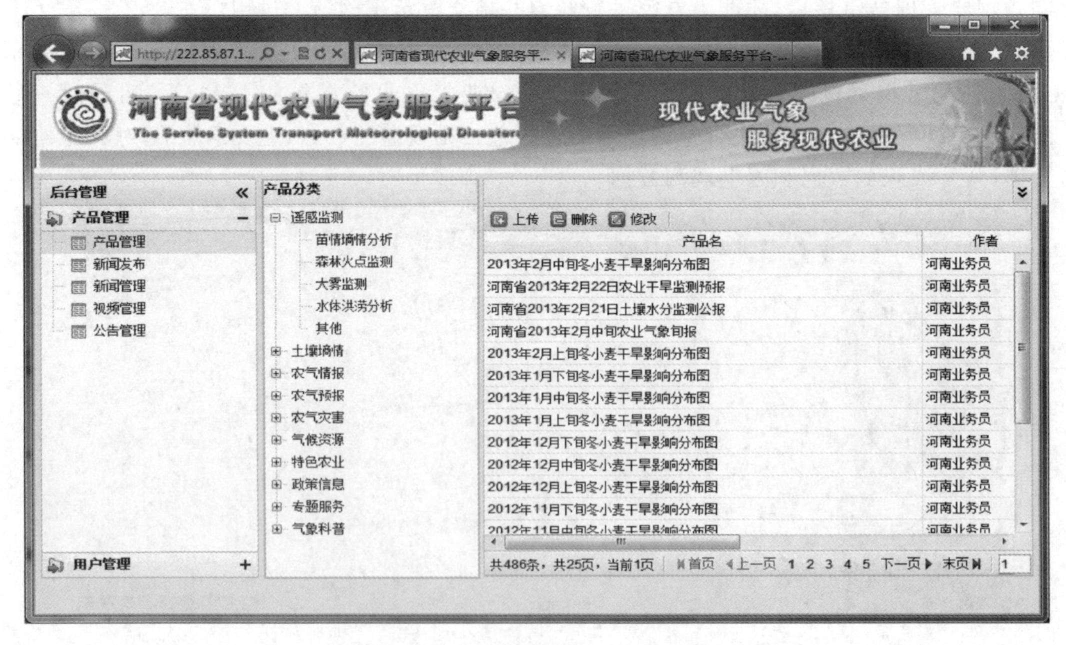

图 9.33　后台管理系统的产品管理界面

2)用户管理

“用户管理”主要是管理员对用户的管理，提供了查询、浏览、添加、修改、删除，以及重置密码等功能。具体操作方法:以管理员身份登录后台管理系统后,点击“用户管理”下的“用户管理”按钮,打开“用户管理”界面(见图 9.34)。

登录名:
检索
添加 删除 修改 重置密码

登录名	角色	姓名	昵称	邮箱	所属地区	手机号	固定电话	地址
hnadm	管理员				河南省			
zzadm	管理员	李红卫	李白	zznqzx@163.com	郑州	13523068391		
kfadm	管理员				开封			
lyadm	管理员	洛阳			洛阳			
pdsadm	管理员				平顶山			
ayadm	管理员				安阳			
hbadm	管理员				鹤壁			
xxadm	管理员			594813343@qq.com	新乡	18224576563		
jzadm	管理员			499538806@qq.com	焦作			
pyadm	管理员				濮阳			
xcadm	管理员				许昌			
lhadm	管理员				漯河			

图 9.34　后台管理系统的用户管理界面

3)产品分类管理

“产品分类管理”是管理员对产品的类别进行管理,决定是否在网站上显示导航菜单下的二级子菜单及其产品。具体操作方法是:以管理身份登录后,点击“产品分类管理”下的“分类显示配置”按钮,打开“产品分类”树菜单,见图 9.35。对于不用显示在前台系统中的产品分类,直接取消勾选即可。设置完成后,点击右下角的“保存”按钮。

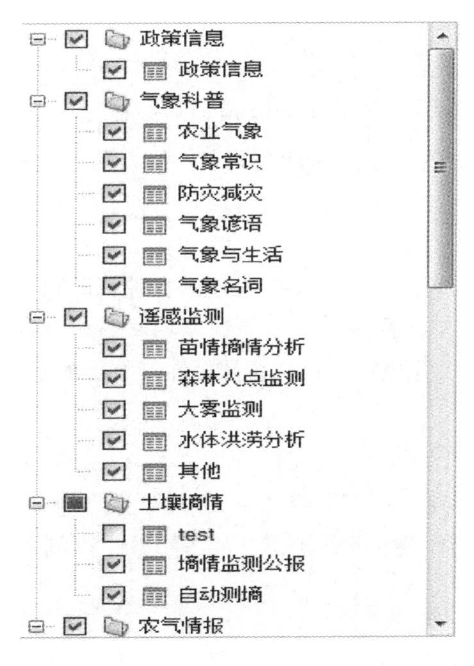

图 9.35　后台管理系统的产品分类管理界面

4)留言管理

“问题审核”主要是管理员审核前台系统提交的问题,审核通过的问题将在前台系统中显示,并可由专家来回答这些问题。具体为:点击“留言管理”下的“问题审核”按钮,打开“问题审核”界面,从列表中查看提交的问题(见图 9.36)。选择提交的问题,点击“查看内容”按钮,确认该问题可以通过审核后,点击“通过”按钮。

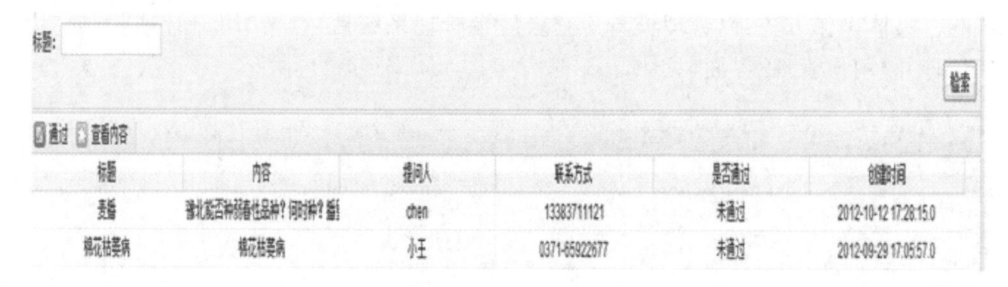

图 9.36　后台管理系统的留言管理界面

5)信息员管理

“信息员管理”中提供了对信息员的添加、修改、删除和检索功能。具体操作方法为：点击“信息员管理”下的“信息员管理”按钮，打开“信息员管理”界面(见图 9.37)。用鼠标选择需要修改或删除的信息员列表，进行修改或删除；也可以通过读入固定格式的 Excel 文档，批量添加信息员。

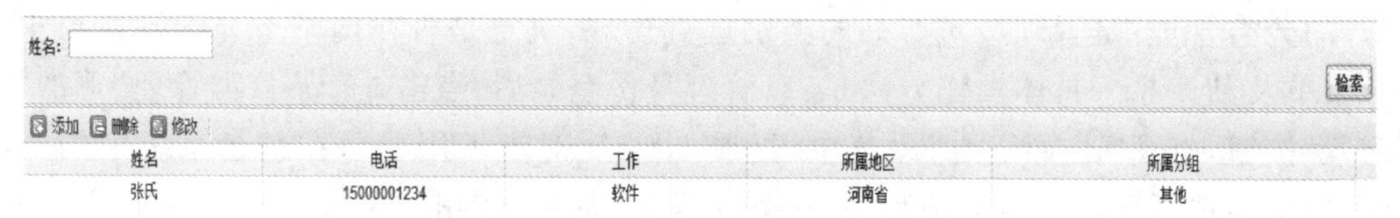

图 9.37　后台管理系统的信息员管理界面

6)短信管理

短信管理可以把需要发送的短信和内容保存到数据库内，也可以把数据库的短信导出为 MAS 平台认可的 TXT 格式，然后通过移动公司的 MAS 平台发布。短信发布提供了两种选择接收短信用户的方式，一种选择是按照行政区域，一种是按照地图选择。

7)页面配置

“页面配置”功能使省级和各市、县可根据各地的特殊情况和实际需要，通过复选的形式控制各模块是否显示在菜单栏和首页内。选中的功能项将显示在菜单栏上，未选中的则隐藏。“左边模块”和“右边模块”的设置决定了该栏目是否在首页上显示(见图 9.38)。

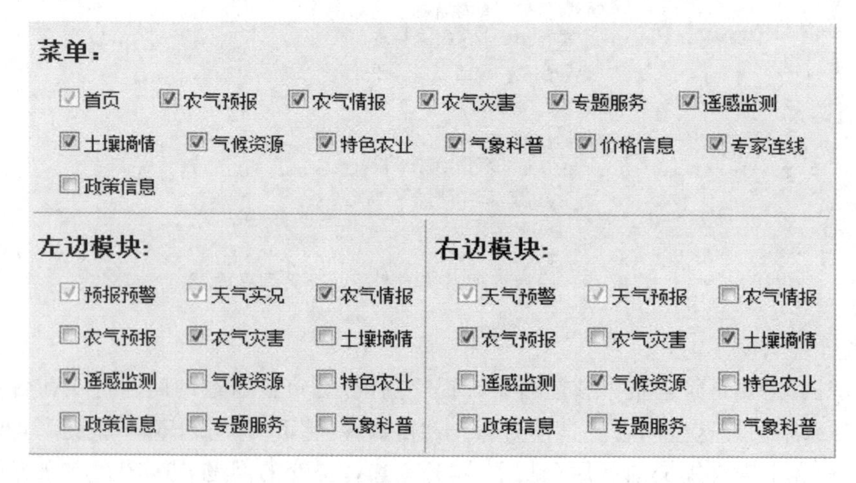

图 9.38　后台管理系统的页面配置界面

第 10 章　基层农业气象服务探索

基层气象部门是气象为“农业、农村、农民”服务的主体，农业气象服务急需从气象部门真正走出去，业务服务人员和管理人员必须要解放思想、转变观念，实现由被动服务向主动服务的转化，实现从“有什么提供什么”到“需要什么提供什么”的转变，实现对农业生产管理部门服务向田间地头一线生产服务并重的转型。本章从基层农业气象服务内容、信息传播途径和农业气象科技示范园建设三个方面对基层农业气象服务工作进行了阐述。

10.1　基层农业气象服务的基本内容

依照农业气象服务的具体内容(决策指挥、生产管理、具体措施建议等)、重要程度及时效要求等，基层常规农业气象服务分为三级：

一级服务内容主要为决策指挥信息，情形特别严重或者时效要求特别紧急。服务范围主要为县政府领导，包括：县委员会领导；县政府领导，县人民代表大会主任，县人民代表大会副主任，县人民政治协商委员会主席、副主席，县政府秘书长、县政府应急办及县防汛抗旱指挥部。

二级服务内容主要为生产管理要求，情形重要或者时效要求较急。服务范围主要为相关县委、县政府领导和生产管理部门，包括：县委员会、县政府主管农业的领导，县委员会办公室、县委员会主管秘书长、县政府办公室、县政府主管秘书长，县政府应急管理办公室办，县防汛抗旱指挥部，县农村工作委员会或县农业局，以及各乡镇主要领导。

三级服务内容主要为具体生产措施和建议，情形为一般或者时效要求一般。服务范围主要为生产管理部门和农业从业者，包括：县农村工作委员会或县农业局、乡镇主管领导和广大乡村气象协理员、气象信息员、农民、果农和菜农等。

10.1.1　服务内容

(1)县级夏粮服务产品

1)周报和月报

服务内容：分析上周(月)温度、降水及日照和常年同期相比偏多或偏少的幅度，分析当前墒情其对当前作物生长的影响；分析作物发育期及相对常年偏早或偏晚日数，根据下周(月)天气预报和当前作物长势，提出符合当前作物生长状况的农事意见和建议。

服务方式：纸质送达、电子邮件和网站等。

服务时间：周报每周一、月报上旬逢 3 发布。

服务对象：二级服务范围为主，兼顾三级服务范围。

2)冬小麦适宜播种期预报

服务内容：根据秋作物腾茬时间、土壤墒情、品种属性、天气和气候趋势提出本县冬小麦适宜播种的日期范围。

服务方式:文字材料邮寄、电子邮件和网络。

服务时间:豫北、豫西 9 月 20 日以前,豫南、豫中 9 月 25 日以前。

服务对象:二级服务范围为主,兼顾三级服务范围。

3)农业气象条件和农业气象灾害对冬小麦生长影响的服务

服务内容:包括主要发育期农业气象条件分析和诊断,以及干旱、冻害、晚霜冻、干热风及连阴雨等灾害监测预警、影响分析与定性或定量评估等。农业气象条件分析主要根据发育期内天气气候变化,分析当前作物与光照、温度和降水等农业气象条件的关系,分析有利因素和不利因素,根据天气趋势和当前作物长势,提出具有针对性的农事建议。农业气象灾害监测预警、影响分析与定量评估内容包括:灾害发生的时间、地点、程度、面积、原因和灾害损失评估等,并且提出切实可行的预防措施。

服务方式:传真、电话、手机短信、电子显示屏及大喇叭等。

服务时间:返青期于 3 月 15 日以前,其余不定期。灾害出现前要进行预警和预评估,灾害出现后要及时进行调查评估。

服务对象:二、三级服务范围为主,兼顾部分一级服务范围。

4)冬小麦产量趋势预报

服务内容:分析冬小麦播种以来的光照、温度和降水等农业气象条件对作物生长的影响,分析有利因素和不利因素。根据本地实地观测和遥感中心发布的省级苗情和墒情资料,得出本县苗情和墒情状况。根据天气趋势和当前作物长势,提出符合当前小麦生长状况的农事意见和建议。制作本县小麦产量相对近五年平均产量的趋势预报。

预报等级用语为丰年、平偏丰、持平略增、持平略减、平偏歉和歉年。

服务方式:文字材料邮寄。

服务时间:4 月 12 日以前。

服务对象:一级服务范围。

5)冬小麦产量定量预报

服务内容:分析小麦播种以来的光照、温度和降水等农业气象条件对作物生长的影响,分析有利因素和不利因素。根据本地实地观测和遥感中心发布的省级苗情、墒情资料,以及实地调查数据,得出本县墒情和苗情状况。根据天气趋势和当前作物长势,提出符合当前小麦生长状况的农事意见和建议,并预测当年单产和总产产量。

服务方式:文字材料送达。

服务时间:5 月 15 日以前。

服务对象:一级服务范围中的县领导。

6)冬小麦收获期气象预报

服务内容:根据天气预报、土壤墒情和作物收获进度等判断收获区,并对收获区开展精细化农用天气预报服务。

服务方式:文字材料邮寄和网络。

服务时间:5 月 20 日以前。

服务对象:二级服务范围为主,兼顾部分三级服务范围。

7)冬小麦全生育期农业气象条件评价

服务内容:分析小麦生育期内光照、温度和降水等农业气象条件对小麦生长的影响,概括有利因素和不利因素，并且总结服务经验。根据总结而得的服务经验，提出下一年服务计划。

服务方式：文字材料邮寄和网络。

服务时间：7月20日以前。

服务对象：三级服务范围为主，兼顾部分二级服务范围。

(2)县级秋粮服务产品

1)周报和月报

服务内容：分析上周(月)温度、降水及日照和常年同期相比偏多或偏少的幅度，分析当前墒情其对当前作物生长的影响；分析作物发育期及相对常年偏早或偏晚日数，根据下周(月)天气预报和当前作物长势，提出符合当前作物生长状况的农事意见和建议。

服务方式：纸质送达、电子邮件和网站等。

服务时间：周报每周一、月报上旬逢3发布。

服务对象：二级服务范围为主，兼顾三级服务范围。

2)夏玉米适宜播种期预报

服务内容：根据夏粮腾茬时间、土壤墒情、品种属性、天气和气候趋势提出本县夏玉米适宜播种的日期范围。

服务方式：文字材料邮寄和网络。

服务时间：5月中旬。

服务对象：二级服务范围为主，兼顾三级服务范围。

3)农业气象条件和农业气象灾害对秋粮生长的影响服务

服务内容：包括主要发育期农业气象条件分析和鉴定，以及干旱、洪涝及大风等农业气象灾害监测预警、影响分析与定量评估等。灾害监测预警、影响分析与定量评估内容包括：灾害发生的时间、地点、程度、面积、原因和灾害损失评估等，并且提出切实可行的预防措施。

服务方式：传真、电话、手机短信、电子显示屏及大喇叭等。

服务时间：不定期。灾害出现前要进行预警和预评估，灾害出现后要及时进行调查评估。

服务对象：二、三级服务范围为主，兼顾部分一级服务范围。

4)夏玉米产量和粮食总产量趋势预报

服务内容：分析秋粮播种以来的光照、温度和降水等农业气象条件对作物生长的影响，分析有利因素和不利因素。根据本地实地观测和遥感中心发布的省级苗情和墒情资料，得出本县墒情、苗情状况。根据天气趋势和当前作物长势，提出符合当前玉米和粮食总产量生长状况的农事意见和建议。制作本县玉米和粮食总产相对近五年平均产量的趋势预报。

服务方式：文字材料邮寄。

服务时间：7月12日以前。

服务对象：一级服务范围。

5)玉米产量和粮食总产量定量预报

服务内容：分析玉米和其他粮食作物播种以来的光照、温度和降水等农业气象条件对其生长的影响，分析有利因素和不利因素。根据本地实地观测和遥感中心发布的省级苗情、墒情资料，以及实地调查数据，提出本县墒情和苗情状况。根据天气趋势和当前作物长势，提出符合当前玉米和其他粮食作物生长状况的农事意见和建议，并预测当年单产和总产产量。

服务方式：文字材料送达。

服务时间：8月15日以前。

服务对象:一级服务范围中的县领导。

6)玉米适宜收获期气象预报

服务内容:根据天气预报、土壤墒情和作物收获进度等判断收获区,并对收获区开展精细化农用天气预报服务。

服务方式:文字材料邮寄和网络。

服务时间:9 月,不定期。

服务对象:三级服务范围,兼顾部分二级服务范围。

7)玉米全生育期农业气象条件评价

服务内容:分析玉米生育期内光照、温度和降水等农业气象条件对玉米生长的影响,概括有利因素和不利因素,并且总结服务经验。根据总结而得的服务经验,提出下一年服务计划。

服务方式:文字材料邮寄和网络。

服务时间:11 月 20 日以前。

服务对象:三级服务范围,兼顾部分二级服务范围。

(3)农用天气预报

服务内容:根据农时季节和重要农事活动,发布灌溉、喷药(肥)、施肥、晾晒、播种、收获和储藏等农用天气预报。

服务方式:手机短信、大喇叭、显示屏、电视、电台和网络等。

服务时间:关键农时季节和重要农事活动。

服务对象:三级服务范围。

(4)特色农业和设施农业

服务内容:根据特色作物生育状况,分析农业气象条件对其的利弊影响。

服务方式:纸质、传真、电子显示屏和大喇叭等。

服务时间:跟踪特色作物发育期,实行不定期服务。

服务对象:三级服务范围为主,兼顾部分二级服务范围。

10.1.2 服务方式

(1)常规服务方式

乡村常规农业气象服务按时效可分为定期和非定期服务两种,以定期为主、不定期为辅。

常规服务信息可通过纸质材料邮寄、手机短信、网络平台、电视、广播、气象预警信息机、手机、大喇叭、电子显示屏、村邮政服务站、供销超市和治安哨亭等多种方式传递,确保至少有一种方式能将信息传递到农民手中;同时要充分发挥基层气象协理员和气象信息员的农业气象服务信息传播及灾情和农情收集上报的作用,使他们通过手机大喇叭、电子显示屏、小黑板,以及发放宣传材料等方式,将农业气象信息及时进村入户、传递到广大农民手中,从而使乡、村两级农业气象服务组织体系逐步完善;遇有重要信息,则由县气象局领导向县委员会和县政府领导、气象信息协理员向乡(镇)领导当面汇报。

(2)“直通式”农业气象服务方式

加强与涉农部门的联系,建立与县农业局、蔬菜中心、果业中心、畜牧中心、植保站及邮政公司的联动机制,组建“农业气象服务直通车”,每旬一次(非关键农时季节每月一次,出现重大突发情况可随时服务)深入乡村和田间地头,了解作物生长状况和存在问题,利用农村集市,发放服务材料,对农民进行面对面、手把手的“直通式”服务,提高服务针对性。

加强与邮政公司的合作，通过邮政途径，将农业气象信息服务材料送至广大农村。

(3)农村气象灾害防御服务

按照“政府主导、部门联动、社会参与”的原则，积极开展手机短信、大喇叭、电子显示屏、预警信息接收机、气象预警信息发布平台、自动气象站和自动土壤水分站等农村气象灾害防御基础设施建设；加大乡(镇)气象站和气象信息服务站建设力度，规范气象信息协理员和气象信息员队伍职责，利用“阳光工程培训”等方式加强气象信息员队伍培训，与组织部门结合加强气象信息员队伍考核，不断完善农村气象灾害防御服务组织体系建设；落实农村气象灾害防御经费，健全气象灾害防御领导小组和防御队伍，完善工作制度、流程及防御规划，建立农村气象灾害防御长效服务体制机制，不断提高农村气象灾害防御能力。

10.2　基层农业气象信息传播途径

基层乡村是最需要农业气象和气象灾害预报预警等信息的地方，广大农民是最需要信息服务的群体，但由于历史原因，广大乡村又是气象灾害防御最薄弱的地区，广大农民又是获得气象信息最薄弱的群体，存在着信息无法直通广大乡村和农民的“最后一公里”问题。为破解这一难题，气象部门通过大力发展乡村气象信息员，通过气象预警大喇叭、气象预警LED电子显示屏、手机短信、电视、广播、报纸和板报等众多手段，及时将气象信息传递到千家万户和广大农民手中。

10.2.1　气象信息员

(1)气象信息员产生的背景

党中央、国务院历来高度重视气象灾害防御工作。河南省委、省政府领导对气象工作多次做出重要批示，赞扬气象工作在经济社会发展和民生事业发展中彰显的重要作用。党中央、国务院和省委、省政府领导同志的一系列重要讲话和批示，体现了气象工作在社会经济发展中的重要地位，对进一步加强气象防灾减灾和积极做好气象灾害防御工作提出了殷切希望。

在全球气候持续变暖的大背景下，各类极端天气气候事件频繁发生，气象灾害造成的损失和影响不断加重，气象灾害的突发性、反常性及不可预见性等问题日益突出，严重威胁人民群众生命财产安全，给国家和社会造成巨大损失。随着经济社会的进步和科学技术的迅速发展，国民经济各部门以及各行业对气象条件的敏感度和依从性也随之大大增强，气象防灾减灾关系着千家万户和社会各行各业，关系到社会稳定和发展大局，防灾减灾和服务民生迫切需要气象发挥更大作用。

我国农村气象灾害多，受灾地域广，防灾力量弱，防灾减灾任务艰巨。加强农村气象灾害防御体系建设，是关系国家农村改革发展和农民切身利益的大事，是全面落实科学发展观、建设社会主义新农村的重要内容，是气象部门坚持以人为本、全面履行公共服务和社会管理职能的重要体现。因而，加强基层气象灾害防御管理工作，建立并完善基层气象防灾减灾应急组织体系和联动机制，既是解决气象灾害防御社会化问题的重要环节，也是提高社会气象服务能力和应急响应能力的有效手段。

2007年，国务院办公厅国办发〔2007〕49号文件明确提出气象灾害防御社会化问题，指出“要积极创造条件，逐步设立乡村气象灾害义务信息宣传员，及时传递预警信息，帮助群众做好防灾避灾工作。要研究制订动员和鼓励志愿者参与气象灾害应急救援的办法，进一步加强志愿者队伍建设。”同年，国办发〔2007〕52 号文件《关于加强基层应急管理工作的意见》指出要加强基层综合应急队伍建设，“街道办事处、乡镇人民政府要组织基层警务人员、医务人员、民兵、预备役人员、物业保安、企事业单位应急队伍和志愿者等，建立基层应急队伍；居(村)委会和各类企事业单位可根据有关要求和实际情况，做好应急队伍组建工作。”2009 年，国务院办公厅国办发〔2009〕59 号文件《关于加强基层应急队伍建设的意见》明确指出：“基层应急队伍是我国应急体系的重要组成部分，是防范和应对突发事件的重要力量。”

近年来，为加强农村气象防灾减灾工作，促进农业增产农民增收，全省各地积极开展“政府主导，部门联动，群众参与”的农村气象灾害防御体系建设工作，采取多种方式和举措，深入推进基层气象防灾减灾和气象信息员队伍建设。气象信息员队伍建设，是增强社会防灾减灾能力、提高群众灾害防御意识的重要环节，是推进气象工作社会化、完善气象防灾减灾组织体系的迫切需要，是推进农业气象服务体系和农村气象灾害防御体系建设的重要组成部分。

(2)气象信息员基本条件及职责

1)气象信息员基本条件

具有较好的政治思想素质，热心气象防灾减灾公益事业；具有一定的管理能力，较强的责任心，能尽职尽责地完成工作任务；熟悉本区域可能发生的各类气象灾害和重点防御区域，经培训熟练掌握相关防灾避险知识；具有良好的身体素质，一般要求年龄在 55 岁以下，高中以上文化程度。

2)气象信息员工作职责

气象信息员的主要职责可概括为“两收、两传、两指导”。“两收”，即接收气象信息和收集气象灾情；“两传”，即传递气象灾害预警信号和传播气象科普信息；“两指导”，即指导农业生产和防灾救灾。具体主要职责包括：

负责包括天气预报和农业气象等气象信息的接收和传播，并结合当地实际指导农业生产。

负责气象灾害预警信息的接收和传播，结合当地实际提出灾害防御建议，协助当地政府及有关部门做好防灾减灾工作，指导社会公众科学避灾。

负责收集当地气象服务需求信息及合理化建议，反馈气象服务效果。

负责本区域气象灾害及次生灾害信息的收集和报告，协助当地气象主管机构做好灾情调查、评估和鉴定工作。

负责本区域特殊天气现象的观测与记录，并且及时报告当地气象主管机构。

协助当地气象主管机构做好本区域气象设施的日常维护和管理，开展定期巡查和清洁除尘等日常维护及安全管理工作，发现设备被盗或损坏等异常情况立即报告当地气象主管机构。

负责气象灾害防御知识和气象科普常识的普及和宣传等工作。

协助当地气象主管机构做好其他工作。

3)气象信息员工作任务

① 预警信息传播。在收到气象部门发布的气象灾害预警信息后，应通过有效的手段如广播、电话、手机大喇叭等及时进行广泛传播，在常规通信手段失效时也可采用敲锣打鼓等方式及时将预警信息告知周围企业和群众，尽可能利用农村学校、车站、农贸市场、医院和公共场所等集散地传递预警信息，使之进村入户，家喻户晓。

② 气象灾害防御。在气象灾害来临时，协助当地政府有关部门开展灾前防御准备，宣传气象灾害防御措施，指导帮助群众开展防灾抗灾；受气象灾害影响时要及时调查周围企业和群众的受灾情况，并将灾情调查信息经过整理核实后报送当地气象主管机构；灾害结束后及时了

解周围群众采取的主要防御措施和取得的效果，为今后防灾积累经验；开展重点单位走访，收集并向气象主管机构反馈服务效益情况及服务需求，对影响大和服务效益显著的事例，应及时进行总结宣传，提高周围群众防灾减灾信心。

③ 特殊天气现象观测。日常关注天气变化，对发生的特殊天气现象如强降水、雪（积雪）、龙卷、冰雹、雨凇和雾凇等特殊天气现象及时实事求是地进行观测与记录，并在第一时间将天气现象发生时间、地点、测量（或目测）数据告知当地气象主管机构。

④ 气象设施巡查。定期巡查所负责的气象设施，对气象设施外观、设施运行情况及周边环境进行巡查，做好巡查记录，一旦发现异常情况，应初步确认问题所在，拍照记录现场灾情，以备资料存档。简单情况可现场进行处理，无法解决的应尽快通知当地气象主管机构。

⑤ 农业生产指导。根据了解和掌握的农业气象知识，以及接收的各类气象服务信息，指导农民开展播种和管理收获等各类农业生产。同时，应当将农民生活和农业生产对气象服务的实际需求信息及时反馈气象部门，以便于气象部门提供更加具有针对性的农业气象信息，更好地为农服务。

⑥ 气象科普知识宣传。努力学习掌握与生产和生活有关的气象科普知识、抗灾避险常识，以及农业气象及防灾减灾技术对策等，并通过各种有效途径向广大农民传播。

4)气象信息员管理办法

① 成立气象信息员管理办公室。省级气象主管机构成立省级气象信息员管理办公室（以下简称信息员管理办公室），办公室挂靠在应急与减灾处；各省辖市及县（市）气象主管部门成立相应的管理机构，作为开展信息员管理及培训的组织机构。

② 气象信息员的选配。气象信息员的选配应紧密依托各级党委和政府，遵循本人自愿、所在地政府推荐及气象主管机构认可的原则，优先从基层干部和具有一定文化水平的人中选用。

气象信息员一经选定，应逐级上报备案，河南省气象信息员管理办公室组织建立信息员资料数据库。

气象信息员因工作变动或其他原因无法履行职责时应及时向当地气象主管机构报告，各乡（镇）、村民委员、社区、企业、学校和水库应及时推荐新的合适人选。各省辖市及县（市）信息员管理办公室应及时将信息员变动信息上报省信息员管理办公室，省信息员管理办公室应及时组织更新信息员数据库。对违法乱纪、开展工作不力、不能履行职责的气象信息员，应及时予以解除气象信息员资格。

③ 气象信息员的权利与义务

a. 气象信息员的权利

一是优先获取天气预报服务信息和气象灾害预警信息；

二是免费参加气象灾害预警信号识别与防御、气象灾害调查方法及其他相关科普知识的培训，并获取相关培训资料；

三是其本人和直系亲属可优先参加各级气象主管机构组织的各类相关活动。

b. 气象信息员的义务

一是手机24小时开机，若手机号码发生变更，应及时将新号码报备各当地气象主管机构；

二是负责将收到的气象预警信息传递给责任区内的社会公众，努力减轻气象灾害造成的人员和财产损失；

三是负责对责任区内发生的气象灾害进行调查，并将灾情信息上报到市、县级气象主管机构；

四是负责协助气象主管机构人员赴现场进行灾害调查和鉴定；

五是协助做好气象法律法规、气象科普知识、气象灾害防御知识的科学普及和技术咨询等；

六是负责对责任区内的乡镇雨量站进行简单维护；

七是协助做好其他相关气象工作。

c. 气象信息员培训

一是各级气象主管机构应积极创造条件开展气象信息员培训工作，使气象信息员具备履行职责所应具备的素质；

二是气象信息员每两年至少参加一次培训；

三是气象信息员的培训采用集中的方式进行，主要以市、县为单位开展；

四是气象信息员培训的内容主要为气象灾害预警信号识别与防御、气象灾害调查方法及其他相关知识等；

每年年底全省将组织评优工作，对工作表现突出的信息员给予适当奖励。

10.2.2 气象信息传播设备

除了手机短信、报纸、电视和广播等常规的气象信息传播手段外，近几年重点发展了气象预警大喇叭、气象预警 LED 电子显示屏、基于 GPRS 的多媒体电视气象预警控制器等新的现代化信息传播手段。

(1)气象预警大喇叭

气象预警机又称气象预警大喇叭，即防灾减灾气象自动广播系统。结合现代 Internet、网络传输、UTP/GN 接入、嵌入式文字语音转换及 LED 显示控制等先进技术，采用先进的系统软件平台及终端设备，与 GSM/GPRS 无线传输技术结合研制而成的一款新一代智能产品。能够满足气象、农业、林业和环保等领域的信息发布。该系统前端由无线综合发布平台软件、主站设备、手机、固定电话及对讲机等组成，终端由气象预报预警接收机、广播喇叭和太阳能供电设备等组成(见图 10.1)。系统具有以下特点：

1)全自动无人值守，通过无线网络与 MAS 服务器进行信息流通。

2)语音合成方式：采用文字转语音技术。内置 10 种以上提示音，模糊判断，语速流畅。

3)支持无线语音(支持 TTS 文本转语音)自动紧急广播功能。

4)在发送前进行加密，加密后下发到终端设备，由终端设备进行解密，解密后进行密码验证。在确认密码准确无误后，进行广播，保证了短信内容传输过程的保密性。

5)支持病毒短信的过滤，支持短信接收回执功能。

6)支持长短信。

7)GSM 无线通信模块：采用信息产业部或国家无线电管理委员会等权威部门认可的工业级模块；SIM 卡支持要求：必须支持中国移动《移动公话专用 SIM 卡技术规范》。移动和联通语音终端信息传输可以采用短信或者 GPRS 方式，也可以配合使用。

(2)气象预警 LED 电子显示屏

信息化社会的到来，促进了现代信息显示技术的发展。Light Emitting Diode(LED)是发光二极管的通称，它是利用注入式电致发光原理制作的二极管，即在某些半导体材料的 PN 结中，注入的少数载流子与多数载流子复合时会把多余的能量以光的形式释放出来，从而把电能

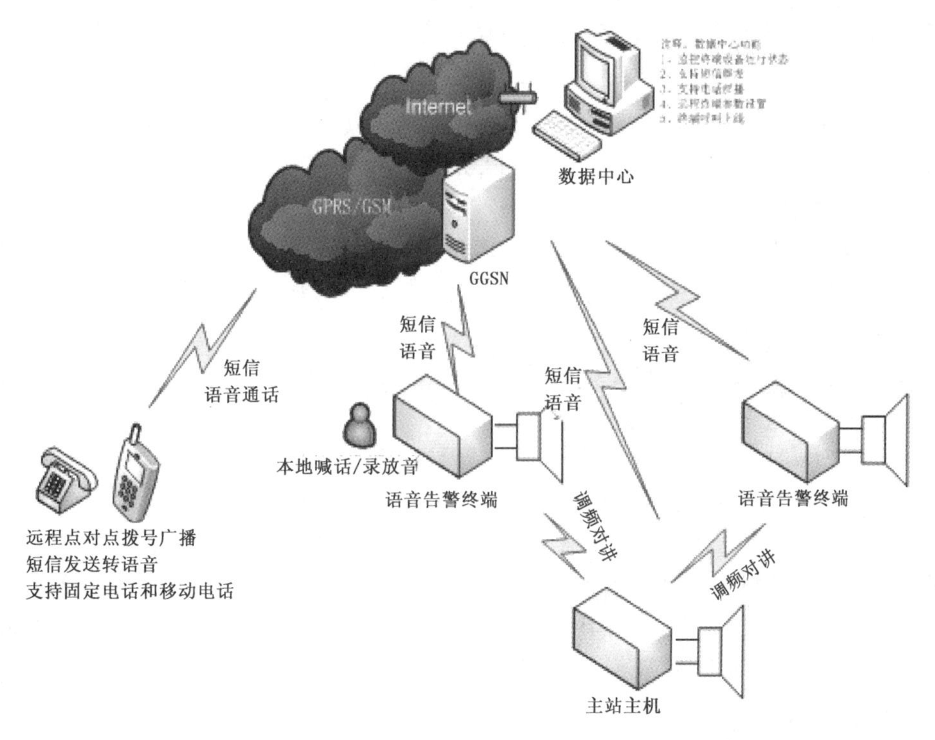

图 10.1　预警机信息发布平台系统拓扑图

直接转换为光能。随着 LED 材料技术和工艺的提升，LED 显示屏因屏体大小不受限制、高亮度、寿命长、容量大、数字化及实时性强等突出优势成为平板显示的主流产品之一，并在社会经济的许多领域得到广泛应用，特别是适用于服务行业及专业性强的小型 LED 显示屏使用越来越普遍。

根据气象信息本身的特点，考虑到经济性，本系统使用的 LED 显示屏为红、绿双基色，可显示红、绿、黄三种颜色，控制系统由控制卡和扫描显卡两部分组成，控制卡从 GPRS 通讯模块(Data Transfer Unit, DTU)获取整屏像素的点阵数据，分配给扫描显卡，扫描显卡负责控制 LED 屏上的所有行的数据显示，考虑到要发送预警图片，本系统中的控制卡采用了图文卡，支持文本和图形两种方式。

1)LED 电子显示屏的特点

LED 显示屏可以显示变化的数字、文字和图形图像；不仅可以用于室内环境还可以用于室外环境，具有投影仪、电视墙和液晶显示屏无法比拟的优点。

LED 之所以受到广泛重视而得到迅速发展，是与它本身所具有的优点分不开的。这些优点概括起来是：亮度高、工作电压低、功耗小、小型化、寿命长、耐冲击和性能稳定。

LED 的发展前景极为广阔，目前正朝着更高亮度、耐气候性、发光密度、发光均匀性、可靠性，以及全色化方向发展。

2)无线气象预警信息发布系统的优势

① 联网发布。本系统通过 GPRS 无线网络发送信息，采用 UDP 网络传输协议，终端可安装在户内和户外，也可以车载，运营时不受地理位置限制，单台服务器服务容量可达到 5000 个安装点，若网络带宽允许，可在 1 min 内将信息发送完毕。

② 实时发布。传统 LED 显示屏只能通过与电脑联机来更新信息，无法满足信息实时发

布的要求，而无线 LED 显示屏可以随时接收从信息发布系统下发的信息，满足实时发布的要求。

③ 不受距离限制。传统电子显示屏只能在短距离内使用，一般只有数十米，无线 LED 显示屏只要是无线 GPRS 网络覆盖的地方都可以使用，不受距离和位置的限制。

④ 安装维护方便。由于不需要铺设光缆或通讯电缆，所以无线 LED 显示屏的安装位置易于选择。产品采用模块化设计，便于维护和升级。

⑤ 自动获取实时气象信息。当信息发布系统与气象信息数据库连接时，可以自动获取实时气象信息并对外发布。

⑥ 系统安全可靠。通过数据加密和硬件密匙，保证数据传输和信息发布的安全性，有效地杜绝了违法信息的干扰。

(3)基于 GPRS 的多媒体电视气象预警控制器(GTV)

1)气象预警终端 GTV 控制器简介

气象预警终端 GTV 控制器是河南省气象灾害预警信息发布平台上所使用的气象灾害预警终端中的一种，是以移动 GPRS 为传输方式、以电视机作为显示终端，以气象多媒体信息控制器为核心，在不影响用户收看电视节目的前提下，使用声光提醒、视频叠加和视频切换的方式，准确、及时地将各类气象预警、天气预报与实况信息传递给千家万户，提醒人们采取各种预防措施，减少生命财产的损失。

2)气象预警终端 GTV 控制器的工作原理

通过在电视机顶盒的基础上增加 GPRS 模块，接收气象部门发送的多媒体气象信息并存储在寄存器中，气象多媒体控制器读取寄存器中的信息并与数字电视信号叠加，按照预警级别的不同，以不同的形式播放在电视屏幕上，使用效果见图 10.2。

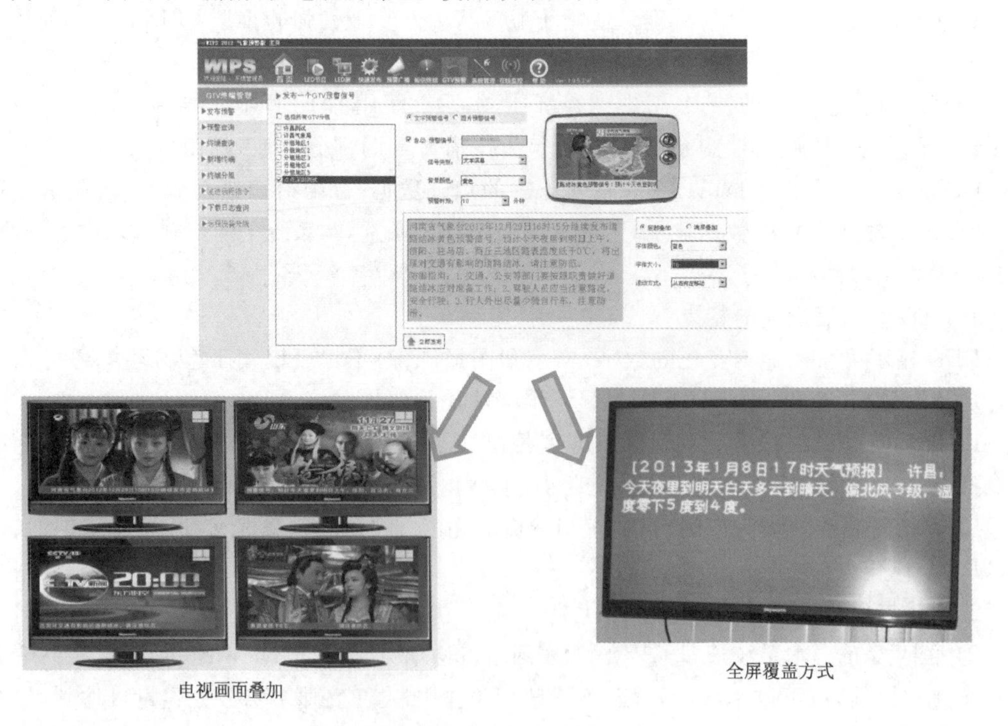

图 10.2　GTV 使用效果图

3)气象预警终端GTV控制器的用途

控制器将气象信息分为三个级别:一级为重大天气预警和灾害预警信息;二级为天气预报和气象情报信息;三级为雨情实况和温度实况等信息。

当控制器第一次收到重大预警和灾害等一类信息时,信号灯闪烁,报警器发出报警声,同时电视机自动切换视频信号,全屏播放该信息;当接收到天气预报信息时,控制器信号灯闪烁,有线电视照常播放,只在屏幕下方滚动播放天气预报;当接收到气象知识和雨情等实况信息时,控制器信号灯闪烁,电视屏幕被分割为左右两部分,左边是电视节目,右边显示实况信息。

(4)新农网多媒体信息机

新农网多媒体信息机客户端产品(见图10.3)主要安放在乡村、社区、车站、商场、机关、学校、医院、宾馆、公园及旅游景点等人员密集场所。新农网多媒体信息机具有兼容性好、多通道、知识性、科普性和实效性等特点。其实现了图文有线和无线传输、多媒体实时播放及灾害预警信息快捷发布,基本解决气象预警信息"最后一公里"的问题。产品具有以下特点:

1)各级管理中心可通过各种公用网络向系统内各终端显示屏传输图文信息;

2)分屏技术使播放内容更丰富;

3)支持多种流媒体;

4)实时资讯联播,吸引更多眼球;

5)公用网络传输实时视频;

6)多级"安全"审核,可自主"过滤"不健康信息;

7)播放方式灵活,客户可以任意选择;

8)全天候自动巡检,确保故障及时排除。

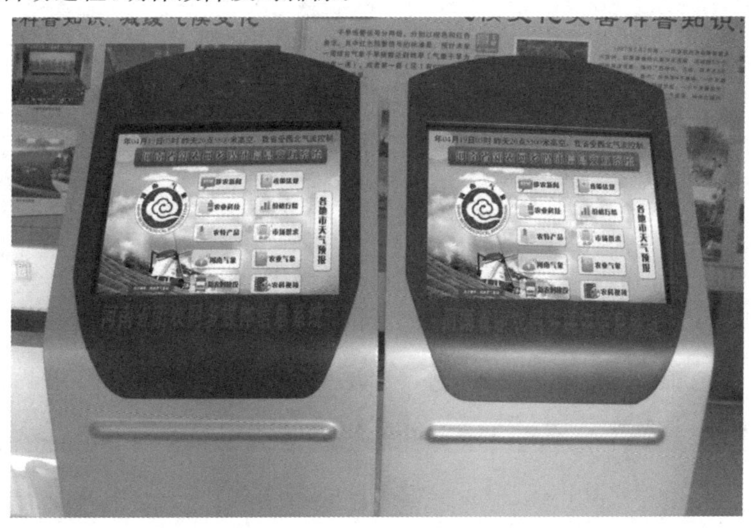

图10.3 新农网多媒体信息机

10.2.3 河南省预警终端综合监控及信息查询

河南省气象预警信息监控发布平台功能:实现本市(县)气象局所有气象预警终端的监控,自动向本市(县)所有气象预警终端发送气象预报预警等信息。

目前,通过该平台气象台预报员实现了对本市多种终端的监控和信息的自动发布,还实现了外系统与气象部门信息的联合发布,比如郑州工商银行与郑州市气象局信息共享发布。

(1)监控设备状态

1)设备状态显示

在河南省地图上显示气象预警接收终端设备的分布图,不同的设备以不同的符号标识(见表 10.1)。

表 10.1　气象预警接收终端设备状态

状态符号	设备
▲在线 ▲离线	气象 GTV 电视
●在线 ●离线	气象 GPRS 大喇叭
●离线 ●在线	气象 LED 显示屏
✉GSM终端	手机、大喇叭、短信屏、乡村信息员等短信设备

2)信息发布

通过专用发布平台(见图 10.4),可以及时向气象预警 LED 屏(见图 10.5)、气象预警大喇叭(见图 10.6)、气象 GTV(见图 10.7)及所有气象信息员手机终端(见图 10.8)发布天气预报预警等信息,LED 屏还可以接收并显示图形信息,如显示气象要素变化曲线,气象 GTV 还可以接收显示图像信息,如气象灾害预警信号等。

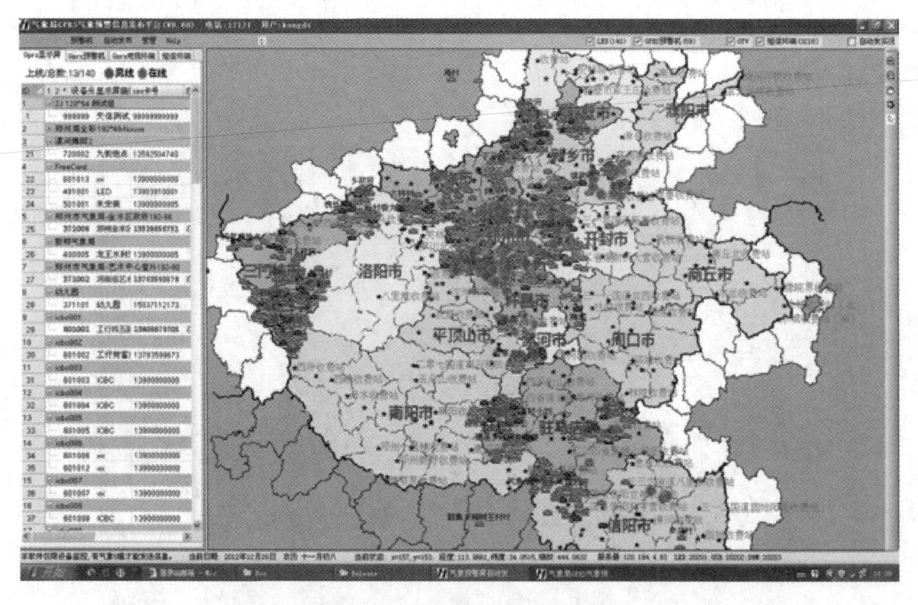

图 10.4　河南省气象预警信息监控发布平台

(2)发布气象信息

预警终端综合监控系统的重点是实现信息的自动发送,减轻预报员的工作量。通过在程序上设置不同的选项,可以实现不同信息的自动发布(见图 10.9)。短信的发送可以按组发送,比如本县大喇叭或乡镇信息员分别划归一个组等。根据短信设备的不同,可以选择三种发布方式:1)本县气象局的 MAS 平台,每分钟可以发送 50 条左右;2)若发送的 PC 机上安装 MODEM,每分钟可以发送 6 条;3)使用省气象统一平台,每分钟可以发送 300 条。

目前已经实现的有手工或自动发布的各乡(镇)精细化天气预报和天气预警;自动发布本

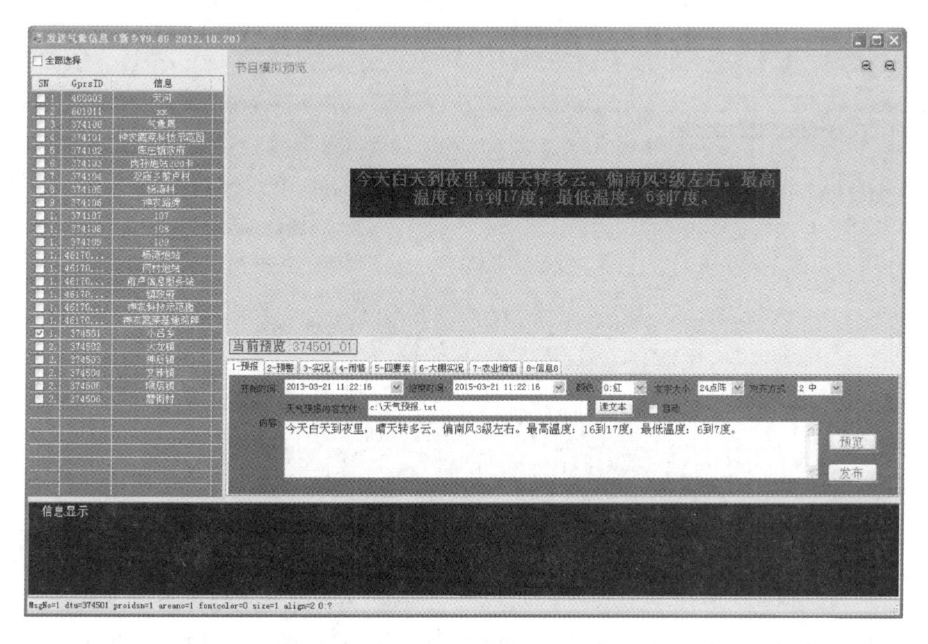

图 10.5　电子显示屏信息发布平台

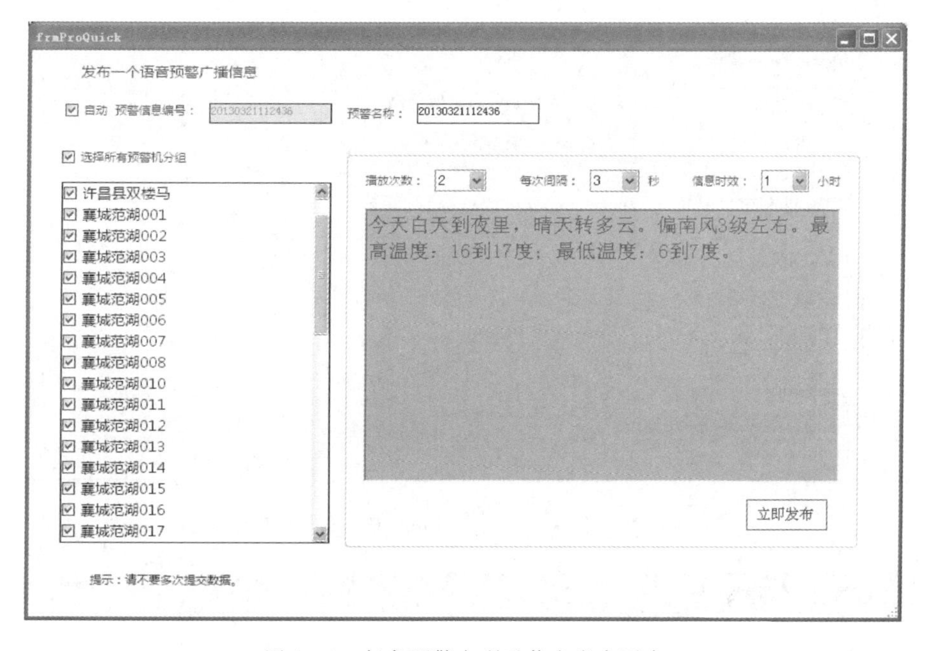

图 10.6　气象预警大喇叭信息发布平台

地自动气象站、区域多要素站、雨量站实时气象信息；自动发布本地墒情信息和本地农业小气候站观测信息等。需要注意的是精细化乡镇天气预报动发布需要从省气象信息中心服务器上读取统一格式的天气预报内容。自动观测设备还没有实现通用，发布本地墒情需安装河南省气象科学研究所与中电集团第二十七研究所联合生产的自动土壤水分观测仪。自动发布农业小气候站信息，需安装中国华云气象科技集团公司或无锡无线电研究所的生产的农田小气候站。

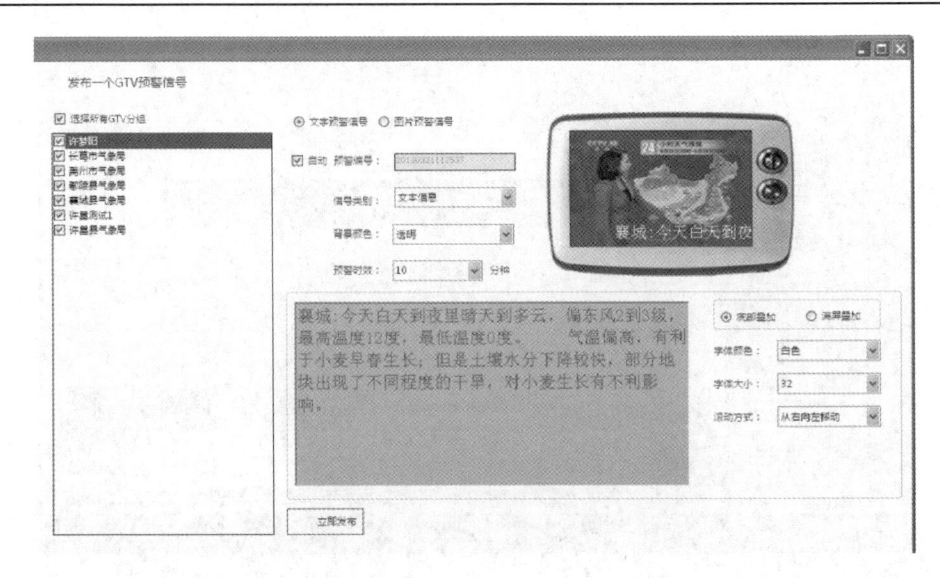

图 10.7　向气象 GTV 电视发送信息

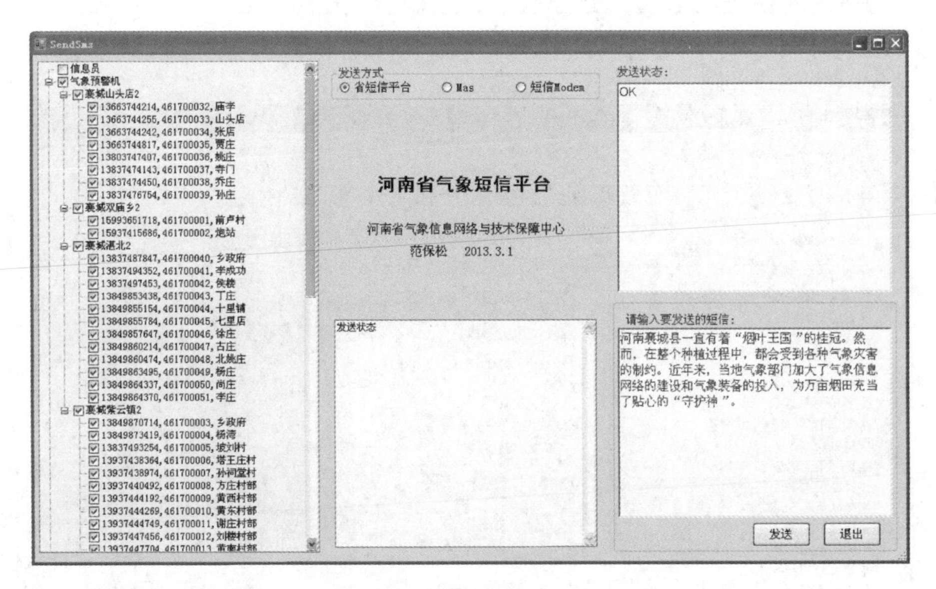

图 10.8　通过短信统一平台向短信终端发送短信息

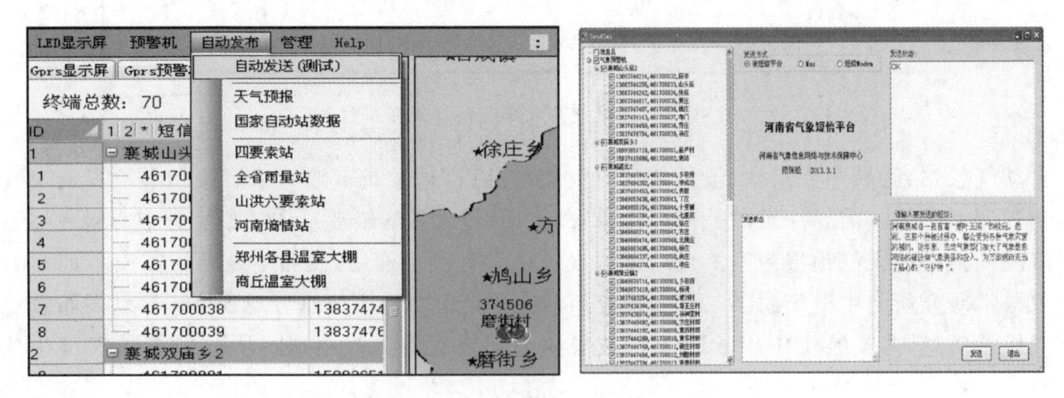

图 10.9　信息的自动发布设置

10.3　农业气象科技示范园建设

结合地方农业科技示范园区和当地优势项目建设农业气象科技示范园区，可以面向当地现代农业生产需求，通过在园区开展试验研究和示范推广，为当地发展高产优质粮食作物、特色农业、生态农业及设施农业，以及推进新农村建设等提供科技支撑。按照“总体规划、分步实施、逐步推进、突出特色、因地制宜、讲求实效”的原则，将农业气象科技示范园区建设与多要素自动观测站、小气候观测和人工影响天气固定炮点建设结合起来，通过布设多要素自动观测站、开展农业气象观测、获取农业气象服务指标及建立农业气象服务系统等环节，做好有针对性的农业气象服务工作；通过边建设、边观测、边研究、边服务的方法，建立并逐步完善农业气象服务指标，全省逐步形成具有地方特色的四大怀药、灵宝苹果、天和蔬菜、鄢陵大葱、新郑大枣及信阳茶叶等特色农业气象服务项目，全面提升了现代农业气象业务能力和服务水平，取得了较好的经济效益和社会效益。

10.3.1　建设标准

(1)小气候观测

1)大田作物

根据农作物生长发育阶段要求，需要监测大田作物群体内部和群体上方的气象条件，主要包括气温、空气湿度、风、光合有效辐射、土壤水分和降水等，其中温度、湿度和风速需进行梯度观测，可有选择性地布设30，70，150，300 cm四个层次；土壤水分设10，20，30，40，50，80和100 cm七个层次，光合有效辐射设一个层次。

梯度观测可配置气象梯度观测系统，含空气温湿度传感器、风速传感器、数据采集器；光合有效辐射；土壤水分观测可配置自动土壤水分观测仪和自动雨量计等。梯度观测系统可改为七要素自动气象站或四要素区域气象自动站，但应加装光合有效辐射装置。

2)果树

果树冠层内部的气温(日平均、最高和最低气温)、湿度、风及光照等气象条件对其落花坐果和果实品质有一定的影响，而降水和土壤水分对产量的影响较大，因此需要监测果园不同层次的气温(日平均、最高和最低气温)、空气湿度、风、光合有效辐射及降水和土壤水分。

木本果树一般树冠较高，需配置梯度观测系统，可设70，150，300和500 cm四个层次观测气温、湿度及风，设150和300 cm两个层次观测光合有效辐射，土壤水分观测设20，40，60，80和100 cm五个层次。梯度观测系统可改为在果树冠层高度处安装七要素自动气象站或四要素区域气象自动站，但应加装光合有效辐射观测装置。

草本果类一般群体较低，可采用七要素自动气象站或四要素自动气象站，但应加装光合有效辐射观测装置；自动土壤水分观测设10，20，30，40和50 cm五个层次。

3)露天蔬菜、花卉和中草药

露天蔬菜、花卉和中草药的品质主要受气温、空气湿度、光照和降水的影响，地下块茎类的品质还受地温等的影响，它们的产量与土壤水分的关系较大，因此对于此类植物不但要观测温度、湿度、光照和总体降水，还要观测地温及土壤水分。

温度、湿度和风速需进行梯度观测，可有选择性地布设30，70和150 cm三个观测层次，如果植株较高，还应加设300 cm处观测；而降水和光合有效辐射设一个层次；地温设5，10，20和

40 cm 四个层次，土壤水分设 10，20，30，40，50，80 和 100 cm 七个层次。

4）温室大棚（包括蔬菜和花卉等）

温室大棚内不同方位区域的气温、空气湿度和光照有差异，其对棚内作物的品质和病害的发生影响较大，因此需在温室大棚内不同方位区域设置气温、湿度和光合有效辐射观测点，以便人为调控。需要配置温度、湿度和光合有效辐射观测系统，在温室大棚的中部、东南部（或西南部）和西北部（或东北部）三个边缘区域的 150 cm 高度进行温度和湿度观测，在中部 150 cm 高度进行光合有效辐射观测，同时在中部区域增加底部（30 cm 高度）的温度和湿度观测。在中部布设自动土壤水分观测仪，进行土壤水分观测。

另外，在温室大棚外配置七要素自动气象站，进行常规的温度、湿度、光合有效辐射、风及降水的观测，以便与棚内气象条件进行比较。如受经费限制，七要素自动气象站可改为四要素区域气象自动站，但应加装光合有效辐射观测装置。

（2）发育期及物候期观测

每种作物均需进行发育期观测，果树及经济类木本植株需进行物候期观测，具体观测内容及标准参考《农业气象观测规范》及 2009 年 5 月由河南省气象局编写的《河南省农业气象观测方法（试行）》。

（3）生长状况、生长量、产量结构和产量品质的测定与分析

1）大田作物

具体观测的项目包括株高、密度、生长量、产量因素、产量结构及品质等。具体观测时期及内容参考《农业气象观测规范》。需配置直尺、卷尺、卡尺、剪刀、标签、纱布袋、烘箱、天平、数粒器和产量结构分析用具等测量设备。品质测定，如小麦蛋白质含量等，可选取样本送到专业机构进行测定。

2）果树

木本果树测定包括落花落果、坐果率、果实膨大量、新枝长度、树干高度、树干周长、树高、冠径、果实产量与品质等；草本果类测定包括匍匐茎数、每茎叶节数、密度、生长量、果实产量与品质（主要为糖度）等。具体观测时期及内容参考《农业气象观测规范》。需配置直尺、卷尺、卡尺、标杆、天平、手持/数字折光糖度计、水果蔬菜生长测量仪及产量结构分析的工具等测量设备。

3）蔬菜、花卉和中草药

蔬菜和中草药测定包括高度、密度、叶龄及产量等；瓜果类测定落花落果、坐果率、果实膨大量及果实含糖度等；花卉测定包括高度、密度、花径、花色及单株花数等。品质测定可选取样本送到专业机构进行测定。具体观测时期及内容参考《农业气象观测规范》及《河南省农业气象观测方法（试行）》。需配置直尺、卷尺、卡尺、烘箱、天平、手持/数字折光糖度计和水果蔬菜生长测量仪等测量设备。

（4）土壤状况观测

包括土壤肥力和土壤酸碱度观测。一般需要观测土壤速效氮、磷、钾含量和土壤酸碱度值等，花圃和药圃还需要观测影响花色品质和中草药药力的土壤微量元素含量，如锰、硼、铁、锌等，可选取样本送到专业检测机构进行测定。需配置土壤养分速测仪和 pH 计。

（5）气象灾害和病虫害观测

有关气象灾害和病虫害的观测内容及观测项目，参考中国气象局 1993 年制定的《农业气象观测规范》。

10.3.2　开展服务

(1)常规服务产品

常规服务产品主要包括:气象月报、旬报、周报(内容包括前期气象条件分析、后期气象条件预报、当前土壤墒情及未来墒情等),关键期气象日报,作物产量、果实品质和花期预报等。

(2) 防灾减灾服务产品

防灾减灾服务产品主要包括:低温冷害和冻害警报,高温热害警报,干旱、干热风、大风和冰雹警报,暴雨和连阴雨警报,以及病虫害警报。

(3)服务流程

1)历史资料的收集

主要调查收集历史气象和历史农业气象灾害资料,收集当地农业生产、农业经济和农作物生长等资料,收集整理农业气象服务指标、生产技术措施、最新技术成果和适用技术等资料,以及建立数据库。

2)适时信息的采集

通过上级指导产品获取气象预报信息,通过示范园的气象要素观测、农业气象观测、物候观测及实地调查获取作物、农业气象灾害和病虫害发生情况等适时信息,通过网络、广播电视和报纸等收集市场价格和为农政策等信息,通过网络和电话等收集反馈信息等。

3)信息分析加工及服务产品制作

根据农业气象指标和新技术成果,将收集到的历史资料、适时信息和上级指导产品,进行分析、加工和订正,制作成不同类型的服务产品。

4)服务产品的共享和发布

常规服务产品通过发送服务材料或网络传输向示范园和有关领导部门提供服务。

防灾减灾服务产品通过发送服务材料或网络传输,向示范园和有关领导部门提供气象条件分析及灾情调查分析、灾后生产建议及补救措施,并且利用气象信息服务站和气象信息服务员,通过电台、电视、网络、电话、短信、电子大屏幕、信息机和大喇叭等向广大农民朋友发送服务信息。

10.3.3　验收评估

(1)评估形式

验收评估采用打分的形式,河南省气象局应急与减灾处负责制定《河南省现代农业气象科技示范园评估评分表》(见表 10.2),评估内容包括组织体系、仪器设备、观测资料应用、指标体系及服务产品、综合效益发挥和辐射带动作用等六个部分。

(2)评估等级

验收评估总分为 100 分。验收评估结果划分为优秀、达标和不达标三级。其中总分大于等于 90 分为优秀,总分小于 90 分且大于等于 60 分为达标,总分小于 60 分为不达标。

(3)评估流程

各省辖市气象局负责本辖区示范园的验收评估工作,编写验收评估报告,汇总《河南省农业气象科技示范园评估评分表》,并行文上报河南省气象局。省气象局应急与减灾处组织专家进行抽查复验,形成最终评估报告。

(4)其他要求

要求各省辖市气象局高度重视、认真组织并对照验收评分表，实地进行逐项对照验收，认真查看各种服务产品、观测记录、值班与服务记录、宣传材料、规章制度和服务效益统计数据等，确保验收评估不流于形式。

表 10.2　河南省现代农业气象科技示范园评估评分表

项　目	内　容	评分标准	完成情况	自评分	省辖市局评分
农业气象科技示范园概况	建设单位				
	示范园名称				
	示范园面积				
	示范园地址及经纬度(°,′,″)				
	依托地方农业科技示范园名称				
	主要特色描述				
一、组织体系(6分)	县局成立领导小组(2分)	县局成立领导小组有针对性地召开专题会研究园区建设和服务工作，得2分；否则不得分			
	县局固定服务人员(2分)	县局安排1人以上固定业务人员从事此项工作且工作较好，得2分；否则不得分(查看工作记录和服务记录)			
	示范园区辅助人员(2分)	示范园区聘请有1名气象信息员负责园区服务工作，得2分；否则不得分(查看服务登记记录)			
二、仪器设备(10分)	观测仪器设备(6分)	按照批复的方案建设安装气象观测和农业气象观测设备且运行正常，得6分			
	气象预警大喇叭(2分)	园区内安装有气象预警大喇叭且运行正常，得4分			
	电子显示屏(2分)	园区内安装有电子显示屏且运行正常的，得4分			
三、观测资料应用(10分)	常规观测资料应用(5分)	常规观测资料序列完整，得1分；观测资料应用于示范园服务产品中，得3分；观测数据纳入省级信息传输及存储系统，得1分；否则不得分。资料完整度重点考查作物主要发育期的资料记录是否完整			
	特色观测资料应用(5分)	特色观测资料序列完整，得2分；观测资料应用于示范园服务产品中，得3分；否则不得分。资料完整度重点考查作物主要发育期的资料记录是否完整			

续表

项　目	内　容	评分标准	完成情况	自评分	省辖市局评分
四、指标体系及服务产品（50分）	服务产品完善（15分）	针对园区作物利用园区观测资料编制各发育期特色服务产品，得10分，每缺一个发育期，扣3分，直至不得分；开展一次气象灾害影响评估得3分；否则不得分			
	服务流程完整性（3分）	建立了完整的科技示范园业务服务工作流程，并且严格按照该流程开展业务服务工作，得3分；否则不得分			
	服务平台有效性（3分）	建有示范园业务服务平台，并且工作人员使用熟练，服务对象使用方便，主要服务产品上平台，得3分；否则不得分			
	服务方式多样化（3分）	通过建立网络、电话、短信、电子显示屏及大喇叭等多种服务手段开展服务，得3分；每少开展一种扣1分，直至不得分			
	直通式服务（3分）	园区内种养殖大户全部实现直通式服务，普通农民至少被一种服务方式覆盖，得3分			
	服务手册编发（8分）	针对示范园作物编写印发了不同发育期服务手册，得8分；未编写不得分			
	服务指标体系（15分）	建立了覆盖作物各生长发育期的气象影响指标体系，得15分，每欠缺一个发育期扣3分，直至不得分			
五、综合效益发挥（20分）	“农业气象适用技术”示范推广效益（5分）	按照省气象局要求至少推广一项农业气象适用技术，通过示范田带动，组织推广适用技术并取得效益（需要提供示范推广总结及数据分析报告），得5分；否则不得分			
	园区气象防灾减灾增收减损效益（10分）	依托示范园，通过规范且有效的气象综合信息服务，取得了防灾减灾增收减损明显效益（需要提供增收减损效益分析评估报告和效益证明材料作为数据支持），得10分；无效益不得分			
	项目实施后的综合效益（5分）	科技示范园项目实施对气象业务服务能力的提升作用（提交的分析报告说明能力提升幅度），得2分；科技示范园项目实施对气象气象部门社会影响力提升情况，得3分			
六、辐射带动作用（4分）	特色产品园区外辐射面积（2分）	针对园区制作的特色服务产品在园区外得到应用，辐射两个及以上乡镇，得2分；否则不得分			
	示范园项目辐射综合效益（2分）	示范园项目建设及服务成果向园区之外辐射并取得社会和经济效益（需提交综合分析报告及效益证明材料），得2分；无效益不得分			

参考文献

国家气象局. 1993a. 农业气象观测规范(上卷)[M]. 北京:气象出版社.
国家气象局. 1993b. 农业气象观测规范(下卷)[M]. 北京:气象出版社.

第 11 章　现代农业气象业务服务展望

11.1　现代农业气象业务服务发展的重点

近 60 年来,我国农业气象事业得到了蓬勃发展,在气象为农服务的众多领域中发挥了重要作用。随着现代农业的不断发展和气候、环境的不断变化,在农业防灾减灾、适应气候变化及粮食高产稳产优质高效安全等诸多方面,均对现代农业气象业务发展提出了新的要求(王建林,2010)。

11.1.1　粮食安全生产保障

(1)农业气象情报

继续做好传统种植业农业气象情报业务,做到农业气象情报全程化、多元化、定量化和精细化。

开展覆盖农业生产"产前"、"产中"和"产后"全过程的农业气象情报业务。根据现代农业的特点,在"产前"给出农业气象条件年景评价和风险分析,为科学合理安排作物与品种布局等提供指导;在"产中"针对不同作物、不同品种、不同长势和不同区域的具体特点,开展系列化且精细化的气象条件影响诊断分析,并给出针对性很强的生产建议、管理措施;"产后"提供粮食储藏、运输及保鲜等方面的农业气象条件评价和风险分析。

通过强化技术研发,建立气象条件对农业生产各个环影响节的定量化动态评价技术,开展客观准确的定量化农业气象条件诊断评价业务。

同时,根据现代农业的发展需求,稳步发展特色农业、设施农业和观光农业等情报业务。

(2)农业气象预报

制作发布准确及时的农业气象预报对农业生产具有重要的指导意义。改变目前单纯以数理统计方法为主的预报现况,充分利用数值天气预报产品和卫星遥感监测产品,发展统计与机理模型相结合的农业气象预报业务,进一步提高农业气象预报业务的科技含量,是未来农业气象业务的一项重点任务。其关键技术是基于大量田间观测试验资料,结合不同区域的气候特点、作物品种特性、种植结构、种植制度、土壤类型和管理措施等,通过对国际先进的作物生长模型在我国适用性的研究、参数优化和区域尺度应用试验,研发我国的主要作物生长模型,并研究其在农业气象预报业务中的应用技术和方法,包括作物产量的动态和定量预报,农用天气预报,精细化的土壤墒情与灌溉量预报,物候期预报,以及病虫害发生发展气象等级预报等。

11.1.2　农业防灾减灾

我国是一个农业气象灾害频发且多发的国家,加强现代农业防灾减灾气象服务能力建设,将是现代农业气象业务发展的重点任务之一。

(1)精细化农业气象灾害风险诊断分析

利用“3S”等技术，提高目前农业气象灾害诊断风险分析的时空分辨率，即基于详细的历史农业气象灾害记录，应用“3S”等技术，结合农业气象灾害指标的历史反演，确定某一区域精细化的农业气象灾害发生概率，进而利用较为成熟的农业气候区划技术与方法，划定不同农业气象灾害风险区域，指导农业生产与管理部门科学加强农业防灾减灾能力建设和调整农业产业与种植结构。

以农业气象灾害风险区划为基础，结合当时当地生产实际、未来天气、气候预测及其危险性、脆弱性与防灾减灾能力，由风险概率分析逐步过渡到有定量指标的风险管理分析。

除大宗农作物外，针对当地的特色农业和设施农业等，可根据需要开展精细化的农业气象灾害风险区划与分析。

(2)精准化农业气象灾害监测、预警和评估

精准化的农业气象灾害监测是指在传统农业气象灾害监测分析的基础上，充分应用“3S”、现代通讯和网络等技术，提高农业气象灾害监测的时空分辨率，建立全方位、多层次和立体的农业气象灾害监测和诊断模型，开展农业气象灾害发生时间、发生范围及影响程度等的精准化监测与诊断业务。

精准化的农业气象灾害预警就是在农业气象灾害精准化监测与诊断的基础上，结合农业生产进程、农业气象灾害指标和未来天气气候条件，建立农业气象灾害精准化预警模型，开展农业气象灾害发生时间、影响范围及危害程度等农业气象灾害预警业务。

精准化的农业气象灾害评估就是在农业气象灾害精准化监测诊断与预警的基础上，利用历史灾害的影响程度、农业气象试验研究结果和作物生长模拟技术与统计分析技术，建立灾害损失评估定量模型，综合模型结果和灾害调查分析等，开展农业气象灾害损失定量评估或预评估业务。

11.1.3 农业适应气候变化

目前全球正面临着人口增加、资源短缺和环境恶化的严峻形势。人口增长温室效应和土地利用格局改变导致了以气候变暖为主要特征的全球气候变化，我国的农业气候资源格局也随之发生改变，这将最终导致农业结构布局和种植结构的变化。因此，开展农业适应气候变化研究也将是现代农业气象发展面对的重点问题。

(1)精细的农业气候资源区划

开展动态的农业气候资源分析，为农业结构布局和种植结构的调整奠定了基础。结合“3S”技术和适应品种变更、气候变化的最新农业气象指标，分析农业气候资源动态变化特征，开展气候变化情景下的精细化农业气候区划和农业气候风险区划，为农业生产布局和种植结构调整提供服务。

(2)气候变化对农业的影响及适应对策

除关注长远的气候变化对农业的影响外，要更多地关注未来10～20年气候波动与变化趋势对不同区域大田作物产量和品质等的影响，重点针对二氧化碳、臭氧及甲烷等温室气体浓度增加、温度升高和紫外辐射增强等气候要素变化，开展其对各种农业生物生长发育和生理变化影响的研究与鉴定。

系统总结20世纪80年代以来我国各地适应气候波动与变化的农业对策和趋利避害的应对技术和经验，全面构筑不同气候区域应对近中期气候变化的适应对策与农业技术体系，尽可

能减轻气候变化给农业带来的负面影响，充分利用气候变化带来的某些有利因素和机遇。

11.2　现代农业气象业务服务重点建设工程

发展现代农业气象业务服务是一项综合性系统工程，必须从基础设施、业务系统、服务保障、条件能力以及人才与科技支撑等诸方面去设计、立项和建设，通过一系列重点工程建设，去推进现代农业气象业务能力和服务水平的提升(中国气象局，2009，2013)。

11.2.1　现代农业气象观测与试验系统建设

农业气象观测与试验系统是现代气象综合观测系统的主要组成部分，是我国农业与气象基础设施的重要组成部分，在农业气象业务科研和服务中发挥着基础性作用，该系统包括农业气象观测站网和农业气象试验站网两大部分。

我国农业结构和布局深受季风气候影响。气象灾害种类多且危害重，农业抵御气象灾害能力差，农业靠天收的状况还没有得到根本改变。随着粮食安全形势日益严峻，气候变化对农业的影响日益显现，农业生产面临前所未有的新挑战，同时也对农业气象业务科研和服务提出了新的发展要求。因此，农业气象观测系统和农业气象试验系统必须紧密结合现代农业发展对气象服务的要求，明确发展目标，及时调整定位和发展方向，科学规划站网布局，调整业务任务，采取有力措施，大力加强现代化建设，改进观测与试验手段，提升观测与试验整体能力，开创农业气象业务工作新局面。

(1)建设目标

1)农业气象观测系统

通过工程的实施，力争做到东中西部农业气象观测站网和观测项目布局科学合理，业务任务分工明确，观测手段明显改进，观测项目和内容全面规范，观测资料实现信息化，以满足我国现代农业发展、国家粮食安全、农业防灾减灾的需要以及农业气象业务服务工作的需求。在具体实施过程中，首先实现土壤水分观测自动化和农业气象测报自动化，逐步开展农田小气候、农业气象灾害及作物长势自动化监测业务。

2)农业气象试验系统

通过农业气象试验站网布局调整，初步建成布局合理、具有区域特色且手段先进，由 50 个左右一级站和若干个二级站组成的全国农业气象试验站网，构建我国农业气象科学研究和业务开发的野外试验和研究平台，具备开展现代农业气象试验、示范和推广能力，为现代农业气象业务服务发展提供基础支撑。通过重点建设，力争在 5 年内有 1～2 个试验站进入国家级野外科学试验站系列。

(2)主要功能

农业气象观测站网要为粮食生产、特色农业和设施农业提供准确且可靠的观测资料，在目前人工观测的基础上，逐步实现自动化和现代化观测，除提供长期定点观测资料外，还要逐步提供移动调查和遥感监测等资料，为现代农业气象服务提供基础支撑。

农业气象试验站网具备开展现代农业气象试验、示范和推广能力，重点开展农业(包括牧业、林业和渔业)气象观测和试验，兼顾不同类型生态系统的生态气象综合观测和试验，逐步开展设施农业和特色农业等农业气象试验，为我国农业结构调整、粮食稳产高产、名优特新品种引种扩种及农业气象灾害的防御等提供基础支撑。

(3)内容与布局

1)农业气象观测系统

农业气象观测站网建设的重点是优化、完善与现代农业商品化、产业化发展相适应的观测站网布局;以业务服务需求为导向,调整作物观测,土壤水分观测,农田小气候观测,物候观测,农业气象灾害及作物长势监测,灾害调查移动观测,以及特色、设施和观光农业等观测内容和项目,修订农业气象观测与数据上传规范;研制针对中国农业特殊需要的气象环境要素精确遥测与隔测技术及相应的仪器设备,推进农业气象观测自动化和遥测化。

国家级农业气象观测站网,分为国家一级和二级观测站,主要集中开展对于国民经济影响较大的粮、棉、油等大宗作物,以及畜牧业、林业、渔业气象的观测。在保持农业气象观测站网格局基本稳定的前提下,根据农业气象业务需求适当增加农业气象观测站,主要增加开展草原、森林和渔业观测站。把国家粮食生产大县中没有农业气象观测的站作为农业气象辅助站;土壤水分观测站布局中重点增设南方土壤水分观测站,加密其余地区有业务需求的观测站。

2)农业气象试验系统

农业气象试验站是承担农业气象业务科研工作的专业台站,是支撑科研成果转化与示范推广的综合平台。根据现代农业气象业务和科研发展的要求,调整与优化农业气象试验站网布局,加强观测、服务和试验基础能力建设,强化农业气象试验站的试验、示范和推广功能,为现代农业气象业务指标体系建立、农业气象应用新技术的示范推广及相关研究提供技术支撑。

农业气象试验站仍分为国家级农业气象试验站和省级农业气象试验站两级布局:国家级农业气象试验站主要体现国家主体功能区划和国家农业总体布局的需要,根据全国综合农业区划划定的九个综合农业区,并结合各区的生态环境条件设置;省级农业气象试验站要体现本省农业生产的地方特色和需求,根据本省农业生产的现状和发展趋势,在现有农业气象试验站和农业气象观测站的基础上,由各省气象局根据有关台站的基本条件、实际需求和全国分布相对均匀原则,有针对性地选择安排。

(4)技术路线

在现有农业气象观测网与农业气象试验站网的基础上,依据国家和地方农业结构和作物布局变化,结合农业区划成果,综合考虑国家、地方不同层次业务服务需求以及站点均一性、代表性原则,从实际需求、基础设施、技术装备、业务状况、队伍素质和站点密度等多个方面确定调整指标;分级分区规划农业气象观测网与农业气象试验站网布局;在对现有农业气象观测站与农业气象试验站进行全面评估的基础上,依据布局规划,按照条件成熟程度分批发展。通过试点示范,稳步推进农业气象观测网和农业气象试验站网调整。根据各地实际业务服务需求,进行观测任务和观测项目的调整;加强业务基础能力建设,采用自动监测、RS 和遥测等现代高科技手段,开展农业气象观测和农业气象试验,推进农业气象观测自动化和遥测化,强化农业气象试验站的试验、示范及推广功能。

11.2.2 现代农业气象预报预警系统建设

(1)发展目的

现代农业气象预报预警系统工程的建设,将围绕现代农业发展对农业气象预报预警服务的需求,建立现代农业气象预报预警业务体系和适用于大宗粮食作物、畜牧业、渔业、特色农业和设施农业等多种农业类型的现代农业气象预报模型与预测预报方法,制作服务于现代农业产前、产中和产后系列化农业气象预报预警服务产品,实现农业生产过程中动态农业气象预报和滚动气候预测，为现代农业的科学管理和高产、优质及高效农业生产提供依据。

(2)发展目标

经过建设，逐步建立一套较为完善的适应现代农业气象业务发展的农业气象预报预警系统。农业气象预报将实现从传统农业针对大宗作物的产量预报、年景预报向大宗作物、畜牧业、渔业、特色农业、设施农业和观光农业等为对象的现代农业方向转变；农业气象预测预报方法将得到进一步提高，预报模型将从统计模型走向统计-动力或者动力模型；农业气象预报产品将从定性、半定量走向定量化，农业产量预报、发育期预报和农业气象灾害预报准确率将进一步提高；农业气象预报时效将从年、季尺度走向动态、滚动，预报服务将贯穿农业生产的全过程。

(3)主要功能

现代农业气象预报预警工程将建立和完善现代农业气象预测预报体系，建立和完善农业气象预报技术和方法，增强农业气象预报能力、拓展农业气象预报对象，增加农业气象预报产品，提高农业气象预报准确率，增强农业气象预报服务能力，提升了农业气象灾害的防御与预警能力。

(4)内容与布局

针对现代农业气象预报预警业务需求，逐步建成农用天气预报系统、作物生育期与物候预报系统、作物产量动态预报系统、土壤墒情与灌溉预报系统和农业气象灾害预测预报等。

1)农用天气预报系统

国家级农用天气预报系统根据全国农业带的划分，在全国粮、棉、油等大宗作物主产区开展农用天气预报，主要包括作物播种前的农事准备和作物的播种、灌溉、施肥、喷药、收获及储藏等关键农事活动的农用天气预报；推进作物模式在产量预报、精准农业管理和农产品贸易中的应用。省级开展全省大宗农业和特色农业等农用天气预报，并指导市、县级开展具有区域特点的特色农业、设施农业、养殖业及渔业等农用天气预报。市、县级在省级农用天气预报的基础上，根据当地农事活动的特点和农业对气象条件的要求，依托本市、县天气预报，加工制作适宜本市、县特色农业、设施农业和渔业等需要的农用天气预报产品。形成国家、省、市、县各级农用天气预报业务能力。

2)作物生育期与物候预报系统

建设全国和各省、市、县主要粮食作物、牧草、特色农作物和设施农作物等生长发育期预报系统。有条件的市、县建立观光农业和乡村旅游业物候预报系统。

3)作物产量动态预报系统

建设国家、省、市、县四级粮、棉、油、牧草及水果等大宗作物产量动态预测预报系统。在国家级建设世界粮食产量预测预报系统。

4)土壤墒情与灌溉预报系统

在全国干旱区、半干旱区及南方季节性干旱区，建立国家级与省级土壤墒情与灌溉预报系统。根据土壤墒情监测资料，基于农田土壤水分平衡，建立统计模型与生物学模型相结合的土壤水分预报模式，开展土壤水分预报。包含预报区域、预报时段、分层的土壤湿度、旱情等级及主要影响分析等。

5)农业气象灾害预测预报系统

建立主要农业气象灾害发生时间、等级和发生区域的预报技术和方法。建立国家级水稻、小麦和玉米等主要粮食作物农业气象灾害预测预报预警系统。建立省级大宗作物、畜牧业和特色农业等农业气象灾害预测预报预警系统。建立市、县级区域特色农业、设施农业和渔业等农业气象灾害预测预报预警系统。建立国家级、省级因气象条件引发的主要生物病虫害预测预报预警系统。

(5)技术路线

遵循合作和集约化的组织路线，以为防灾减灾、粮食安全气象保障及新农村建设为目标和导向，逐步完善和建立符合新农村建设发展需求的农业气象综合业务服务体系。在天气预报和区域气候模式的基础上，以气象要素驱动的作物生长发育的机理性预测模型与统计模型为核心，综合应用农业气象地面观测资料、遥感资料、基础地理信息数据、农业气象指标、大气和作物参数等数据资料，以及传统的农业气象业务技术和“3S”技术，构建省、市级农业气象综合预测预警平台，开展农用天气预报、作物生育期预报、产量动态预报、重大农业气象灾害中短期预测预报和防灾减灾应急保障服务，以及粮食安全气象保障服务。

11.2.3　农业气象灾害评估系统建设

(1)发展目的

针对目前灾情统计存在较大的人为性、滞后性和不确定性等问题，开展农业气象灾害对农业影响的评估方法和模式研究，建设农业气象灾害定量化评估系统，逐步形成稳定的业务能力，实现对主要农业气象灾害的灾前风险评估、灾中跟踪评估和灾后影响评估业务，对农作物受灾的损失程度进行定量准确评估，为政府制定防灾减灾措施、救灾资金发放及保险理赔等提供科学依据，提高政府救灾救济决策的科学性、及时性和有效性。

(2)发展目标

建成国家级和省级农业气象灾害(包括干旱、低温冷害、霜冻、高温热害、连阴雨、暴雨、洪涝、干热风、台风和寒露风等)评估业务系统，实时采集、获取农业气象灾害信息以及农业气象灾害预报预警信息，开展对主要农业气象灾害的灾前风险评估、灾中跟踪评估和灾后灾情定量评估业务，不断提高农业气象灾害损失定量评估准确率，提出有效地防灾减灾措施和建议，为各级政府及其相关部门科学指挥，有效采取及部署防灾减灾措施提供决策依据。

(3)主要功能

针对农业气象减灾与生态安全需求，利用农业气象灾害影响评估业务系统可实现对各种农业气象灾害灾前预评估、灾中的动态跟踪评估、灾后灾情的快速定量评估，形成农业气象灾害评估业务，提升农业气象灾害评估业务能力，提高农业气象灾害定量评估的水平；实现各类农业气象灾害指标的查询，各类农业气象灾害过程及影响资料的查询和专用图形输出等功能。

(4)内容与布局

建立国家级、省级、地(市)级和县级农业气象灾害与农业生态环境监测预警信息和农业气象灾情上报系统，建立农业气象灾害数据库和农业气象灾害指标管理系统，研究主要农业气象灾害的发生机理、减灾对策、预警预报与补救技术，建设农业气象灾害影响评估业务系统，开展农业气象灾害实时评估业务，推进农业气象灾害的风险管理与农业灾害保险。

1)农业气象灾情收集上报管理子系统

建立以气象灾情数据库为中心内容的、能够快速和及时收集发生在全国各地的气象灾情，并实时上传，自动入库，进行气象灾情统计分析，为气象灾害评估和应急决策提供气象灾情信息的气象灾情收集上报子系统。

以规范化的农业气象灾害数据格式和农业气象指标数据格式，在国家级和省建立各种农业气象灾害指标数据、灾情数据、地理信息数据和社会经济数据等组成的综合型、规范化、共享性农业气象灾害数据库，实现农业气象灾害历史信息及各种农业气象灾害指标的统计、查询、检索和共享调用等功能；省级建设农业气象灾情调查和收集上报系统，配备灾情调查相应设施；在地(市)级建设农业气象灾情采集、录入和上传终端系统，地(市)级气象灾情数据库及灾情分析系统，配备灾情调查相应设备，快速收集本区域(内)发生的各种气象灾情；在县级建设农业气象灾情采集、录入和上传终端系统，县级气象灾情数据库及灾情分析系统，配备灾情调查相应设备，快速收集本区域发生的各种气象灾情。

2)农业气象灾害影响分析评估子系统

建立国家级、省级、地级和县级气象、灾害性天气、气候预报预警信息，以及农业气象灾情采集和数据处理系统；从农业气象灾害的随机性、模糊性和灰色性等特征出发，寻找各种农业气象灾害的主要致灾因子；研究致灾机理，采用数理统计、模糊数学、灰色系统理论等方法，加强对灾害不完备信息的挖掘和研究，建立国家级和各省级农业气象灾害定量评估模型，沿海地区增加台风对农业影响的评估模型。开发基于 GIS、RS 和遥测等先进技术的农业气象灾害综合评估技术，建立农业气象灾害分析和评估业务服务流程，建设农业气象灾害影响分析业务评估业务平台，开展农业气象灾害影响的灾前、灾中和灾后定量实时评估业务。

(5)技术路线

GIS，RS，GPS 和计算机语言为软、硬件平台，把全国及各省农业气象灾害、灾情和地理信息等建成灾害数据库，广泛收集现有农业及农业气象科研成果，进行归纳、总结和鉴定，凝练农业气象灾害指标，通过田间试验和模拟实验，补充和完善农业气象灾害指标体系。根据各种气象灾害对农业生产的影响、气象致灾因子及致灾机理，从灾害的随机性、模糊性和灰色性等特征出发，采用数理统计、模糊数学和灰色系统理论等方法，加强对灾害不完备信息的挖掘和研究，建立灾害定量评估模型。将各种农业气象灾害评估模型集成，建立农业气象灾害评估系统。

11.2.4　农业适应气候变化工程建设

(1)发展目的

农业是对气候变化最敏感和最脆弱的领域，适应气候变化是我国发展现代农业的紧迫任务。其中如何充分利用已经发生变化的气候资源，规避不利的农业气象灾害，是农业适应气候变化的重要内容。因此，采用新资料和新方法，借助 GIS、RS 技术、网络技术、多媒体技术等，结合必要的典型观测，进行农业气候资源生产潜力分析和区划，深入开展气候变化对农业的影响评估，不仅可为农业结构调整、名特新优品种引进、特色农业和生态农业基地选建、农产品质量提高及农业远景规划制定提供决策依据，促进气候资源有利地区优势农产品出口和商品生产基地建设，促进资源优势向经济优势的转变，提高农业对气候变化的适应性，而且可为农业资源的信息化、动态化和数字化奠定基础，对现代农业的发展具有重要意义。

(2)发展目标

通过工程的实施，建立农业气候资源生产潜力监测评价体系和方法，提供面向现代农业的综合农业气候区划，实现资源平面与立体，时间与空间全方位优化配置，构建气候变化对农业影响的定量化、精细化和可操作性强的评估方法和技术，为各级政府分类指导农业生产、农业结构调整、特色农产品产地的优化布局、农产品质量提高，以及农业远景规划制定等提供决策依据，发挥区域气候优势，趋利避害减轻气候灾害损失，提高资源开发的总体效益，促进资源优势向经济优势的转变，增强农业适应气候变化的能力。

(3)主要功能

利用农业气候资源生产潜力监测评价体系和方法，实现精细化农业气候区划的业务化和动态化，合理开发利用气候资源，发展优势农业产业；通过农业气象灾害风险区划，指明农业发挥区域气候优势和趋利避害减轻气候灾害损失的途径等；明确气候变化对农业影响的关键要素，开展气候变化对农业影响评估，指导农业通过采取生产结构调整和品种布局调整等措施适应气候变化，减轻气候变化的不利影响。

(4)内容与布局

重点建设主要山区农业气候资源典型监测及农业气候资源高程模型子系统，地理基础、农业气候资源和主要作物品种数据库子系统，农业气候资源生产潜力对气候变化的响应及量化评价子系统，气候变化对中国农业气象灾害发生的影响与减灾对策及风险区划子系统，精细化综合农业气候区划和作物区域优化配置子系统，农业开发气候可行性论证子系统，气候变化对中国与世界农产品产量与市场的影响及贸易对策，不同气候区应对气候变化的农业适应对策研究，农业源温室气体减排技术研究，气候变化对农业的影响评估和农业适应气候变化决策支持系统。

在全国不同气候区，选择有代表性的山系，建立农业气候资源剖面监测站。在国家、省、市和县建设四级地理基础、农业气候资源和主要作物品种数据库，以及农业气候资源对气候变化的响应及量化评价、农业气象灾害对气候变化的响应及风险区划、综合农业气候区划和作物区域优化配置、农业开发气候可行性论证、气候变化对农业的影响评估、农业适应气候变化决策支持业务平台，省、地(市)、县三级数据及成果上传，国家级、省级、地(市)级和县级各业务平台，以快速网络为纽带，基于相互连接的数据库服务器，实现农业气候资源数据、风险区划、农业气候区划和作物配置成果、气候变化对农业影响评估及决策支持技术等信息的流通和共享。

(5)技术路线

利用地理信息数据、常规气候观测资料和典型山区观测资料等，建立基于 WebGIS 平台的地理信息数据库和气候数据库，选择一个最佳气候要素——地理因子小网格推算模型，将气候要素推算到一定空间分辨率的细网格上，经过残差订正，得到经过小地形订正后的全国范围内每个小网格的气候资源数据。利用 GIS 空间分布模型，细致分析单要素气候资源空间分布规律和资源量化评价。选择对农业有决定意义的区划指标，应用主导因子分析和综合评判分析等方法，进行农业气候区划。结合作物品种气候生态特性，开展作物优化配置和气候可行性论证。分析各类农业气象灾害的致灾因子及其强度和频度、不同区域的脆弱性和防灾抗灾能力，进行农业气象灾害风险区划。根据高分辨率的气候变化预估产品和作物生长模式，开展气候变化影响定量评估。结合气候变化田间适应性试验，建立农业适应气候变化决策支持技术体系，最后，综合集成为农业适应气候变化系统工程。并通过 Internet 为众多用户提供气候信息查询、区划图查询、专题气候分析和开发利用途径等服务。

11.2.5 农业气象信息公共服务系统建设

(1)发展目的

近年来，我国农业气象信息服务取得明显成效。开辟了包括信函、广播、电视、报纸、电话、手机短信及网络等多种传播手段的信息发布途径，并初步建立了覆盖国家、省、市、县的农业气象信息传输体系。但是，面对发展现代农业的新形势和新要求，农业气象信息传播和服务能力还有比较大的差距，主要表现在农业气象公共服务平台和服务体系没有建立，农业气象服务科技支撑薄弱、覆盖面不足且时效差；农村公共气象服务能力薄弱、信息产品不够丰富，农业气象信息还没有实现进村入户，农民获取农业气象信息仍然十分困难。因此，结合国家农村信息化服务体系和示范工程建设，实施现代农业气象公共服务系统工程建设，建立现代农业气象信息制作和发布体系，快捷、方便地将信息传递到广大农民手中，真正解决农业气象信息传递中的“最后一公里”问题具有十分重大的意义。

(2)发展目标

到 2020 年，建成较完善的农业气象信息产品制作与快速发布系统，形成国家级和省级现代农业气象公共服务体系。增加有针对性的服务产品，扩大服务领域，明显提升农业气象信息服务能力和服务效果；加强农业气象服务产品多样化和规范化，满足现代农业发展对农业气象信息的需求，通过多种简便快捷的途径，为农、林、牧、渔等产业提供丰富的、具有针对性的信息产品；形成覆盖全国的农业气象信息收集、综合集成处理和发布网络，解决气象服务信息发布的“最后一公里”瓶颈问题；完善农业气象观测资料的传输和保障，加强农业气象科技知识普及和农业气象适用技术的推广，促进农业气象科研成果转化为生产力，农民科学应用农业气象知识和技术的能力明显提高。

(3)主要功能

农业气象信息发布系统围绕农、林、牧、渔业生产全过程，对各类农业气象信息进行精加工、再加工、标准化集成制作和发布，为合理安排农业生产、防灾减灾以及农产品加工和储运过程的管理提供气象跟踪服务，提高农业经济效益；通过为农民提供农业气象信息服务和技术咨询，提高农村信息化水平和农民处置规避灾害，以及根据市场信息进行农业决策管理的能力；通过气象科技知识的普及和农业适用技术的推广，推动农业气象科研成果在农业生产中的应用。

(4)内容和布局

重点建设农业气象产品制作平台，包括开发农业气象信息集成系统，建立农业气象信息规范标准，建立完善的农业气象背景数据库，建立农业气象情报预报服务技术流程和不同气候和农业区农业气象周年服务方案等；建设农业气象信息快速发布系统，包括发展气象兴农网和农村经济信息网，建设和完善省、市、县、乡、村信息接收系统，发展气象预报预警信息卫星数字语音广播系统，完善多渠道气象为农服务信息传播平台；开展农业气象知识推广培训，包括健全农业气象服务保障系统，加强农村信息服务队伍和气象科普教育基地建设，开展农业政策性保险气象服务、农业气象灾害防御和灾后补救等适用技术的应用和推广等。

国家级和省级建立农业气象信息制作平台和信息发布系统，全国主要农业区和牧业区建立覆盖广大农村的信息服务网络；在国家和粮、棉、油、畜产品主产省(区、市)建立省、市级农业气象科普基地，县级农业气象科技适用技术推广基地和乡村农业科技信息服务队伍；在全国重点农区、林区及牧区，针对农业管理人员、农业技术人员、农技推广人员、村官、农业生产者和气象协理员等开展不同层次、不同生产目的农业气象实用技术推广培训。

(5)技术路线

充分利用现有的农业气象信息处理分析技术和计算机网络技术，增加设备和开发相应的系统软件，建立国家级和省(市)级农业气象信息服务产品制作平台；利用多渠道信息传播途径，建立农业气象信息快速发布系统；通过计算机网络和现代通信等先进技术的推广应用，解决农民获得信息的“最后一公里”问题和农业气象知识的培训推广。重大农业气象灾害信息的发布可以启动预警和应急预案发布程序。

11.3 现代农业气象业务服务发展的科技支撑项目

开展现代农业气象业务服务发展的科技支撑技术研究，发展适用于现代农业生产的农业气象预报技术、农业气象灾害立体监测与风险评价技术、设施农业与特色农业气象保障技术及适应气候变化的主要农作物生产气象保障技术，明显提升农业气象监测、预报、服务业务产品的定量化和精准化水平，提高服务的覆盖面、时效性、精确性及针对性；基本满足农业气象防灾减灾、国家粮食安全和农业适应气候变化等方面的需求。

11.3.1 观测试验及资料保障

以玉米、水稻、小麦三大作物为观测对象，利用人工控制设施，对土壤-作物-大气系统及主要农业气象要素胁迫影响开展环境模拟观测试验，建立新的标准化农业气象指标体系；加强农业气象观测的标准化和信息化处理技术研究，建立农业气象标准化观测体系和观测资料质量控制体系；最终实现试验和资料的标准化共享。

(1)农作物生长环境控制模拟试验技术

1)研究内容

以粮食生产安全气象保障指标、农业气象灾害监测预警评估指标更新和为数值预报模式提供参数为目的，利用人工气候箱(室)综合控制，调节光照、温度、降水、空气和湿度等农业气象要素，进行各类作物-大气，土壤-作物-大气条件的综合模拟控制试验。利用人工控制设施设备，对干旱、渍涝、低温、霜冻、高温、寒露风和干热风等主要气象灾害开展环境模拟观测试验，进行作物发育期、植株性状、土壤墒情光合作用、蒸腾速率、呼吸速率和生物量等物理、生理、环境和气象要素观测，建立标准化农业气象指标。

2)预期成果

通过开展人工控制试验观测，建立标准化农业气象指标体系。

(2)生态系统碳收支观测标准

1)研究内容

建立生态系统碳收支观测流程定量评估和质量控制方法对长期通量有效性影响的方法体系；确定碳收支观测数据的标准化处理方法和技术流程；重点研究基于温度、水分和碳的气象指标获取方法。

2)预期成果

提出生态系统温度、水分及碳的气象指标获取方法。开发建立生态系统碳收支观测方法和数据质量控制方法，为区域生态安全评估及陆面过程模式的改进和应对气候变化等相关业务服务提供可靠的基础数据资料。

(3)农业气象观测规范化及观测数据信息化处理技术

1)研究内容

修改并完善农业气象观测规范，研究特色农业、设施农业和养殖业等规范观测技术；加强农业气象观测的标准化和信息化处理技术研究。重点是在分析评估基础上重新修订、补充完善现有观测项目、观测方法、观测频次及数据标准等，对新增观测项目及使用现代化仪器进行观测的项目，尽快制定该类仪器标校方法、观测方法、数据标准及业务流程；研究并制定现代农业气象观测数据行业标准，完善农业气象观测数据上传方法与流程，建立新的农业气象观测资料上传系统；建立农业气象观测资料质量控制体系；利用新制定的农业气象数据标准，对有效的历史农业气象观测资料，进行信息化处理。

2）预期成果

建立完善的现代农业气象观测规范与标准，建立农业气象观测资料质量控制体系。

11.3.2 农业气象预报

主要目标：围绕国家粮食安全和现代农业发展的需要，研发有我国自主知识产权的农作物生长动态数值模拟模式，开展多元化和多时效的土壤墒情与灌溉、关键物候期、作物产量、农业年景及农用天气等的动态化和精准化预报。

（1）作物模拟模式研发

1）农作物生长机制动态数值模拟技术研究

研究内容：在农业气象科学试验基础上，应用数学物理方法研究气象条件与农业生产的定量关系，建立农业气象模式，确定模式参数；在系统分析的基础上，综合考虑各种因素对作物生长、发育和产量形成过程的影响，根据生物学、生态学、气象学以及农业气象学等学科的理论，从物质输送、能量转换与平衡的观点出发，对与气象条件有关的一系列生理生化过程进行数值模拟，最终确立农业气象模式。研究作物数值模拟在作物生长状况定量监测、农业气象灾害定量评估及作物产量定量动态预报等方面的应用技术。

预期成果：建立我国自主知识产权的农作物生长模拟模式，实现在作物生长状况定量监测、农业气象灾害定量评估和作物产量定量动态预报等方面的应用。

2）农作物生长遥感监测与作物模型耦合技术研究

研究内容：以我国玉米、水稻和小麦三大农作物为研究对象，利用风云三号气象卫星、资源卫星等多源遥感数据进行作物植被指数、叶面积指数及净初级生产力等多种遥感指数计算，将反演结果与作物生长模型进行同化耦合分析，结合地面样方田间试验观测数据及光谱观测数据，建立农作物生长状况动态监测及产量评估模型，实现长势动态监测及作物产量定量评估。

预期成果：研究遥感与作物模型同化耦合区域应用技术，实现基于遥感数据与作物模型同化耦合的玉米、水稻及小麦等主要农作物的长势动态监测。

（2）土壤墒情与灌溉量预报

1）精细化农田土壤墒情和灌溉动态预报技术研究

研究内容：以作物需水量和农田土壤水分平衡原理为基础，研究玉米、水稻、小麦和大豆作物各发育期需水量分布特性；根据不同土壤类型特点，研究农田水分在土壤剖面上的交换分配规律；利用地面、遥感和天气预报等资料，结合作物生长状况，建立精细化土壤墒情与作物灌溉预报模型；应用 GIS 技术，研发精细化、多层次、定时化土壤墒情和灌溉动态预报技术；建立基于 GIS 的主要作物细网格分层土壤墒情逐日动态预报和灌溉预报系统。

预期成果：阐述主要作物需水特性、不同土壤类型水分剖面交换规律；建立精细化土壤墒情与作物灌溉预报模型；实现精细化、多层次、定时化及动态性土壤墒情和灌溉预报。

2）农田土壤含水量空间无缝隙动态预报技术研究

研究内容：以土壤水分平衡原理为基础，结合玉米、水稻、小麦和大豆作物状况，研究农田作物根层含水量增加及消退判识技术；确定粮食主产区主要作物的旬时间尺度作物系数；利用遥感和地面土壤含水量监测资料融合技术，研究土壤含水量单点预报模型在区域尺度上的适用技术；以遥感土壤含水量监测结果为初始场，地面墒情监测资料订正，结合数值天气预报结果，开展农田土壤含水量空间无缝隙动态预报。

预期成果：发挥遥感土壤含水量监测空间优势，辅以地面监测订正，结合数值天气预报结果，实现土壤含水量单点预报模型在区域尺度上的适用。

3)作物关键耕作发育期集成气象预报技术研究

研究内容：以玉米、水稻和小麦三大作物为主要研究对象，根据预报对象的变化规律，筛选出预报主导因素和关键时段，建立统计模式；研究根据大气环流形势预测农作物生长状况技术；研究利用作物生育期所需有效积温理论，开展作物发育期预报；研究根据主要物候现象开展发育期预报技术；应用物质-能量转化和能量平衡理论，依据作物生长模拟模型，开展发育期预报；研究利用卫星和航空遥感方法开展发育期预报。

预期成果：研究作物关键耕作发育期的统计学模式、天气学模式、气候学模式、生物学模式、作物生长动态模拟模式和遥感预报模式技术；建立作物关键耕作发育期的集成预报模型。

11.3.3 农业气象监测与评估

实现覆盖主要农作物生产产前、产中、产后的全程农业气象情报信息分析评价，拓展特色农业、设施农业、林业、畜牧业和渔业等大农业的专题情报；完善分析评价指标与模型，使得农业气象情报产品的时效性、针对性与定量化水平显著提高。

(1)评估技术

1)粮食生产安全气象保障技术研究

研究内容：建立小麦、玉米、水稻和大豆等作物气候适应性定量评价指标；制定干旱、低温冷害和霜冻三大农业气象灾害预警标准；建立农业气象灾害综合风险评价模型；研究干旱、低温冷害及霜冻灾害精细化预报技术及定量评价模型，开展农业气象灾害的定量化评估；研究土壤水分、作物根系生长及其与作物产量关系的综合观测和评价技术；分别建立不同作物全生育期气象保障指数；自主开发“粮食生产气象保障服务系统”。

预期成果：建立主要作物气候适应性定量评价指标体系；建立干旱、低温冷害和霜冻监测等农业气象灾害的预警和定量评估指标体系；建立主要作物全生育期气象跟踪保障服务和粮食生产安全气象保障服务系统。

2)基于作物生长模型与多源遥感数据结合的作物生长评估

研究内容：利用作物生长发育观测试验数据，对作物生长模型进行校正、验证和改进，实现模型参数本地化，使得模型可以模拟当地的生产实际情况。利用多种卫星传感器资料反演叶面积指数、生物量及蒸散量等状态变量和冠层温度与土壤水分等环境要素，获得生长模型所需的作物和环境参数。将遥感和模型结合，研制模型在空间延拓方面的技术，提高对大范围作物状况监测的机理化和精细化。引入作物长势指标和农业气象灾害指标，基于区域遥感-作物生长模型模拟结果进行长势评估和农业气象灾害评估。结合未来天气预报还可以实现对未来长势的预评估。

预期成果：研制作物生长模型与多源遥感数据的结合，实现机理模型的空间延拓和遥感监测方法的精度稳定，进而完成基于区域遥感-作物生长模型模拟结果进行长势评估和农业气象灾害评估，为农业生产科学管理和国家粮食安全提供有效途径。

(2)现代农业气象指标体系研究

研究内容：大宗农作物、经济作物与特色农业的农业气象适宜指标和重大农业气象灾害指标建立技术研究；开展设施内外气象条件对比观测，进行设施农业气象指标试验，逐步建立设施农业气象适宜指标和灾害（含病虫害）指标；建立牧业（包括畜牧业对象与牧草的生长发育和产量形成等）及渔业（包括海洋渔业和淡水养殖）等农业气象适宜指标和灾害指标。

预期成果：建立作物气象适宜指数，并且明确各种指标的适用条件和时空范围。

11.3.4　农业气象灾害

针对干旱、洪涝、渍涝、低温冷害、寒露、干热风和高温热害等主要农业气象灾害和由气象条件引发的主要病虫害，开展农业气象灾害的立体化监测与诊断、预报预测和定量评估，以及病虫害发生发展气象条件预报，实现农业气象灾害的灾前风险分析和预警预估、灾中跟踪监测诊断，以及灾后评估分析。

（1）农业气象灾害监测评估

1）主要农业气象灾害风险和灾损定量评估技术研究

研究内容：针对不同区域农作物的主要农业气象灾害，有针对性地开展农业气象控制实验以及长时间序列的气象资料与灾情资料分析，系统研究农作物不同阶段农业气象灾害的指标系统；利用长时间序列气象资料，并且结合未来气候变化情景资料，建立农业气象灾害风险评价模型，结合 GIS 进行农业气象灾害的风险区划；依据历史气象灾害的灾情资料，结合农业气象灾害指标和长时间序列气象资料，建立不同区域主要农业气象灾害的灾损定量评估模型；在 GIS 的支持下，建立主要农业气象灾害灾损评估服务系统。

预期成果：建立我国主要农业气象灾害的风险和灾损评估模型；建立基于 GIS 的主要农业气象灾害灾损评估服务系统。

2）农业气象灾害立体化监测与诊断技术研究

研究内容：针对干旱、洪涝、渍涝、低温冷害、寒露、干热风和高温热害等主要农业气象灾害和主要病虫害，开展农业气象灾害立体化监测与诊断技术研究；利用多源卫星遥感、农业气象灾害和病虫害指标和地面实况调查，逐步发展多种重大农业气象灾害的立体化实时监测与诊断分析业务服务。

预期成果：建立农业气象灾害实时动态监测与诊断指标体系，实现农业气象灾害实时动态监测与诊断；开展病虫害发生的气象条件预测预警和评估业务。

（2）农业气象灾害风险管理在农业保险中的应用研究

研究内容：在灾害风险分析和区划的基础上，在典型地区针对作物遭受的主要农业气象灾害开展精细化（包括空间分辨率和作物种植的精细化划分）的灾害分析和区划，同时对不同作物就产量风险进行细致分析和区划研究。在此基础上，划分不同区域的农业保险风险等级，确定保险气象指数，并初步研发可操作的气象指数农业保险产品并与保险公司合作选择示范点进行实际应用检验。

预期成果：提供农业气象灾害风险区划图和农业保险气象指数产品，开展农业保险气象灾害损失鉴定等。

研究气候变化对我国农业影响的关键因子，研究农业生产的脆弱性并建立相应的评估指标体系和评估方法；针对粮食生产布局的变化，开展影响的检测和归因研究。

（1）气候变化对农业生产影响的脆弱性及应对研究

研究内容:针对气候变化影响的敏感区域,分析气候变化对农业的总体影响特征及区域差异,明确气候变化对农业影响的关键因子,分析和评价气候变化影响的敏感性及对气候变化的适应性能力,并且利用大气环流模型和区域气候模式的嵌套结果,评估未来气候变化情景下农业生产的气候脆弱性,建立脆弱性评估指标体系和评估技术,提出具体的应对技术和措施。研究水稻、玉米、小麦、大豆、油菜和棉花等主要农作物的栽培耕作、水肥管理及病虫害气象条件的变化与生产性控制应对技术措施,为未来气候变化下农业可持续发展提供技术储备和保障。

预期成果:给出气候变化对农业气候资源、农业气象灾害、农作物品种布局及病虫害的可能影响评估报告,提出作物及品种布局优化和小气候调控等适应对策。

(2)气候变化对区域生态环境脆弱性影响评估与适应对策

研究内容:针对典型生态区和生态脆弱区建立脆弱性评估指标体系、评估技术方法及所需的相关指标监测技术体系,根据典型生态环境特点和区域未来发展规划需求,探讨并提出适应气候变化的对策建议。

预期成果:实现区域脆弱性及气候变化影响和适应对策的定量评估,建立可行的技术方法体系。

此外,还应加强对农业气象业务服务的标准、规范、流程研究以及现代化观测装备研发,以支撑现代农业气象业务服务发展。

参考文献

王建林. 2010. 现代农业气象业务[M]. 北京:气象出版社.

中国气象局. 2009. 关于印发《现代农业气象业务发展专项规划(2009—2015年)》的通知(气发〔2009〕350号).

中国气象局. 2013. 中国气象局关于发布"四项研究计划(2013—2020年)"的通知(《应用气象研究计划(2013—2020年)》中气函〔2013〕88号).